U0177593

内容简介

这是一本高等学校非数学专业的概率论与数理统计教材。教材以全国硕士研究生入学考试数学一和数学三中概率论与数理统计考试大纲为编写大纲，全书分上下2编共8章，第1编概率论基础包括：随机事件与概率、随机变量及其分布、随机向量及其分布、随机变量的数字特征、大数定律与中心极限定理；第2编数理统计基础包括：样本与抽样分布、参数估计、假设检验。

教材特色：实用性，教材瞄准全国硕士研究生入学考试大纲要求，综合自测题针对单选题、填空题和计算题等考试类型编写；基础性，教材强调基础理论和基本概念，力求使用较少的数学知识；趣味性，教材增加案例引导，用著名、经典和生动案例，引导和启发学生的学习兴趣。

本教材可作为高等学校经济、管理、工科、农林、医药、教育、传媒等专业概率论与数理统计课程的教材，也可作为考研（数学一和数学三）学生的自学参考书。

编委会

主　编：雷钦礼　李选举
副主编：师应来　刘照德　朱芳芳　赵慧琴　石立
主　审：韩兆洲

主　审●韩兆洲

概率论与数理统计基础

主　编●雷钦礼　李选举

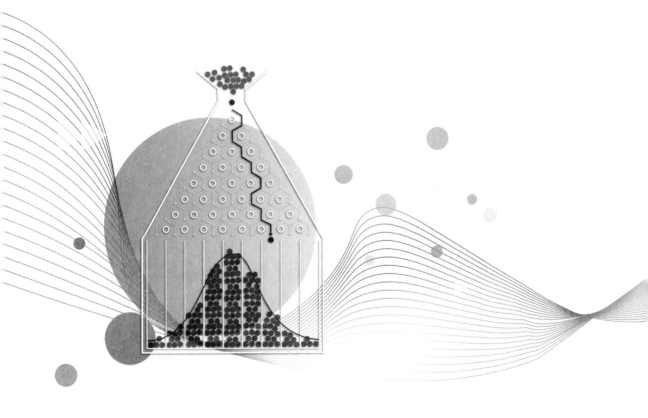

暨南大学出版社
JINAN UNIVERSITY PRESS

中国·广州

图书在版编目（CIP）数据

概率论与数理统计基础/雷钦礼，李选举主编．—广州：暨南大学出版社，2023.8
ISBN 978 - 7 - 5668 - 3738 - 7

Ⅰ.①概⋯　Ⅱ.①雷⋯ ②李⋯　Ⅲ.①概率论—高等学校—教材 ②数理统计—高等学校—教材　Ⅳ.① O21

中国国家版本馆 CIP 数据核字（2023）第 112807 号

概率论与数理统计基础
GAILÜLUN YU SHULI TONGJI JICHU

主　编：雷钦礼　李选举

··

出 版 人：张晋升

责任编辑：王燕玲　颜　彦

责任校对：刘舜怡　黄晓佳　陈慧妍

责任印制：周一丹　郑玉婷

出版发行：暨南大学出版社（511443）

电　　话：总编室（8620）37332601
　　　　　营销部（8620）37332680　37332681　37332682　37332683

传　　真：（8620）37332660（办公室）　37332684（营销部）

网　　址：http://www.jnupress.com

排　　版：广州尚文数码科技有限公司

印　　刷：广东信源文化科技有限公司

开　　本：787mm×1092mm　1/16

印　　张：15.75

字　　数：380 千

版　　次：2023 年 8 月第 1 版

印　　次：2023 年 8 月第 1 次

定　　价：49.80 元

（暨大版图书如有印装质量问题，请与出版社总编室联系调换）

前　言

概率论与数理统计是高等院校经济、管理、理工农医、教育、传媒等各类本科专业的核心必修课程，其内容也是全国硕士研究生入学考试数学一和数学三的重要组成部分。

本教材以全国硕士研究生入学考试数学一和数学三中概率论与数理统计考试大纲为编写大纲，全书分上下 2 编共 8 章，第 1 编概率论基础包括：随机事件和概率、随机变量及其分布、随机向量及其分布、随机变量的数字特征、大数定律与中心极限定理；第 2 编数理统计基础包括：样本与抽样分布、参数估计、假设检验。书后有 4 个附录，附录 1 ~ 2 给出各章习题和综合自测题参考答案；附录 3 给出常用的概率分布表；附录 4 汇集了 2020—2023 年全国硕士研究生入学考试（数学一和数学三中概率论与数理统计）考题与参考答案。

本教材特色包括：实用性，教材瞄准全国硕士研究生入学考试大纲要求，综合自测题针对单选题、填空题和计算题等考试类型编写；基础性，教材强调基础理论和基本概念，力求使用较少的数学知识；趣味性，教材增加案例引导，用著名、经典和生动案例，引导和启发学生的学习兴趣。

本教材第 1 章随机事件与概率，由赵慧琴、蔡颖佳编写；第 2 章随机变量及其分布，由刘照德、刘承主编写；第 3 章随机向量及其分布，由雷钦礼、金莹编写；第 4 章随机变量的数字特征，由石立、张娟娟编写；第 5 章大数定律与中心极限定理，由朱芳芳、韩凤彩编写；第 6 章样本与抽样分布，由李选举、孙坤、吴伟编写；第 7 章参数估计，由师应来、邱天编写；第 8 章假设检验，由韩兆洲、谢翔编写。全书由雷钦礼、李选举主编，师应来、刘照德、朱芳芳、赵慧琴、石立副主编，韩兆洲主审。

本教材编写组成员均为广州华商学院经济统计系老师。广州华商学院在校学生 3 万多人，有 20 多位老师在讲授"概率论与数理统计"课程，为了更好地适应学生学习和考研的需要，由雷钦礼教授提议，李选举教授、韩兆洲教授、师应来教授积极响应，刘照德副教授、朱芳芳副教授、赵慧琴副教授、石立副教授等鼎力支持，决定编写和出版本教材，因此，本教材是集体智慧的结晶，是广州华商学院统计学重点学科硕士点建设的成果，是广东省普通高校人文社科类创新团队（2020WCXTD008）的教改成果。真诚地期望同行及广大读者大力支持。本书配套课件资料参见：http://www.jnupress.com/download/index。

由于编者水平所限，不当乃至谬误之处在所难免，恳请同行及广大读者不吝赐教。

2023 年 8 月

目　录

第1编 概率论基础

概率论与数理统计是研究和揭示随机现象统计规律的学科，是数学的两个分支。其中概率论是研究随机现象数量规律的学科，它是数学的一个分支。数理统计是以概率论为基础，研究大量随机现象的统计规律性的学科，它也是数学的一个分支。

本教材第1编概率论基础主要介绍随机事件与概率、随机变量及其分布、随机向量及其分布、随机变量的数字特征、大数定律与中心极限定理等，供读者掌握概率论的基础内容，并为进一步学习数理统计奠定基础。

第1章 随机事件与概率

案例引导——轰炸目标

我机三架飞往敌区轰炸某一目标，其中只有领航机配有导航仪器，无此仪器即不可能飞达目的地。飞达目的地上空后，三机独立地各自完成轰炸任务。每架飞机可将目标炸毁的概率均为 0.3。在飞行途中必须经过敌方高射炮区，而每架飞机被击落的概率为 0.2。

问题：目标被炸毁的概率是多少？

要解决上面的问题，则需要先来具体学习随机事件和概率的相关内容。

1.1 随机事件及其运算

在现实世界中，经常可以看到各种各样的现象。例如，抽查市场某些商品的质量是否合格；观察福利彩票中奖情况；观察某医院一天内就诊的人数；观察某城市一月内发生火灾的次数；天上不会掉馅饼等。在这些现象中，可以看出：一类是事前可以预知结果的现象，例如，天上不会掉馅饼，这种现象为确定性现象或必然现象；另一类是事前不可预知结果的现象，例如，抽查市场某些商品的质量是否合格，可能合格，也可能不合格，这种现象为随机性现象或偶然现象。

虽然随机现象在一定的条件下，会出现不同的结果，且每次试验或观察之前不可预知确切结果，但当在相同条件下重复进行很多次试验或观察时，试验或观察的结果就会呈现某种规律性。这种在大量重复性试验和观察时，试验结果呈现出的规律性，就是统计规律性。而这种规律性恰好可以用概率来体现。

随机现象如何体现统计规律性呢？这就需要首先深入学习随机事件的相关概念及其运算律。

1.1.1 随机试验与事件

对某种现象的一次观察、测量或进行一次科学实验，统称为一个试验。如果这个试验在相同的条件下可以重复进行很多次，且每次试验的结果是事前不可预知的，则称此试验为随机试验，也简称为试验（E）。

下面是一些试验的例子。

E_1：掷一枚骰子，观察出现的点数；

E_2：检测工厂生产的手机零件是否合格；

E_3：观察某城市某个月内发生火灾的次数；

E_4：观察某天的气温在 20℃ ~ 25℃；

E_5：检测某型号电子产品的使用寿命。

对于以上随机试验，尽管在每次试验前不能预知其试验的具体结果，但试验的所有可能结果是已知的。比如，掷一枚骰子，观察出现点数的所有可能结果有 6 种，即 1，2，3，4，5，6。这里，称试验的所有可能结果组成的集合为样本空间，记为 Ω。试验 E_1 中，样本空间 $\Omega_1 = \{1, 2, 3, 4, 5, 6\}$。样本空间的每个元素即为随机试验的单个结果，也称为样本点。试验 E_1 中，1，2，3，4，5，6 分别称为样本点。

也可以依次写出以上试验 $E_2 \sim E_5$ 的样本空间，分别为：

$\Omega_2 = \{合格，不合格\}$

$\Omega_3 = \{0, 1, 2 \cdots\}$

$\Omega_4 = \{x \mid 20 \leqslant x \leqslant 25\}$

$\Omega_5 = \{t \mid t \geqslant 0\}$

在掷骰子的例子中，有时可能会观察到偶数点 $\{2, 4, 6\}$，而 $\{2, 4, 6\}$ 正好是样本空间 $\Omega_1 = \{1, 2, 3, 4, 5, 6\}$ 的一个子集。因此，把样本空间 Ω 的任意一个子集称为一个随机事件，简称事件。常用大写字母 A，B，C 等表示。特别地，如果事件只含一种试验结果（即样本空间中的一个元素），则称该事件为基本事件；否则为复合事件。

例 1.1.1 掷一枚骰子，用 A 表示掷出"5 点"，B 表示"奇数点"，C 表示"点数不超过 3"，试写出样本空间，以及事件 A，B，C，并指出哪些是基本事件，哪些是复合事件。

解：样本空间 $\Omega = \{1, 2, 3, 4, 5, 6\}$，$A = \{5\}$，$B = \{1, 3, 5\}$，$C = \{1, 2, 3\}$。$A$ 是基本事件，B，C 是复合事件。

例 1.1.2 观察某城市某个月内发生火灾的次数，若以 $A_i = \{i\}$ 表示"该城市某个月内发生火灾 i 次"，B 表示"至少发生 1 次火灾"，C 表示"发生火灾不超过 5 次"，请试着写出样本空间、事件 B 和 C。

解：样本空间 $\Omega = \{0, 1, 2 \cdots\}$，$B = \{1, 2, 3 \cdots\}$，$C = \{0, 1, 2, 3, 4, 5\}$。

在试验中，当事件（集合）中的一个样本点（元素）出现时，称这一事件发生。

由于样本空间 Ω 包含了所有的样本点，且是 Ω 自身的一个子集，在每次试验中 Ω 总是发生，因此，称 Ω 为必然事件。空集不包含任何样本点，但它也是样本空间 Ω 的一个子集，由于它在每次试验中一定不发生，所以称 $\varnothing$ 为不可能事件。

例 1.1.3　一批产品共 10 件，其中 2 件是次品，其余为正品，从中任取 3 件，则：$A = \{$ 恰有 1 件正品 $\}$，$B = \{$ 3 件中有正品 $\}$，$C = \{$ 至少有 2 件正品 $\}$，$D = \{$ 3 件都是次品 $\}$。从以上事件中指出必然事件和不可能事件。

解：B 是必然事件，D 是不可能事件。

1.1.2　事件的关系与运算

为方便以后的概率计算，往往需要研究事件之间的关系与事件的运算法则。事件本身是用集合表示的，因此事件之间的关系、运算及运算规则也就按照集合间的关系、运算及运算规则来处理。事件之间的关系主要有如下四种：

设 Ω 是试验 E 的样本空间，A，B，C 及 A_1，A_2，…都是事件，即 Ω 的子集。

（1）事件的包含与相等。若事件 A 发生必有事件 B 发生，则称事件 A 包含于事件 B，记成 $A \subset B$，如图 1.1.1 所示。如例 1.1.1 中，$A = \{5\}$，$B = \{1, 3, 5\}$，则 $A \subset B$。若 $A \subset B$，且 $B \subset A$，则称事件 A 与 B 相等，记为 $A = B$。

（2）事件的和或并。对于两个事件 A 与 B，定义一个新事件 $C = \{A$ 发生或 B 发生 $\}$，称为事件 A 与 B 的和或并，记为 $C = A \cup B$ 或 $C = A + B$，如图 1.1.2 所示。

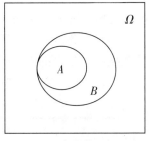

图 1.1.1　事件的包含

这里也就是说，事件 A 与 B 中至少有一个发生，事件 C 就会发生。如例 1.1.1 中，$A = \{5\}$，$C = \{1, 2, 3\}$，$A \cup C = \{1, 2, 3, 5\}$。

事件的和可以推广到多个（有限或可列无限）事件的情形。

n 个事件 A_1，A_2，…，A_n 中至少有一个发生，称为 n 个事件的和或并，记为 $A_1 \cup A_2 \cup \cdots \cup A_n$ 或为 $\bigcup\limits_{i=1}^{n} A_i$。

可列无限个事件 A_1，A_2，…中至少一个发生，称为可列无限个事件的和或并，记为 $A_1 \cup A_2 \cup \cdots$ 或为 $\bigcup\limits_{i=1}^{\infty} A_i$。

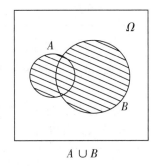

$A \cup B$

图 1.1.2　事件的和或并

例 1.1.2 中观察某城市某个月内发生火灾的次数，若以 $A_i = \{i\}$ 表示"该城市某个月内发生火灾 i 次"，如果定义 C_1 为 $\{$ 该城市某个月内发生火灾不超过 10 次 $\}$，则 $C_1 = \bigcup\limits_{i=0}^{10} A_i$。

如果定义 C_2 为 $\{$ 该城市某个月内发生火灾 10 次或 10 次以上 $\}$，则 $C_2 = \bigcup\limits_{i=10}^{\infty} A_i$。

（3）事件的积或交。对于两个事件 A 与 B，定义一个新事件 $C = \{A$ 与 B 都发生 $\}$，

称 C 为事件 A 与 B 的积或交，记为 $C = A \cap B$ 或 $C = AB$，如图 1.1.3 所示。

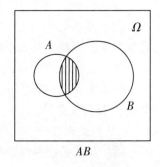

这里从"事件是样本空间的子集"看，也就是说 $C = AB$ 是集合 A 与 B 中公共部分组成的新集合。

在例 1.1.1 中，$AB = \{5\}$，$BC = \{1, 3\}$。

同样地，事件的积可以推广到多个（有限或可列无限）事件的情形。

n 个事件 A_1, A_2, $\cdots$, A_n 的积，可表示为 $C = \{A_1, A_2, \cdots,$ A_n 都发生$\} = \bigcap\limits_{i=1}^{n} A_i$。

图 1.1.3　事件的积或交

可列无限个事件 A_1, A_2, $\cdots$ 的积，可表示为 $C = \{A_1,$ $A_2, \cdots$ 都发生$\} = \bigcap\limits_{i=1}^{\infty} A_i$。

互斥事件：若 $AB = \varnothing$，则称 A 与 B 为互斥事件，简称 A 与 B 互斥（互不相容），这时，事件 A 与 B 不可能同时发生，如图 1.1.4 所示。例 1.1.1 中，若事件 $D = \{2, 4, 6\}$，这时事件 B 和 D 是互斥的，即 $BD = \varnothing$。

（4）事件的差。对于两个事件 A 与 B，定义一个新事件 $C = \{A$ 发生，B 不发生$\}$，称为事件 A 与 B 的差，记为 $C = A - B$，如图 1.1.5 所示。

也就是指事件 A 中所包含的结果除去事件 B 中所包含的结果后剩下的部分。

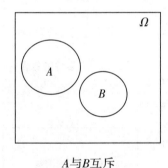

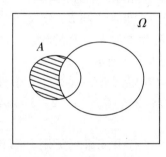

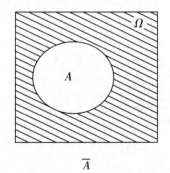

图 1.1.4　互斥事件　　　　**图 1.1.5　事件的差**　　　　**图 1.1.6　对立事件**

对立事件：称 $\Omega - A$ 为 A 的对立事件或补事件，记为 $\overline{A}$，也表示 A 不发生，如图 1.1.6 所示。可以看出 $A \cup \overline{A} = \Omega$，$A\overline{A} = \varnothing$。例如在例 1.1.1 中，$B = \{1, 3, 5\}$，$\overline{B} = \{2, 4, 6\}$。

在进行事件的运算时，经常要用到如下规则：

交换律：$A \cup B = B \cup A$，$AB = BA$；

结合律：$A \cup (B \cup C) = (A \cup B) \cup C$，$A(BC) = (AB)C$；

分配律：$A(B \cup C) = AB \cup AC$，$A \cup (BC) = (A \cup B)(A \cup C)$；

对偶律：$\overline{A \cup B} = \overline{A}\,\overline{B}$，$\overline{AB} = \overline{A} \cup \overline{B}$。

此外，还有 $A - B = A\overline{B}$，$A = AB \cup A\overline{B}$。

例 1.1.4　检测甲、乙两件产品是正品还是次品。用 A_1，A_2 分别表示甲、乙产品是正品。试说明下列事件所表示的结果。

（1）$\overline{A_1 \cup A_2}$；（2）$\overline{A_1 A_2}$。

解： 根据对偶律 $\overline{A_1 \cup A_2} = \overline{A_1} \, \overline{A_2}$，可知 $\overline{A_1 \cup A_2}$ 表示甲和乙均是次品；

$\overline{A_1 A_2} = \overline{A_1} \cup \overline{A_2}$，可知 $\overline{A_1 A_2}$ 表示产品甲和乙中至少有一件是次品。

上述运算规则也适用于多个随机事件。例如，

$$A(A_1 \cup A_2 \cup \cdots \cup A_n) = (AA_1) \cup (AA_2) \cup \cdots \cup (AA_n)$$

$$\overline{A_1 \cup A_2 \cup \cdots \cup A_n} = \overline{A_1} \, \overline{A_2} \cdots \overline{A_n}$$

$$\overline{A_1 A_2 \cdots A_n} = \overline{A_1} \cup \overline{A_2} \cup \cdots \cup \overline{A_n}$$

1.2　事件的频率与概率

随机事件在一次试验中可能发生，也可能不发生。因此，在生产、生活和经济活动中经常需要了解随机事件在一次试验中发生的可能性大小，以便揭示出这些随机事件的内在规律性，更好地认识客观事物。例如，了解了某厂生产的一种新款手机在未来市场的占有率，就可以指导实际生产量；知道了购买彩票的中奖机会大小，就可以决定是否购买彩票。为了合理地刻画随机事件在一次试验中发生的可能性大小，先引入频率的概念，进而引出概率。

1.2.1　事件的频率

定义 1.2.1　设 A 是一个事件，在相同条件下进行 n 次试验，A 发生了 m 次，则称 m 为事件 A 在 n 次试验中发生的频数或频次，称 m 与 n 之比 m/n 为事件 A 在 n 次试验中发生的频率，记为 $f_n(A)$。

由定义，可以得出频率具有如下性质：

（1）$0 \leqslant f_n(A) \leqslant 1$；

（2）$f_n(\Omega) = 1$，$f_n(\varnothing) = 0$；

（3）若事件 A_1，A_2，$\cdots$，A_k 两两互斥，则

$$f_n\left(\bigcup_{i=1}^{k} A_i\right) = \sum_{i=1}^{k} f_n(A_i)$$

由于事件 A 发生的频率是它发生的次数与试验次数之比，其大小表示 A 发生的频繁程度，频率越大，事件 A 发生得越频繁，也说明事件 A 发生的可能性越大，反之亦然。因此，直观的想法是用频率来表示事件 A 在一次试验中发生的可能性大小，但是否可行，先看下面的例子。

例 1.2.1　考虑"抛硬币"试验，历史上有一些国外的数学家做过此试验，若观察硬币币值面朝上为事件 A，其出现的次数 m 及频率 $f_n(A)$ 如下表所示：

试验者	试验次数 n	币值面朝上出现的次数 m	频率 $f_n(A)$
D. Mogen	2048	1061	0.5181
C. D. Buffon	4040	2048	0.5069
K. Pearson	12000	5981	0.4984
K. Pearson	24000	12012	0.5005

从上表可以看出，事件 A 在 n 次试验中发生的频率 $f_n(A)$ 具有随机波动性，且当 n 较小时，随机波动的幅度较大；随着 n 的不断增大，随机波动的幅度越来越小，$f_n(A)$ 值越来越接近固定值 0.5。

例 1.2.2 考察英语中特定字母出现的频率，如下表所示：

字母	频率	字母	频率	字母	频率
E	0.1268	L	0.0394	P	0.0186
T	0.0978	D	0.0389	B	0.0156
A	0.0788	U	0.0280	V	0.0102
O	0.0776	C	0.0268	K	0.0060
I	0.0707	F	0.0256	X	0.0016
N	0.0706	M	0.0244	J	0.0010
S	0.0634	W	0.0214	Q	0.0009
R	0.0594	Y	0.0202	Z	0.0006
H	0.0573	G	0.0187		

该表中列出了英语中特定字母出现的频率，这些频率也具有稳定性。

从上面两个例子可以看出，事件 A 在 n 次试验中发生的频率 $f_n(A)$ 也在 0 与 1 之间随机波动。当试验次数 n 较小时，波动幅度较大。当试验次数 n 充分大时，事件的频率 $f_n(A)$ 总在一个固定值附近摆动，而且，试验次数越多，一般来说摆动的幅度越小。这一性质称频率的稳定性，也就是反映统计的规律性。频率在一定程度上反映了事件在一次试验中发生的可能性大小，不会随人们意志而改变。尽管每进行 n 次试验，所得到的频率可能各不相同，但只要 n 足够大，频率就会非常接近一个固定值——概率。

因此，概率可以通过频率来"度量"，频率是概率的近似，概率是频率某种意义下的极限。下面具体来学习概率的定义及性质。

1.2.2 事件的概率

1933 年，苏联数学家（概率统计学家）柯尔莫哥洛夫（Kolmogorov）给出了概率如下公理化定义。

定义 1. 2. 2 设 E 是随机试验，Ω 是其样本空间。对每个事件 A，其发生的可能性大小用一个实数 $P(A)$ 表示。若函数 $P(\cdot)$ 满足条件：

（1）$P(A) \geqslant 0$；

（2）$P(\Omega) = 1$；

（3）若事件 A_1，A_2，$\cdots$ 两两互斥，则有

$$P(A_1 \cup A_2 \cup \cdots) = P(A_1) + P(A_2) + \cdots$$

则称 $P(A)$ 为事件 A 的概率。

注意：这里的函数 $P(A)$ 与以前所学过的函数不同。不同之处在于：$P(A)$ 的自变量是事件（集合）。

不难看出，这里事件概率的定义是在频率性质的基础之上提出的。基于这一点，有理由用上述定义的概率 $P(A)$ 来度量事件 A 在一次试验中发生的可能性大小。

由概率的定义，可以推出概率有如下性质，方便概率的计算：

性质 1 $P(\varnothing) = 0$，即不可能事件的概率为零。

性质 2 若事件 A_1，A_2，$\cdots$，A_n 两两互斥，则有

$$P(A_1 \cup A_2 \cup \cdots \cup A_n) = P(A_1) + P(A_2) + \cdots + P(A_n)$$

即两两互斥事件之和的概率等于它们各自概率之和。

性质 3 对任一事件 A，均有 $P(\overline{A}) = 1 - P(A)$。

性质 4 对两个事件 A 与 B，则

（1）若 $A \subset B$，则有 $P(B-A) = P(B) - P(A)$，$P(B) \geqslant P(A)$。

（2）$P(B-A) = P(B) - P(AB)$。

性质 5 对任意两个事件 A，B，有

$$P(A \cup B) = P(A) + P(B) - P(AB)$$

性质 1 证明： 令 $A_i = \varnothing$，$i = 1$，2，$\cdots$，n，则 $A_1 \cup A_2 \cup \cdots \cup A_n = \varnothing$，且 A_1，A_2，$\cdots$，A_n 两两互斥，根据概率定义（3）的公式，得到

$$P(A_1 \cup A_2 \cup \cdots \cup A_n) = P(A_1) + P(A_2) + \cdots + P(A_n)$$

$$P(\varnothing) = P(\varnothing) + P(\varnothing) + \cdots + P(\varnothing)$$

又因 $P(\varnothing) \geqslant 0$，所以得到：$P(\varnothing) = 0$。

例 1. 2. 3 设事件 A 与 B 互斥，且 $P(A) = p$，$P(B) = q$，求 $P(AB)$ 的概率。

解： 因为事件 A 与 B 互斥，所以根据性质 1，可得 $P(AB) = P(\varnothing) = 0$。

性质 2 证明： 令 $A_{n+1} = A_{n+2} = \cdots = \varnothing$，则 A_1，A_2，$\cdots A_{n+1}$，$A_{n+2} \cdots$ 两两互斥，所以

$$P(A_1 \cup A_2 \cup \cdots \cup A_n A_{n+1} \cup A_{n+2} \cup \cdots)$$

$$= P(A_1 \cup A_2 \cup \cdots \cup A_n \cup \varnothing \cup \varnothing \cup \cdots)$$

$$= P(A_1) + P(A_2) + \cdots + P(A_n) + P(\varnothing) + P(\varnothing) + \cdots$$

$$= P(A_1) + P(A_2) + \cdots + P(A_n) + 0 + 0 + \cdots$$

即有：

$$P(A_1 \cup A_2 \cup \cdots \cup A_n) = P(A_1) + P(A_2) + \cdots + P(A_n)$$

例 1. 2. 4 设事件 A 与 B 互斥，且 $P(A) = p$，$P(B) = q$，求 $P(A \cup B)$ 的概率。

解： 因为事件 A 与 B 互斥，所以根据性质 2，可得

$$P(A \cup B) = P(A) + P(B) = p + q$$

性质3证明： A 与 $\overline{A}$ 互为对立事件，所以可得

$$A \cup \overline{A} = \Omega \quad A\overline{A} = \varnothing$$

$$P(A \cup \overline{A}) = P(\Omega) = P(A) + P(\overline{A}) = 1$$

$$P(\overline{A}) = 1 - P(A)$$

例 1.2.5 设事件 A 与 B 互不相容，$P(A) = 0.2$，$P(B) = 0.3$，求 $P(\overline{A \cup B})$。

解： 根据性质3和性质2，可得

$$P(\overline{A \cup B}) = 1 - P(A \cup B) = 1 - (0.2 + 0.3) = 0.5$$

性质4证明： 由 $A \subset B$ 可知，$BA = A$ $B = A \cup B\overline{A} = A \cup (B - A)$，且 A 与 $(B - A)$ 互斥，由性质2，可得 $P(B) = P\{A \cup (B - A)\} = P(A) + P(B - A)$，所以可得

$$P(B - A) = P(B) - P(A)$$

又因为 $P(B - A) \geqslant 0$，所以 $P(B - A) = P(B) - P(A) \geqslant 0$，即 $P(B) \geqslant P(A)$。

对于任意两个事件 A 与 B，由于 $B - A = B - AB$，且 $AB \subset B$，根据性质4（1），可得

$$P(B - A) = P(B - AB) = P(B) - P(AB)$$

例 1.2.6 设 $P(A) = 1/3$，$P(B) = 1/2$，试就以下几种情况分别求 $P(B\overline{A})$：

（1）$AB = \varnothing$；（2）$P(AB) = 1/8$；（3）$A \subset B$。

解： 根据性质4，可得

（1）$P(B\overline{A}) = P(B - AB) = P(B - \varnothing) = P(B) = 1/2$

（2）$P(B\overline{A}) = P(B - AB) = P(B) - P(AB) = 1/2 - 1/8 = 3/8$

（3）$P(B\overline{A}) = P(B - A) = P(B) - P(A) = 1/2 - 1/3 = 1/6$

性质5证明： 由于 $A \cup B = A \cup (B - AB)$，且 $A(B - AB) = \varnothing$，由性质2和性质4，可得

$$P(A \cup B) = P\{A \cup (B - AB)\} = P(A) + P(B - AB) = P(A) + P(B) - P(AB)$$

例 1.2.7 某城市有50%的住户订日报，有65%的住户订晚报，有85%的住户至少订这两种报纸中的一种，求同时订这两种报纸的住户的百分比。

解： 设 $A = \{$订日报$\}$，$B = \{$订晚报$\}$，$A \cup B = \{$至少订这两种报纸中的一种$\}$，$AB = \{$同时订这两种报纸$\}$

根据性质5可得

$$P(A \cup B) = P(A) + P(B) - P(AB)$$

$$P(AB) = P(A) + P(B) - P(A \cup B) = 50\% + 65\% - 85\% = 30\%$$

性质5称为概率的加法公式。性质5还可以推广到多个事件的情形。对于 n 个事件 A_1，A_2，$\cdots$，A_n，有

$$P(A_1 \cup A_2 \cup \cdots \cup A_n) = P_1 - P_2 + P_3 - P_4 + \cdots + (-1)^{n+1} P_n$$

其中 $P_1 = \sum_{i=1}^{n} P(A_i)$，$P_2 = \sum_{1 \leqslant i < j \leqslant n} P(A_i A_j)$，$P_3 = \sum_{1 \leqslant i < j < k \leqslant n} P(A_i A_j A_k)$，$P_n = P(A_1 A_2 \cdots A_n)$。

特别地，当 $n = 3$ 时，

$$P(A_1 \cup A_2 \cup A_3) = P(A_1) + P(A_2) + P(A_3)$$

$$- P(A_1 A_2) - P(A_1 A_3) - P(A_2 A_3) + P(A_1 A_2 A_3)$$

例 1.2.8　已知 $P(A) = P(B) = P(C) = \dfrac{1}{4}$，$P(AC) = P(BC) = \dfrac{1}{16}$，$P(AB) = 0$，求事件 A、B、C 中至少有一个发生的概率。

解： $P(A \cup B \cup C) = P(A) + P(B) + P(C) - P(AB) - P(AC) - P(BC) + P(ABC)$

$$= \frac{1}{4} + \frac{1}{4} + \frac{1}{4} - 0 - \frac{1}{16} - \frac{1}{16} + 0 = \frac{5}{8}$$

1.3　古典型概率

什么是古典型概率？不妨先来看两个例子：

例 1.3.1　投掷一枚骰子，可能会出现 1 点，2 点，…，6 点 6 种可能的结果，而且这 6 种结果出现的可能性相同，均为 1/6。

例 1.3.2　从 100 件同类型的产品中，任意抽取 1 件进行质量检查，则共有 100 种抽法，且每种出现的可能性大小相同，均是 1/100。

通过前面两个例子，可以得出：

定义 1.3.1　如果试验 E 的结果只有有限种，且每种结果发生的可能性相同，则称这样的试验模型为等可能概率模型或古典概率模型，简称等可能型概率或古典型概率。

设试验 E 的样本空间 $\Omega = \{\omega_1, \omega_2, \cdots, \omega_n\}$，且在试验中每个基本事件发生的可能性相同，且这些基本事件两两互斥，所以可得

$$P(\Omega) = P\{\omega_1, \omega_2, \cdots, \omega_n\} = P(\omega_1) + P(\omega_2) + \cdots + P(\omega_n) = 1$$

则每个基本事件发生的概率为

$$P(\omega_1) = P(\omega_2) = \cdots = P(\omega_n) = 1/n$$

若事件 A 包含 k 个基本事件，则 A 发生的概率为

$$P(A) = \sum_{i=1}^{k} P(\omega_i) = \frac{k}{n} = \frac{\text{事件 } A \text{ 包含的基本事件数}}{\text{基本事件总数}}$$

例 1.3.3　将一枚均匀硬币抛掷三次，记事件 $A = \{$恰有一次出现币值朝上$\}$，$B = \{$至少有一次出现币值朝上$\}$，求 $P(A)$ 和 $P(B)$。

解： 用 F 表示币值面朝上，T 表示币值面朝下，一枚均匀硬币抛掷三次的样本空间 $\Omega = \{FFF, FFT, FTF, TFF, FTT, TFT, TTF, TTT\}$，所以，可得

$$P(A) = \frac{k_1}{n} = \frac{3}{8}; \ P(B) = \frac{k_2}{n} = \frac{7}{8}$$

例 1.3.4　在房间里有 10 个人，分别佩戴从 1 号到 10 号的纪念章，任选 3 人记录其纪念章的号码，求：

（1）最小号码为 6 的概率；（2）最大号码为 6 的概率。

解： 设 A 表示最小号码为 6，B 表示最大号码为 6，则基本事件总数为

$$n = C_{10}^3 = \frac{A_{10}^3}{A_3^3} = \frac{10 \times 9 \times 8}{3 \times 2 \times 1} = 120$$

事件 A 中最小号码为 6，意味着 6 已确定，剩下的两个数需从 7，8，9，10 四个数

中选两个，所以基本事件数为 $C_1^1 C_4^2 = 6$。事件 B 中最大号码为 6，意味着 6 已确定，剩下的两个数需从 1，2，3，4，5 五个数中选两个，所以基本事件数为 $C_1^1 C_5^2 = 10$。

（1）$P(A) = \dfrac{k_1}{n} = \dfrac{C_1^1 C_4^2}{C_{10}^3} = \dfrac{6}{120} = \dfrac{1}{20}$；

（1）$P(B) = \dfrac{k_2}{n} = \dfrac{C_1^1 C_5^2}{C_{10}^3} = \dfrac{10}{120} = \dfrac{1}{12}$。

例 1.3.5 一批产品共 8 个，其中有 2 个废品，6 个正品，求：

（1）这批产品的废品率；（2）任取 3 个恰有 1 个是废品的概率；（3）任取 2 个全是正品的概率。

解： 设 A 表示这批产品的废品，B 表示任取 3 个恰有 1 个是废品，C 表示任取 2 个全是正品，则：

（1）该题产品共 8 个，所以基本事件总数 $n_1 = 8$，事件 A 中废品有 2 个，基本事件数为 $k_1 = 2$，所以事件 A 的概率为

$$P(A) = \frac{k_1}{n_1} = \frac{2}{8} = \frac{1}{4}$$

（2）该题从 8 个产品中任取 3 个，所以基本事件总数 $n_2 = C_8^3$，3 个产品中有 1 个废品，2 个正品，则事件 B 中含有的基本事件数有 $k_2 = C_2^1 C_6^2 = 30$，所以事件 B 的概率为

$$P(B) = \frac{k_2}{n_2} = \frac{C_2^1 C_6^2}{C_8^3} = \frac{30}{56} = \frac{15}{28}$$

（3）该题从 8 个产品中任取 2 个，所以基本事件总数 $n_3 = C_8^2 = 28$，事件 C 中 2 个全是正品，则需从 6 个正品中去取，基本事件数 $k_3 = C_6^2 = 15$，所以事件 C 的概率为

$$P(C) = \frac{k_3}{n_3} = \frac{C_6^2}{C_8^2} = \frac{15}{28}$$

例 1.3.6 设袋中有 5 个球，其中 3 个白球，2 个红球，从袋中取球两次，每次随机地取一个球，则在每次取球放回和不放回的情况下，分别求 A、B、C 的概率：$A = \{$取得两个白球$\}$，$B = \{$恰有一个白球$\}$，$C = \{$至少有一个白球$\}$。

解： （1）先考虑每次取球放回的情况。由于每次取球后放回，因此，第一次从 5 个球中取一个，共有 5 种可能的取法，第二次还是从 5 个球中取一个，还是有 5 种可能的取法。所以取两次球，共有 $5 \times 5 = 25$ 种可能的取法，即基本事件总数 $n = 25$。事件 A 中第一次取一个白球有 3 种取法，第二次再取一个白球还是有 3 种取法，所以事件 A 中取两个白球共有 $3 \times 3 = 9$ 种取法，也就是 A 中含有的基本事件数是 9。所以可得

$$P(A) = \frac{k_1}{n} = \frac{3 \times 3}{5 \times 5} = \frac{9}{25}$$

同理，可算得

$$P(B) = \frac{k_2}{n} = \frac{3 \times 2 + 2 \times 3}{5 \times 5} = \frac{12}{25}$$

$$P(C) = \frac{k_3}{n} = 1 - P(\overline{C}) = 1 - \frac{2 \times 2}{5 \times 5} = \frac{21}{25}$$

（2）考虑每次取球不放回的情况。由于第一次取球后不放回，因此，第一次从 5 个球中取一个，共有 5 种可能的取法，第二次则是从剩下的 4 个球中再取一个，共有 4 种可能的取法，所以取两次球，共有 $5 \times 4 = 20$ 种可能的取法，即基本事件总数有 20 种。事件 A 中第一次取一个白球有 3 种取法，第二次再从剩下的两个白球中取一个有 2 种取法，所以事件 A 中取两个白球共有 $3 \times 2 = 6$ 种取法，也就是 A 中含有的基本事件数是 6。

方法 1：每次随机取一个球，取后不放回，取 2 次，所以可得

$$P(A) = \frac{k_1}{n} = \frac{3 \times 2}{5 \times 4} = \frac{3}{10}$$

同理，可算得

$$P(B) = \frac{k_2}{n} = \frac{3 \times 2 + 2 \times 3}{5 \times 4} = \frac{3}{5}$$

$$P(C) = \frac{k_3}{n} = 1 - P(\overline{C}) = 1 - \frac{2 \times 1}{5 \times 4} = \frac{9}{10}$$

方法 2：每次随机取一个球，取后不放回，取 2 次，等同于一次性从中取 2 个球，则可得

$$P(A) = \frac{k_1}{n} = \frac{C_3^2}{C_5^2} = \frac{3}{10}$$

$$P(B) = \frac{k_2}{n} = \frac{C_3^1 C_2^1}{C_5^2} = \frac{3}{5}$$

$$P(C) = \frac{k_3}{n} = 1 - P(\overline{C}) = 1 - \frac{C_2^2}{C_5^2} = \frac{9}{10}$$

例 1.3.7　从 1、2、3、4、5 这五个数字中等可能地、有放回地连续抽取三个数字，试求下列事件的概率：$A = \{三个数字完全不相同\}$；$B = \{三个数字中不含 1 和 5\}$；$C = \{三个数字中至少有一次出现 5\}$。

解：该题中从 1、2、3、4、5 这五个数字中等可能地、有放回地连续抽取三个数字，则基本事件总数为 $n = 5^3$，事件 A 中抽取的三个数字完全不相同，说明第一个数字有 5 种可能结果，第二个数字有 4 种可能结果，第三个数字有 3 种可能结果，所以事件 A 中的基本事件数为：$k_1 = 5 \times 4 \times 3 = 60$。事件 B 中三个数字中不含 1 和 5，说明只能含 2、3、4 三个数，所以 B 中的基本事件数为：$k_2 = 3^3 = 27$。事件 C 三个数字中至少有一次出现 5，需要考虑出现一次 5、两次 5 和三次 5 的情况，这时计算量较大，不妨从其对立事件考虑，即一次也未出现 5，说明只会出现 1、2、3、4 四个数，其基本事件数为 $4^3 = 64$。

$$P(A) = \frac{k_1}{n} = \frac{5 \times 4 \times 3}{5^3} = \frac{12}{25}$$

$$P(B) = \frac{k_2}{n} = \frac{3^3}{5^3} = \frac{27}{125}$$

$$P(C) = \frac{k_3}{n} = 1 - P(\overline{C}) = 1 - \frac{4^3}{5^3} = 1 - \frac{64}{125} = \frac{61}{125}$$

例 1.3.8 某班级同一年出生的有 n 个人（$n < 365$），问至少有两个人的生日在同一天的概率。

解： 设 $A = \{$至少有两个人的生日在同一天$\}$。

该题中如果正面来算，需要考虑两个人生日同一天、三个人生日同一天、…n 个人生日同一天，显然是不好算的，因此不妨考虑从对立面来算，则

$$P(A) = \frac{k}{n} = 1 - P(\bar{A}) = 1 - \frac{365 \times 364 \times \cdots \times (365 - n + 1)}{365^n}$$

经计算，n 取不同值时的概率值如下表所示。

n	10	20	30	40	50	60	70	80
p	0.12	0.41	0.71	0.89	0.97	0.99	1.00	1.00

从上表可以看出，在 60 人左右的人群里，约有 99% 的概率出现至少有两人生日在同一天。

例 1.3.9 设 N 件产品中有 K 件是次品，$N - K$ 件是正品，$K < N$。现从 N 件中每次任意抽取 1 件产品，在检查过它是正品还是次品后再放回。这样共抽取了 n 次，$n \leqslant K$，$n \leqslant N - K$，求事件 $A = \{n$ 件产品中恰有 k 件次品$\}$ 的概率，$k = 0, 1, 2, \cdots, n$。

解： 该题中基本事件总数为：由于每次从 N 件产品中任意取 1 件，每次都有 N 种取法，取 n 次，共有 N^n 种取法，也就说明基本事件总数是 N^n。同理，可得事件 A 中的取法总数是 $C_n^k K^k (N - K)^{n-k}$。

$$P(A) = \frac{C_n^k K^k (N - K)^{n-k}}{N^n} = C_n^k \left(\frac{K}{N}\right)^k \left(1 - \frac{K}{N}\right)^{n-k}, \quad k = 0, 1, 2, \cdots, n$$

若在放回的情况下，每次抽取的次品率都未发生变化，均为 K/N，若用 $p = K/N$ 表示每次抽取的次品率，则上式可以写为

$$P(A) = C_n^k p^k (1 - p)^{n-k}, \quad k = 0, 1, 2, \cdots, n$$

该公式也就是在第二章要学习的二项分布的概率计算公式。

1.4 几何型概率

在古典型概率中利用等可能性的概念，可计算有限种结果的概率；但如果出现无限种结果而又有某种等可能性时的概率，又如何计算呢？这种情况一般可通过几何方法来求解，下面来具体学习几何型概率。

定义 1.4.1 如果每个事件发生的概率只与构成该事件区域的长度（面积或体积）成比例，则称这样的概率模型为几何概率模型，简称几何型概率。

几何型概率计算公式：

$$P(A) = \frac{|A|}{|\Omega|} = \frac{\text{构成事件 } A \text{ 的区域长度（面积或体积）}}{\text{试验的全部结果 } \Omega \text{ 所构成的区域长度（面积或体积）}}$$

几何型概率的特点:

（1）试验中所有可能出现的结果（基本事件）有无限多个;

（2）每个基本事件出现的可能性相等。

例 1.4.1 取一根长为 3 米的绳子,拉直后在任意位置剪断,那么剪得两段的长都不少于 1 米的概率有多大?

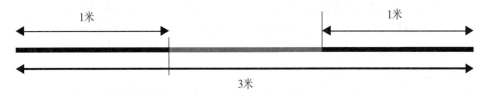

图 1.4.1　绳子长度

解: 设 $A = \{$剪得两段绳子长都不小于 1 米$\}$,把绳子三等分,于是当剪断位置处在中间 1 米段时,事件 A 发生。由于中间一段的长度刚好等于绳子长的三分之一,所以事件 A 发生的概率为

$$P(A) = \frac{A \text{ 的长度}}{\Omega \text{ 的长度}} = \frac{1}{3}$$

例 1.4.2 设质点等可能地落在半径为 $R = 2$ 米的圆 Ω 中,A 是半径为 $r = 1$ 米的圆,$A \subset \Omega$。

（1）计算质点落在小圆内的概率;

（2）计算质点落在小圆外的概率。

解: 大圆的面积是 4π 平方米,质点等可能地落入大圆。

小圆的面积是 π 平方米。

（1）质点落在小圆内的概率为

$$P(A) = \frac{A \text{ 的面积}}{\Omega \text{ 的面积}} = \frac{\pi}{4\pi} = \frac{1}{4}$$

（2）质点落在小圆外的概率为

$$P(\overline{A}) = 1 - P(A) = 1 - \frac{1}{4} = \frac{3}{4}$$

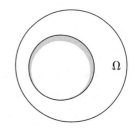

图 1.4.2　大小圆

例 1.4.3 有一杯 1 升的水,其中含有 1 个细菌,用一个小杯从这杯水中取出 0.2 升,求小杯水中含有这个细菌的概率。

解: 设 $A = \{$小杯水中含有这个细菌$\}$

$$P(A) = \frac{A \text{ 的体积}}{\Omega \text{ 的体积}} = \frac{0.2}{1} = \frac{1}{5}$$

1.5 条件概率

1.5.1 条件概率

在实际问题中，除了要考虑某事件 A 的概率 $P(A)$ 外，有时还要考虑在"事件 B 已经发生"的条件下，事件 A 发生的概率。通常记为 $P(A|B)$，读作在事件 B 发生的条件下，事件 A 发生的条件概率。

一般情况下，$P(A|B) \neq P(A)$。

例 1.5.1 掷一颗均匀骰子，$A = \{$掷出 2 点$\}$，$B = \{$掷出偶数点$\}$，求：

（1）掷出 2 点的概率；（2）在掷出偶数点的条件下，掷出 2 点的概率。

解：（1）根据古典型概率计算公式得到

$$P(A) = \frac{1}{6}$$

（2）$B = \{$掷出偶数点$\} = \{2，4，6\}$，2 点刚好是三种结果中的一种，所以

$$P(A|B) = \frac{1}{3}$$

从以上结果可以看出，$P(A|B) \neq P(A)$，然而 $P(A|B)$ 如何通过公式算出呢？

不妨先来计算 $P(AB)$ 和 $P(B)$：

$$P(AB) = \frac{1}{6} \qquad P(B) = \frac{3}{6} = \frac{1}{2}$$

$$P(A|B) = \frac{P(AB)}{P(B)} = \frac{1/6}{1/2} = \frac{1}{3}$$

受此计算的启发，对条件概率的定义如下：

定义 1.5.1 设 A、B 是两个事件，且 $P(B) > 0$，则称

$$P(A|B) = \frac{P(AB)}{P(B)}$$

为在事件 B 发生条件下，事件 A 的条件概率。

性质 设 B 是一事件，且 $P(B) > 0$，则：

（1）对任一事件 A，$0 \leqslant P(A|B) \leqslant 1$；

（2）$P(\Omega|B) = 1$；

（3）设 A_1，A_2，… 是两两互斥事件，则有

$$P((A_1 \cup A_2 \cup \cdots)|B) = P(A_1|B) + P(A_2|B) + \cdots$$

证明： 由条件概率的定义，可直接推出（1）和（2），下面仅证明（3）。

若 A_1，A_2，… 两两互斥，则 $A_i A_j = \varnothing$，$i \neq j$，i，$j = 1$，2，…

$$(A_i B)(A_j B) = (A_i A_j B) = \varnothing B = \varnothing$$

于是，$A_1 B$，$A_2 B$，… 也两两互斥，则有

$$P((A_1 \cup A_2 \cup \cdots)\,|\,B) = \frac{P((A_1 \cup A_2 \cup \cdots)B)}{P(B)} = \frac{P(A_1 B \cup A_2 B \cup \cdots)}{P(B)}$$

$$= \frac{P(A_1 B)}{P(B)} + \frac{P(A_2 B)}{P(B)} + \cdots = P(A_1\,|\,B) + P(A_2\,|\,B) + \cdots$$

由于条件概率满足概率定义的三个条件，所以概率性质也适用于条件概率。例如，对于任意事件 A_1、A_2，有

$$P((A_1 \cup A_2)\,|\,B) = P(A_1\,|\,B) + P(A_2\,|\,B) - P(A_1 A_2\,|\,B)$$

例 1.5.2　在 8 个形状大小均一的球中有 6 个红球和 2 个白球，不放回地依次摸出 2 个球，在第一次摸出红球的条件下，第二次也摸到红球的概率是多少？

解：设 $A_i = \{$第 i 次摸到红球$\}$，$i = 1,2$，$A_1 A_2 = \{$两次摸到红球$\}$，则

$$P(A_1 A_2) = \frac{6 \times 5}{8 \times 7} = \frac{15}{28} \qquad P(A_1) = \frac{6}{8} = \frac{3}{4}$$

$$P(A_2\,|\,A_1) = \frac{P(A_1 A_2)}{P(A_1)} = \frac{15/28}{3/4} = \frac{5}{7}$$

1.5.2　乘法公式

设 A、B 是两个事件，对条件概率的定义式 $P(A\,|\,B) = \dfrac{P(AB)}{P(B)}$ 进行移项，当 $P(B) > 0$ 时，得到

$$P(AB) = P(B)P(A\,|\,B)$$

同理，当 $P(A) > 0$ 时，有

$$P(AB) = P(A)P(B\,|\,A)$$

通常称上面两式为乘法公式。

乘法公式也可以推广到多个事件中，例如，A_1，A_2，$\cdots$，A_n 为 n 个事件，$n \geq 2$，当 $P(A_1 A_2 \cdots A_{n-1}) > 0$ 时，有

$$P(A_1 A_2 \cdots A_n) = P(A_1)P(A_2\,|\,A_1) \cdots P(A_n\,|\,A_1 A_2 \cdots A_{n-1})$$

证明：由 $P(A_1) \geq P(A_1 A_2) \geq \cdots \geq P(A_1 A_2 \cdots A_n) > 0$，可知

$$P(A_1)P(A_2\,|\,A_1) \cdots P(A_n\,|\,A_1 A_2 \cdots A_{n-1}) =$$

$$P(A_1) \cdot \frac{P(A_1 A_2)}{P(A_1)} \cdot \frac{P(A_1 A_2 A_3)}{P(A_1 A_2)} \cdots \frac{P(A_1 A_2 \cdots A_n)}{P(A_1 A_2 \cdots A_{n-1})} = P(A_1 A_2 \cdots A_n)$$

利用乘法公式，可计算两个及以上事件同时发生的概率。

例 1.5.3　盒内有 7 个产品，其中正品 4 个、次品 3 个，不放回地一个一个往外取产品，求第三次才取到正品的概率。

解：设 $A_i = \{$第 i 次取到正品$\}$，$i = 1,2,3$，$A = \{$第三次才取到正品$\}$，则 $A = \overline{A_1}\,\overline{A_2} A_3$

$$P(A) = P(\overline{A_1}\,\overline{A_2} A_3) = P(\overline{A_1})P(\overline{A_2}\,|\,\overline{A_1})P(A_3\,|\,\overline{A_1}\,\overline{A_2}) = \frac{3}{7} \times \frac{2}{6} \times \frac{4}{5} = \frac{4}{35}$$

例 1.5.4（Polya 模型）　口袋中有 b 个黑球、r 个红球，从中任意取一个放回后再放入同颜色同型号的球 a 个。设 $B_i = \{$第 i 次取到黑球$\}$，求 $P(B_1 B_2 \overline{B_3}\,\overline{B_4})$。

解：用乘法公式可得

$$P(B_1 B_2 \overline{B_3} \overline{B_4}) = P(B_1) P(B_2 \mid B_1) P(\overline{B_3} \mid B_1 B_2) P(\overline{B_4} \mid B_1 B_2 \overline{B_3})$$

$$= \frac{b}{b+r} \times \frac{b+a}{b+r+a} \times \frac{r}{b+r+2a} \times \frac{r+a}{b+r+3a}$$

1.5.3 全概率公式

为介绍全概率公式，需先引入样本空间划分的概念。

设 Ω 为试验 E 的样本空间，B_1，B_2，$\cdots$，B_n 为一组事件，若 B_1，B_2，$\cdots$，B_n 两两互斥，且 $B_1 \cup B_2 \cup \cdots \cup B_n = \Omega$，则称 B_1，B_2，$\cdots$，B_n 为样本空间 Ω 的一个划分。

若 B_1，B_2，$\cdots$，B_n 为样本空间的一个划分，则每次试验时，事件 B_1，B_2，$\cdots$，B_n 中有且只有一个发生。

定理 1.5.1 设 B_1，B_2，$\cdots$，B_n 为样本空间 Ω 的一个划分，且 $P(B_i) > 0$，$i = 1$，2，$\cdots$，n；另有一事件 A，它总是与 B_1，B_2，$\cdots$，B_n 之一同时发生，则有

$$P(A) = \sum_{i=1}^{n} P(B_i) P(A \mid B_i)$$

称为全概率公式。

可以这样理解全概率公式，某一事件 A 的发生有各种可能的原因 $B_i (i = 1$，2，$\cdots$，$n)$，如果 A 是由原因 B_i 所引起，则此原因与 A 同时发生的概率是 $P(B_i A) = P(B_i) P(A \mid B_i)$。每一原因都可能导致 A 发生，故 A 发生的概率是各原因引起 A 发生概率的总和，即为全概率公式。

证明：由 B_1，$B_2 \cdots$，B_n 为样本空间的一个划分，可知 $B_1 \cup B_2 \cup \cdots \cup B_n = \Omega$，且 $B_i B_j = \emptyset$，$i \neq j$，i，$j = 1$，2，$\cdots$，n

$$A = A\Omega = A(B_1 \cup B_2 \cup \cdots \cup B_n) = (AB_1) \cup (AB_2) \cup \cdots \cup (AB_n)$$

又因 $(AB_i)(AB_j) = (AB_i B_j) = A\emptyset = \emptyset$

所以 $P(A) = P\{(AB_1) \cup (AB_2) \cup \cdots \cup (AB_n)\} = P(AB_1) + P(AB_2) + \cdots + P(AB_n)$

$$= \sum_{i=1}^{n} P(AB_i) = \sum_{i=1}^{n} P(B_i) P(B_i \mid A)，\quad i = 1，2，\cdots，n$$

例 1.5.5 10 张奖券中含有 4 张中奖的奖券，每人购买 1 张，求：
（1）第二人中奖的概率；（2）第三人中奖的概率。

解：设 $A_i = \{$第 i 人中奖$\}$，$i = 1$，2，3

（1）$P(A_1) = \dfrac{4}{10}$，$P(\overline{A_1}) = \dfrac{6}{10}$，$P(A_2 \mid A_1) = \dfrac{3}{9}$，$P(A_2 \mid \overline{A_1}) = \dfrac{4}{9}$

根据全概率公式可得

$$P(A_2) = P(A_1) P(A_2 \mid A_1) + P(\overline{A_1}) P(A_2 \mid \overline{A_1}) = \frac{4}{10} \times \frac{3}{9} + \frac{6}{10} \times \frac{4}{9} = \frac{2}{5}$$

（2）根据全概率公式可得

$$P(A_3) = P(A_1 A_2) P(A_3 \mid A_1 A_2) + P(\overline{A_1} A_2) P(A_3 \mid \overline{A_1} A_2) + P(A_1 \overline{A_2}) P(A_3 \mid A_1 \overline{A_2})$$

$$+ P(\overline{A_1} \, \overline{A_2}) P(A_3 \mid \overline{A_1} \, \overline{A_2})$$

$$= P(A_1)P(A_2 | A_1)P(A_3 | A_1 A_2) + P(\overline{A_1})P(A_2 | \overline{A_1})P(A_3 | \overline{A_1} A_2)$$
$$+ P(A_1)P(\overline{A_2} | A_1)P(A_3 | A_1 \overline{A_2}) + P(\overline{A_1})P(\overline{A_2} | \overline{A_1})P(A_3 | \overline{A_1} \overline{A_2})$$
$$= \frac{4}{10} \times \frac{3}{9} \times \frac{2}{8} + \frac{6}{10} \times \frac{4}{9} \times \frac{3}{8} + \frac{4}{10} \times \frac{6}{9} \times \frac{3}{8} + \frac{6}{10} \times \frac{5}{9} \times \frac{4}{8} = \frac{2}{5}$$

仔细观察上面例子，可以发现一个重要的结论，第二人中奖的概率、第三人中奖的概率与第一人中奖的概率一样，即均为 $\frac{2}{5}$。这也说明每个人中奖的概率都是一样的。

例 1.5.6　某工厂的甲、乙、丙 3 个车间生产同一种产品，甲车间的产量比乙车间多 1 倍，乙车间的产量与丙车间相同，各车间产品的废品率依次为 5%、4%、2%，从该厂生产的产品中任取一件，求取到一件废品的概率。

解：设 $A = \{废品\}$，$B_1 = \{甲车间生产的产品\}$，$B_2 = \{乙车间生产的产品\}$，$B_3 = \{丙车间生产的产品\}$，则

$$P(B_1) = \frac{1}{2} \qquad P(B_2) = \frac{1}{4} \qquad P(B_3) = \frac{1}{4}$$
$$P(A | B_1) = 5\% \qquad P(A | B_2) = 4\% \qquad P(A | B_3) = 2\%$$

根据全概率公式可得

$$P(A) = P(B_1)P(A | B_1) + P(B_2)P(A | B_2) + P(B_3)P(A | B_3)$$
$$= \frac{1}{2} \times 5\% + \frac{1}{4} \times 4\% + \frac{1}{4} \times 2\% = 4\%$$

1.5.4　贝叶斯（Bayes）公式

定理 1.5.2　设 B_1，B_2，$\cdots$，B_n 为样本空间 Ω 的一个划分，且 $P(B_i) > 0$，$i = 1$，2，$\cdots$，n；另有一事件 A，它总是与 B_1，B_2，$\cdots$，B_n 之一同时发生，则

$$P(B_i | A) = \frac{P(B_i)P(A | B_i)}{\sum_{j=1}^{n} P(B_j)P(A | B_j)}, \quad i = 1, 2, \cdots, n$$

该公式是概率论与数理统计中一个著名的公式，它首先出现于 1763 年出版的英国学者贝叶斯（1702—1761）的概率论著作《论机会学说中一个问题的解》一书中，因而被称为贝叶斯公式。该公式提出了重要的逻辑推理思路，具有较强的现实及哲理意义。它是在观察到事件 A 已发生的条件下，寻找导致 A 发生的每个原因的概率。$P(B_i)$ 和 $P(B_i | A)$ 分别称为原因的验前概率和验后概率，$P(B_i)$ 是在没有进一步的信息（不知道事件 A 是否发生）的情况下，人们对诸事件发生可能性大小的认识。当有了新的信息（知道 A 发生），人们对诸事件发生可能性大小 $P(B_i | A)$ 有了新的认识。这种情况在日常生活中也是屡见不鲜的，原以为不可能发生的事情，可能因为某种事件的发生而变得可能。贝叶斯公式从数量上刻画了这种变化。

证明：根据条件概率的定义及全概率公式可得

$$P(B_i | A) = \frac{P(B_i A)}{P(A)} = \frac{P(B_i)P(A | B_i)}{\sum_{j=1}^{n} P(B_j)P(A | B_j)}, \quad i = 1, 2, \cdots, n$$

例 1.5.7 据调查某地区居民的肝癌发病率为 0.0004，若肝癌患者对一种试验反应是阳性的概率为 0.99，正常人对这种试验反应是阳性的概率为 0.05，现抽查了一个人，试验反应是阳性，请问此人是肝癌患者的概率有多大？

解： 设 $B = \{$肝癌患者$\}$，$\overline{B} = \{$正常人$\}$，$A = \{$试验结果是阳性$\}$

$$P(B) = 0.0004,\ P(\overline{B}) = 0.9996,\ P(A|B) = 0.99,\ P(A|\overline{B}) = 0.05$$

根据贝叶斯公式可得

$$P(B|A) = \frac{P(B)P(A|B)}{P(B)P(A|B) + P(\overline{B})P(A|\overline{B})} = \frac{0.0004 \times 0.99}{0.0004 \times 0.99 + 0.9996 \times 0.05} = 0.00786$$

例 1.5.8 续例 1.5.6，现从该厂中随机抽到一件废品，请问这件废品由甲车间、乙车间、丙车间生产的概率各为多少？

解： 根据贝叶斯公式可得

$$P(B_1|A) = \frac{P(B_1)P(A|B_1)}{\sum_{j=1}^{3} P(B_j)P(A|B_j)} = \frac{\frac{1}{2} \times 5\%}{\frac{1}{2} \times 5\% + \frac{1}{4} \times 4\% + \frac{1}{4} \times 2\%} = \frac{5}{8}$$

同理可得

$$P(B_2|A) = \frac{1}{4},\ P(B_3|A) = \frac{1}{8}$$

1.6 事件的独立性

设 A，B 是试验 E 的两事件，若 $P(A) > 0$，可以定义 $P(B|A)$。一般地，A 的发生对 B 发生的概率是有影响的，这时 $P(B|A) \neq P(B)$，只有在这种影响不存在时才会有 $P(B|A) = P(B)$，这时有

$$P(AB) = P(A)P(B|A) = P(A)P(B)$$

例 1.6.1 设试验 E 为"抛甲、乙两枚硬币，观察正反面出现的情况"。设事件 A 为"甲币出现正面"，事件 B 为"乙币出现正面"。

解： 用 F 表示正面，T 表示反面，则 E 的样本空间为

$$\Omega = \{FF,\ FT,\ TF,\ TT\}$$

$$P(A) = 2/4 = 1/2,\ P(B) = 2/4 = 1/2,\ P(B|A) = 1/2,\ P(AB) = 1/4$$

这里 $P(B|A) = P(B)$，而 $P(AB) = P(A)P(B)$。

定义 1.6.1 设 A，B 是两事件，如果满足等式

$$P(AB) = P(A)P(B)$$

则称事件 A，B 相互独立，简称 A，B 独立。

容易知道，若 $P(A) > 0$，$P(B) > 0$，则 A，B 相互独立与 A，B 互不相容不能同时成立。

定理 1.6.1 设 A，B 是两事件，且 $P(A) > 0$，若 A，B 相互独立，则 $P(B|A) = P(B)$。同理，若 $P(B) > 0$，则将 A，B 位置对调，也依然成立。

定理 1.6.2　若事件 A 与 B 相互独立，则 A 与 $\bar{B}$，$\bar{A}$ 与 B，$\bar{A}$ 与 $\bar{B}$ 也相互独立。

证明： A 与 $\bar{B}$ 独立 $\bar{A}$

因为 $A = A(B \cup \bar{B}) = AB \cup A\bar{B}$，得

$$P(A) = P(AB \cup A\bar{B}) = P(AB) + P(A\bar{B}) = P(A)P(B) + P(A\bar{B})$$

$$P(A\bar{B}) = P(A)[1 - P(B)] = P(A)P(\bar{B})$$

因此，A 与 $\bar{B}$ 相互独立。同理，可推出 $\bar{A}$ 与 B，$\bar{A}$ 与 $\bar{B}$ 也相互独立。

关于两事件的独立，用一个例子进行说明：将一颗均匀骰子连续抛掷两次，若 $A = \{$第二次抛出 6 点$\}$，$B = \{$第一次抛出 6 点$\}$，显然有 $P(A|B) = P(A)$。

这就是说：事件 B 发生，并不影响事件 A 发生的概率。这时，称事件 A 与 B 相互独立，简称独立。

例 1.6.2　甲、乙两射手独立地射击同一目标，他们击中目标的概率分别为 0.6、0.8。求每人射击一次后，目标被击中的概率。

解： 设 $A = \{$甲击中目标$\}$，$B = \{$乙击中目标$\}$，则

$$P(A) = 0.6, \ P(B) = 0.8$$

由事件之和的概率及 A 与 B 相互独立，得

$$P(A \cup B) = P(A) + P(B) - P(AB) = P(A) + P(B) - P(A)P(B)$$
$$= 0.6 + 0.8 - 0.6 \times 0.8 = 0.92$$

下面将独立性的概念推广到三个事件的情况。

定义 1.6.2　设 A，B，C 是三个事件，如果满足等式

$$P(AB) = P(A)P(B)$$
$$P(BC) = P(B)P(C)$$
$$P(AC) = P(A)P(C)$$
$$P(ABC) = P(A)P(B)P(C)$$

则称事件 A，B，C 相互独立。

一般，设 A_1，A_2，$\cdots$，A_n 是 $n(n \geq 2)$ 个事件，如果对于其中所有可能的 $1 \leq i < j < k < \cdots \leq n$，以下等式均成立

$$P(A_i A_j) = P(A_i)P(A_j)$$
$$P(A_i A_j A_k) = P(A_i)P(A_j)P(A_k)$$
$$\vdots$$
$$P(A_i A_j \cdots A_n) = P(A_i)P(A_j) \cdots P(A_n)$$

则称此 n 个事件 A_1，A_2，$\cdots$，A_n 相互独立。

很显然，由定义可以得到以下两个推论。

（1）若事件 A_1，A_2，$\cdots$，$A_n(n \geq 2)$ 相互独立，则其中任意 $k(2 \leq k \leq n)$ 个事件也是相互独立的。

（2）若 n 个事件 A_1，A_2，$\cdots$，$A_n(n \geq 2)$ 相互独立，则将 A_1，A_2，$\cdots$，A_n 中任意多个事件换成它们各自的对立事件，所得的 n 个事件仍然相互独立。

两事件相互独立的含义是它们中一个已经发生，不影响另一个发生的概率。在实际应用中，对于事件独立性常常是根据事件的实际意义去判断。一般，若 A，B 两事件

之间没有关联或关联很微弱，那就认为它们是相互独立的。例如，A，B 分别表示甲、乙两人患感冒。如果甲、乙两人的活动范围相距甚远，就认为 A，B 相互独立。若甲、乙两人是同住在一个房间内，那就不能认为 A，B 相互独立了。

例 1.6.3 三人独立地破译一个密码，他们能破译的概率分别为 1/5、1/3、1/4，求将此密码破译出来的概率。

解： 设事件 A_i 表示"第 i 人能译出密码"，$i = 1$，2，3。A_1，A_2，A_3 及其逆事件相互独立，$P(A_1) = 1/5$，$P(A_2) = 1/3$，$P(A_3) = 1/4$，三人中至少有一人能译出为事件 $A_1 \cup A_2 \cup A_3$。

$$P(A_1 \cup A_2 \cup A_3) = 1 - P(\overline{A_1 \cup A_2 \cup A_3}) = 1 - P(\overline{A_1}\,\overline{A_2}\,\overline{A_3}) = 1 - P(\overline{A_1})P(\overline{A_2})P(\overline{A_3})$$

$$= 1 - \left(1 - \frac{1}{5}\right) \times \left(1 - \frac{1}{3}\right) \times \left(1 - \frac{1}{4}\right) = 1 - \frac{4}{5} \times \frac{2}{3} \times \frac{3}{4} = \frac{3}{5}$$

例 1.6.4 加工某一零件需要经过四道工序，设第一、二、三、四道工序的次品率分别为 0.02、0.03、0.05、0.03，假定各道工序是相互独立的，求加工出来的零件的次品率。

解： 设事件 A_i 表示"第 i 道工序生产的次品"，$i = 1$，2，3，4。A_1，A_2，A_3，A_4 及其逆事件相互独立，加工出来的次品零件可表示为 $A_1 \cup A_2 \cup A_3 \cup A_4$，由题意：

$$P(A_1) = 0.02，P(A_2) = 0.03，P(A_3) = 0.05，P(A_4) = 0.03$$

$$P(A_1 \cup A_2 \cup A_3 \cup A_4) = 1 - P(\overline{A_1 \cup A_2 \cup A_3 \cup A_4}) = 1 - P(\overline{A_1}\,\overline{A_2}\,\overline{A_3}\,\overline{A_4})$$

$$= 1 - P(\overline{A_1})P(\overline{A_2})P(\overline{A_3})P(\overline{A_4})$$

$$= 1 - (1 - 0.02) \times (1 - 0.03) \times (1 - 0.05) \times (1 - 0.03) = 0.124$$

例 1.6.5 若干人独立地向同一目标射击，每人击中目标的概率都是 0.6，至少需要多少人，才能以 0.99 以上的概率击中目标？

解： 设至少需要 n 个人，才能以 0.99 以上的概率击中目标。令 $A = \{$目标被击中$\}$，$A_i = \{$第 i 人击中目标$\}$，$i = 1$，2$\cdots$，n，则 $A = A_1 \cup A_2 \cup \cdots \cup A_n$，且 A_1，A_2，$\cdots$，A_n 相互独立。于是，$\overline{A_1}$，$\overline{A_2}$，$\cdots$，$\overline{A_n}$ 也相互独立。利用事件的对偶律 $\overline{A_1 \cup A_2 \cup \cdots \cup A_n} = \overline{A_1}\,\overline{A_2}\cdots\overline{A_n}$，得

$$P(A) = 1 - P(\overline{A_1 \cup A_2 \cup \cdots \cup A_n}) = 1 - P(\overline{A_1}\,\overline{A_2}\cdots\overline{A_n}) = 1 - P(\overline{A_1})P(\overline{A_2})\cdots P(\overline{A_n})$$

$$= 1 - (1 - 0.6)^n = 1 - 0.4^n$$

问题化成了求最小的 n，使 $1 - 0.4^n > 0.99$，解此不等式，得 $n > 5.02$。

故要求击中目标的概率超过 99%，至少需要 6 个人。

例 1.6.6 以本章的"案例引导——轰炸目标"为例：目标被炸毁的概率是多少？

解： 记 A 为炸毁目标，B_i 为飞机 i 到达目的地（不妨设 1 号机是领航机）。

$$P(A) = P(AB_1) + P(AB_1B_2) + P(AB_1B_3) + P(AB_1B_2B_3)$$

其中：

$P(AB_1) = P(B_1)P(A|B_1)$ 表示 B_1 领航机飞过，炸毁目标的概率。

$P(AB_1B_2) = P(B_1B_2)P(A|B_1B_2)$ 表示 B_1 领航机与 B_2 僚机飞过，炸毁目标的概率。

$P(AB_1B_3) = P(B_1B_3)P(A|B_1B_3)$ 表示 B_1 领航机与 B_3 僚机飞过，炸毁目标的概率。

$P(AB_1B_2B_3) = P(B_1B_2B_3)P(A|B_1B_2B_3)$　表示 B_1 领航机与 B_2、B_3 僚机都飞过，炸毁目标的概率。

∵（1）$P(A|B_1) = 1 - (0.7) = 0.3$；$P(B_1) = 0.8(0.2)^2 = 0.032$　表示 B_1 领航机飞过，B_2、B_3 僚机被击落的概率。

∴ $P(AB_1) = P(B_1)P(A|B_1) = 0.032 \times 0.3 = 0.0096$

∵（2）$P(A|B_1B_2) = 1 - (0.7)^2 = 0.51$；$P(B_1B_2) = (0.8)^2 \times 0.2 = 0.128$

∴ $P(AB_1B_2) = P(B_1B_2)P(A|B_1B_2) = 0.128 \times 0.51 = 0.06528$

∵（3）$P(A|B_1B_3) = 1 - (0.7)^2 = 0.51$；$P(B_1B_3) = (0.8)^2 \times 0.2 = 0.128$

∴ $P(AB_1B_3) = P(B_1B_3)P(A|B_1B_3) = 0.128 \times 0.51 = 0.06528$

∵（4）$P(A|B_1B_2B_3) = 1 - (0.7)^3 = 0.657$；$P(B_1B_2B_3) = (0.8)^3 = 0.512$

∴ $P(AB_1B_2B_3) = P(B_1B_2B_3)P(A|B_1B_2B_3) = 0.512 \times 0.657 = 0.336384$

∴ 目标被炸毁的概率：$P(A) = P(AB_1) + P(AB_1B_2) + P(AB_1B_3) + P(AB_1B_2B_3)$
$$= 0.0096 + 0.06528 + 0.06528 + 0.336384 = 0.476544$$

本章小结

本章学习的目的与要求：了解样本空间的概念、理解随机事件的概念、掌握随机事件的关系与运算律。理解频率、概率、条件概率的概念，掌握概率的基本性质，会计算古典型概率和几何型概率，掌握条件概率及乘法公式、全概率公式以及贝叶斯公式，并会用于解决相关问题。掌握事件独立性的概念与定理、性质，并能运用于相关的概率计算。

本章学习的重点与难点：重点是随机事件的关系与运算律、概率的基本性质、古典型概率和几何型概率、条件概率及乘法公式、全概率公式以及贝叶斯公式、事件独立性定理与性质运用。本章学习的难点是对偶律的运用，互斥、对立与独立事件之间的区别与联系，乘法公式、全概率公式以及贝叶斯公式的区别与应用。

本章内容提示：

1. 几种概念之间的联系

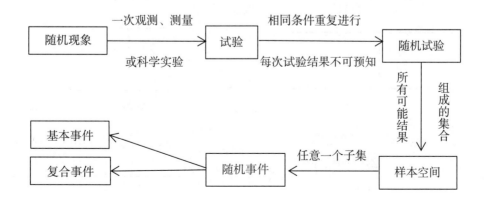

2. 事件之间的关系（以 A、B 为例）

（1）事件之间的包含和相等（$A \subset B$ 或 $A = B$）。

（2）事件之间的和或并（$A \cup B$）。

（3）事件之间的积或交（AB）。

（4）事件之间的差（$A\bar{B} = A - B = A - AB$）。

3. 对偶律

$$\overline{A_1 \cup A_2 \cup \cdots \cup A_n} = \bar{A_1}\bar{A_2}\cdots\bar{A_n}$$

$$\overline{A_1 A_2 \cdots A_n} = \bar{A_1} \cup \bar{A_2} \cup \cdots \cup \bar{A_n}$$

4. 概率的性质

（1）$P(\varnothing) = 0$。

（2）若事件 A_1，A_2，$\cdots$，A_n 两两互斥，则有

$$P(A_1 \cup A_2 \cup \cdots \cup A_n) = P(A_1) + P(A_2) + \cdots + P(A_n)$$

即两两互斥事件之和的概率等于它们各自概率之和。

（3）对任一事件 A，均有 $P(\bar{A}) = 1 - P(A)$。

（4）对两个事件 A 与 B，则

①若 $A \subset B$，则有 $P(B - A) = P(B) - P(A)$，$P(B) \geqslant P(A)$。

②$P(B - A) = P(B) - P(AB)$。

（5）对任意两个事件 A，B，有

$$P(A \cup B) = P(A) + P(B) - P(AB)$$

5. 古典型概率与几何型概率计算公式

古典型概率：$P(A) = \sum\limits_{i=1}^{k} P(\omega_i) = \dfrac{k}{n} = \dfrac{\text{事件 } A \text{ 包含的基本事件数}}{\text{基本事件总数}}$

几何型概率：$P(A) = \dfrac{|A|}{|\Omega|} = \dfrac{\text{构成事件 } A \text{ 的区域长度（面积或体积）}}{\text{试验的全部结果 } \Omega \text{ 所构成的区域长度（面积或体积）}}$

6. 条件概率中的几种概率之间的关系

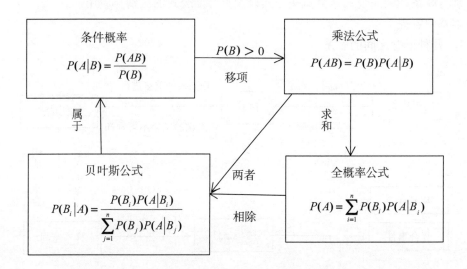

7. n 个事件独立性的应用

$$P(A_1 \cup A_2 \cup \cdots \cup A_n) = 1 - P(\overline{A_1 \cup A_2 \cup \cdots \cup A_n}) = 1 - P(\overline{A_1})P(\overline{A_2})\cdots P(\overline{A_n})$$

8. 互斥事件与对立事件之间的关系

若 A、B 两事件相互对立，则它们之间一定互斥。

若 A、B 两事件互斥，则它们之间不一定对立。

9. 互斥事件与独立事件之间的关系

若 A、B 两事件互斥，且 $P(A) > 0$，$P(B) > 0$，则它们之间一定不独立。

若 A、B 两事件相互独立，且 $P(A) > 0$，$P(B) > 0$，则它们之间一定不互斥。

习题 1

1.1 写出下列随机试验的样本空间 Ω：

(1) 生产产品直到有 10 件正品为止，记录生产产品的总件数。

(2) 在单位圆内任意取一点，记录它的坐标。

(3) 记录一个班一次数学考试的平均分数（设以百分制计分）。

(4) 观察某医院一天内前来就诊的人数。

1.2 设 A，B，C 为三个事件，用 A，B，C 的运算关系表示下列各事件：

(1) A 发生，B 与 C 都不发生。

(2) A 与 B 都发生，而 C 不发生。

(3) A，B，C 中至少有一个发生。

(4) A，B，C 都发生。

(5) A，B，C 都不发生。

(6) A，B，C 中恰有两个发生。

(7) A，B，C 中至少有两个发生。

(8) A，B，C 中不多于两个发生。

1.3 设 A 与 B 是两个事件，$P(A) = 0.6$，$P(B) = 0.8$，试问：

(1) 在什么条件下 $P(AB)$ 取到最大值？最大值是多少？

(2) 在什么条件下 $P(AB)$ 取到最小值？最小值是多少？

1.4 设 $P(A) = 0.2$，$P(B) = 0.3$，$P(C) = 0.5$，$P(AB) = 0$，$P(AC) = 0.1$，$P(BC) = 0.2$，求事件 A，B，C 中至少有一个发生的概率。

1.5 计算下列各题：

(1) 设 A 与 B 是两个事件，$P(B) = 0.3$，$P(A \cup B) = 0.6$，求 $P(A\overline{B})$；

(2) 设 $P(A) = 0.8$，$P(A - B) = 0.4$，求 $P(\overline{AB})$；

(3) 设 $P(AB) = P(\overline{AB})$，$P(A) = 0.3$，求 $P(B)$。

1.6 设 A，B，C 是三个事件，且 $P(A) = P(B) = 1/4$，$P(C) = 1/3$，$P(AB) = P(BC) = 0$，$P(AC) = 1/12$，求 A，B，C 至少有一个发生的概率。

1.7 设 A，B 是两个事件。

(1) 已知 $A\overline{B} = \overline{A}B$，验证 $A = B$；

（2）验证事件 A 和事件 B 恰有一个发生的概率为 $P(A) + P(B) - 2P(AB)$。

1.8 设事件 A，B 的概率均大于零，说明以下的叙述是否正确，并说明理由。

（1）若 A 与 B 互不相容，则它们相互独立。

（2）若 A 与 B 相互独立，则它们互不相容。

（3）$P(A) = P(B) = 0.6$，则 A，B 互不相容。

（4）$P(A) = P(B) = 0.6$，$P(AB) = 0.36$，则 A，B 相互独立。

1.9 已知事件 A，B 互斥，且 $P(A) = 0.3$，$P(A|\bar{B}) = 0.6$，求 $P(B)$。

1.10 已知事件 A 与 B 相互独立，已知 $P(A) = 0.4$，$P(A \cup B) = 0.7$，求：
（1）$P(AB)$；（2）$P(B|A)$。

1.11 公共汽车在 $0 \sim 5$ 分钟内随机地到达车站，求汽车在 $1 \sim 3$ 分钟内到达的概率。

1.12 袋中有 10 个球，8 红 2 白，现从袋中任取两次，每次取一球作不放回抽取，求下列事件的概率：（1）两次都取红球；（2）两次中一次取红球，另一次取白球；（3）至少有一次取白球；（4）第二次取白球；（5）第二次才取到白球。

1.13 针对某种疾病进行一种化验，患该病的人中有 80% 呈阳性反应，而未患该病的人中有 5% 呈阳性反应。设人群中有 1% 的人患这种病，若某人做这种化验呈阳性反应，则他患这种病的概率是多少？

1.14 加工某一种零件需要经过三道工序，设三道工序的次品率分别为 2%、1%、5%，假设各道工序是互不影响的，求加工出来的零件的次品率。

1.15 某工厂的甲、乙、丙 3 个车间生产同一种产品，其产量比为 10∶7∶3，各车间产品的废品率依次为 5%、4%、2%，求：

（1）从该厂生产的产品中任取一件，取到一件废品的概率；

（2）若取到一件废品，则该件废品来自甲车间的概率有多大？

1.16 根据报道，美国人血型的分布近似为：A 型占 37%，O 型占 44%，B 型占 13%，AB 型占 6%。夫妻拥有的血型是相互独立的。

（1）随机地选取一对夫妇，求妻子为 B 型，丈夫为 A 型的概率；

（2）随机地选取一对夫妇，求其中一人为 A 型，另一人为 B 型的概率；

（3）随机地选取一对夫妇，求其中至少有一人是 O 型的概率。

综合自测题 1

一、单选题

1. 设 A、B、C 为三个事件，则 A、B、C 不全发生可表示为（　　　）
   A. ABC　　　　　B. $\overline{ABC}$　　　　　C. $A \cup B \cup C$　　　　　D. $\overline{A \cup B \cup C}$

2. 设事件 A 和 B 互为对立事件，则下列各式不成立的是（　　　）
   A. $P(\overline{A}\,\overline{B}) = 0$　　B. $P(AB) = 0$　　C. $P(A \cup B) = 1$　　D. $P(B|A) = 1$

3. 将一枚均匀硬币抛掷 3 次，则至少有 2 次出现币值面朝上的概率是（　　　）
   A. $\dfrac{1}{8}$　　　　　B. $\dfrac{3}{8}$　　　　　C. $\dfrac{1}{2}$　　　　　D. $\dfrac{5}{8}$

4. 盒内有 6 个产品，其中正品 4 个、次品 2 个，不放回地一个一个往外取产品，则第二次才取到次品的概率与第二次取产品时取到次品的概率分别为（　　）

A. $\dfrac{4}{15}$，$\dfrac{1}{3}$　　　B. $\dfrac{4}{15}$，$\dfrac{4}{15}$　　　C. $\dfrac{1}{3}$，$\dfrac{1}{3}$　　　D. $\dfrac{1}{3}$，$\dfrac{4}{15}$

5. 设两个事件 A 和 B 相互独立，且 $P(A)=0.5$，$P(B)=0.4$，则 $P(A\cup B)$ 的值是（　　）

A. 0.9　　　　B. 0.8　　　　C. 0.7　　　　D. 0.6

6. 对于任意事件 A，B，若 $A\subset B$，则下列各等式不成立的是（　　）

A. $A\cup B=B$　　B. $A-B=\varnothing$　　C. $\overline{A}\cup\overline{B}=\overline{B}$　　D. $\overline{A}B=\varnothing$

7. 设 A，B 为任意两个概率不为 0 的互斥事件，则下列结论中一定正确的是（　　）

A. $P(A|B)=P(A)$　　　　　　　B. $P(A-B)=P(A)-P(B)$

C. $P(AB)=P(A)P(B)$　　　　　D. $P(A-B)=P(A)$

8. 将一枚均匀硬币抛掷 3 次，则恰有一次出现币值面朝上的概率是（　　）

A. $\dfrac{3}{8}$　　　　B. $\dfrac{1}{8}$　　　　C. $\dfrac{5}{8}$　　　　D. $\dfrac{1}{2}$

9. 已知在 10 只电子元件中，有 2 只是次品，从其中取两次，每次随机地取一只，作不放回抽取，则第二次取出的是次品的概率是（　　）

A. $\dfrac{1}{45}$　　　　B. $\dfrac{1}{5}$　　　　C. $\dfrac{16}{45}$　　　　D. $\dfrac{8}{45}$

10. 设两个事件 A 和 B 互斥，且 $P(A)=0.6$，$P(B)=0.2$，则 $P(A\cup B)$ 的值是（　　）

A. 0.3　　　　B. 0.7　　　　C. 0.8　　　　D. 0.9

11. 事件 A、B、C 中至少有一个发生的事件是（　　）

A. ABC　　B. $\overline{A}\cup\overline{B}\cup\overline{C}$　　C. $A\cup B\cup C$　　D. $\overline{ABC}$

12. 设 A、B 是两个随机事件，则下列关系式中成立的是（　　）

A. $P(AB)=P(A)$　　　　　　　B. $P(B|A)=P(B)$

C. $P(B-A)=P(B)-P(A)$　　　D. $P(A\cup B)\leqslant P(A)+P(B)$

13. 设 $P(A|B)=1$，则有（　　）

A. $P(A\overline{B})$ 是必然事件　　　B. $a-b$ 是必然事件

C. $AB=\varnothing$　　　　　　　　　D. $P(A)\geqslant P(B)$

14. 已知 A、B 是两个随机事件，且知 $P(A)=0.5$，$P(B)=0.8$，则 $P(AB)$ 的最大值是（　　）

A. 0.5　　　　B. 0.8　　　　C. 1　　　　D. 0.3

15. 设每次试验成功的概率为 $p(0<p<1)$，重复进行试验直到第 n 次才取得成功的概率为（　　）

A. $p(1-p)^{n-1}$　　　　　　　B. $np(1-p)^{n-1}$

C. $(n-1)p(1-p)^{n-1}$　　　　D. $(1-p)^{n-1}$

16. 掷一枚钱币，反复掷 4 次，则恰有 3 次出现正面的概率是（　　）

A. $\dfrac{1}{16}$ B. $\dfrac{1}{8}$ C. $\dfrac{1}{10}$ D. $\dfrac{1}{4}$

17. 设 A、B、C 为三个事件，则 A、B、C 全不发生的事件可表示为（　　）
   A. ABC B. $\overline{A}\cup\overline{B}\cup\overline{C}$ C. $A\cup B\cup C$ D. $\overline{A}\,\overline{B}\,\overline{C}$

18. 设 A 和 B 是两个随机事件，且 $B\subset A$，则下列式子正确的是（　　）
   A. $P(A\cup B)=P(A)$ B. $P(AB)=P(A)$
   C. $P(B|A)=P(B)$ D. $P(B-A)=P(B)-P(A)$

19. 设 A 和 B 相互独立，$P(A)=0.6$，$P(B)=0.4$，则 $P(A|B)=$（　　）
   A. 0.4 B. 0.6 C. 0.24 D. 0.5

20. 设 $P(A)=a$，$P(B)=b$，$P(A\cup B)=c$，则 $P(A\overline{B})=$（　　）
   A. $a-b$ B. $c-b$ C. $a(1-b)$ D. $b-a$

21. 随机掷两颗骰子，已知点数之和为8，则两颗骰子的点数都是偶数的概率为（　　）

   A. $\dfrac{3}{5}$ B. $\dfrac{1}{2}$ C. $\dfrac{1}{12}$ D. $\dfrac{1}{3}$

22. 设 N 件产品中有 n 件是不合格品，从这 N 件产品中任取2件，则2件都是不合格品的概率是（　　）

   A. $\dfrac{n-1}{2N-n-1}$ B. $\dfrac{n(n-1)}{N(N-1)}$ C. $\dfrac{n(n-1)}{N^2}$ D. $\dfrac{n-1}{2(N-n)}$

23. 设 A 和 B 是两个随机事件，则下列关系式中成立的是（　　）
   A. $P(A-B)=P(A)-P(B)$ B. $P(A\cup B)=P(A)+P(B)$
   C. $P(A-B)\leqslant P(A)-P(B)$ D. $P(A\cup B)\leqslant P(A)+P(B)$

24. 将3个相同的小球随机地放入4个盒子中，则盒子中有小球数最多为一个的概率为（　　）

   A. $\dfrac{3}{32}$ B. $\dfrac{1}{16}$ C. $\dfrac{3}{8}$ D. $\dfrac{1}{8}$

25. 同时抛掷3枚均匀的硬币，则恰好有两枚正面朝上的概率为（　　）
   A. 0.125 B. 0.25 C. 0.375 D. 0.50

26. 设在三次独立重复试验中，事件 A 出现的概率都相等，若已知三次独立试验中 A 至少出现一次的概率为 $\dfrac{19}{27}$，则事件 A 在一次试验中出现的概率为（　　）

   A. $\dfrac{1}{3}$ B. $\dfrac{1}{4}$ C. $\dfrac{1}{6}$ D. $\dfrac{1}{2}$

27. 设 A 和 B 为两个随机事件，且 $P(A)>0$，则 $P[(A\cup B)|A]=$（　　）
   A. $P(AB)$ B. $P(A)$ C. $P(B)$ D. 1

28. 已知 A，B 是两个随机事件，且知 $P(A)=0.5$，$P(B)=0.7$，则 $P(AB)$ 的最大值是（　　）
   A. 0.5 B. 0.7 C. 0.8 D. 1

29. 设事件 A 和 B 互斥，且 $P(A)>0$，$P(B)>0$，则有（　　）

A. $P(\overline{AB}) = 1$　　　　　　　　B. $P(A) = 1 - P(B)$

C. $P(AB) = P(A)P(B)$　　　　　　D. $P(A \cup B) = 1$

30. 设 A、B 相互独立，且 $P(A) > 0$，$P(B) > 0$，则下列等式成立的是（　　）

A. $P(AB) = 0$　　　　　　　　　B. $P(A - B) = P(A)P(\overline{B})$

C. $P(A) + P(B) = 1$　　　　　　　D. $P(A|B) = 0$

31. 设 A 为随机事件，则下列命题中错误的是（　　）

A. A 与 $\overline{A}$ 互为对立事件　　　　B. A 与 $\overline{A}$ 互斥

C. $\overline{\overline{A}} = A$　　　　　　　　　　D. $\overline{A \cup \overline{A}} = \Omega$

32. 设 A 与 B 相互独立，$P(A) = 0.2$，$P(B) = 0.4$，则 $P(\overline{A}|B) = $（　　）

A. 0.2　　　　　B. 0.4　　　　　C. 0.6　　　　　D. 0.8

33. 检查产品时，从一批产品中任取 3 件样品进行检查，则可能的结果是：未发现次品，发现 1 件次品，发现 2 件次品，发现 3 件次品。设事件 A_i 表示"发现 i 件次品"（$i = 0$，1，2，3）。对于事件"发现 1 件或 2 件次品"，下面表示正确的是（　　）

A. $A_1 A_2$　　　B. $A_1 + A_2$　　　C. $A_0(A_1 + A_2)$　　　D. $A_3(A_1 + A_2)$

34. 一盒产品中有 a 只正品，b 只次品，有放回地任取两次，第二次取到正品的概率为（　　）

A. $\dfrac{a-1}{a+b-1}$　　　　　　　　B. $\dfrac{a(a-1)}{(a+b)(a+b-1)}$

C. $\dfrac{a}{a+b}$　　　　　　　　　　D. $\left(\dfrac{a}{a+b}\right)^2$

35. 公车 5 分钟一趟，则等待时间不超过 3 分钟的概率是（　　）

A. $\dfrac{2}{5}$　　　　　B. $\dfrac{3}{5}$　　　　　C. $\dfrac{1}{2}$　　　　　D. 1

36. 已知 A，B 是两个随机事件，且知 $P(A) = 0.6$，$P(B) = 0.9$，则 $P(AB)$ 的最大值是（　　）

A. 0.6　　　　　B. 0.9　　　　　C. 1　　　　　D. 0.3

37. 设 A，B 为任意两个概率不为 0 的互斥事件，则下列结论中一定正确的是（　　）

A. A 与 B 独立　　　　　　　　B. $\overline{A}$ 与 $\overline{B}$ 相容

C. $P(AB) = P(A)P(B)$　　　　　D. $P(A - B) = P(A)$

二、填空题

1. 设事件 A 与 B 互不相容，$P(A) = 0.2$，$P(B) = 0.3$，则 $P(\overline{A}\,\overline{B}) = $ _____。

2. 一个盒子中有 6 颗黑棋子、9 颗白棋子，从中任取 2 颗，则这 2 颗棋子不同色的概率是_____。

3. 设 $P(A) = \dfrac{1}{3}$，$P(B|A) = \dfrac{1}{4}$，$P(A|B) = \dfrac{1}{2}$，则 $P(A \cup B) = $ _____。

4. 事件 A 与 B 相互独立，已知 $P(A) = 0.4$，$P(A \cup B) = 0.7$，则 $P(AB) = $ _____，$P(\overline{B}|A) = $ _____。

5. 已知 A 和 B 是两个相互独立的随机事件，且知 $P(A)=0.6$，$P(A)=0.3$，则 $P(A \cup B)=$ _____。

6. 设两个事件 A 和 B 相互独立，且 $P(A)=0.2$，$P(B)=0.4$，则 $P(A \cup B)=$ _____。

7. 已知 $P(B)=0.3$，$P(\bar{A} \cup B)=0.7$，且 A 与 B 相互独立，则 $P(A)=$ _____。

8. 设 $P(A)=3P(B)=\dfrac{2}{3}$，A 与 B 都不发生的概率是 A 与 B 同时发生的概率的 2 倍，则 $P(A-B)=$ _____。

9. 已知 $P(A)=0.7$，$P(A-B)=0.3$，则 $P(\overline{AB})=$ _____。

10. 已知事件 A，B 互斥，且 $P(A)=0.3$，$P(A|\bar{B})=0.6$，则 $P(B)=$ _____。

11. 设两个相互独立的事件 A，B 都不发生的概率为 $\dfrac{1}{9}$，A 发生 B 不发生的概率与 B 发生 A 不发生的概率相等，则 $P(A)=$ _____。

12. 设事件 A，B 满足 $P(A)=0.4$，$P(B)=0.5$，$P(A|\bar{B})=0.6$，则 $P(AB)=$ _____。

三、计算题

1. 某批产品中有 6 件正品、2 件次品，现从中任取两次，每次取一件，作不放回抽取，求下列事件的概率：（1）两次都取到正品；（2）两次中一次取到正品，另一次取到次品；（3）至少有一次取到正品；（4）第二次取到正品；（5）第二次才取到正品。

2. 两人相约 7 点到 8 点在某地会面，先到者等候另一人 20 分钟，这时就可离去。试求两人能会面的概率。

3. 10 支步枪中有 8 支校准过，2 支未校准。一名射手用校准过的枪射击时，中靶的概率为 0.9；用未校准过的枪射击时，中靶的概率是 0.3。现从 10 支枪中任取一支用于射击，结果中靶。求所用的枪是校准过的概率。

4. 两台车床加工同样的零件，第一台出现废品的概率为 0.03，第二台出现废品的概率是 0.02，加工出来的零件放在一起，并且已知第一台加工的零件比第二台加工的零件多 1 倍。求任意取出的零件是合格品的概率。

5. 甲、乙、丙三人独立地向同一目标各射击一次，他们击中目标的概率分别是 0.6、0.8、0.9。求目标被击中的概率。

6. 某工厂生产了同样规格的 6 箱产品，其中有 3 箱、2 箱和 1 箱分别是由甲、乙、丙 3 个车间生产的，且 3 个车间的次品率依次为 $\dfrac{1}{10}$、$\dfrac{1}{15}$、$\dfrac{1}{20}$，现从这 6 箱中任选一箱，再从选出的一箱中任取一件，试计算：

（1）取得的一件是次品的概率；

（2）若已知取得的一件是次品，试求所取得的产品是由丙车间生产的概率。

第 2 章　随机变量及其分布

案例引导——猜题概率

假设一张考卷上有 10 道选择题，每道题列出 4 个可能答案，其中只有一个答案正确，则某学生靠猜测答对至少 1 道题的概率为多少？靠猜测答对至少 5 道题的概率为多少？

要回答上述问题，则需要先具体学习随机变量及其分布等相关内容。从上一章知道：有些随机试验的结果可以用数值来表示；有些随机试验的结果初看似乎与数值无关，其实常常也可以用数值来描述，例如在掷硬币问题中，每次出现的结果为国徽面朝上或国徽面朝下，与数值没有关系，但是设定当出现国徽面朝上时对应数"1"，而出现国徽面朝下时对应数"0"，计算 n 次投掷中出现的国徽面朝上数就只需计算其中"1"出现的次数了。这样的话，随机试验的结果均可以用数值来表示，而随机试验的结果不止一个，且具有随机性，此时，可以引入随机变量来刻画随机试验，其结果可以用数值来组成一个样本空间表示，一个试验结果就是样本空间的一个元素。对于一个随机变量，不仅关心随机试验会出现什么结果，可能更关心各种结果的发生概率。也就是说，对于一个随机变量，不仅关心其取什么结果，更关心各种结果发生的概率。

本章讨论随机变量及其分布。首先，对随机变量进行定义，并讨论其种类，然后在此基础上分别讨论离散型随机变量及其分布律和连续型随机变量及其概率密度函数，再讨论随机变量的分布函数，最后讨论随机变量函数的分布。

2.1　随机变量的定义与种类

2.1.1　随机变量的定义

为了方便地研究随机试验的各种结果以及各种结果发生的概率，可以把随机试验的结果与实数对应起来，即样本空间中的每个元素 ω 与实数 x 对应起来，也就是把随机试验的结果进行数量化，引入随机变量的概念。

定义 2.1.1　设 E 是随机试验，Ω 是其样本空间。如果对每个 $\omega \in \Omega$，总有一个实数 $X(\omega)$ 与之对应，则称 Ω 上的实值函数 $X(\omega)$ 为 E 的一个随机变量。

从该定义可知，随机变量是一个以随机试验的结果为自变量的实值函数，其定义域为该随机试验的样本空间，其函数值为实数。正是因为随机试验结果的随机性，所以随机变量的取值也具有了一定的随机性。这也是随机变量与一般函数的最大不同之处。对于随机变量的理解，从以下例题进行讨论。

例 2.1.1　抛掷一枚均匀的硬币，观察国徽面朝上朝下的结果。

解：若记 $\{\omega_1\}=\{国徽面朝上\}$，$\{\omega_2\}=\{国徽面朝下\}$，则样本空间 $\Omega=\{\omega_1,$ $\omega_2\}$。所以，试验有两个可能的结果：ω_1 和 ω_2。引入随机变量

$$X(\omega)=\begin{cases}1, & \omega=\omega_1 \\ 0, & \omega=\omega_2\end{cases}$$

对样本空间 Ω 中不同元素 ω_1 和 ω_2，随机变量 $X(\omega)$ 取不同的值 1 和 0。可见，随机变量就是随机试验结果的函数。由于试验结果的出现是随机的，所以随机变量的取值也是随机的，值域为 $\{0,1\}$。

例 2.1.2 观察掷一颗骰子的点数结果。

解：记 $\{\omega_i\}=\{掷出的点数为 i\}$，$i=1,2,3,4,5,6$，则样本空间 $\Omega=\{\omega_i,$ $i=1,2,3,4,5,6\}$。引入随机变量 $X(\omega_i)=i$，$i=1,2,3,4,5,6$，可使样本空间中每一个元素 ω_i 都与一个整数 i 对应，$i=1,2,3,4,5,6$。由于实验结果是随机出现的，所以随机变量取值 $X(\omega)$ 也是随机的，且值域为 $\{1,2,3,4,5,6\}$。

例 2.1.3 检查某车间生产的产品的次品数。

解：记 $\{\omega_i\}=\{该车间生产的产品有 i 个次品\}$，$i=0,1,2,3,\cdots$，则样本空间 $\Omega=\{\omega_i,\ i=0,1,2,3,\cdots\}$，实验的结果有无限多个，引入随机变量 $X(\omega_i)=i$，$i=0,1,2,3,\cdots$，可使样本空间中每一个元素 ω_i 都与一个整数 i 对应，$i=0,1,2,3,\cdots$。由于实验结果是随机出现的，所以随机变量取值 $X(\omega)$ 也是随机的，且值域为 $\{0,1,2,3,\cdots\}$。

例 2.1.4 观察测量某个合格螺母的内径和规格螺母的内径的偏差 $X(\omega)$（单位：毫米）。

解：由于合格螺母的偏差范围通常是其绝对值不大于某个固定的正数 ε，则样本空间 $\Omega=\{\omega,\ -\varepsilon\leqslant\omega\leqslant\varepsilon\}$。对于每一个偏差 $\omega\in\Omega$，可令 $X(\omega)=\omega$ 与之对应，从而建立了样本空间 Ω 中每一个元素 ω 与区间 $[-\varepsilon,\varepsilon]$ 之间的值 $X(\omega)$ 一一对应的关系。同样，随机变量 $X(\omega)$ 的取值随着试验结果的随机性而带有随机性，且值域为 $[-\varepsilon,$ $\varepsilon]$。

在引入随机变量后，可用随机变量 X 的值域的子集来表示**随机事件**。

比如例 2.1.1 中，样本空间 Ω 中的子集 $\{X,X=1\}$ 表示抛硬币试验中硬币国徽面朝上这个随机事件；例 2.1.2 中，样本空间 Ω 中的子集 $\{X,X\leqslant3\}$ 表示掷骰子试验中，出现点数不超过 3 点的随机事件；例 2.1.3 中，样本空间 Ω 中的子集 $\{X,X\leqslant 10\}$ 表示某车间生产的产品次品数不超过 10 个这样的随机事件；例 2.1.4 中，样本空间 Ω 中的子集 $\{X,X\leqslant0\}$ 表示随机事件螺母的内径不大于规格件内径。

2.1.2 随机变量的种类

根据随机变量取值的特征不同，可将其分为离散型随机变量和连续型随机变量两大类：

（1）离散型随机变量。如果一个随机变量的取值是有限的，可以一一列举出来的，则称其为离散型随机变量，比如例 2.1.1 至例 2.1.3 三个例题中所设的随机变量都是离散型的。

（2）连续型随机变量。如果一个随机变量的可能取值不仅无穷多，而且不能一一列举，其取值是充满某个实数区间或者几个实数区间的，则称其为连续型随机变量，比如上述例 2.1.4 中所设的随机变量就是连续型随机变量。

2.2 离散型随机变量及其分布律

离散型随机变量的取值可以进行一一列举，例如例 2.1.1 至例 2.1.3 中的随机变量，它们都是离散型的随机变量。对于这类离散型随机变量，要想掌握它的统计规律，只需要列举其所有的可能取值以及取每一个值所对应的概率，即需要掌握其概率质量函数。

2.2.1 离散型随机变量的概率质量函数

定义 2.2.1 设离散型随机变量 X 的所有可能取值分别为 $x_k(k=1, 2, 3, \cdots)$，X 取各个可能值的概率，即事件 $\{X=x_k\}$ 的概率为

$$p(x)=P\{X=x_k\}=p_k, (k=1, 2, 3, \cdots)$$

称 $p(x_k)$ 为离散型随机变量 X 的概率质量函数（probability mass function），也称为概率分布或者分布律。离散型随机变量的概率分布律如表 2.2.1 所示。

表 2.2.1 离散型随机变量的概率分布律

X	x_1	x_2	$\cdots$	x_n	$\cdots$
p_k	p_1	p_2	$\cdots$	p_n	$\cdots$

离散型随机变量的概率 p_k 具有两个性质：

（1）非负性，$p_k \geq 0$；

（2）归一性，$\sum\limits_{k=1} p_k = 1$。

例 2.2.1 袋中共有 6 个小球，其中 2 个白球、4 个红球，从袋中随机取 4 个小球，X 表示取到的红球数，求随机变量 X 的概率分布律。

解： 由题意知，X 的所有可能取值为：2，3，4。

且

$$P(X=2)=\frac{C_2^2 C_4^2}{C_6^4}=\frac{6}{15}=\frac{2}{5}$$

$$P(X=3)=\frac{C_2^1 C_4^3}{C_6^4}=\frac{2\times 4}{15}=\frac{8}{15}$$

$$P(X=4)=\frac{C_2^0 C_4^4}{C_6^4}=\frac{1}{15}$$

所以 X 的分布律用表格表示如下：

X	2	3	4
p_k	$\dfrac{2}{5}$	$\dfrac{8}{15}$	$\dfrac{1}{15}$

2.2.2 常见的离散型随机变量的概率质量函数

离散型随机变量的概率质量函数有很多，不同的离散型随机变量的具体概率质量函数是不一样的。其中重要而常见的主要有两点分布、二项分布、泊松分布和超几何分布。本节主要讨论以上四种离散型随机变量的概率质量函数。

2.2.2.1 两点分布

定义 2.2.2 若随机变量 X 只可能取 0 或 1 两个值，其概率分布为

$$P(X=1)=p, \ P(X=0)=1-p,$$

其概率质量函数为

$$p(x)=P(X=k)=p^k(1-p)^{1-k}, \ k=0, \ 1$$

其中 $0<p<1$，则称 X 服从参数为 p 的两点分布或（0-1）分布，记为 $X \sim B(1, p)$。

对于任意一个只有两种可能结果的随机试验 E，如果用 $\Omega=\{\omega_1, \ \omega_2\}$ 表示其样本空间，总是可以在 Ω 上定义一个服从两点分布的随机变量

$$X=X(\omega)=\begin{cases} 1, & \omega=\omega_1 \\ 0, & \omega=\omega_2 \end{cases}$$

用来描述随机试验的结果。例如，博弈是否"胜利"，射击是否"中靶"，抛硬币是否"国徽面朝上"，考试是否"及格"，产品是否"合格"，新生儿是否为"男孩"，明天是否"下雨"，种子是否"发芽"等试验，均可用服从两点分布的随机变量来描述。

例 2.2.2 如何用两点分布描述抛骰子的试验结果。

解： 当一个试验有多种结果时，也可以将所有的结果归结为两种，本题中，抛骰子总共有六种结果：1 点、2 点、3 点、4 点、5 点和 6 点。可以根据实际需要将其归结为 1 点和非 1 点两种，此时就可以用两点分布来描述试验了。

再如，灯泡的寿命试验中，结果有无限多种，也可以将其归结为两种：合格品（寿命大于 10000 小时）和次品（寿命不大于 10000 小时），这样也可以用两点分布来描述该试验了。

2.2.2.2 二项分布

定义 2.2.3 设离散型随机变量 X 的所有可能取值为 0，1，2，$\cdots$，n，若其概率质量函数

$$p_k=P(X=k)=C_n^k p^k(1-p)^{n-k}, \ k=0, \ 1, \ 2, \ \cdots, \ n$$

其中 $0<p<1$，则称离散型随机变量 X 服从参数为 n 和 p 的二项分布，记为 $X \sim B(n, p)$。

二项分布跟伯努利试验关系密切，在此将介绍独立试验和伯努利试验的概念。

将试验 E 在相同条件下重复进行 n 次，如果将第 i 次试验的结果记成 A_i，$i=1$，2，$\cdots$，n，总有 A_1，A_2，$\cdots$，A_n 相互独立，即每次试验结果出现的概率都不依赖于其

他各次试验的结果，则称这 n 次试验是相互独立的。

如果试验 E 的结果只有两种，或者虽然有多种，但是可以归结为两种：A 和 $\overline{A}$，记 $p = P(A)$（$0 < p < 1$），则 $P(\overline{A}) = 1 - p$，将试验 E 独立重复进行 n 次，则称这 n 次独立重复的试验为 n 次伯努利试验，简称伯努利试验。

在 n 次伯努利试验中，单次试验中结果 A 发生的概率为 p，如果设 n 次试验中结果 A 发生的次数为随机变量 X，则 $X \sim B(n, p)$。

例 2.2.3　一名炮手向某一目标炮击 n 次，每次炮击命中该目标的概率为 p，则该名炮手恰好有 k 次命中目标的概率为多少？

解：炮手每次炮击都是独立的，每次炮击的结果有两种：命中目标和未命中目标，所以这是 n 次伯努利试验。设命中目标的结果为 A，未命中目标的结果为 $\overline{A}$，则 $P(A) = p$，$0 < p < 1$。n 次炮击，命中 k 次有 C_n^k 种不同的位次。而每一种位次的概率都为 $p^k(1 - p)^{n-k}$。所以有 $p_k = P(X = k) = C_n^k p^k (1 - p)^{n-k}$，$k = 0, 1, 2, \cdots, n$。故 $X \sim B(n, p)$。

例 2.2.4　袋中有 12 个红球、4 个白球，有放回地从中取 6 个球，设随机变量 X 表示取到的红球数，试求随机变量 X 的分布以及恰好取到 4 个红球的概率。

解：因为每次取球都是独立的，且每次取球有两种结果：取到红球 A 和取到白球 $\overline{A}$，且 $P(A) = \dfrac{12}{16} = \dfrac{3}{4}$，所以这是 6 次伯努利试验。且 X 表示取到的红球数，即表示取到红球这个结果 A 在 6 次试验中发生的次数，所以 $X \sim B\left(6, \dfrac{3}{4}\right)$。则 X 的概率分布为

$$P(X = k) = C_6^k \left(\frac{3}{4}\right)^k \left(1 - \frac{3}{4}\right)^{6-k}, \quad k = 0, 1, 2, \cdots, 6$$

所以

$$P(X = 4) = C_6^4 \left(\frac{3}{4}\right)^4 \left(1 - \frac{3}{4}\right)^2 = 15 \times \frac{81}{256} \times \frac{1}{16} = \frac{1215}{4096}$$

对于 n 次伯努利试验的第 $i(i = 1, 2, \cdots, n)$ 次试验，如果引入随机变量

$$X_i = \begin{cases} 1, & A \text{ 发生} \\ 0, & \overline{A} \text{ 发生} \end{cases}$$

则 $X_i \sim B(1, p)$，那么有 $X = X_1 + X_2 + \cdots + X_n$，即服从二项分布的随机变量 X 是 n 个服从两点分布的随机变量之和。显然参数为 p 的两点分布是二项分布在 $n = 1$ 的特殊情况。

例 2.2.5（案例引导题）　假设一张考卷上有 10 道选择题，每道题列出 4 个可能答案，其中只有 1 个答案正确，则某学生靠猜测答对至少 1 道题的概率为多少？靠猜测答对至少 5 道题的概率为多少？

解：由题意知，这是一个 10 次伯努利试验，所以设 X 表示猜测答对的题数。则

$$X \sim B\left(10, \frac{1}{4}\right)$$

所以

$$P(X = k) = C_{10}^k \left(\frac{1}{4}\right)^k \left(\frac{3}{4}\right)^{10-k}, \quad k = 0, 1, 2, \cdots, 10$$

则

$$P(1 \leqslant X) = 1 - P(X=0) = 1 - \left(\frac{3}{4}\right)^{10} = 1 - 0.05631 = 0.94369$$

$$P(5 \leqslant X) = 1 - P(X=0) - P(X=1) - P(X=2) - P(X=3) - P(X=4)$$
$$= 1 - 0.0563 - 0.1877 - 0.2816 - 0.2503 - 0.1460 = 0.0781$$

2.2.2.3 泊松分布

定义 2.2.4 如果随机变量的概率质量函数为

$$P(X=k) = e^{-\lambda} \frac{\lambda^k}{k!}, \quad k = 0, 1, 2, \cdots$$

其中 $\lambda > 0$ 为常数，则称随机变量 X 服从参数为 λ 的泊松分布，记为 $X \sim P(\lambda)$。

显然，$P(X=k) \geqslant 0$，$k = 0, 1, 2, \cdots$，而且 $\sum\limits_{k=0}^{\infty} P(X=k) = \sum\limits_{k=0}^{\infty} \frac{\lambda^k e^{-\lambda}}{k!} = e^{-\lambda} \sum\limits_{k=0}^{\infty} \frac{\lambda^k}{k!} = 1$。

在许多实际问题中，所关心的量都近似地服从泊松分布。例如，某时间段某医院前来就诊的人数、发生交通事故的次数、发生火灾的次数、产品缺陷的个数等都可以近似地看成服从泊松分布。

例 2.2.6 某医院每天前来就诊的人数 X 服从参数为 $\lambda = 5$ 的泊松分布，求该医院一天内前来就诊人数超过 3 人的概率。

解： 由 $X \sim P(\lambda)$，$\lambda = 5$ 及概率的可加性，得

$$P(X=k) = e^{-5} \frac{5^k}{k!}, \quad k = 0, 1, 2, \cdots$$

$$P(X>3) = 1 - P(X \leqslant 3) = 1 - P(X=0) - P(X=1) - P(X=2) - P(X=3)$$
$$= 1 - e^{-5} \left(\frac{5^0}{0!} + \frac{5^1}{1!} + \frac{5^2}{2!} + \frac{5^3}{3!}\right) = 1 - 0.265 = 0.735$$

例 2.2.7 某城市一个月发生交通事故的次数 $X \sim P(\lambda)$，$\lambda = 5$，试求该城市一个月发生 5 次交通事故的概率与发生 5 次及以上交通事故的概率。

解： 由题意知：$X \sim P(\lambda)$，$\lambda = 5$。则随机变量 X 的概率分布为

$$P(X=k) = e^{-5} \frac{5^k}{k!}, \quad k = 0, 1, 2, \cdots$$

查泊松分布表可得：$P(X=5) = 0.1755$，$P(5 \leqslant X) = 0.5595$。

题中该城市一个月发生交通事故次数 k 和其对应的概率分布如图 2.2.1 所示。

二项分布和泊松分布有密切的关系，到底是什么关系？先看一个例子，通过这个例子来发现它们之间的关系。

例 2.2.8 观察了某个城市的 200 辆汽车，每辆汽车在一个月内发生交通事故的概率为 0.025，设随机变量 X 为发生交通事故的汽车辆数。求发生交通事故的汽车辆数为 5 的概率。

解： 由题意知：$X \sim B(200, 0.025)$，

所以 $p_k = P(X=k) = C_{200}^k 0.025^k (1 - 0.025)^{200-k}$，$k = 0, 1, 2, \cdots, 200$。

则 $P(X=5) = C_{200}^5 0.025^5 (1 - 0.025)^{195} = 0.1777$。

题中该城市一个月内发生交通事故的汽车辆数 k 和其对应的概率分布如图 2.2.2 所示。

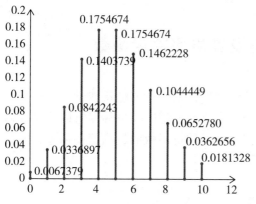

图 2.2.1　泊松分布下交通事故次数的概率分布

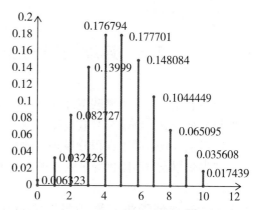

图 2.2.2　二项分布下交通事故次数的概率分布

从以上的计算和图形可以看出，两题中的二项分布和泊松分布非常接近。对于两者之间的这种密切关系，法国数学家泊松给出的定理进行了阐述。

定理 2.2.1（泊松定理）　对二项分布 $B(n, p)$，当 n 充分大，p 又很小时，对任意固定的非负整数 k，有近似公式：

$$C_n^k p^k (1-p)^{n-k} \approx \mathrm{e}^{-\lambda} \frac{\lambda^k}{k!}, \quad \lambda = np, \quad k < n$$

在每次试验中出现概率很小的事件被称作稀有事件，如：地震、火山爆发、特大洪水、意外事故等。由泊松定理，n 次伯努利试验中稀有事件出现的次数近似地服从泊松分布。

2.2.2.4　超几何分布

定义 2.2.5　若随机变量 X 的概率质量函数为

$$P(X=k) = C_M^k C_{N-M}^{n-k} / C_N^n$$

其中 $M \leqslant N$，$n \leqslant N$，$\max(0, M+n-N) \leqslant k \leqslant \min(M, n)$，且 N，M，n 均为正整数，则称随机变量 X 服从参数为 N，M，n 的超几何分布，记为 $X \sim H(M, N, n)$。

超几何分布来源于产品的抽检。从合格品数为 M 的 N 件产品中无放回地随机抽取 n 件产品，如果设抽出的 n 件产品中合格品数为 X，则 $X \sim H(M, N, n)$。

例 2.2.9　袋中有 10 个球，其中 4 个红球、6 个白球，从袋中随机抽取 5 个球，求恰好有 2 个红球的概率。

解：设抽取的 5 个球中红球的个数为 X，则 $X \sim H(M, N, n)$，即 $X \sim H(4, 10, 5)$。

$$P(X=k) = C_M^k C_{N-M}^{n-k} / C_N^n = C_4^k C_{10-4}^{5-k} / C_{10}^5$$

$$P(X=2) = C_4^2 C_6^3 / C_{10}^5 = \frac{10}{21}$$

2.3 连续型随机变量及其概率密度函数

上一节重点讨论了离散型随机变量，本节将继续讨论连续型随机变量。由于连续型随机变量的取值特征跟离散型随机变量不同，不能给出随机变量的取值以及对应的概率，但是可以借助于定积分原理，给出类似于概率质量函数的概率密度函数，因此本节首先介绍连续型随机变量的概率密度函数。

2.3.1 连续型随机变量的概率密度函数

定义 2.3.1 若存在非负可积函数 $f(x)$，使随机变量 X 取值于任意的区间 $(a, b]$ 的概率可表示为

$$P(a < X \leqslant b) = \int_a^b f(x)\,\mathrm{d}x$$

则称 X 为连续型随机变量，$f(x)$ 为 X 的概率密度函数（probability density function，缩写为 PDF），简称概率密度。

概率密度函数具有两个重要性质：

（1）非负性，即 $f(x) \geqslant 0$；

（2）归一性，即 $\int_{-\infty}^{\infty} f(x)\,\mathrm{d}x = 1$。

从图像上看，$f(x)$ 是位于 x 轴及其上方的一条曲线。从定积分的几何意义可知：该曲线下方、x 轴上方围成的面积为 1，且曲线 $f(x)$、x 轴、$x = a$ 和 $x = b$ 所围成的曲边梯形面积就是随机变量 X 落在区间 $(a, b]$ 的概率，即 $P(a < X \leqslant b) = \int_a^b f(x)\,\mathrm{d}x$。又 $P(X = a) = \lim_{\varepsilon \to 0} P(a - \varepsilon < X \leqslant a) = 0$，可知连续型随机变量取任意常数的概率为 0。从图像上看，$P(X = a)$ 的概率即为线段的面积，线段是没有面积的，所以 $P(X = a) = 0$。故有如下结论：$P(a < X < b) = P(a \leqslant X \leqslant b) = P(a \leqslant X < b)$。

概率密度函数的两个重要性质主要有两个用途：

（1）用来判断一个函数是否为某个连续型随机变量的概率密度函数。

例如，函数 $g(x) = \begin{cases} 2x, & 0 < x < 1 \\ 0, & \text{其他} \end{cases}$ 一定是某个连续型随机变量的概率密度函数，因为这个函数满足以上两个重要的性质，而函数 $g(x) = \begin{cases} 2x + 1, & 0 < x < 1 \\ 0, & \text{其他} \end{cases}$ 则不是概率密度函数，因为它不满足归一性。

（2）用于求解概率密度函数中含有的常数。

例 2.3.1 已知连续型随机变量 X 的概率密度函数

$$f(x) = \begin{cases} ax^2, & 0 < x < 1 \\ 0, & \text{其他} \end{cases}$$

（1）求常数 a；（2）求 $P(-0.5 < X < 0.5)$。

解：（1）由概率密度函数 $f(x)$ 的性质得

$$\int_{-\infty}^{0} 0 \mathrm{d}x + \int_{0}^{1} ax^2 \mathrm{d}x + \int_{1}^{+\infty} 0 \mathrm{d}x = 1$$

$$a\frac{x^3}{3}\bigg|_{0}^{1} = a\left(\frac{1^3}{3} - \frac{0^3}{3}\right) = a \times \frac{1}{3} = 1$$

$$a = 3$$

（2）$P(-0.5 < X < 0.5) = \int_{-0.5}^{0.5} f(x)\mathrm{d}x$

$$= \int_{-0.5}^{0} 0 \mathrm{d}x + \int_{0}^{0.5} 3x^2 \mathrm{d}x = 0 + x^3 \bigg|_{0}^{0.5} = 0.125$$

2.3.2　常见连续型随机变量的概率密度函数

在实际应用中，连续型随机变量及其分布经常见到。其中重要的有均匀分布、指数分布和正态分布。

2.3.2.1　均匀分布

定义 2.3.2　设连续型随机变量 X 的概率密度函数为

$$f(x) = \begin{cases} \dfrac{1}{b-a}, & a < x < b \\ 0, & \text{其他} \end{cases}$$

则称 X 服从区间 (a, b) 上的均匀分布，记为 $X \sim U(a, b)$。其概率密度函数如图 2.3.1 所示。

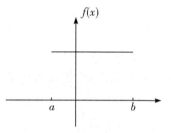

图 2.3.1　均匀分布概率
密度函数图

例 2.3.2　已知 $X \sim U(2, 8)$，求下列概率：

（1）$P(-2 < X < 1)$；

（2）$P(-2 < X < 4)$；

（3）$P(3 < X < 6)$；

（4）$P(5 < X < 9)$；

（5）$P(9 < X < 12)$。

解：由已知可得：$f(x) = \begin{cases} \dfrac{1}{6}, & 2 < x < 8 \\ 0, & \text{其他} \end{cases}$

（1）$P(-2 < X < 1) = \int_{-2}^{1} f(x)\mathrm{d}x = \int_{-2}^{1} 0 \mathrm{d}x = 0$

（2）$P(-2 < X < 4) = \int_{-2}^{4} f(x)\mathrm{d}x = \int_{-2}^{2} 0 \mathrm{d}x + \int_{2}^{4} \frac{1}{6}\mathrm{d}x = 0 + \frac{1}{6} \times (4-2) = 0.3333$

（3）$P(3 < X < 6) = \int_{3}^{6} f(x)\mathrm{d}x = \int_{3}^{6} \frac{1}{6}\mathrm{d}x = \frac{1}{6} \times (6-3) = 0.5$

（4）$P(5 < X < 9) = \int_{5}^{9} f(x)\mathrm{d}x = \int_{5}^{8} \frac{1}{6}\mathrm{d}x + \int_{8}^{9} 0 \mathrm{d}x = \frac{1}{6} \times (8-5) + 0 = 0.5$

（5）$P(9 < X < 12) = \int_{9}^{12} f(x)\mathrm{d}x = \int_{9}^{12} 0 \mathrm{d}x = 0$

由上题以及分段函数的定积分计算规则，可以得出以下结论：

若 $X \sim U(a, b)$，则 $P(c < X < d)$ 等于 (c, d) 落在 (a, b) 内的区间长度与 (a, b) 的区间长度之比。

2.3.2.2 指数分布

定义 2.3.3 设随机变量 X 的概率密度函数为

$$f(x) = \begin{cases} \lambda \mathrm{e}^{-\lambda x}, & x \geqslant 0 \\ 0, & x < 0 \end{cases}$$

其中 $\lambda > 0$ 为常数，常被称为率参数（rate parameter），即每单位时间内某事件的发生次数，则称 X 服从参数为 λ 的指数分布，记为 $X \sim E(\lambda)$，如图 2.3.2 所示。

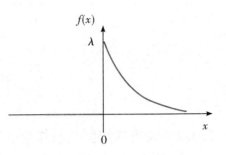

图 2.3.2　指数分布概率密度函数图

例 2.3.3 某厂生产的灯泡的使用寿命 X（单位：小时）服从参数为 $\lambda = 0.0001$ 的指数分布，求灯泡的使用寿命大于 20000 小时的概率。

解： 由题意知：$X \sim E(\lambda)$，$\lambda = 0.0001$

$$\text{则} \, f(x) = \begin{cases} 0.0001\mathrm{e}^{-0.0001x}, & x \geqslant 0 \\ 0, & x < 0 \end{cases}$$

$$\therefore P(X > 20000) = \int_{20000}^{\infty} 0.0001\mathrm{e}^{-0.0001x}\mathrm{d}x = \mathrm{e}^{-2} \approx 0.1353$$

2.3.2.3 正态分布

定义 2.3.4 设随机变量 X 的概率密度函数为

$$f(x) = \frac{1}{\sqrt{2\pi}\sigma}\mathrm{e}^{-\frac{(x-\mu)^2}{2\sigma^2}}, \quad -\infty < x < +\infty$$

其中 μ 为任意常数，$\sigma > 0$ 为常数，则称 X 服从参数 μ 和 σ 的正态分布，记为 $X \sim N(\mu, \sigma^2)$。

正态分布的概率密度曲线是一条中间高、两边低、左右对称的钟形曲线，其对称轴为 $x = \mu$。该曲线往 x 轴的正负方向无限延伸，无限逼近 x 轴。最高点的坐标为 $(\mu, \frac{1}{\sqrt{2\pi}\sigma})$，该曲线有两个拐点，其横坐标为 $\mu - \sigma$ 和 $\mu + \sigma$，如图 2.3.3 所示。

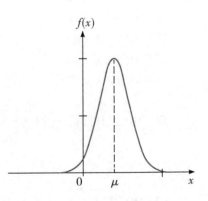

图 2.3.3　一般正态分布概率密度曲线

将一般正态分布 $N(\mu, \sigma^2)$ 进行标准化，可以得到 $N(0, 1)$，称 $N(0, 1)$ 的正态分布为标准正态分布，它是一类特殊且非常重要的正态分布，因此，标准正态分布的概率密度函数用特殊的符号来标记，记为 $\varphi(x)$。

$$\varphi(x) = \frac{1}{\sqrt{2\pi}}\mathrm{e}^{-\frac{x^2}{2}}, \quad -\infty < x < +\infty$$

标准正态分布概率密度函数 $\varphi(x)$ 具有一般正态分布曲线的所有特征，但其更特

殊，其对称轴为 y 轴，最高点纵坐标为 $\dfrac{1}{\sqrt{2\pi}}$，两个拐点的横

坐标为 ±1，如图 2.3.4 所示。

上述提到服从一般正态分布 $N(\mu, \sigma^2)$ 的随机变量 X 可
以进行标准化得到服从标准正态分布的随机变量 Y，其中 $Y =$
$\dfrac{X-\mu}{\sigma}$，即 $Y = \dfrac{X-\mu}{\sigma} \sim N(0, 1)$。

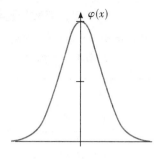

图 2.3.4　标准正态分布
概率密度曲线

在实践中，许多问题所涉及的变量都服从或者近似地服
从正态分布。例如，学生的某科考试成绩、测量误差、半导
体器件中的热噪声电流或电压等都服从或近似地服从正态分
布。所以在概率论与数理统计的理论研究与实践中，正态分布都具有十分重要的作用。

2.4　随机变量的分布函数

前面的章节中讨论了离散型随机变量的概率质量函数以及连续型随机变量的概率
密度函数，它们都用函数的形式来表达概率，刻画随机变量的分布情况。也可以通过
分布函数来刻画随机变量的分布情况。在本节中将介绍随机变量的分布函数，一种对
离散型和连续型随机变量的概率分布情况都能进行刻画的函数。分布函数具有较好的
性质，便于研究，在概率论的理论研究中具有十分重要的意义。

2.4.1　分布函数定义

定义 2.4.1　设 X 是一个随机变量，称函数
$$F(x) = P(X \leqslant x), \quad -\infty < x < +\infty$$
为 X 的累积概率分布函数（cumulative distribution function，缩写为 CDF），简称分布
函数。

随机变量 X 的分布函数 $F(x)$ 具有以下性质：

（1）有界性，即 $0 \leqslant F(x) \leqslant 1$，且有 $F(-\infty) = 0$，$F(+\infty) = 1$。

（2）单调非减性，即 $F(x)$ 的值随着 x 的增大而不变或者增大。因为 $\forall x_1 < x_2$，都
有 $F(x_2) - F(x_1) = P(X \leqslant x_2) - P(X \leqslant x_1) = P(x_1 < X \leqslant x_2) \geqslant 0$，即有 $F(x_2) \geqslant F(x_1)$。
基于此，$P(a < X \leqslant b) = F(b) - F(a)$。

（3）$F(x)$ 是右连续函数，即 $\lim\limits_{x \to x_0 + 0} F(x) = F(x_0)$。

2.4.2　离散型随机变量的分布函数

离散型随机变量 X，设其概率质量函数为 $P(X = x_k) = P_k$，根据分布函数的定义以
及概率的可加性得其分布函数为
$$F(x) = P(X \leqslant x) = \sum_{x_k \leqslant x} p_k$$

由上可知，离散型随机变量的分布函数等于所有满足 $x_k \leqslant x$ 的 k 对应的 p_k 的和。分布函数 $F(x)$ 在 $x = x_k (k = 1, 2, \cdots)$ 处有跳跃值。

例 2.4.1　离散型随机变量 X 的概率分布如下：

X	0	1	2	3
p_k	0.1	0.2	0.3	0.4

求随机变量 X 的分布函数 $F(x)$。

解： 离散型随机变量的分布函数 $F(x) = P(X \leqslant x) = \sum\limits_{x_k \leqslant x} p_k$

当 $x < 0$ 时，$F(x) = 0$；

当 $0 \leqslant x < 1$ 时，$F(x) = p_1 = 0.1$；

当 $1 \leqslant x < 2$ 时，$F(x) = p_1 + p_2 = 0.1 + 0.2 = 0.3$；

当 $2 \leqslant x < 3$ 时，$F(x) = p_1 + p_2 + p_3 = 0.1 + 0.2 + 0.3 = 0.6$；

当 $3 \leqslant x$ 时，$F(x) = p_1 + p_2 + p_3 + p_4 = 0.1 + 0.2 + 0.3 + 0.4 = 1$；

综上，$F(x) = \begin{cases} 0, & x < 0 \\ 0.1, & 0 \leqslant x < 1 \\ 0.3, & 1 \leqslant x < 2 \\ 0.6, & 2 \leqslant x < 3 \\ 1, & 3 \leqslant x \end{cases}$

2.4.3　连续型随机变量的分布函数

对于连续型随机变量 X，假如其概率密度函数为 $f(x)$，由分布函数 $F(x)$ 定义有

$$F(x) = P(X \leqslant x) = \int_{-\infty}^{x} f(t)\,\mathrm{d}t, \ -\infty < x < +\infty$$

反之，根据连续型随机变量 $f(x)$ 的定义可知，若分布函数 $F(x)$ 在点 x 处连续，则

$$f(x) = \frac{\mathrm{d}F(x)}{\mathrm{d}x}$$

下面以标准正态变量分布函数为例进行说明。服从标准正态分布的随机变量是一个典型连续型随机变量，同样，因标准正态分布变量的重要性，其分布函数用特殊标记表示，记为 $\Phi(x)$，已知其概率密度函数 $\varphi(x)$ 为

$$\varphi(x) = \frac{1}{\sqrt{2\pi}} \mathrm{e}^{-\frac{x^2}{2}}, \ -\infty < x < +\infty$$

$$\Phi(x) = P(X \leqslant x) = \int_{-\infty}^{x} \varphi(x)\,\mathrm{d}t = \frac{1}{\sqrt{2\pi}} \int_{-\infty}^{x} \mathrm{e}^{-\frac{t^2}{2}}\,\mathrm{d}t, \ -\infty < x < +\infty$$

标准正态变量的概率密度函数 $\varphi(x)$ 的图像有一般正态分布曲线的所有特征，但其更具特殊性，即对称轴为 y 轴，最高点纵坐标为 $\dfrac{1}{\sqrt{2\pi}}$，两个拐点的横坐标为 ± 1。而

根据以上分布函数的定义，$\Phi(x)$ 的值用概率密度函数图像上实数 x 整个左边的面积表示，故有

$$\Phi(x) + \Phi(-x) = 1$$

标准正态分布函数 $\Phi(x)$ 具有如下性质：

（1）有界性，即 $0 \leqslant \Phi(x) \leqslant 1$。且有 $\Phi(-\infty) = 0, \Phi(+\infty) = 1$，$\Phi(0) = 0.5$。

（2）单调递增性，即 $\Phi(x)$ 的值随着 x 的增大而增大。因为 $\forall x_1 < x_2$，都有 $\Phi(x_2) - \Phi(x_1) = P(X \leqslant x_2) - P(X \leqslant x_1) = P(x_1 < X \leqslant x_2) > 0$，即有 $\Phi(x_2) > \Phi(x_1)$。基于此，$P(a \leqslant X \leqslant b) = \Phi(b) - \Phi(a)$。

（3）$\Phi(x)$ 是连续函数，即 $\lim\limits_{x \to x_0} \Phi(x) = \Phi(x_0)$。

根据 $\varphi(x)$ 和 $\Phi(x)$ 的性质，它们的图像如图 2.4.1 所示。

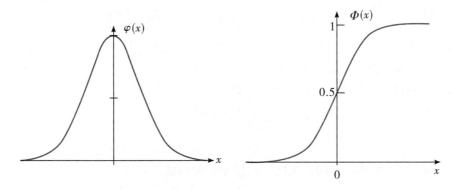

图 2.4.1　标准正态分布的概率密度函数 $\varphi(x)$ 和分布函数 $\Phi(x)$ 图

对于 $\Phi(x)$ 值的计算，可以查标准正态分布表。若 $X \sim N(0, 1)$，则 $P(a < X \leqslant b) = \Phi(b) - \Phi(a)$ 的计算，可以借助查表求得。而如果 $X \sim N(\mu, \sigma^2)$，那么 $P(a < X \leqslant b)$ 如何计算呢？根据概率密度函数的定义，通过积分可以进行计算，但是计算量过大。可以通过如下定理进行计算。

定理 2.4.1　若随机变量 $X \sim N(\mu, \sigma^2)$，则对任意 $a, b(a < b)$，有

$$P(a \leqslant X \leqslant b) = \Phi\left(\frac{b - \mu}{\sigma}\right) - \Phi\left(\frac{a - \mu}{\sigma}\right)$$

证明：由概率密度函数及其性质知

$$P(a < X \leqslant b) = \frac{1}{\sqrt{2\pi}\sigma} \int_a^b e^{-\frac{(x-\mu)^2}{2\sigma^2}} \mathrm{d}x \qquad (\diamondsuit \frac{x - \mu}{\sigma} = z)$$

$$= \frac{1}{\sqrt{2\pi}} \int_{(a-\mu)/\sigma}^{(b-\mu)/\sigma} e^{-\frac{z^2}{2}} \mathrm{d}z$$

$$= \frac{1}{\sqrt{2\pi}} \int_{-\infty}^{(b-\mu)/\sigma} e^{-\frac{z^2}{2}} \mathrm{d}z - \frac{1}{\sqrt{2\pi}} \int_{-\infty}^{(a-\mu)/\sigma} e^{-\frac{z^2}{2}} \mathrm{d}z$$

$$= \Phi\left(\frac{b - \mu}{\sigma}\right) - \Phi\left(\frac{a - \mu}{\sigma}\right)$$

例2.4.2 已知某台机器生产的螺母内径长度 X（单位：毫米）服从参数 $\mu = 2$，$\sigma = 0.01$ 的正态分布。规定螺母内径长度在 2 ± 0.02 内为合格产品，试求螺母为合格产品的概率。

解： 由题意知 $X \sim N(2, 0.01^2)$，记 $a = 2 - 0.02$，$b = 2 + 0.02$，则 $P(a \leqslant X \leqslant b)$ 表示螺母为合格产品的概率。于是有

$$P(a \leqslant X \leqslant b) = \Phi\left(\frac{b - \mu}{\sigma}\right) - \Phi\left(\frac{a - \mu}{\sigma}\right)$$
$$= \Phi(2) - \Phi(-2) = \Phi(2) - [1 - \Phi(2)] = 2\Phi(2) - 1$$
$$= 2 \times 0.9772 - 1 = 0.9544$$

当 a 和 b 之一为无穷时，定理 2.4.1 依然成立。此时有

$$P(X \leqslant b) = P(-\infty < X \leqslant b) = \Phi\left(\frac{b - \mu}{\sigma}\right)$$

$$P(X > a) = P(a < X < +\infty) = 1 - \Phi\left(\frac{a - \mu}{\sigma}\right)$$

例2.4.3 假设某地区学生某门课程的高考成绩（单位：分）$X \sim N(100, 15^2)$，求该地区学生该门课程的高考成绩超过 115 分的概率。

解： 由题意知，$X \sim N(100, 15^2)$，则

$$P(115 < X) = 1 - \Phi\left(\frac{115 - 100}{15}\right)$$
$$= 1 - \Phi(1) = 1 - 0.8413 = 0.1587$$

例2.4.4 已知连续型随机变量 X 的概率密度函数

$$f(x) = \begin{cases} 2x, & 0 \leqslant x \leqslant 1 \\ 0, & \text{其他} \end{cases}$$

求随机变量 X 的分布函数 $F(x)$。

解： 由 $F(x) = P(X \leqslant x) = \int_{-\infty}^{x} f(t)\mathrm{d}t$，

当 $x < 0$ 时，$F(x) = \int_{-\infty}^{x} f(t)\mathrm{d}t = \int_{-\infty}^{x} 0\mathrm{d}t = 0$；

当 $0 \leqslant x \leqslant 1$ 时，$F(x) = \int_{-\infty}^{x} f(t)\mathrm{d}t = \int_{-\infty}^{0} 0\mathrm{d}t + \int_{0}^{x} 2t\mathrm{d}t = x^2$；

当 $1 < x$ 时，$F(x) = \int_{-\infty}^{x} f(t)\mathrm{d}t = \int_{-\infty}^{0} 0\mathrm{d}t + \int_{0}^{1} 2t\mathrm{d}t + \int_{1}^{x} 0\mathrm{d}t = 1$；

综上，$F(x) = \begin{cases} 0, & x < 0 \\ x^2, & 0 \leqslant x \leqslant 1 \\ 1, & 1 < x \end{cases}$

类似地，对服从均匀分布、指数分布的随机变量，都可求出对应的分布函数。

2.5　随机变量函数的分布

在实际问题研究中，经常碰到一类以随机变量 X 为自变量的函数 $Y = g(X)$，通常称其为随机变量函数。显然随机变量函数的因变量也是随机变量。在本节中，将要讨论在随机变量 X 的分布已知的情况下，随机变量函数 $Y = g(X)$ 的分布。

2.5.1　离散型随机变量函数的分布

设离散型随机变量 X 的概率质量函数为 $P(X = x_k) = p_k$，$k = 1$，2，$\cdots$，令 $Y = g(X)$ 为单值函数。显然，Y 也是离散型随机变量。对于 Y 的概率质量函数的求解，首先根据随机变量 X 的取值以及 $Y = g(X)$ 的表达式，列举出 Y 的所有可能取值 $y_k = g(x_k)$，然后根据 $P(Y = y_i) = P[g(X) = y_i] = P[X = g^{-1}(y_i)]$ 求解 Y 取值对应的概率。

例 2.5.1　设随机变量 X 有如下表的概率分布：

X	0	1	2	3
p_k	0.1	0.2	0.3	0.4

求 $Y = (X - 2)^2$ 的概率分布。

解： 根据 X 的概率分布可知，Y 的所有可能取值为 0，1，4。则

$$P(Y = 0) = P[(X - 2)^2 = 0] = P(X = 2) = 0.3$$
$$P(Y = 1) = P[(X - 2)^2 = 1] = P(X = 1) + P(X = 3) = 0.2 + 0.4 = 0.6$$
$$P(Y = 4) = P[(X - 2)^2 = 4] = P(X = 0) + P(X = 4) = 0.1 + 0 = 0.1$$

所以 Y 的概率分布为：

Y	0	1	4
p_k	0.3	0.6	0.1

2.5.2　连续型随机变量函数的分布

对于连续型随机变量 X，函数 $Y = g(X)$ 通常也是连续型随机变量，其分布情况由 Y 的概率密度函数来描述和刻画。为了与 X 的概率密度函数区分，记 Y 的概率密度函数为 $f_Y(y)$，分布函数为 $F_Y(y)$。

由分布函数的定义，Y 的分布函数 $F_Y(y) = P(Y \leqslant y) = P(g(X) \leqslant y)$。如果 $F_Y(y)$ 在点 y 处连续，则 Y 的概率密度函数为 $f_Y(y) = \dfrac{\mathrm{d}F_Y(y)}{\mathrm{d}y}$。

例 2.5.2　设随机变量 $X \sim N(0, 1)$，$Y = \mathrm{e}^X$，求 Y 的概率密度函数。

解： 由题意知：$\varphi(x) = \dfrac{1}{\sqrt{2\pi}}\mathrm{e}^{-\frac{x^2}{2}}$，$-\infty < x < +\infty$

$$F_Y(y) = P(Y \leqslant y) = P(e^X \leqslant y)$$

当 $y \leqslant 0$ 时，$F_Y(y) = P(Y \leqslant y) = P(e^X \leqslant y) = 0$，则 $f_Y(y) = 0$；

当 $y > 0$ 时，$F_Y(y) = P(Y \leqslant y) = P(e^X \leqslant y) = P(X \leqslant \ln y)$

$$= \frac{1}{\sqrt{2\pi}} \int_{-\infty}^{\ln y} e^{-\frac{x^2}{2}} dx ;$$

则 $f_Y(y) = \dfrac{dF_Y(y)}{dy} = \dfrac{d\int_{-\infty}^{\ln y} \frac{1}{\sqrt{2\pi}} e^{-\frac{x^2}{2}} dx}{dy} = \dfrac{1}{\sqrt{2\pi}y} e^{-\frac{(\ln y)^2}{2}}$

综上，$f_Y(y) = \begin{cases} \dfrac{1}{\sqrt{2\pi}y} e^{-\frac{(\ln y)^2}{2}}, & y > 0 \\ 0, & y \leqslant 0 \end{cases}$

在上式的计算中，用到了微积分中积分形式的函数的求导公式

$$\frac{d}{dy}\left[\int_{a(y)}^{b(y)} f(x) dx\right] = f[b(y)]b'(y) - f[a(y)]a'(y)$$

例 2.5.3 设随机变量 X 的概率密度函数

$$f_X(x) = \begin{cases} \dfrac{x}{2}, & 0 < x < 2 \\ 0, & \text{其他} \end{cases}$$

求 $Y = 4X + 4$ 的概率密度函数。

解：$F_Y(y) = P(Y \leqslant y) = P(4X + 4 \leqslant y) = P\left(X \leqslant \dfrac{y-4}{4}\right) = \int_{-\infty}^{\frac{y-4}{4}} f_X(x) dx$

当 $\dfrac{y-4}{4} \leqslant 0$，即 $y \leqslant 4$ 时，$F_Y(y) = \int_{-\infty}^{\frac{y-4}{4}} 0 dx = 0$，则 $f_Y(y) = 0$；

当 $0 < \dfrac{y-4}{4} < 2$，即 $4 < y < 12$ 时，$F_Y(y) = \int_{-\infty}^{\frac{y-4}{4}} f_X(x) dx = \int_{-\infty}^{0} 0 dx + \int_{0}^{\frac{y-4}{4}} \dfrac{x}{2} dx = \int_{0}^{\frac{y-4}{4}} \dfrac{x}{2} dx$，

则 $f_Y(y) = \dfrac{d}{dy}\left[\int_{-\infty}^{\frac{y-4}{4}} f_X(x) dx\right] = \left(\dfrac{y-4}{4}\big/2\right) \times \left(\dfrac{y-4}{4}\right)' = \dfrac{y-4}{32}$；

当 $2 \leqslant \dfrac{y-4}{4}$，即 $12 \leqslant y$ 时，$F_Y(y) = \int_{-\infty}^{0} 0 dx + \int_{0}^{2} \dfrac{x}{2} dx + \int_{2}^{\frac{y-4}{4}} 0 dx = 1$，则 $f_Y(y) = 0$。

综上，$f_Y(y) = \begin{cases} \dfrac{y-4}{32}, & 4 < y < 12 \\ 0, & \text{其他} \end{cases}$

例 2.5.4 设随机变量 $X \sim N(0, 1)$，$Y = X^2$，求 Y 的概率密度函数。

解：X 的概率密度函数为 $\phi(x) = \dfrac{1}{\sqrt{2\pi}} e^{-\frac{x^2}{2}}$，$x \in R$

$$F_Y(y) = P(Y \leqslant y) = P(X^2 \leqslant y)$$

当 $y \leqslant 0$ 时，$F_Y(y) = 0$，则 $f_Y(y) = 0$；

当 $y > 0$ 时，$F_Y(y) = P(X^2 \leqslant y) = P(-\sqrt{y} \leqslant X \leqslant \sqrt{y}) = \int_{-\sqrt{y}}^{\sqrt{y}} f_X(x) dx$，则

$$f_Y(y) = \frac{\mathrm{d}}{\mathrm{d}y}\left[\int_{-\sqrt{y}}^{\sqrt{y}} \frac{1}{\sqrt{2\pi}} \mathrm{e}^{-\frac{x^2}{2}} \mathrm{d}x\right]$$

$$= \frac{1}{\sqrt{2\pi}} \mathrm{e}^{-\frac{(\sqrt{y})^2}{2}} \cdot (\sqrt{y})' - \frac{1}{\sqrt{2\pi}} \mathrm{e}^{-\frac{(-\sqrt{y})^2}{2}} \cdot (-\sqrt{y})'$$

$$= \frac{1}{\sqrt{2\pi y}} \mathrm{e}^{-\frac{y}{2}}$$

综上，$f_Y(y) = \begin{cases} \dfrac{1}{\sqrt{2\pi y}} \mathrm{e}^{-\frac{y}{2}}, & y > 0 \\ 0, & y \leqslant 0 \end{cases}$

前 2 个例子中，连续型随机变量函数 $y = g(x)$ 都是严格单调函数。对于所有的严格单调函数 $y = g(x)$，下面的定理提供了计算 $Y = g(X)$ 的概率密度函数的简便方法。

定理 2.5.1　若随机变量 X 有概率密度函数 $f_X(x)$，$x \in R$，$y = g(x)$ 为严格单调函数，且 $g'(x)$ 对一切 x 都存在，记 (a, b) 为 $g(x)$ 的值域，则随机变量函数 $Y = g(X)$ 的概率密度函数为

$$f_Y(y) = \begin{cases} f_X[h(y)] |h(y)'|, & a < y < b \\ 0, & \text{其他} \end{cases}$$

其中 $x = h(y)$ 为函数 $y = g(x)$ 的反函数。

注意：如果随机变量 X 的概率密度函数在一个有限区间 $[\alpha, \beta]$ 之外取值为零，就只需 $g(x)$ 在 (α, β) 内可导，并在此区间上严格单调。当 $g(x)$ 为严格单调递增函数时，$a = g(\alpha)$，$b = g(\beta)$；当 $g(x)$ 为严格单调递减函数时，$a = g(\beta)$，$b = g(\alpha)$。

例 2.5.5　设随机变量 $X \sim N(0, 1)$，$Y = \mathrm{e}^{-X}$，求 Y 的概率密度函数。

解：随机变量 X 有概率密度函数 $\phi(x) = \dfrac{1}{\sqrt{2\pi}} \mathrm{e}^{-\frac{x^2}{2}}$，$x \in R$

随机变量函数 $y = \mathrm{e}^{-x}$ 在 $(-\infty, +\infty)$ 上是严格单调递减的

$$x = h(y) = -\ln y, \ 0 < y, \ 且 \ h'(y) = -\frac{1}{y}, \ |h'(y)| = \frac{1}{y}$$

根据定理 2.5.1 得

$$f_Y(y) = \begin{cases} \dfrac{1}{\sqrt{2\pi} y} \mathrm{e}^{-\frac{(\ln y)^2}{2}}, & 0 < y \\ 0, & y \leqslant 0 \end{cases}$$

例 2.5.6　设随机变量 $X \sim N(\mu, \sigma^2)$，$Y = \dfrac{X - \mu}{\sigma}$，求 Y 的概率密度函数。

解：随机变量 X 有概率密度函数 $f_X(x) = \dfrac{1}{\sqrt{2\pi}\sigma} \mathrm{e}^{-\frac{(x-\mu)^2}{2\sigma^2}}$，$x \in R$

随机变量函数 $y = \dfrac{x - \mu}{\sigma}$ 在 $(-\infty, +\infty)$ 上是严格单调递增的

$$x = h(y) = \mu + \sigma y, \ -\infty < y < +\infty, \ 且 \ h'(y) = \sigma, \ |h'(y)| = \sigma$$

根据定理 2.5.1 得

$$f_Y(y) = f_X[h(y)] |h'(y)| = \frac{1}{\sqrt{2\pi}\sigma} \mathrm{e}^{-\frac{(\mu+\sigma y-\mu)^2}{2\sigma^2}} \cdot \sigma = \frac{1}{\sqrt{2\pi}} \mathrm{e}^{-\frac{y^2}{2}}, \ -\infty < y < +\infty$$

即 $f_Y(y) = \dfrac{1}{\sqrt{2\pi}}e^{-\frac{y^2}{2}}, \quad -\infty < y < +\infty$

如果函数 $y=g(x)$ 在 $f_X(x) \neq 0$ 对应的区间不满足定理 2.5.1 的条件，可以沿用例 2.5.4 的方法进行求解，先求 $F_Y(y)$，再将 $F_Y(y)$ 对变量 y 求导进行求解。当然，连续型随机变量函数 $Y=g(X)$ 的因变量不一定是连续型随机变量，如果它是离散型的，那么可以根据离散型随机变量的概率分布的定义来计算 Y 的概率分布。

例 2.5.7 某灯泡工厂与销售商签订了一份销售量为 10000 的销售合同，双方规定：如果灯泡的使用寿命在 30000 小时以上，销售商则以较高的价格订购，此时，工厂每只灯泡的利润为 5 元；如果灯泡的使用寿命在 10000～30000 小时，销售商将以平价订购，工厂每只灯泡的利润为 3 元；如果灯泡的使用寿命在 10000 小时以下，销售商将不再订购，此时工厂每只灯泡会亏损 10 元。假设工厂的灯泡的使用寿命 $X \sim E(\lambda)$，$\lambda = 0.0001$，求该工厂销售该批灯泡的利润 Y 的概率分布。

解： 若用 $Y=g(X)$ 表示灯泡的利润，则

$$Y=g(X)=\begin{cases} 50000, & 30000 \leq X \\ 30000, & 10000 \leq X < 30000 \\ -100000, & X < 10000 \end{cases}$$

此时，Y 的所有可能取值为 50000、30000 和 -100000。

又 $$f(x)=\begin{cases} 0.0001e^{-0.0001x}, & x \geq 0 \\ 0, & x < 0 \end{cases}$$

则 $P(Y=50000)=P(30000 \leq X)=\int_{30000}^{+\infty} 0.0001e^{-0.0001x}\mathrm{d}x=e^{-3}$

$P(Y=30000)=P(10000 \leq X < 30000)=\int_{10000}^{30000} 0.0001e^{-0.0001x}\mathrm{d}x=e^{-1}-e^{-3}$

$P(Y=-100000)=P(X<10000)=\int_{-\infty}^{10000} f(x)\mathrm{d}x=\int_{0}^{10000} 0.0001e^{-0.0001x}\mathrm{d}x=1-e^{-1}$

本章小结

通过将随机试验的结果与实数对应起来，就引入随机变量。根据随机变量取值的特征不同，可将其分为离散型随机变量和连续型随机变量两大类。如果一个随机变量的取值是可以一一列举出来的，则称其为离散型随机变量；如果一个随机变量的取值不能一一列举，其取值是充满某个实数区间或者几个实数区间的，则称其为连续型随机变量。对于一个随机变量，不仅关心其取值，更关心各取值发生的概率，为此需要重点掌握离散型随机变量及其分布律和连续型随机变量及其概率密度函数。

对于离散型随机变量，需要掌握其概率质量函数，其定义为：设离散型随机变量 X 的所有可能取值分别为 $x_k(k=1,2,3,\cdots)$，X 取各个可能值的概率，即事件 $\{X=x_k\}$ 的概率为

$$p(x)=P\{X=x_k\}=p_k, \quad (k=1,2,3,\cdots)$$

离散型随机变量的概率 p_k 具有两个性质:

(1) 非负性, $p_k \geqslant 0$;

(2) 归一性, $\sum\limits_{k=1} p_k = 1$。

离散型随机变量的概率质量函数有很多,不同的离散型随机变量的具体概率质量函数是不一样的。其中重要而常见的主要有两点分布、二项分布、泊松分布和超几何分布。

对于连续型随机变量,需要掌握其概率密度函数,其定义为:若存在非负可积函数 $f(x)$,使随机变量 X 取值于任意的区间 $(a, b]$ 的概率可表示为

$$P(a < X \leqslant b) = \int_a^b f(x)\,\mathrm{d}x$$

则称 X 为连续型随机变量,$f(x)$ 为 X 的概率密度函数,简称概率密度。概率密度函数有两个重要性质:

(1) 非负性, 即 $f(x) \geqslant 0$;

(2) 归一性, 即 $\int_{-\infty}^{\infty} f(x)\,\mathrm{d}x = 1$。

概率密度函数的两个重要性质主要有两个用途:①用来判断一个函数是否为某个连续型随机变量的概率密度函数;②用于求解概率密度函数中含有的常数。

常见连续型随机变量主要有均匀分布、指数分布和正态分布。对于标准正态分布,因其具有特殊性和应用广泛,其概率密度函数和分布函数特意用 $\phi(x)$ 和 $\Phi(x)$ 进行标记。

离散型随机变量的概率质量函数和连续型随机变量的概率密度函数,它们都用函数的形式来表达概率,刻画随机变量的分布情况。也可以通过分布函数来刻画随机变量的分布情况。对于随机变量的分布函数,不再对随机变量区分离散型还是连续型,均可以用同一分布函数来表示,其定义为:设 X 是一个随机变量,称函数

$$F(x) = P(X \leqslant x), \ -\infty < x < +\infty$$

为 X 的分布函数。

随机变量 X 的分布函数 $F(x)$ 具有以下性质:

(1) 有界性, 即 $0 \leqslant F(x) \leqslant 1$, 且有 $F(-\infty) = 0$, $F(+\infty) = 1$;

(2) 单调非减性, 即 $F(x)$ 的值随着 x 的增大而不变或增大;

(3) $F(x)$ 是右连续函数, 即 $\lim\limits_{x \to x_0 + 0} F(x) = F(x_0)$。

在实际问题研究中,经常碰到一类以随机变量 X 为自变量的函数 $Y = g(X)$,通常称其为随机变量函数。显然随机变量函数的因变量也是随机变量。本章最后一节中讨论随机变量函数的分布,即在随机变量 X 的分布已知的情况下,随机变量函数 $Y = g(X)$ 的分布。

习题 2

2.1 某射手有 5 发子弹,射击一次的命中率为 0.9,如果他命中目标就停止射击,

不命中就一直射击到用完 5 发子弹，求所用子弹数 X 的分布律。

2.2 一袋中装有 6 只球，编号为 1、2、3、4、5、6，在袋中同时取 4 只，以 X 表示取出的 4 只球中的最大号码，写出随机变量 X 的分布律。

2.3 设顾客在某银行窗口等待服务的时间为 X（单位：分钟），服从参数为 $\frac{1}{5}$ 的指数分布。若等待时间超过 10 分钟，则他就离开。设他一个月内要来银行 5 次，以 Y 表示一个月内他没有等到服务而离开窗口的次数，求 Y 的分布列及 $P(Y \geq 1)$。

2.4 一批元件的正品率为 $\frac{3}{4}$，次品率为 $\frac{1}{4}$，现对这批元件进行有放回的测试，设第 X 次首次测到正品，试求 X 的分布律。

2.5 某一 110 接警中心在长度为 t 的时间间隔（单位：小时）内收到的紧急呼救次数 X 服从参数为 $\frac{t}{2}$ 的泊松分布，而与时间间隔的起点无关。试求：（1）某一天中午 12 时至下午 2 时未收到紧急呼救的概率；（2）某一天中午 12 时至下午 4 时至少收到 1 次紧急呼救的概率。

2.6 在区间 $[0, b]$ 上任意投掷一个质点，以 X 表示这个质点的坐标。设这个质点落在 $[0, b]$ 中任意小区间内的概率与这个小区间的长度成正比，试求 X 的分布函数。

2.7 设某一电路中电阻两端的电压（单位：伏）服从 $N(220, 4^2)$，今独立测量了 6 次，试确定有 2 次测定值落在区间 $[216, 224]$ 之外的概率。

2.8 已知离散型随机变量 X 的分布列为：

X	-2	-1	0	1	3
P	$\frac{1}{5}$	$\frac{1}{6}$	$\frac{1}{5}$	$\frac{1}{15}$	$\frac{11}{30}$

求 $Y = X^2$ 的分布列。

2.9 某地区 20 岁的男青年的血压（收缩压，以 mmHg 计，$1\text{mmHg} = 133.3224\text{Pa}$）服从 $N(110, 12^2)$ 分布，在该地区任选一 20 岁的男青年，测量他的血压 X，求：

（1）$P(X \leq 105)$，$P(100 < X \leq 120)$；（2）确定最小的 x，使 $P(X > x) \leq 0.05$。

2.10 设连续型随机变量 X 的概率密度为 $f(x) = \begin{cases} 4x^3, & 0 < x < 1 \\ 0, & \text{其他} \end{cases}$；求常数 a，使 $P(X > a) = P(X < a)$。

2.11 设随机变量 X 的概率密度为

$$f(x) = \begin{cases} c\sin x, & 0 < x < \pi \\ 0, & \text{其他} \end{cases}$$

求：（1）常数 c；（2）X 落在 $\left(-\frac{\pi}{2}, \frac{\pi}{2}\right)$ 内的概率。

2.12 设 $X \sim N(3, 2^2)$，求：

（1）$P(2 < X \leq 5)$；（2）$P(-4 < X \leq 10)$；（3）$P\{|X| > 2\}$；（4）$P(X > 3)$。

2.13　设随机变量 X 的分布函数为 $F_X(x) = \begin{cases} 0, & x < 1 \\ \ln x, & 1 \leqslant x < e, \text{ 求：} \\ 1, & x \geqslant e \end{cases}$

（1）$P(X < 2)$，$P\{0 < X \leqslant 3\}$，$P\left(2 < X < \dfrac{5}{2}\right)$；（2）概率密度 $f_X(x)$。

2.14　设随机变量 X 的分布函数为 $F(x) = A + B\arctan x$，$-\infty < x < +\infty$，试求：（1）系数 A 与 B；（2）$P(-1 < x < 1)$；（3）X 的概率密度。

2.15　设随机变量 X 的概率密度为

$$f(x) = \begin{cases} x, & 0 \leqslant x < 1 \\ 2 - x, & 1 \leqslant x < 2 \\ 0, & \text{其他} \end{cases}$$

求 X 的分布函数。

2.16　设随机变量 X 的概率密度为

$$f_X(x) = \begin{cases} e^{-x}, & x \geqslant 0 \\ 0, & x < 0 \end{cases}$$

求 $Y = e^X$ 的概率密度 $f_Y(y)$。

综合自测题 2

一、单选题

1. $P(X = k) = \dfrac{a}{5}$，$k = 1, 2, 3, 4, 5$，则常数 a 为（　　）

　　A. 1　　　　　　　　B. 2　　　　　　　　C. 3　　　　　　　　D. 5

2. 一张考卷上有 4 道选择题，每道题列出 4 个可能答案，其中只有一个答案正确，则某学生靠猜测答对至少 1 道题的概率为（　　）

　　A. $\dfrac{1}{4}$　　　　　　B. $\dfrac{3}{4}$　　　　　　C. $\dfrac{175}{256}$　　　　　　D. $\dfrac{81}{256}$

3. 设随机变量 X 的概率密度为 $f(x) = \begin{cases} -\sin x, & a < x < b \\ 0, & \text{其他} \end{cases}$，则区间 (a, b) 是（　　）

　　A. $\left[-\dfrac{\pi}{2}, 0\right]$　　　B. $\left[0, \dfrac{\pi}{2}\right]$　　　C. $\left[-\dfrac{\pi}{2}, \dfrac{\pi}{2}\right]$　　　D. $\left[\dfrac{\pi}{2}, \dfrac{3\pi}{2}\right]$

4. 设随机变量 X 服从正态分布，其概率密度为 $f(x) = ce^{-0.25(x^2 + 2x + 1)}$，则 c 等于（　　）

　　A. $\dfrac{1}{\sqrt{2\pi}}$　　　　　B. $\dfrac{1}{2\sqrt{\pi}}$　　　　　C. $\dfrac{1}{2\sqrt{2\pi}}$　　　　　D. $\dfrac{1}{4\sqrt{2\pi}}$

5. 设 X_1，X_2 是随机变量，其分布函数分别为 $F_1(x)$，$F_2(x)$，为使 $F(x) = aF_1(x) + bF_2(x)$ 是某一随机变量的分布函数，在下列给定的各组数值中应取（　　）

A. $a = \dfrac{3}{5}$, $b = -\dfrac{2}{5}$ \qquad\qquad B. $a = \dfrac{2}{3}$, $b = \dfrac{2}{3}$

C. $a = \dfrac{3}{5}$, $b = \dfrac{2}{5}$ \qquad\qquad D. $a = \dfrac{1}{2}$, $b = \dfrac{3}{2}$

6. 设随机变量 $X \sim B(3, 0.2)$，则 $P\{X \geqslant 2\}$ 等于（　　　）

A. 0.05 \qquad B. 0.104 \qquad C. 0.04 \qquad D. 0.06

7. 设随机变量 X 的概率密度为 $f(x) = \begin{cases} \dfrac{1}{2}x, & a < x < b \\ 0, & \text{其他} \end{cases}$，则区间 (a, b) 是

（　　　）

A. $[0, 1]$ \qquad B. $[0, 2]$ \qquad C. $[1, 4]$ \qquad D. $[1, 2]$

8. 已知随机变量 X 的分布函数为 $F(x) = \begin{cases} 0, & x < 1 \\ \ln x, & 1 \leqslant x < e \\ 1, & x \geqslant e \end{cases}$，则 $P(X \leqslant 2.3) =$

（　　　）

A. 0 \qquad B. 0.5 \qquad C. $\ln 2.3$ \qquad D. 1

9. 假设随机变量 X 和 Y 相互独立，都服从两点分布：$P\{X = 0\} = P\{Y = 0\} = \dfrac{2}{3}$，

$P\{X = 1\} = P\{Y = 1\} = \dfrac{1}{3}$，则 $P\{X = Y\} =$（　　　）

A. 0 \qquad B. $\dfrac{5}{9}$ \qquad C. $\dfrac{7}{9}$ \qquad D. 1

10. 设离散型随机变量的分布律为：

X	0	1	2	3
P	0.1	0.3	0.4	0.2

$F(x)$ 为其分布函数，则 $F(2) =$（　　　）

A. 0.2 \qquad B. 0.4 \qquad C. 0.8 \qquad D. 1

11. 已知 X 的密度函数为 $f(x) = \begin{cases} -\dfrac{1}{2}x + 1, & 0 \leqslant x \leqslant 2 \\ 0, & \text{其他} \end{cases}$，则 $F(x) =$（　　　）

A. $\begin{cases} -\dfrac{x^2}{4} + x, & 0 \leqslant x < 2 \\ 1, & x \geqslant 2 \end{cases}$ \qquad\qquad B. $\begin{cases} 0, & x < 0 \\ -\dfrac{x^2}{4} + x, & 0 \leqslant x < 2 \end{cases}$

C. $\begin{cases} 0, & x < 0 \\ -\dfrac{x^2}{4} + x, & 0 \leqslant x < 2, \\ 1, & x \geqslant 2 \end{cases}$ \qquad\qquad D. $\begin{cases} 0, & x < 0 \\ \dfrac{x^2}{4} - x, & 0 \leqslant x < 2 \\ 1, & x \geqslant 2 \end{cases}$

12. 设离散型随机变量 X 的分布律为：$P(X=k)=b\left(\dfrac{1}{2}\right)^k$，$k=1$，2，3，$\cdots$，则 b 的值为（　　）

　　A. $\dfrac{1}{2}$ 　　　　　　　　　　　　　B. 1

　　C. $\dfrac{1}{4}$ 　　　　　　　　　　　　　D. 大于零的任意实数

13. 设随机变量 $X \sim N(0,1)$，X 的分布函数为 $\Phi(x)$，则 $P(|X|>2)$ 的值为（　　）

　　A. $2(1-\Phi(2))$　　　B. $2\Phi(2)-1$　　　C. $2-\Phi(2)$　　　D. $1-2\Phi(2)$

14. 设随机变量 $X \sim N(1,4)$，则下列变量必服从 $N(0,1)$ 分布的是（　　）

　　A. $\dfrac{X-1}{4}$　　　　　B. $\dfrac{X-1}{3}$　　　　　C. $\dfrac{X-1}{2}$　　　　　D. $2X+1$

15. 设 $X \sim N(2,\sigma^2)$，且 $P(0<X<4)=0.6$，则 $P(X<0)=$（　　）

　　A. 0.3　　　　B. 0.4　　　　C. 0.2　　　　D. 0.5

16. 设随机变量 X 的取值范围是（-1，1），以下函数可作为 X 的概率密度的是（　　）

　　A. $f(x)=\begin{cases} x, & -1<x<1 \\ 0, & \text{其他} \end{cases}$ 　　　　　B. $f(x)=\begin{cases} x^2, & -1<x<1 \\ 0, & \text{其他} \end{cases}$

　　C. $f(x)=\begin{cases} \dfrac{1}{2}, & -1<x<1 \\ 0, & \text{其他} \end{cases}$ 　　　　　D. $f(x)=\begin{cases} 2, & -1<x<1 \\ 0, & \text{其他} \end{cases}$

17. 设函数 $f(x)$ 在 $[a,b]$ 上等于 $\dfrac{1}{x}$，在此区间外等于零，若 $f(x)$ 可以作为某连续型随机变量的概率密度，则区间 $[a,b]$ 应为（　　）

　　A. $[0,e]$　　　　B. $[1,e]$　　　　C. $[0,1]$　　　　D. $[0,2e]$

18. 如下四个函数中不能成为随机变量 X 的分布函数的是（　　）

　　A. $F(x)=\begin{cases} 0, & x<0 \\ \dfrac{1}{3}, & 0 \leqslant x<1 \\ \dfrac{1}{2}, & 1 \leqslant x<2 \\ 1, & x \geqslant 2 \end{cases}$ 　　　　　B. $F(x)=\begin{cases} 0, & x \leqslant 0 \\ \dfrac{\ln x}{x}, & x>0 \end{cases}$

　　C. $F(x)=\begin{cases} 0, & x<0 \\ \dfrac{x^2}{4}, & 0 \leqslant x<2 \\ 1, & x \geqslant 2 \end{cases}$ 　　　　　D. $F(x)=\begin{cases} 1-e^{-x}, & x \geqslant 0 \\ 0, & x<0 \end{cases}$

19. 设随机变量 X 服从参数为 λ 的泊松分布，且 $P\{X=1\}=P\{X=2\}$，则 $P\{X>2\}$ 的值为（　　）

A. e^{-2} B. $1 - \dfrac{5}{e^2}$ C. $1 - \dfrac{4}{e^2}$ D. $1 - \dfrac{2}{e^2}$

20. 设随机变量 X 的概率密度是 $f_X(x) = \dfrac{1}{\pi(1+x^2)}$，则 $Y = 2X$ 的概率密度是（　　）

A. $f_Y(y) = \dfrac{1}{\pi(1+4y^2)}$ B. $f_Y(y) = \dfrac{2}{\pi(4+y^2)}$

C. $f_Y(y) = \dfrac{1}{\pi(1+y^2)}$ D. $f_Y(y) = \dfrac{1}{\pi}\text{arctg}y$

二、填空题

1. 设随机变量 $k \sim U[1, 3]$，则方程 $x^2 + kx + 1 = 0$ 有实根时，$k \geq 2$ 或 $k \leq -2$，则此概率为_____。

2. 已知 $X \sim N(2, 1)$，则 $P\{1 < X < 3\} = $ _____。（已知 $\Phi(1) = 0.8413$）

3. 已知随机变量 X 只能取 -1、0、1、2 四个数值，其相应的概率依次为 $\dfrac{1}{2c}$，$\dfrac{3}{4c}$，$\dfrac{5}{8c}$，$\dfrac{2}{16c}$，则 $c = $ _____。

4. 某射手每次命中目标的概率为 0.8，若独立射击了三次，则三次中命中目标次数为 k 的概率 $P(X=k) = $ _____。

5. 设 X 服从参数为 p 的两点分布，则 X 的分布函数为_____。

6. 设随机变量 $X \sim B(2, p)$，$Y \sim B(3, p)$，若 $P(X \geq 1) = \dfrac{5}{9}$，则 $P(Y \geq 1) = $ _____。

7. 设随机变量 X 服从泊松分布，且 $P(X=1) = P(X=2)$，则 $P(X=4) = $ _____。

8. 已知连续型随机变量 X 的分布函数为 $F(x) = \begin{cases} A + Be^{-2x}, & x > 0 \\ 0, & x \leq 0 \end{cases}$，则 $A = $ _____，$B = $ _____，$P\left(\dfrac{1}{2} < x < 2\right) = $ _____，$f(x) = $ _____。

9. 设随机变量 X 的概率密度 $f(x) = \begin{cases} Ax, & x \in [0, 2] \\ 0, & \text{其他} \end{cases}$，则 $A = $ _____，$F(x) = $ _____，$P\left(|x| \leq \dfrac{1}{2}\right) = $ _____。

10. 设随机变量 X 的概率密度为 $f(x) = \begin{cases} \dfrac{1}{3}, & \text{若 } x \in [0, 1] \\ \dfrac{2}{9}, & \text{若 } x \in [3, 6]，\\ 0, & \text{其他} \end{cases}$ 若 k 使得 $P(X \geq k) = \dfrac{2}{3}$，则 k 的取值范围是_____。

11. 某公共汽车站有甲、乙、丙三人，分别等 1、2、3 路车，设每人等车的时间（单位：分钟）都服从 $[0, 5]$ 上的均匀分布，则三人中至少有两人等车时间不超过 2 分钟的概率为_____。

12. 设 k 在 $(0, 5)$ 上服从均匀分布，则 $4x^2 + 4kx + k + 2 = 0$ 有实根的概率为_____。

13. 设随机变量 X 服从参数为 λ 的泊松分布，且 $P\{X = 0\} = e^{-3}$，则 $\lambda = $_____。

14. 已知 $X \sim N(2, \sigma^2)$，且 $P\{2 < X < 4\} = 0.3$，则 $P\{X < 0\} = $_____。

15. 设 X 服从正态分布 $N(1, 4)$，则 X 的概率密度为 $\phi(x) = $_____，当 X 服从正态分布 $N(0, 1)$ 时，X 的概率密度为 $\phi(x) = $_____。

16. 设随机变量 X 服从参数为 λ 的指数分布，$P(X > 1) = e^{-2}$，则 $\lambda = $_____。

17. 已知 $\Phi(x)$ 是标准正态分布的分布函数，则 $\Phi(0) = $_____。

18. 设 X 是连续型随机变量，b 是任意实数，则有 $P(X = b) = $_____。

19. 设 $X \sim N(3, 2^2)$，若 $p(X < c) = p(X \geq c)$，则 $c = $_____。

20. 设随机变量 X 服从 $(0, 2)$ 上的均匀分布，则随机变量 $Y = X^2$ 在 $(0, 4)$ 内的概率密度 $f_Y(y)$ 为_____。

三、计算题

1. 袋中装有 4 只黑球、3 只白球，现从袋中同时取出 2 只，以 X 表示取出的 2 只球中的白球数，试求：（1）X 的概率分布；（2）X 的分布函数。

2. 袋中装有 4 只球，编号为 1、2、3、4。现从袋中任取 2 只球，以 X 表示取出的 2 只球中的最大号码，试求：（1）X 的概率分布；（2）X 的分布函数。

3. 设随机变量的分布函数为

$$F(x) = \begin{cases} 0, & x < 1 \\ \ln x, & 1 \leq x < e \\ 1, & x \geq e \end{cases}$$

求：（1）$P(2 < X < 3)$；（2）X 的概率密度。

4. 已知 X 的分布函数为

$$F(x) = \begin{cases} 0, & x < -2 \\ 0.2, & -2 \leq x < -1 \\ 0.5, & -1 \leq x < 1 \\ 0.9, & 1 \leq x < 2 \\ 1, & x \geq 2 \end{cases}$$

求：（1）$Y = X^2$ 的概率分布；（2）Y 的分布函数。

5. 设某种电子元件的寿命服从正态分布 $N(40, 100)$，随机地取 5 个元件，求恰有两个元件寿命小于 50 的概率。（$\Phi(1) = 0.8413$，$\Phi(2) = 0.9772$）

6. 设有 10 件产品，其中 8 件正品、2 件次品，每次从这批产品中任取 1 件，取出的产品不放回，设 X 为直至取得正品为止所需抽取的次数。试求：（1）X 的概率分布；（2）X 的分布函数。

第3章 随机向量及其分布

案例引导——太空遨游

太空遨游自古以来都是人类的一个美好愿望,从《淮南子》中的嫦娥奔月,到《西游记》中孙悟空的腾云驾雾以及一个筋斗云就可遨游太空十万八千里,一直寄托着人类飞天的梦想。在当今世界,现代科学技术已使这一美好梦想成为活生生的现实。为了掌控太空飞船的运行,控制中心就需要实时地对飞船在轨的高度和位置,飞行的姿态、方向和速度等一系列的指标变量进行监测和数据分析。显然,这里需要同时分析的随机变量有多个,从而需要用到多个随机变量及其分布的理论和模型。类似的情形在现实中非常普遍,因此本章将在上一章单个随机变量及其分布理论的基础上,引入多维随机变量即随机向量,研究随机向量的联合分布、边缘分布、条件分布以及随机向量函数的概率分布问题。

3.1 联合分布

如果一个随机试验的结果有多个方面的特征,那么就需要用多个随机变量来对其进行描述,这些来自同一个随机试验的多个随机变量就可以组成一个向量,称为随机向量。

定义 3.1.1 假设随机变量 $X_1(\omega)$,$X_2(\omega)$,$\cdots$,$X_n(\omega)$ 是来自同一随机试验的 n 个随机变量,定义在同一样本空间 Ω 之上,则称 $X(\omega) = (X_1(\omega)$,$X_2(\omega)$,$\cdots$,$X_n(\omega))$ 构成一个 n 维随机向量,亦称 n 维随机变量,通常可简写为 $X = (X_1$,X_2,$\cdots$,$X_n)$。

显然,一维随机向量就是上一章中所定义和研究的单个随机变量,而两个和两个以上随机变量组成的随机向量才是多维随机向量。

多维随机向量由其中的多个随机变量联合组成,其概率分布自然也就由各个随机变量联合决定,所以研究多维随机向量的概率分布,就需要从组成随机向量的多个随机变量的联合分布开始。

3.1.1 联合分布函数

类似于一个随机变量的情形,单个随机变量 X 的分布函数被定义为该随机变量的取值小于等于某个给定的实数值 x 的概率,即将一元函数 $F(x) = P(X \leqslant x)$ 定义为随机变量 X 的分布函数。与此相衔接,对于多维随机向量,可给出其分布函数的定义如下。

定义 3.1.2 设 $X = (X_1$,X_2,$\cdots$,$X_n)$ 是 n 维随机向量,对于任意实数 x_1,

x_2，$\cdots$，x_n，称 n 元非降函数

$$F(x_1，x_2，\cdots，x_n) = P(X_1 \leqslant x_1，X_2 \leqslant x_2，\cdots，X_n \leqslant x_n)$$

为 n 维随机向量 $X = (X_1，X_2，\cdots，X_n)$ 的联合概率分布函数，简称为联合分布函数或分布函数。

最简单的多维随机向量是二维随机向量，为了简便，可将二维随机向量记为 $(X，Y)$，于是二维随机向量的联合概率分布函数就可以定义为

$$F(x，y) = P(X \leqslant x，Y \leqslant y)；\quad -\infty < x < +\infty，\quad -\infty < y < +\infty$$

二维随机向量的分布函数具有与多维随机向量的分布函数同样的性质，因此，为了论述的简便，下面主要对二维随机向量分布函数的性质加以讨论。

由分布函数的定义可知，二维随机向量的分布函数 $F(x，y)$ 给出了由随机变量取值确定的随机事件 $\{X \leqslant x\}$ 和 $\{Y \leqslant y\}$ 同时发生的概率，如果将二维随机变量 $(X，Y)$ 看成是平面上的随机点，那么分布函数 $F(x，y)$ 就是随机点 $(X，Y)$ 落在以点 $(x，y)$ 为顶点的左下方无限矩形区域内的概率，如图 3.1.1 所示。

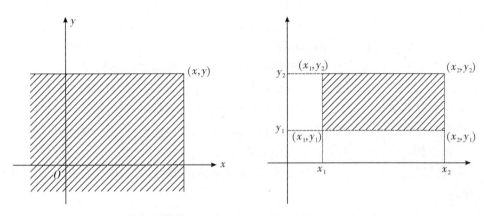

图 3.1.1　$F(x，y)$ 的几何意义　　图 3.1.2　随机点 $(X，Y)$ 落在矩形区域的概率

由分布函数的几何意义，再结合图 3.1.2，容易得出随机点 $(X，Y)$ 落在平面内任意一个矩形区域如 $[x_1 < x \leqslant x_2，y_1 < y \leqslant y_2]$ 的概率为

$$P\{x_1 < X \leqslant x_2，y_1 < Y \leqslant y_2\} = F(x_2，y_2) - F(x_1，y_2) - F(x_2，y_1) + F(x_1，y_1)$$

分布函数 $F(x，y)$ 具有以下基本性质：

（1）分布函数 $F(x，y)$ 是随机变量 X 和 Y 的非降函数。即对于任意固定的 y，当 $x_2 > x_1$ 时，有 $F(x_2，y) \geqslant F(x_1，y)$；对于任意固定的 x，当 $y_2 > y_1$ 时，有 $F(x，y_2) \geqslant F(x，y_1)$。

（2）分布函数 $F(x，y)$ 的取值在 0 与 1 之间。即对于任意的 $x \in R$ 和 $y \in R$，有 $0 \leqslant F(x，y) \leqslant 1$，且

$$F(-\infty，y) = \lim_{x \to -\infty} F(x，y) = 0，\quad F(x，-\infty) = \lim_{y \to -\infty} F(x，y) = 0$$

$$F(-\infty，-\infty) = \lim_{\substack{x \to -\infty \\ y \to -\infty}} F(x，y) = 0，\quad F(+\infty，+\infty) = \lim_{\substack{x \to +\infty \\ y \to +\infty}} F(x，y) = 1$$

上面四个式子的意义可以从几何上加以说明。以图 3.1.1 为例，若将无穷矩形的

右边界向左无限平移（即 $x \to -\infty$），则随机点 (X, Y) 落在该平面内将趋于不可能事件，故其概率趋于 0，即有 $F(-\infty, y) = 0$；又如，当 $x \to +\infty$，$y \to +\infty$ 时，图 3.1.1 中的无穷矩形扩展到整个平面，随机点 (X, Y) 落在该平面内将趋于必然事件，故其概率趋于 1，即有 $F(+\infty, +\infty) = 1$。

（3）分布函数 $F(x, y)$ 分别关于 x 和 y 右连续。即对任意实数 x 和 y，有

$$F(x+0, y) = F(x, y), \ F(x, y+0) = F(x, y)$$

二维随机向量 (X, Y) 也分为离散型和连续型两类，下面分别进行讨论。

3.1.2　二维离散型随机向量的概率分布

首先考虑简单的二维随机向量的情形。如果二维随机向量 (X, Y) 的所有可能取值是有限个或可列无限多个，则称 (X, Y) 是二维离散型随机向量。

定义 3.1.3　记二维离散型随机向量 (X, Y) 的所有可能取值为 (x_i, y_j)，$i, j = 1, 2, \cdots$，则二元函数

$$p(x_i, y_j) = p_{ij} = P\{X = x_i, Y = y_j\}, \ i, j = 1, 2, \cdots$$

就称为二维离散型随机向量 (X, Y) 的联合概率质量函数（joint PMF）。

需要指出，定义 3.1.3 中随机向量 (X, Y) 的取值用 (x_i, y_j) 表示，与前面分布函数的定义中用 (x, y) 表示有所不同，是因为这里强调离散型随机变量的取值是可数的，x 和 y 的下标 $i, j = 1, 2, \cdots$ 就是表示随机变量 X 和 Y 的第 i 个和第 j 个取值，而前面分布函数中用 (x, y) 表示则涵盖了离散型随机向量和连续型随机向量两种情形。如果不需要刻意强调离散型随机变量的第几个取值，则上述离散型随机变量取值 x_i 和 y_j 中的下标 i 和 j 均可去掉，从而使表述简化。

二维离散型随机向量 (X, Y) 的联合概率质量函数也可以用列联表表示，如表 3.1.1 所示。

表 3.1.1　二维离散型随机向量的联合概率质量函数表

X ＼ Y	y_1	y_2	$\cdots$	y_j	$\cdots$
x_1	p_{11}	p_{12}	$\cdots$	p_{1j}	$\cdots$
x_2	p_{21}	p_{22}	$\cdots$	p_{2j}	$\cdots$
$\vdots$	$\vdots$	$\vdots$	$\cdots$	$\vdots$	$\cdots$
x_i	p_{i1}	p_{i2}	$\cdots$	p_{ij}	$\cdots$
$\vdots$	$\vdots$	$\vdots$	$\cdots$	$\vdots$	$\cdots$

二维离散型随机向量的联合概率质量函数也具有类似于一维离散型随机变量概率质量函数的两个性质：

（1）非负性。即：$p(x_i, y_j) = p_{ij} \geq 0$；　$i, j = 1, 2, \cdots$。

（2）归一性。即：$\sum_i \sum_j p_{ij} = 1$。

二维离散型随机向量 (X, Y) 的联合分布函数与联合概率质量函数之间具有关系式

$$F(x, y) = \sum_{x_i \leqslant x} \sum_{y_j \leqslant y} p_{ij}$$

其中和式是对一切满足 $x_i \leqslant x$，$y_j \leqslant y$ 的 i 和 j 求和。

由二维离散型随机向量 (X, Y) 的联合概率质量函数，可以计算由随机变量 X 和 Y 任何取值所确定的随机事件的概率。假设 A 是平面上的一个区域，则随机向量 (X, Y) 落入该区域的概率的计算公式为

$$P\{(X, Y) \in A\} = \sum_{(x_i, y_j) \in A} p(x_i, y_j)$$

例 3.1.1　盒子中有 5 个相同的球，分别印有编号 1、2、3、4、5，现从盒子中随机抽取 3 个球，记 X 为抽出的 3 个球中的最小号码，Y 为最大号码，求随机向量 (X, Y) 的联合概率质量函数，并计算所抽出的 3 个球中最大号码与最小号码之差不超过 2 的概率。

解： 这是一个古典型概率问题，由问题可知，最小号码 X 的可能取值为 1、2、3，最大号码 Y 的可能取值为 3、4、5，使用第 1 章中的古典型概率方法，可以计算出随机向量 (X, Y) 的每对可能值的概率即 (X, Y) 的联合概率质量函数如下表所示。

X ＼ Y	3	4	5
1	0.1	0.2	0.3
2	0	0.1	0.2
3	0	0	0.1

最大和最小号码之差不超过 2，也就是 $|Y - X| \leqslant 2$，由联合概率质量函数表可知，落在此区域的向量值是表中的对角线及左下角的点，从而可得

$$P\{|Y - X| \leqslant 2\} = \sum_{|y_j - x_i| \leqslant 2} p(x_i, y_j) = \sum_{y_j - x_i \leqslant 2} p_{ij} = 0.3$$

显然，二维离散型随机向量的联合概率质量函数的概念不难推广到多维的情形，对于 n 维离散型随机向量 $X = (X_1, X_2, \cdots, X_n)$，其联合概率质量函数可定义为

$$p(x_1, x_2, \cdots, x_n) = P\{X_1 = x_1, X_2 = x_2, \cdots, X_n = x_n\}; \quad x_1, x_2, \cdots, x_n \in R$$

实践中，常用的多维离散型随机向量联合概率分布模型主要有多项分布和多元超几何分布两种。

(1) 多项分布。在一个随机试验中，若每次试验的可能结果有 $A_1, A_2, \cdots, A_r$ 种，每种可能结果出现的概率 $P(A_i) = p_i$，$i = 1, 2, \cdots, r$，且 $p_1 + p_2 + \cdots + p_r = 1$，重复这种试验 n 次，并假定每次试验都是独立的，记试验结果 $A_1, A_2, \cdots, A_r$ 出现的次数分别为 $X_1, X_2, \cdots, X_r$，则随机向量 $X = (X_1, X_2, \cdots, X_r)$ 的联合概率质量函数为

$$P\{X_1 = k_1, X_2 = k_2, \cdots, X_r = k_r\} = \frac{n!}{k_1! \, k_2! \, \cdots k_r!} p_1^{k_1} \cdot p_2^{k_2} \cdots p_r^{k_r}$$

其中整数 $k_i \geqslant 0$，且 $k_1 + k_2 + \cdots + k_r = n$。显然，如果 $r = 2$，即每次试验只有两种可能的结果，则多项分布就是第 2 章中介绍的二项分布。

（2）多元超几何分布。假设盒子中共有 r 种颜色但大小相同的 N 个小球，其中各种颜色小球的个数分别为 N_1，N_2，$\cdots$，N_r，且 $N_1 + N_2 + \cdots + N_r = N$，从中随机摸出 n 个小球，记各种颜色小球出现的次数分别为 X_1，X_2，$\cdots$，X_r，则随机向量 $X = (X_1, X_2, \cdots, X_r)$ 的联合概率质量函数为

$$P\{X_1 = n_1, \ X_2 = n_2, \ \cdots, \ X_r = n_r\} = \frac{C_{N_1}^{n_1} C_{N_2}^{n_2} \cdots C_{N_r}^{n_r}}{C_N^n}$$

其中整数 $n_i \geqslant 0$，且 $n_1 + n_2 + \cdots + n_r = n$。显然，当 $r = 2$ 时，多元超几何分布就是第 2 章中介绍的超几何分布。

多项分布和多元超几何分布模型主要在抽样调查中应用，前者用于有放回抽样，后者用于不放回抽样。

3.1.3　二维连续型随机向量的概率密度

不同于离散型随机变量可以给出每个可能值出现的概率，连续型随机变量并不能给出概率质量函数，但是借助于定积分原理，可以给出类似于概率质量函数的概率密度函数，二维连续型随机向量具有二维联合概率密度函数。

定义 3.1.4　对于二维随机向量 (X, Y) 的分布函数 $F(x, y)$，如果存在非负函数 $f(x, y)$，使得对于任意的实数 x，y 有

$$F(x, y) = \int_{-\infty}^{y} \int_{-\infty}^{x} f(u, v) \, \mathrm{d}u \mathrm{d}v$$

则称 (X, Y) 是二维连续型随机向量，并称函数 $f(x, y)$ 为二维连续型随机向量 (X, Y) 的联合概率密度函数（joint PDF）。

由此定义可知，只要已知二维连续型随机向量 (X, Y) 的联合概率密度函数，就可以计算出其联合分布函数，也就是可以计算出随机事件 $\{-\infty < X \leqslant x, \ -\infty < Y \leqslant y\}$ 的概率 $F(x, y) = P\{-\infty < X \leqslant x, \ -\infty < Y \leqslant y\}$。

因而，只要已知二维连续型随机向量的概率密度函数 $f(x, y)$，就可以利用二重积分计算出二维连续型随机向量 (X, Y) 落入平面内任一区域 D 的概率，即有计算公式

$$P\{(X, Y) \in D\} = \iint\limits_{D} f(x, y) \, \mathrm{d}x \mathrm{d}y$$

根据定义，二维连续型随机向量 (X, Y) 的联合概率密度函数 $f(x, y)$ 具有以下两个性质：

（1）非负性。即：$f(x, y) \geqslant 0$，$-\infty < x, \ y < +\infty$。

（2）归一性。即：$\int_{-\infty}^{+\infty} \int_{-\infty}^{+\infty} f(x, y) \, \mathrm{d}x \mathrm{d}y = F(+\infty, +\infty) = 1$。

由随机变量 X 和 Y 的联合概率密度函数的定义可知，若联合概率密度函数 $f(x, y)$ 在点 (x, y) 处连续，则有

$$f(x, y) = \frac{\partial^2 F(x, y)}{\partial x \partial y}$$

这表明，如果已知二维连续型随机向量 (X, Y) 的联合分布函数，则可以通过对两变量混合求导而得出其联合概率密度函数。

例 3.1.2　设二维随机向量 (X, Y) 的联合概率密度函数为

$$f(x, y) = \begin{cases} a\mathrm{e}^{-(2x+y)}, & x > 0, y > 0 \\ 0, & 其他 \end{cases}$$

求：（1）常数 a；（2）分布函数 $F(x, y)$；（3）概率 $P\{Y \leq X\}$。

解：（1）在整个二维平面对随机向量 (X, Y) 的联合概率密度函数进行积分，得

$$\int_{-\infty}^{+\infty} \int_{-\infty}^{+\infty} f(x, y)\,\mathrm{d}x\mathrm{d}y = \int_{0}^{+\infty} \int_{0}^{+\infty} a\mathrm{e}^{-(2x+y)}\,\mathrm{d}x\mathrm{d}y = \frac{a}{2}$$

由联合概率密度函数的性质可知，样本空间上的全部概率之和为 1，即上式积分应等于 1，由此即得 $a = 2$。

（2）由分布函数的定义，当 $x \leq 0$ 或 $y \leq 0$ 时：$\because f(x, y) = 0$，$\therefore F(x, y) = 0$；而当 $x > 0$，$y > 0$ 时

$$F(x, y) = \int_{0}^{y} \int_{0}^{x} 2\mathrm{e}^{-(2u+v)}\,\mathrm{d}u\mathrm{d}v = 2\left(\int_{0}^{x} \mathrm{e}^{-2u}\,\mathrm{d}u\right)\left(\int_{0}^{y} \mathrm{e}^{-v}\,\mathrm{d}v\right)$$

$$= 2 \times \left(-\frac{1}{2}\mathrm{e}^{-2u}\Big|_{0}^{x}\right)\left(-\mathrm{e}^{-v}\Big|_{0}^{y}\right) = (1 - \mathrm{e}^{-2x})(1 - \mathrm{e}^{-y})$$

所以完整的分布函数为

$$F(x, y) = \begin{cases} (1 - \mathrm{e}^{-2x})(1 - \mathrm{e}^{-y}), & x > 0, y > 0 \\ 0, & 其他 \end{cases}$$

（3）将 (X, Y) 看作是平面上的随机点，则随机事件 $\{Y \leq X\}$ 就是随机点 (X, Y) 落入平面第 1 和第 3 象限内 45°线下方区域，记该区域为 D，则有 $D = \{(X, Y) \mid -\infty < X < +\infty, Y \leq X\}$，如图 3.1.3 所示。于是按照二维随机向量落入平面某个区域概率的计算公式，可得

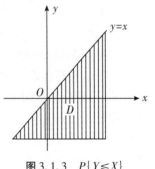

图 3.1.3　$P\{Y \leq X\}$ 的几何意义

$$P\{Y \leq X\} = P\{(X, Y) \in D\}$$

$$= \iint_{D} f(x, y)\,\mathrm{d}x\mathrm{d}y$$

$$= \int_{0}^{+\infty}\left[\int_{0}^{x} 2\mathrm{e}^{-(2x+y)}\,\mathrm{d}y\right]\mathrm{d}x$$

$$= \int_{0}^{+\infty} 2(\mathrm{e}^{-2x} - \mathrm{e}^{-3x})\,\mathrm{d}x = \frac{1}{3}$$

实践中，二维连续型随机向量及其分布经常会用到，其中最常用的是二维均匀分布和二维正态分布。

（1）二维均匀分布。如果二维随机向量 (X, Y) 的联合概率密度函数为

$$f(x, y) = \begin{cases} \dfrac{1}{S}, & (x, y) \in D \\ 0, & 其他 \end{cases}$$

其中 D 为 $x0y$ 平面上的有界区域，D 的面积为 S，则称随机向量 (X, Y) 在区域

D 上服从均匀分布。

例 3.1.3 设二维随机向量 (X, Y) 服从圆域 $D = \{(x, y): x^2 + y^2 \leq 1\}$ 上的均匀分布，区域 A 为 x 轴、y 轴和 $y = 2x + 1$ 所围成的三角形区域，如图 3.1.4 所示。要求计算概率 $P\{(X, Y) \in A\}$。

解： 圆域 D 的面积 $S = \pi$，因此随机向量 (X, Y) 的概率密度函数为

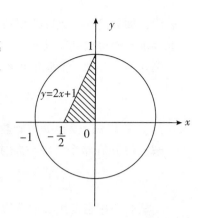

$$f(x, y) = \begin{cases} \dfrac{1}{\pi}, & x^2 + y^2 \leq 1 \\ 0, & x^2 + y^2 > 1 \end{cases}$$

区域 A 是由 x 轴、y 轴和 $y = 2x + 1$ 所围成的三角形区域，并且包含在圆域 D 之内。于是

图 3.1.4　圆域 D 和区域 A

$$\begin{aligned} P\{(X, Y) \in A\} &= \iint\limits_A \frac{1}{\pi} \mathrm{d}x\mathrm{d}y \\ &= \int_{-\frac{1}{2}}^{0} \left(\int_0^{2x+1} \frac{1}{\pi} \mathrm{d}y \right) \mathrm{d}x = \frac{1}{4\pi} \end{aligned}$$

（2）二维正态分布。如果二维随机向量 (X, Y) 的概率密度函数为

$$f(x, y) = \frac{1}{2\pi\sigma_1\sigma_2\sqrt{1-\rho^2}} e^{-\frac{1}{2(1-\rho^2)}\left[\frac{(x-\mu_1)^2}{\sigma_1^2} - 2\rho\frac{(x-\mu_1)(y-\mu_2)}{\sigma_1\sigma_2} + \frac{(y-\mu_2)^2}{\sigma_2^2}\right]}, \quad -\infty < x, y < +\infty$$

则称二维随机向量 (X, Y) 服从参数为 μ_1、μ_2、σ_1、σ_2、ρ 的二维正态分布。同时，也称 (X, Y) 为二维正态随机向量，记为 $(X, Y) \sim N(\mu_1, \mu_2, \sigma_1^2, \sigma_2^2, \rho)$。

二维正态分布中的参数 μ_1、μ_2、σ_1、σ_2、ρ 均为常数，且都有重要的意义。其中，$-\infty < \mu_1$，$\mu_2 < +\infty$ 分别反映了随机变量 X 和 Y 取值的分布中心位置，而 $\sigma_1 > 0$，$\sigma_2 > 0$ 则分别反映了随机变量 X 和 Y 取值的散布程度，$-1 \leq \rho \leq 1$ 则反映了随机变量 X 和 Y 之间的相关程度。

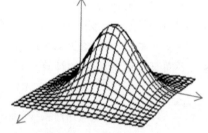

二维正态分布的联合概率密度函数 $f(x, y)$ 的图形如图 3.1.5 所示，其形状像一个斗笠。二维正态分布在实践中有着非常重要的作用。

图 3.1.5　二维正态分布 联合概率密度函数

3.2　边缘分布

二维随机向量的联合分布给出了两随机变量组合的概率分布，不难想象，两随机变量的联合分布必然与各自的概率分布有密切联系，为探讨这种联系，就需要讨论边缘分布。

3.2.1　边缘分布函数

二维随机向量 (X, Y) 作为一个整体，具有二元联合分布函数 $F(x, y)$，其分量 X 和 Y 都是随机变量，也有各自的分布函数，依次称为二维随机向量 (X, Y) 关于 X 和关于 Y 的边缘分布函数。

定义 3.2.1　二维随机向量 (X, Y) 中 X 和 Y 的边缘分布函数就是随机变量 X 和 Y 各自的分布函数，分别记为 $F_X(x)$ 和 $F_Y(y)$，二者均可以由随机向量 (X, Y) 的联合分布函数 $F(x, y)$ 确定，计算方法分别为

$$F_X(x) = P(X \leqslant x) = P\{X \leqslant x, Y < +\infty\} = F(x, +\infty), \quad (x \in R)$$

$$F_Y(y) = P(Y \leqslant y) = P\{X < +\infty, Y \leqslant y\} = F(+\infty, y), \quad (y \in R)$$

该定义表明，如果已知二维随机向量 (X, Y) 的联合概率分布函数，那么就可以通过对其中一个随机变量在整个数轴上进行求和或积分的方法而得出另一个随机变量的概率分布函数。

3.2.2　二维离散型随机向量的边缘概率分布

由上节可知，对于二维离散型随机向量，要计算两随机变量取值所确定的随机事件的概率，最常用的是二者的联合概率质量函数，因此还需要讨论随机向量的联合概率质量函数与每个随机变量的概率质量函数的关系。

定义 3.2.2　二维离散型随机向量 (X, Y) 中 X 和 Y 的边缘概率质量函数（marginal PMF）就是随机变量 X 和 Y 各自的概率质量函数，分别记为 $p_X(x_i)$ 和 $p_Y(y_j)$，二者均可以由随机向量 (X, Y) 的联合概率质量函数 $p(x_i, y_j)$ 确定，计算方法分别为

$$p_X(x_i) = p_{i.} = P\{X = x_i\} = P\{X = x_i, Y < +\infty\} = \sum_{j=1}^{\infty} p_{ij}, \quad i = 1, 2, \cdots$$

$$p_Y(y_j) = p_{.j} = P\{Y = y_j\} = P\{X < +\infty, Y = y_j\} = \sum_{i=1}^{\infty} p_{ij}, \quad j = 1, 2, \cdots$$

该定义表明，如果已知二维离散型随机向量的联合概率质量函数，就可以通过对其中一个随机变量全部取值的概率求和而得到另一个随机变量的概率质量函数。

特别地，如果已有二维离散型随机向量 (X, Y) 的联合概率质量函数表如表 3.1.1 所示，则可在该表的右边增加一列，然后将每行的概率值加总，列在所增加的最后一列中，就得到了随机变量 X 的边缘概率质量函数。同样地，在联合概率质量函数表的最下面增加一行，然后将表中每列的概率值加总，列在所增加的最后一行中，则就得到了随机变量 Y 的边缘概率质量函数。如表 3.2.1 所示。

表 3.2.1   二维离散型随机向量的联合概率质量函数及各变量的边缘概率质量函数

X \\ Y	y_1	y_2	$\cdots$	y_j	$\cdots$	$p_X(x_i)$
x_1	p_{11}	p_{12}	$\cdots$	p_{1j}	$\cdots$	$p_1.$
x_2	p_{21}	p_{22}	$\cdots$	p_{2j}	$\cdots$	$p_2.$
$\vdots$	$\vdots$	$\vdots$		$\vdots$		$\vdots$
x_i	p_{i1}	p_{i2}	$\cdots$	p_{ij}	$\cdots$	$p_i.$
$\vdots$	$\vdots$	$\vdots$		$\vdots$		$\vdots$
$p_Y(y_j)$	$p._1$	$p._2$	$\cdots$	$p._j$	$\cdots$	1

例 3.2.1   由例 3.1.1 给出的二维随机向量 (X, Y) 的联合概率质量函数表，计算最小号码 X 和最大号码 Y 的边缘概率质量函数。

解：将例 3.1.1 中二维随机向量 (X, Y) 的联合概率质量函数表右边和下边分别加边，然后分别计算每行概率之和以及每列概率之和，列入加边之中，即得 X 的边缘概率质量函数和 Y 的边缘概率质量函数，如下表所示。

X \\ Y	3	4	5	$p_X(x_i)$
1	0.1	0.2	0.3	0.6
2	0	0.1	0.2	0.3
3	0	0	0.1	0.1
$p_Y(y_j)$	0.1	0.3	0.6	1

由于在二维离散型随机向量情形下，各随机变量的概率质量函数值可以非常方便地在联合概率质量函数表的边缘加边计算得出，于是就有了"边缘概率分布"之名。

3.2.3   二维连续型随机向量的边缘概率密度

对于连续型随机变量来说，其概率密度函数是十分重要的，因此除了要考察二维连续型随机向量的联合概率分布函数与各变量的边缘分布函数之间的关系外，也还需要讨论二维随机向量的联合概率密度函数与各变量的边缘概率密度函数之间的关系。

定义 3.2.3   二维连续型随机向量 (X, Y) 中 X 和 Y 的边缘概率密度函数（marginal PDF）就是随机变量 X 和 Y 各自的概率密度函数，分别记为 $f_X(x)$ 和 $f_Y(y)$，二者均可以由随机向量 (X, Y) 的联合概率密度函数 $f(x, y)$ 确定。由边缘分布函数的定义，变量 X 和 Y 的边缘分布函数分别为

$$F_X(x) = F(x, +\infty) = \int_{-\infty}^{x}\int_{-\infty}^{+\infty}f(u, v)\,\mathrm{d}v\mathrm{d}u = \int_{-\infty}^{x}\left[\int_{-\infty}^{+\infty}f(u, v)\,\mathrm{d}v\right]\mathrm{d}u$$

$$F_Y(y) = F(+\infty, y) = \int_{-\infty}^{y}\int_{-\infty}^{+\infty} f(u, v)\mathrm{d}u\mathrm{d}v = \int_{-\infty}^{y}\left[\int_{-\infty}^{+\infty} f(u, v)\mathrm{d}u\right]\mathrm{d}v$$

记 $f_X(u) = \int_{-\infty}^{+\infty} f(u, v)\mathrm{d}v$, $f_Y(v) = \int_{-\infty}^{+\infty} f(u, v)\mathrm{d}u$, 则随机变量 X 和 Y 的边缘分布函数分别为

$$F_X(x) = \int_{-\infty}^{x} f_X(u)\mathrm{d}u$$

$$F_Y(y) = \int_{-\infty}^{y} f_Y(v)\mathrm{d}v$$

由此即得二维连续型随机向量 (X, Y) 中变量 X 和 Y 的边缘概率密度函数分别为

$$f_X(x) = \int_{-\infty}^{+\infty} f(x, y)\mathrm{d}y$$

$$f_Y(y) = \int_{-\infty}^{+\infty} f(x, y)\mathrm{d}x$$

该定义表明，类似于分布函数情形，对于二维连续型随机向量 (X, Y)，如果已知其联合概率密度函数，则可通过对其中一个变量在整个数轴上进行积分而得到另一个变量的边缘概率密度函数。

例 3.2.2　设二维随机向量 (X, Y) 在三角形区域 $D = \{(x, y): 0 \le x \le 1, 0 \le y \le x\}$ 上服从均匀分布，如图 3.2.1 所示，求 X 和 Y 的边缘概率密度函数。

解：因为随机向量 (X, Y) 服从三角形区域 $D = \{(x, y): 0 \le x \le 1, 0 \le y \le x\}$ 上的均匀分布，而三角形区域 D 的面积为 $\dfrac{1}{2}$，所以 (X, Y) 的联合概率密度函数为

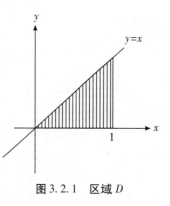

图 3.2.1　区域 D

$$f(x, y) = \begin{cases} 2, & 0 \le x \le 1, 0 \le y \le x \\ 0, & \text{其他} \end{cases}$$

当 $x < 0$ 或 $x > 1$ 时，$f(x, y) = 0$，从而 $f_X(x) = 0$；

当 $0 \le x \le 1$ 时，$f_X(x) = \int_{-\infty}^{+\infty} f(x, y)\mathrm{d}y = \int_0^x 2\mathrm{d}y = 2x$。

于是，得到 X 的边缘概率密度函数

$$f_X(x) = \begin{cases} 2x, & 0 \le x \le 1 \\ 0, & \text{其他} \end{cases}$$

当 $y < 0$ 或 $y > 1$ 时，$f(x, y) = 0$，从而 $f_Y(y) = 0$；

当 $0 \le y \le 1$ 时，$f_Y(y) = \int_{-\infty}^{+\infty} f(x, y)\mathrm{d}x = \int_y^1 2\mathrm{d}x = 2(1 - y)$。

于是，得到 Y 的边缘概率密度函数

$$f_Y(y) = \begin{cases} 2(1 - y), & 0 \le y \le 1 \\ 0, & \text{其他} \end{cases}$$

例 3.2.3　设随机向量 (X, Y) 服从二维正态分布 $N(\mu_1, \mu_2, \sigma_1^2, \sigma_2^2, \rho)$，求 X 和 Y 的边缘概率密度函数。

解：由二维正态分布 $N(\mu_1, \mu_2, \sigma_1^2, \sigma_2^2, \rho)$ 的联合概率密度函数，得 X 的边缘概率密度函数的计算式为

$$f_X(x) = \int_{-\infty}^{+\infty} f(x, y) \mathrm{d}y$$

$$= \frac{1}{2\pi\sigma_1\sigma_2\sqrt{1-\rho^2}} \int_{-\infty}^{+\infty} e^{-\frac{1}{2(1-\rho^2)}\left[\frac{(x-\mu_1)^2}{\sigma_1^2} - 2\rho\frac{(x-\mu_1)(y-\mu_2)}{\sigma_1\sigma_2} + \frac{(y-\mu_2)^2}{\sigma_2^2}\right]} \mathrm{d}y$$

作变量代换，令

$$u = \frac{1}{\sqrt{1-\rho^2}}\left(\frac{y-\mu_2}{\sigma_2} - \rho\frac{x-\mu_1}{\sigma_1}\right)$$

则得

$$f_X(x) = \frac{1}{2\pi\sigma_1\sigma_2\sqrt{1-\rho^2}} \cdot \sigma_2\sqrt{1-\rho^2} \int_{-\infty}^{+\infty} e^{-\frac{1}{2}\left[u^2 + \frac{(x-\mu_1)^2}{\sigma_1^2}\right]} \mathrm{d}u$$

$$= \frac{1}{2\pi\sigma_1} e^{-\frac{(x-\mu_1)^2}{2\sigma_1^2}} \int_{-\infty}^{+\infty} e^{-\frac{u^2}{2}} \mathrm{d}u$$

根据标准正态分布变量的概率密度的性质即可得到

$$f_X(x) = \frac{1}{\sqrt{2\pi}\sigma_1} e^{-\frac{(x-\mu_1)^2}{2\sigma_1^2}}, \quad -\infty < x < +\infty$$

同理可得

$$f_Y(y) = \frac{1}{\sqrt{2\pi}\sigma_2} e^{-\frac{(y-\mu_2)^2}{2\sigma_2^2}}, \quad -\infty < y < +\infty$$

该结果表明 $X \sim N(\mu_1, \sigma_1^2)$，$Y \sim N(\mu_2, \sigma_2^2)$，即二维正态随机向量的边缘概率分布仍是正态分布。

从此例中可以看到，二维正态分布的两个边缘分布不仅都是一维正态分布，并且都不依赖于参数 ρ，也就是说，对于给定的 μ_1，μ_2，σ_1，σ_2，不同的 ρ 对应不同的二维正态分布，它们的边缘分布却都是一样的。这一事实表明，仅由 X 和 Y 的边缘分布一般不能确定随机变量 X 和 Y 的联合分布，但由随机变量 X 和 Y 的联合分布却可唯一确定 X 和 Y 的边缘分布。

3.3　条件分布

在第 1 章曾介绍了条件概率的定义，这是对随机事件而言的。本节将讨论随机变量的条件分布。

3.3.1　条件分布的定义

由随机事件的条件概率的定义可知，对于两个随机事件 A 和 B，所谓条件概率就是在其中一个随机事件已经发生的条件下，另一个随机事件发生的概率。类似但并不完

全相同, 对于多维随机向量来说, 条件分布中的条件不是泛指由随机向量构造的任意一种随机事件, 而通常仅仅是指随机向量中的某些随机变量取某些值, 条件概率分布就是在某些随机变量的取值已经发生即已确定的条件下, 随机向量中其余随机变量取值的概率分布。就二维随机向量 (X, Y) 而言, 随机变量 Y 对 X 的条件分布就是在随机变量 X 的取值给定的条件下, 如在已知 $X = x$ 的条件下, 随机变量 Y 的各种可能取值的概率分布; 而随机变量 X 对 Y 的条件分布就是在随机变量 Y 的取值给定的条件下, 如在已知 $Y = y$ 的条件下, 随机变量 X 的各种可能取值的概率分布。

定义 3.3.1 假设 (X, Y) 是二维随机向量, 在随机变量 X 的取值给定的条件下, 即已知 $X = x$ 的条件下, 随机变量 Y 的所有可能取值的概率分布就称为 Y 对 X 的条件分布; 而在随机变量 Y 的取值给定的条件下, 即已知 $Y = y$ 的条件下, 随机变量 X 的所有可能取值的概率分布就称为 X 对 Y 的条件分布。

随机向量的条件分布在实践中有十分广泛的应用, 对于分析研究变量之间的关系以及问题的深入探讨有着重要的作用。例如, 在医院对每个人的体检中, 身高和体重是两个最基本的体检指标。不同的个人, 身高不同, 体重也有差异, 身高和体重都有各自的概率分布, 二者组成一个二维随机向量也有二维联合概率分布。就体重来说, 过重或过轻都不利于身体健康, 但是如何判断一个人的体重是否过重或过轻呢? 显然需要结合这个人的身高来判断, 身高 1 米 8 的人和身高 1 米 6 的人, 体重过重和过轻的标准应该不一样。如此, 就需要分别在给定身高 1 米 8 和 1 米 6 的条件下, 测算各自体重的条件分布。

3.3.2 离散型随机变量的条件概率分布

基于条件分布的定义和随机事件条件概率的计算方法可知, 对于二维离散型随机向量 (X, Y) 来说, 要计算其中一个随机变量对另一个随机变量的条件概率, 就需要已知该随机向量 (X, Y) 的联合概率质量函数和边缘概率质量函数。由上节可知, 二维离散型随机向量 (X, Y) 的联合概率质量函数为

$$p(x_i, y_j) = p_{ij} = P\{X = x_i, Y = y_j\}, \quad i, j = 1, 2, \cdots$$

其中, 随机变量 X 和 Y 的边缘概率质量函数分别为

$$p_X(x_i) = p_{i.} = P\{X = x_i\}, \quad i = 1, 2, \cdots$$
$$p_Y(y_j) = p_{.j} = P\{Y = y_j\}, \quad j = 1, 2, \cdots$$

假设随机变量 X 和 Y 的边缘概率质量函数均大于 0, $p_{i.} > 0$, $p_{.j} > 0$, 则由第 1 章中随机事件条件概率的计算公式可得, 在事件 $X = x_i$ 已发生的条件下事件 $Y = y_j$ 发生的条件概率和在事件 $Y = y_j$ 已发生的条件下事件 $X = x_i$ 发生的条件概率分别为

$$P\{Y = y_j \mid X = x_i\} = \frac{P\{X = x_i, Y = y_j\}}{P\{X = x_i\}} = \frac{p(x_i, y_j)}{p_X(x_i)} = \frac{p_{ij}}{p_{i.}}$$

$$P\{X = x_i \mid Y = y_j\} = \frac{P\{X = x_i, Y = y_j\}}{P\{Y = y_j\}} = \frac{p(x_i, y_j)}{p_Y(y_j)} = \frac{p_{ij}}{p_{.j}}$$

显然, 在 Y 对 X 的条件概率中, 如果在同一给定条件 $X = x_i$ 之下, 让随机变量 Y 取遍其各个可能的值, 则得到了 Y 的条件概率分布; 同样地, 在 X 对 Y 的条件概率中,

如果在同一给定条件 $Y = y_j$ 之下，让随机变量 X 取遍其各个可能的值，则得到了 X 的条件概率分布。因此，就有如下的定义。

定义 3.3.2 设二维离散型随机向量 (X, Y) 的联合概率质量函数为 $p(x_i, y_j) = p_{ij}$，随机变量 X 和 Y 的边缘概率质量函数分别为 $p_X(x_i) = p_{i \cdot}$ 和 $p_Y(y_j) = p_{\cdot j}$，对于给定的 $X = x_i$，若 $p_X(x_i) = p_{i \cdot} > 0$，则称

$$p_{Y|X}(y_j|x_i) = \frac{p(x_i, y_j)}{p_X(x_i)} = \frac{p_{ij}}{p_{i \cdot}} = \frac{P\{X = x_i, Y = y_j\}}{P\{X = x_i\}}, \quad j = 1, 2, \cdots$$

为随机变量 Y 在 $X = x_i$ 条件下的条件概率质量函数（conditional PMF）。若 $p_Y(y_j) = p_{\cdot j} > 0$，则称

$$p_{X|Y}(x_i|y_j) = \frac{p(x_i, y_j)}{p_Y(y_j)} = \frac{p_{ij}}{p_{\cdot j}} = \frac{P\{X = x_i, Y = y_j\}}{P\{Y = y_j\}}, \quad i = 1, 2, \cdots$$

为随机变量 X 在 $Y = y_j$ 条件下的条件概率质量函数。

很明显，该定义实际上是给出了二维离散型随机向量中各个随机变量的条件概率分布的实用计算方法，计算二维离散型随机向量中任意一个随机变量的条件概率分布就可直接使用此定义计算。

容易看出，上述条件概率质量函数还具有概率分布的两个基本性质：

（1）$p_{Y|X}(y_j|x_i) \geqslant 0$，$p_{X|Y}(x_i|y_j) \geqslant 0$。

（2）$\sum\limits_{j=1}^{\infty} p_{Y|X}(y_j|x_i) = 1$，$\sum\limits_{i=1}^{\infty} p_{X|Y}(x_i|y_j) = 1$。

例 3.3.1 在例 3.1.1 中，随机变量 X 表示随机摸出的 3 个球中的最小号码，随机变量 Y 表示其中的最大号码。求在最小号码 X 为 1 的条件下，最大号码 Y 的条件概率质量函数。

解： 由例 3.1.1 和例 3.2.1 中的随机向量 (X, Y) 的联合概率质量函数表可知，当最小号码 $X = 1$ 时，最小号码 X 与最大号码 Y 的联合概率质量函数和 X 的边缘概率质量函数如下表所示。

X \\ Y	3	4	5	$p_X(x_i)$
1	0.1	0.2	0.3	0.6

根据表中数据，按照条件概率质量函数的计算公式，得

$$p_{Y|X}(y_1 = 3|x_1 = 1) = \frac{p(x_1 = 1, y_1 = 3)}{p_X(x_1 = 1)} = \frac{0.1}{0.6} = \frac{1}{6}$$

$$p_{Y|X}(y_2 = 4|x_1 = 1) = \frac{p(x_1 = 1, y_2 = 4)}{p_X(x_1 = 1)} = \frac{0.2}{0.6} = \frac{2}{6}$$

$$p_{Y|X}(y_3 = 5|x_1 = 1) = \frac{p(x_1 = 1, y_3 = 5)}{p_X(x_1 = 1)} = \frac{0.3}{0.6} = \frac{3}{6}$$

由此即得最小号码 X 为 1 时，最大号码 Y 的条件概率质量函数，如下表所示。

Y	3	4	5	合计
$p_{Y\mid X}(y\mid x_1=1)$	$\dfrac{1}{6}$	$\dfrac{2}{6}$	$\dfrac{3}{6}$	1

同理也可求得最小号码 X 为 2、3 的条件下，最大号码 Y 的条件概率质量函数。

3.3.3　连续型随机变量的条件概率密度

在连续型随机变量情形中，由于随机变量在任意一个区间上都有无穷多的可能值，所以其取任意一个确定值的概率都必须为 0，即对于连续型随机向量 (X,Y) 来说，对于任意给定的实数 x 和 y，均有 $P\{X=x\}=0$ 和 $P\{Y=y\}=0$，因此不能直接用条件概率公式引入条件概率分布。

设二维随机向量 (X,Y) 的联合概率密度函数为 $f(x,y)$，随机变量 X 和 Y 的边缘概率密度函数分别为 $f_X(x)$ 和 $f_Y(y)$，给定 y 和 $\Delta y>0$，考虑条件概率

$$
\begin{aligned}
P\{X\leqslant x\mid y\leqslant Y\leqslant y+\Delta y\} &= \frac{P\{X\leqslant x,\, y\leqslant Y\leqslant y+\Delta y\}}{P\{y\leqslant Y\leqslant y+\Delta y\}}\\[2ex]
&= \frac{\displaystyle\int_{-\infty}^{x}\left[\int_{y}^{y+\Delta y}f(x,y)\,\mathrm{d}y\right]\mathrm{d}x}{\displaystyle\int_{y}^{y+\Delta y}f_Y(y)\,\mathrm{d}y}
\end{aligned}
$$

在此式中，当 $\Delta y\to 0$ 时，即为在给定条件 $Y=y$ 之下随机变量 X 的条件分布函数，记为 $P\{X\leqslant x\mid Y=y\}$ 或 $F_{X\mid Y}(x\mid y)$。如果 $f(x,y)$ 在点 (x,y) 处连续，$f_Y(y)$ 在 y 处连续，则由积分中值定理可知

$$
\lim_{\Delta y\to 0}\frac{1}{\Delta y}\int_{y}^{y+\Delta y}f(x,y)\,\mathrm{d}y = f(x,y)
$$

$$
\lim_{\Delta y\to 0}\frac{1}{\Delta y}\int_{y}^{y+\Delta y}f_Y(y)\,\mathrm{d}y = f_Y(y)
$$

于是当 $f_Y(y)>0$ 时，在极限的意义上就有

$$
F_{X\mid Y}(x\mid y) = P\{X\leqslant x\mid Y=y\} = \int_{-\infty}^{x}\frac{f(x,y)}{f_Y(y)}\mathrm{d}x
$$

显然，该式就是在给定 $Y=y$ 的条件下，随机变量 X 的概率分布函数。由连续型随机变量的概率分布函数与概率密度函数的关系，可知在给定 $Y=y$ 的条件下，随机变量 X 的概率密度函数就是

$$
f_{X\mid Y}(x\mid y) = \frac{f(x,y)}{f_Y(y)}
$$

基于上述论述，就可给出二维连续型随机向量 (X,Y) 中各随机变量在另一个随机变量取值给定条件下的条件概率密度函数（conditional PDF）和条件概率分布函数的定义如下。

定义 3.3.3　设二维随机向量 (X,Y) 的联合概率密度函数为 $f(x,y)$，$f_X(x)$ 和 $f_Y(y)$ 分别为 (X,Y) 关于 X 和关于 Y 的边缘概率密度函数。如果 $f(x,y)$ 在点 (x,y) 处连续，$f_Y(y)$ 在 y 处连续且 $f_Y(y)>0$，则称

$$f_{X|Y}(x|y) = \frac{f(x, y)}{f_Y(y)}, \ x \in R$$

为随机变量 X 在 $Y=y$ 条件下的条件概率密度。而函数

$$F_{X|Y}(x|y) = P\{X \leqslant x | Y = y\} = \int_{-\infty}^{x} \frac{f(x, y)}{f_Y(y)} \mathrm{d}x$$

则称为在 $Y=y$ 的条件下，X 的条件分布函数。

如果 $f(x, y)$ 在点 (x, y) 处连续，$f_X(x)$ 在 x 处连续且 $f_X(x) > 0$，则称

$$f_{Y|X}(y|x) = \frac{f(x, y)}{f_X(x)}, \ y \in R$$

为随机变量 Y 在 $X=x$ 条件下的条件概率密度。而函数

$$F_{Y|X}(y|x) = P\{Y \leqslant y | X = x\} = \int_{-\infty}^{y} \frac{f(x, y)}{f_X(x)} \mathrm{d}y$$

则称为在 $X=x$ 的条件下，Y 的条件分布函数。

显然，该定义实质上给出了由二维连续型随机向量的联合概率密度和各随机变量的边缘概率密度函数计算条件概率密度函数和条件概率分布函数的方法。

例 3.3.2 设二维随机向量 (X, Y) 服从三角形区域 $D = \{(x, y): 0 \leqslant x \leqslant 1, 0 \leqslant y \leqslant x\}$ 上的均匀分布，求条件概率密度 $f_{X|Y}(x|y)$ 和 $f_{Y|X}(y|x)$。

解： 由例 3.2.2 得知，(X, Y) 的联合概率密度以及 x 和 y 各自的边缘概率密度分别为

$$f(x, y) = \begin{cases} 2, & 0 \leqslant x \leqslant 1, \ 0 \leqslant y \leqslant x \\ 0, & \text{其他} \end{cases}$$

$$f_X(x) = \begin{cases} 2x, & 0 \leqslant x \leqslant 1 \\ 0, & \text{其他} \end{cases}, \quad f_Y(y) = \begin{cases} 2(1-y), & 0 \leqslant y \leqslant 1 \\ 0, & \text{其他} \end{cases}$$

于是，当 $0 \leqslant y < 1$ 时，$f_Y(y) > 0$。由条件概率密度函数的定义得

$$f_{X|Y}(x|y) = \begin{cases} \dfrac{1}{1-y}, & y \leqslant x \leqslant 1 \\ 0, & \text{其他} \end{cases}$$

特别地，当 $y=0$ 时，X 的条件概率密度为

$$f_{X|Y}(x|y) = \begin{cases} 1, & 0 \leqslant x \leqslant 1 \\ 0, & \text{其他} \end{cases}$$

这是区间 $[0, 1]$ 上的均匀分布。

同理，当 $0 < x \leqslant 1$ 时，$f_X(x) > 0$。由条件概率密度函数的定义得

$$f_{Y|X}(y|x) = \begin{cases} \dfrac{1}{x}, & 0 \leqslant y \leqslant x \\ 0, & \text{其他} \end{cases}$$

例 3.3.3 设随机变量 (X, Y) 服从二维正态分布 $N(\mu_1, \mu_2, \sigma_1^2, \sigma_2^2, \rho)$，求条件概率密度 $f_{X|Y}(x|y)$ 和 $f_{Y|X}(y|x)$。

解： 根据题意知 (X, Y) 的概率密度为

$$f(x, y) = \frac{1}{2\pi\sigma_1\sigma_2\sqrt{1-\rho^2}} e^{-\frac{1}{2(1-\rho^2)}\left[\frac{(x-\mu_1)^2}{\sigma_1^2} - 2\rho\frac{(x-\mu_1)(y-\mu_2)}{\sigma_1\sigma_2} + \frac{(y-\mu_2)^2}{\sigma_2^2}\right]}, \ -\infty < x, \ y < +\infty$$

由例 3.2.3 得知 X 和 Y 的边缘密度函数分别为

$$f_X(x) = \frac{1}{\sqrt{2\pi}\sigma_1}e^{-\frac{(x-\mu_1)^2}{2\sigma_1^2}}, \quad -\infty < x < +\infty \quad f_Y(y) = \frac{1}{\sqrt{2\pi}\sigma_2}e^{-\frac{(y-\mu_2)^2}{2\sigma_2^2}}, \quad -\infty < y < +\infty$$

于是，对于 $-\infty < y < +\infty$，由条件概率密度函数的定义得

$$f_{X|Y}(x|y) = \frac{f(x, y)}{f_Y(y)} = \frac{1}{\sqrt{2\pi}\sigma_1\sqrt{1-\rho^2}}e^{-\left\{\frac{1}{2\sigma_1^2(1-\rho^2)}\left[x-\mu_1+\rho\frac{\sigma_1}{\sigma_2}(y-\mu_2)\right]^2\right\}}, \quad -\infty < x < +\infty$$

而对于 $-\infty < x < +\infty$，则有

$$f_{Y|X}(y|x) = \frac{f(x, y)}{f_X(x)} = \frac{1}{\sqrt{2\pi}\sigma_2\sqrt{1-\rho^2}}e^{-\left\{\frac{1}{2\sigma_2^2(1-\rho^2)}\left[y-\mu_2+\rho\frac{\sigma_2}{\sigma_1}(x-\mu_1)\right]^2\right\}}, \quad -\infty < y < +\infty$$

上述结果表明，二维正态随机向量的条件分布仍是正态分布。在 Y 给定的条件下，随机变量 X 的条件概率分布是正态分布 $N\left(\mu_1 + \rho\frac{\sigma_1}{\sigma_2}(y-\mu_2), (1-\rho^2)\sigma_1^2\right)$；在 X 给定的条件下，随机变量 Y 的条件概率分布是正态分布 $N\left(\mu_2 + \rho\frac{\sigma_2}{\sigma_1}(x-\mu_1), (1-\rho^2)\sigma_2^2\right)$。

3.4　随机变量的独立性

由第 1 章中关于随机事件的独立性的讨论可知，如果两个或多个随机事件相互独立，则这些随机事件都发生的概率就可以用各自发生概率的乘积计算，并且各随机事件的条件概率也就等于各自的无条件概率，从而使相关概率的计算直接简单。类似于随机事件的情形，随机变量作为随机试验结果的函数，也存在两个或多个随机变量是否相互独立的问题。实际上，讨论随机向量中的两个或多个随机变量是否相互独立，将有助于认识和了解随机向量的概率分布及其各种特征。

3.4.1　随机变量独立性的定义

与第 1 章中随机事件的情形相同，为了简便，随机变量的独立性也采用两随机事件都发生的概率与各自单独发生概率的乘积二者之间是否相等的方式定义。

定义 3.4.1　假设二维随机向量 (X, Y) 的联合分布函数为 $F(x, y)$，其中随机变量 X 和 Y 的边缘分布函数分别为 $F_X(x)$ 和 $F_Y(y)$，若对于任意实数 x 和 y，均有下式成立：

$$F(x, y) = F_X(x)F_Y(y)$$

则称随机变量 X 与 Y 相互独立。

若记随机事件 A 和 B 分别为 $A = \{X \leq x\}$、$B = \{Y \leq y\}$，由随机变量分布函数的定义可知，$F_X(x) = P(X \leq x)$，$F_Y(y) = P(Y \leq y)$，$F(x, y) = P(X \leq x, Y \leq y)$，则上述随机变量的独立性定义就是指，两随机事件 A 和 B 相互独立，意味着二者都发生的概率等于各自单独发生概率的乘积，即对于所有的 x 和 y，都必须有

$$P\{X \leqslant x, \ Y \leqslant y\} = P\{X \leqslant x\} \cdot P\{Y \leqslant y\}$$

显然，这一定义是第 1 章中随机事件相互独立定义在随机变量中的自然延伸。

3.4.2 离散型随机变量的独立性

如果随机向量中的两个随机变量 X 和 Y 都是离散型随机变量，由随机变量独立性的定义可知，对于随机变量 X 和 Y 的任何取值 x_i 和 y_j，都有 $P\{X \leqslant x_i, \ Y \leqslant y_j\} = P\{X \leqslant x_i\} \cdot P\{Y \leqslant y_j\}$，则由离散型随机变量的分布函数与概率质量函数的关系可知，这也就意味着对于所有的 x_i 和 y_j，随机事件 $\{X = x_i\}$ 和 $\{Y = y_j\}$ 二者都发生的概率必然等于二者独自发生概率的乘积，即对于所有的 x_i 和 y_j，都必须有

$$p(x_i, \ y_j) = P\{X = x_i, \ Y = y_j\} = P\{X = x_i\} \cdot P\{Y = y_j\} = p_X(x_i)p_Y(y_j)$$

因此，对于离散型随机向量，随机变量的独立性又可以更简便地如下定义。

定义 3.4.2 假设二维离散型随机向量 (X, Y) 的概率质量函数为 $p(x_i, y_j)$，其中随机变量 X 和 Y 的概率质量函数分别为 $p_X(x_i)$ 和 $p_Y(y_j)$，若对于任意取值 x_i 与 y_j，均有下式成立

$$p(x_i, \ y_j) = p_X(x_i)p_Y(y_j)$$

则称离散型随机变量 X 和 Y 相互独立。

离散型随机变量独立性的定义表明，两离散型随机变量 X 和 Y 相互独立，也就意味着随机事件 $\{X = x_i\}$ 和 $\{Y = y_j\}$ 相互独立。由离散型随机变量条件分布与联合分布及边缘分布的关系可知，若离散型随机变量 X 和 Y 相互独立，则必然有

$$p_{X|Y}(x_i|y_j) = p_X(x_i), \text{对于所有 } p_Y(y_j) > 0 \text{ 的 } y_j \text{ 和所有的 } x_i$$
$$p_{Y|X}(y_j|x_i) = p_Y(y_j), \text{对于所有 } p_X(x_i) > 0 \text{ 的 } x_i \text{ 和所有的 } y_j$$

对于条件分布，与两随机变量相互独立类似的一个概念是两个随机变量的条件独立。假设事件 A 具有概率 $P(A) > 0$，则条件事件 A 定义了一个新的样本空间，所有的概率都必须被各自的条件概率所代替。例如，给定随机事件 A 有正数概率，如果对于所有的取值 x_i 和 y_j，都有

$$P\{X = x_i, \ Y = y_j|A\} = P\{X = x_i|A\} \cdot P\{Y = y_j|A\}$$

则称离散型随机变量 X 和 Y 条件独立。使用概率质量函数符号，则上式也可等价地表述为

$$p_{X,Y|A}(x_i, \ y_j) = p_{X|A}(x_i) \cdot p_{Y|A}(y_j), \text{对于所有 } x_i \text{ 和 } y_j$$

或者，也可以进一步表述为

$$p_{X|Y,A}(x_i|y_j) = p_{X|A}(x_i), \text{对于所有 } p_{Y|A}(y_j) > 0 \text{ 的 } y_j \text{ 和所有的 } x_i$$
$$p_{Y|X,A}(y_j|x_i) = p_{Y|A}(y_j), \text{对于所有 } p_{X|A}(x_i) > 0 \text{ 的 } x_i \text{ 和所有的 } y_j$$

需要提醒注意的是，两随机变量条件独立，并不意味着也无条件独立；反之，两随机变量无条件相互独立，也并不意味着就条件独立。

例 3.4.1 假设离散型随机向量 (X, Y) 的联合概率质量函数和各自的边缘概率质量函数如下表所示：

	X	1	2	3	4	$p_Y(y_j)$
Y						
1		0	0.10	0.15	0.05	0.30
2		0.10	0.20	0.10	0.10	0.50
3		0.05	0.10	0.05	0	0.20
$p_X(x_i)$		0.15	0.40	0.30	0.15	1.00

问题：（1）随机变量 X 和 Y 是否相互独立？（2）如果记随机事件 $A = \{X \leqslant 3, Y \geqslant 2\}$，那么在事件 A 发生的条件下，随机变量 X 和 Y 是否相互独立？

解：（1）由随机变量 X 和 Y 的联合概率质量函数可知

$$p(1, 1) = P\{X = 1, Y = 1\} = 0 \neq P\{X = 1\} \cdot P\{Y = 1\} = p_X(1)p_Y(1)$$

所以随机变量 X 和 Y 并不相互独立。

（2）随机事件 $A = \{X \leqslant 3, Y \geqslant 2\}$ 由 $X = 1, 2, 3$ 和 $Y = 2, 3$ 的 6 对取值组成，由表中给出的随机变量 X 和 Y 的联合概率质量函数值可以计算得出随机事件 A 发生的概率为：$P(A) = P(X \leqslant 3, Y \geqslant 2) = 0.6$，根据随机事件条件概率的计算公式，可得在事件 A 发生的条件下随机变量 X 和 Y 的条件联合概率质量函数为：

	X	1	2	3	$p_Y(y_j)$
Y					
2		$\frac{1}{6}$	$\frac{2}{6}$	$\frac{1}{6}$	$\frac{4}{6}$
3		$\frac{1}{12}$	$\frac{1}{6}$	$\frac{1}{12}$	$\frac{2}{6}$
$p_X(x_i)$		$\frac{3}{12}$	$\frac{3}{6}$	$\frac{3}{12}$	1

将条件联合概率质量函数表各列加总，就得到随机变量 X 的条件边缘概率质量函数 $p_X(x_i)$；将条件联合概率质量函数表各行加总，就得到随机变量 Y 的条件边缘概率质量函数 $p_Y(y_j)$。由表中数值可以验证对于由 $X = 1, 2, 3$ 和 $Y = 2, 3$ 组成的全部 6 对取值，都有 $p_{X,Y|A}(x_i, y_j) = p_{X|A}(x_i) \cdot p_{Y|A}(y_j)$ 成立，所以随机变量 X 和 Y 在随机事件 A 发生的条件下条件相互独立。

3.4.3　连续型随机变量的独立性

与离散型随机向量情形类似，对于连续型随机向量情形，除了可直接根据随机向量的联合分布函数与各自边缘分布函数的关系定义随机变量是否具有独立性以外，还可以使用随机向量的联合概率密度函数与各自边缘密度函数的关系来定义随机变量的独立性。

定义 3.4.3　假设二维连续型随机向量 (X, Y) 的联合概率密度函数为 $f(x, y)$，其中随机变量 X 和 Y 的边缘概率密度函数分别为 $f_X(x)$ 和 $f_Y(y)$，若对于任意实数 x 与

y，均有下式成立

$$f(x, y) = f_X(x) f_Y(y)$$

则称连续型随机变量 X 和 Y 相互独立。

实际上，若连续型随机变量 X 和 Y 相互独立，则根据随机变量独立性的定义 3.4.1 可知，对于所有实数 x 与 y，都有 $F(x, y) = F_X(x) \cdot F_Y(y)$ 成立，将此式两边对 x 与 y 求导，即有

$$f(x, y) = \frac{\partial^2 F(x, y)}{\partial x \partial y} = \frac{\partial F_X(x)}{\partial x} \frac{\partial F_Y(y)}{\partial y} = f_X(x) \cdot f_Y(y)$$

反之，若对于连续型随机变量 X 和 Y 的任意取值 x 与 y，都有 $f(x, y) = f_X(x) \cdot f_Y(y)$ 成立，则有

$$F(x, y) = \int_{-\infty}^{y} \int_{-\infty}^{x} f(u, v) \mathrm{d}u\mathrm{d}v = \int_{-\infty}^{y} \int_{-\infty}^{x} f_X(u) f_Y(v) \mathrm{d}u\mathrm{d}v$$

$$= \int_{-\infty}^{x} f_X(u) \mathrm{d}u \int_{-\infty}^{y} f_Y(v) \mathrm{d}v = F_X(x) \cdot F_Y(y)$$

这表明，连续型随机变量独立性的定义 3.4.1 和 3.4.3 是完全等价的。不过，在现实应用中，按概率密度函数给出的独立性定义 3.4.3 通常比按分布函数给出的独立性定义 3.4.1 更便于应用。

例 3.4.2 已知连续型随机向量（X，Y）在由区间 $a \leqslant x \leqslant b$ 和 $c \leqslant y \leqslant d$ 围成的区域内服从均匀分布，如图 3.4.1 所示，问：随机变量 X 和 Y 是否相互独立？

解： 随机变量 X 和 Y 的联合概率密度函数为

$$f(x, y) = \begin{cases} \dfrac{1}{(b-a)(d-c)}, & a \leqslant x \leqslant b, \ c \leqslant y \leqslant d \\ 0, & \text{其他} \end{cases}$$

分别计算 X 和 Y 的边缘概率密度函数，得

$$f_X(x) = \int_{-\infty}^{+\infty} f(x, y) \mathrm{d}y = \begin{cases} \dfrac{1}{(b-a)}, & a \leqslant x \leqslant b \\ 0, & \text{其他} \end{cases}$$

$$f_Y(y) = \int_{-\infty}^{+\infty} f(x, y) \mathrm{d}x = \begin{cases} \dfrac{1}{(d-c)}, & c \leqslant y \leqslant d \\ 0, & \text{其他} \end{cases}$$

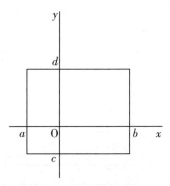

图 3.4.1 均匀分布区域

由此就有 $f(x, y) = f_X(x) \cdot f_Y(y)$ 对所有 x 与 y 都成立，所以随机变量 X 和 Y 相互独立。

例 3.4.3 已知连续型随机变量 X 和 Y 相互独立，且都服从正态分布，其中 $X \sim N(\mu_1, \sigma_1^2)$，$Y \sim N(\mu_2, \sigma_2^2)$，求随机向量（$X$，$Y$）的联合概率密度函数。

解： 由连续型随机变量独立性的定义，可得

$$f(x, y) = f_X(x) f_Y(y) = \frac{1}{\sqrt{2\pi}\sigma_1} \mathrm{e}^{-\frac{(x-\mu_1)^2}{2\sigma_1^2}} \frac{1}{\sqrt{2\pi}\sigma_2} \mathrm{e}^{-\frac{(y-\mu_2)^2}{2\sigma_2^2}} = \frac{1}{2\pi\sigma_1\sigma_2} \mathrm{e}^{-\frac{(x-\mu_1)^2 + (y-\mu_2)^2}{2\sigma_1^2\sigma_2^2}}$$

例 3.4.4 某人投掷飞镖，假设其每次投掷都能掷中镖盘，且掷中盘面各个点（x，

y）的概率相同，若镖盘的半径为 r，求飞镖掷中盘面落点距离镖盘中心的水平距离 X 和垂直距离 Y 的联合概率密度和各自的边缘概率密度，问：随机变量 X 和 Y 是否相互独立？

　　解：由题意可知，随机变量 X 和 Y 在以坐标原点为中心、以 r 为半径的圆内服从均匀分布，所以有

$$f(x,\ y) = \begin{cases} \dfrac{1}{\pi r^2}, & x^2 + y^2 \leqslant r^2 \\ 0, & \text{其他} \end{cases}$$

由此可得随机变量 X 和 Y 的边缘概率密度函数分别为

$$f_X(x) = \int_{-\infty}^{+\infty} \frac{1}{\pi r^2} \mathrm{d}y = \begin{cases} \dfrac{1}{\pi r^2} \int_{-\sqrt{r^2-x^2}}^{+\sqrt{r^2-x^2}} \mathrm{d}y = \dfrac{2}{\pi r^2} \sqrt{r^2 - x^2}, & |x| \leqslant r \\ 0, & \text{其他} \end{cases}$$

$$f_Y(y) = \int_{-\infty}^{+\infty} \frac{1}{\pi r^2} \mathrm{d}x = \begin{cases} \dfrac{1}{\pi r^2} \int_{-\sqrt{r^2-y^2}}^{+\sqrt{r^2-y^2}} \mathrm{d}x = \dfrac{2}{\pi r^2} \sqrt{r^2 - y^2}, & |y| \leqslant r \\ 0, & \text{其他} \end{cases}$$

由于 $f(x,\ y) \neq f_X(x)\,f_Y(y)$，所以随机变量 X 和 Y 不相互独立。

3.5　随机向量函数的分布

　　在社会各种实践活动中，不仅经常会遇到多个随机变量所组成向量的概率分布的计算问题，还常会遇到计算随机向量的某个函数的概率分布问题。假设有 n 个随机变量 $X_1,\ X_2,\ \cdots,\ X_n$，则称由这些随机变量构成的 n 维向量 $(X_1,\ X_2,\ \cdots,\ X_n)$ 为 n 维随机向量，而由随机向量构成的函数 $Z = g(X_1,\ X_2,\ \cdots,\ X_n)$ 则称为随机向量的函数。显然，函数 Z 也是一个随机变量，如何根据组成该函数的各个自变量 $X_1,\ X_2,\ \cdots,\ X_n$ 的分布计算出函数 Z 的概率分布，就是本节需要解决的问题。

　　基于随机变量的概率分布和分布函数的定义，可分别就离散型和连续型随机变量两种情形，分别给出 n 维随机向量函数 $Z = g(X_1,\ X_2,\ \cdots,\ X_n)$ 的概率分布或分布函数的一般计算式。

　　离散型随机变量情形：如果 $X_1,\ X_2,\ \cdots,\ X_n$ 均为离散型随机变量，函数 $Z = g(X_1,\ X_2,\ \cdots,\ X_n)$ 也是离散型随机变量，则其概率质量函数为

$$P(Z = z_k) = \sum_{g(x_{1i},\ x_{2j},\ \cdots,\ x_{nl}) = z_k} P(X_1 = x_{1i},\ X_2 = x_{2j},\ \cdots,\ X_n = x_{nl}),\ k = 1,\ 2,\ \cdots$$

　　连续型随机变量情形：如果 $X_1,\ X_2,\ \cdots,\ X_n$ 均为连续型随机变量，其联合概率密度函数为 $f(x_1,\ x_2,\ \cdots,\ x_n)$，函数 $Z = g(X_1,\ X_2,\ \cdots,\ X_n)$ 也是连续型随机变量，则其分布函数为

$$F_Z(z) = P(Z \leqslant z) = \underset{g(x_1,\ x_2,\ \cdots,\ x_n) \leqslant z}{\iint \cdots \int} f(x_1,\ x_2,\ \cdots,\ x_n) \mathrm{d}x_1 \mathrm{d}x_2 \cdots \mathrm{d}x_n$$

显然，随机向量的维数越高、函数的形式越复杂，随机向量函数的概率分布或分布函数的计算就越复杂。基于简便和实用性，本节主要讨论二维随机向量的几种较简单的特殊函数的分布问题。

3.5.1　两随机变量之和 $Z = X + Y$ 的分布

首先考虑离散变量情形，假设随机变量 X 和 Y 均是离散型随机变量，求二者之和 $Z = X + Y$ 的概率分布。为此，考虑一个例子。

例3.5.1　假设有一小一大两个箱子，小箱子中有 5 个大小相同的球，其中 2 个红球，3 个白球；大箱子中有 10 个大小相同的球，其中 6 个红球，4 个白球。某人从小箱子中随机摸出 2 个球，从大箱子中随机摸出 3 个球。记从小箱子摸出红球的个数为 X，从大箱子摸出红球的个数为 Y，求摸出红球总个数 $Z = X + Y$ 的概率分布。

解： 由古典概率模型可知，随机变量 X 和 Y 的概率分布分别为超几何分布

$$P(X = k) = \frac{C_2^k C_3^{2-k}}{C_5^2}, \ k = 0, \ 1, \ 2; \ P(Y = k) = \frac{C_6^k C_4^{3-k}}{C_{10}^3}, \ k = 0, \ 1, \ 2, \ 3$$

由此可计算出 X 与 Y 的概率质量函数分别为

X	0	1	2
P	$\frac{3}{10}$	$\frac{6}{10}$	$\frac{1}{10}$

Y	0	1	2	3
P	$\frac{1}{30}$	$\frac{9}{30}$	$\frac{15}{30}$	$\frac{5}{30}$

由于从两个箱子中摸球是相互独立的，所以随机变量 X 与 Y 相互独立，从而可由 X 和 Y 的边缘概率质量函数计算出二者的联合概率质量函数为

X \ Y	0	1	2	3	$p_X(x_i)$
0	$\frac{1}{100}$	$\frac{9}{100}$	$\frac{15}{100}$	$\frac{5}{100}$	$\frac{3}{10}$
1	$\frac{2}{100}$	$\frac{18}{100}$	$\frac{30}{100}$	$\frac{10}{100}$	$\frac{6}{10}$
2	$\frac{1}{300}$	$\frac{3}{100}$	$\frac{5}{100}$	$\frac{5}{300}$	$\frac{1}{10}$
$p_Y(y_j)$	$\frac{1}{30}$	$\frac{9}{30}$	$\frac{15}{30}$	$\frac{5}{30}$	1

由二维向量 (X, Y) 的联合分布律可以看出，和函数 $Z = X + Y$ 的取值有 0，1，2，3，4，5 共 6 个不同的数值。其中，(X, Y) 取值为 $(0, 0)$ 时，$Z = 0$；(X, Y) 取值为 $(1, 0)$ 和 $(0, 1)$ 时，$Z = 1$；(X, Y) 取值为 $(2, 0)$、$(1, 1)$ 和 $(0, 2)$ 时，$Z = 2$；(X, Y) 取值为 $(2, 1)$、$(1, 2)$ 和 $(0, 3)$ 时，$Z = 3$；(X, Y) 取值为 $(2, 2)$ 和 $(1, 3)$ 时，$Z = 4$；(X, Y) 取值为 $(2, 3)$ 时，$Z = 5$。将 Z 取同一值时的联合概率相加，就得到随机变量 $Z = X + Y$ 的概率质量函数为：

Z	0	1	2	3	4	5
P	$\dfrac{1}{100}$	$\dfrac{11}{100}$	$\dfrac{100}{300}$	$\dfrac{38}{100}$	$\dfrac{15}{100}$	$\dfrac{5}{300}$

由例 3.5.1 的计算可以看出，计算两离散型随机变量和函数 $Z = X + Y$ 的概率分布律，关键有二，一是计算二维离散型随机变量 (X, Y) 的联合概率分布，二是计算两随机变量之和 Z 的所有可能取值及其概率。本例中 X 与 Y 相互独立，两独立随机变量的联合概率分布就等于二者边缘概率分布的乘积。

对于相互独立的两个离散型随机变量 X 与 Y，二者之和 $Z = X + Y$ 的概率质量函数的计算公式为

$$P\{Z = z\} = \sum_{x + y = z} P\{X = x\} \cdot P\{Y = y\} = \sum_{x = z - y} P\{X = x\} \cdot P\{Y = z - x\}$$

此式称为离散独立随机变量的卷积公式。对于任何两个离散独立随机变量，都可用此公式计算二者之和的概率分布。

例 3.5.2　假设随机变量 X 服从参数为 λ_1 的泊松分布 $P(\lambda_1)$，Y 服从参数为 λ_2 的泊松分布 $P(\lambda_2)$，且两变量相互独立，求两变量之和 $Z = X + Y$ 的概率分布。

解： 由泊松分布的概率计算公式，可得

$$P\{X = k_1\} = \frac{\lambda_1^{k_1}}{k_1!} \mathrm{e}^{-\lambda_1}, \ k_1 = 0, \ 1, \ 2, \ \cdots$$

$$P\{Y = k_2\} = \frac{\lambda_2^{k_2}}{k_2!} \mathrm{e}^{-\lambda_2}, \ k_2 = 0, \ 1, \ 2, \ \cdots$$

由此可见，随机变量 X 与 Y 之和 Z 可以取值为 0，1，2，3，$\cdots$，因为 X 和 Y 相互独立，二者的联合概率就等于各自概率的乘积，由卷积公式就有

$$P\{Z = k\} = P\{X + Y = k\} = \sum_{k_1 + k_2 = k} P\{X = k_1\} \times P\{Y = k_2\}$$

$$= \sum_{k_1 = 0}^{k} P\{X = k_1\} \times P\{Y = k - k_1\} = \sum_{k_1 = 0}^{k} \frac{\lambda_1^{k_1} \mathrm{e}^{-\lambda_1}}{k_1!} \times \frac{\lambda_2^{k - k_1} \mathrm{e}^{-\lambda_2}}{(k - k_1)!}$$

$$= \sum_{k_1 = 0}^{k} \frac{k!}{k_1!(k - k_1)!} \lambda_1^{k_1} \lambda_2^{k - k_1} \times \frac{\mathrm{e}^{-(\lambda_1 + \lambda_2)}}{k!} = \frac{\mathrm{e}^{-(\lambda_1 + \lambda_2)}}{k!} \sum_{k_1 = 0}^{k} \frac{k!}{k_1!(k - k_1)!} \lambda_1^{k_1} \lambda_2^{k - k_1}$$

$$= \frac{(\lambda_1 + \lambda_2)^k}{k!} \mathrm{e}^{-(\lambda_1 + \lambda_2)}, \ k = 0, \ 1, \ 2, \ \cdots$$

这表明两独立泊松分布变量之和仍服从泊松分布，其参数是两变量参数之和，即有

$$Z = X + Y \sim P(\lambda_1 + \lambda_2)$$

显然，例 3.5.2 的结论不难推广到多个相互独立的泊松分布变量之和，若有 n 维离散型随机变量 X_1，X_2，$\cdots$，X_n 分别服从参数为 λ_1，λ_2，$\cdots$，λ_n 的泊松分布，且相互独立，则全部变量之和 $Z = X_1 + X_2 + \cdots + X_n$ 仍服从泊松分布，其参数为 $\lambda = \lambda_1 + \lambda_2 + \cdots + \lambda_n$。

需要指出，如果两随机变量不相互独立，则计算二者的联合概率分布就需要使用一些其他的给定约束或条件，卷积公式也就不能使用。

例 3.5.3 假设仍有例 3.5.1 中的一小一大两个箱子，各箱子装的球与例 3.5.1 相同。某人先从小箱子中随机摸出 2 个球，若两球均不是红球，则从大箱子中随机再摸出 2 个球；若从小箱子中摸出的两个球中有 1 个红球，则从大箱子中随机再摸 1 个球；如果从小箱子中摸出的 2 个球都是红球，则不再从大箱子中摸球。记从小箱子摸出红球的个数为 X，从大箱子摸出红球的个数为 Y，求摸出红球总个数 $Z = X + Y$ 的概率分布。

解： 此例不同于例 3.5.1 的地方主要是从大箱子中摸几个球依赖于从小箱子中摸出红球的个数，随机变量 Y 与 X 不再相互独立，因而二维随机变量 (X, Y) 的联合概率不再等于各自边缘概率的乘积，随机变量 Y 的边缘概率以及向量 (X, Y) 的联合概率的计算比较复杂。例 3.5.1 中已计算出了随机变量 X 的概率分布律，而随机变量 Y 的概率分布的计算则需要在 X 取各个不同值条件下分别考虑，即有条件概率

当 $X = 0$ 时，$P\{Y = k \mid X = 0\} = \dfrac{C_6^k C_4^{2-k}}{C_{10}^2}$，$k = 0, 1, 2$

当 $X = 1$ 时，$P\{Y = k \mid X = 1\} = \dfrac{C_6^k C_4^{2-k}}{C_{10}^2}$，$k = 0, 1$；$P\{Y = 2 \mid X = 1\} = 0$

当 $X = 2$ 时，$P\{Y = 0 \mid X = 2\} = 1$；$P\{Y = k \mid X = 2\} = 0$，$k = 1, 2$

由此可以计算出各个非 0 条件概率分别为

$$P\{Y=0 \mid X=0\} = \frac{2}{15}, \quad P\{Y=1 \mid X=0\} = \frac{8}{15}, \quad P\{Y=2 \mid X=0\} = \frac{5}{15},$$

$$P\{Y=0 \mid X=1\} = \frac{6}{15}, \quad P\{Y=1 \mid X=1\} = \frac{9}{15}, \quad P\{Y=0 \mid X=2\} = 1$$

由随机变量 X 的边缘概率和各条件下对应的随机变量 Y 的条件概率相乘，就可得到随机向量 (X, Y) 的联合概率分布律，计算结果如下表所示：

X \\ Y	0	1	2	$p_Y(y_j)$
0	$\dfrac{6}{150}$	$\dfrac{24}{150}$	$\dfrac{15}{150}$	$\dfrac{3}{10}$
1	$\dfrac{36}{150}$	$\dfrac{54}{150}$	0	$\dfrac{6}{10}$
2	$\dfrac{15}{150}$	0	0	$\dfrac{1}{10}$
$p_X(x_i)$	$\dfrac{57}{150}$	$\dfrac{78}{150}$	$\dfrac{15}{150}$	1

在此例中，表中的 3 个 0 联合概率实际上也就是 3 个约束条件。如果已知 X 和 Y 各自的边缘概率分布律，根据这三个约束条件，也可倒推算出表中各个联合概率值。由表中的联合概率分布，类似于例 3.5.1，可计算出二维随机变量的和函数 $Z = X + Y$ 的概率分布律为：

Z	0	1	2
P	$\dfrac{1}{25}$	$\dfrac{10}{25}$	$\dfrac{14}{25}$

其次，考虑连续变量情形，假设随机变量 X 和 Y 均是连续型随机变量，已知二者的联合概率密度，现求二者之和 $Z = X + Y$ 的概率密度函数。

记二维连续型随机向量 (X, Y) 的联合概率密度函数为 $f(x, y)$，函数 Z 的分布函数为 $F_Z(z)$，则由分布函数的定义可得

$$F_Z(z) = P\{Z \leqslant z\} = P\{X + Y \leqslant z\}$$

$$= \iint\limits_{x+y \leqslant z} f(x, y)\mathrm{d}x\mathrm{d}y = \int_{-\infty}^{+\infty}\left[\int_{-\infty}^{z-x} f(x, y)\mathrm{d}y\right]\mathrm{d}x$$

式中的积分区域如图 3.5.1 所示。作变量代换，令 $y = u - x$，则可得到

$$\int_{-\infty}^{z-x} f(x, y)\mathrm{d}y = \int_{-\infty}^{z} f(x, u - x)\mathrm{d}u$$

代入上式，则得

$$F_Z(z) = \int_{-\infty}^{+\infty}\left[\int_{-\infty}^{z} f(x, u - x)\mathrm{d}u\right]\mathrm{d}x$$

$$= \int_{-\infty}^{z}\left[\int_{-\infty}^{+\infty} f(x, u - x)\mathrm{d}x\right]\mathrm{d}u$$

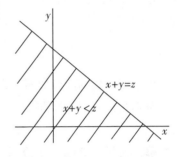

图 3.5.1　$Z = X + Y$ 积分区域

由随机变量概率密度函数的定义，可得 Z 的概率密度函数为

$$f_Z(z) = \int_{-\infty}^{+\infty} f(x, z - x)\mathrm{d}x$$

类似地，由于在和函数 $Z = X + Y$ 中随机变量 X 与 Y 对等，所以 Z 的概率密度函数也可表示为

$$f_Z(z) = \int_{-\infty}^{+\infty} f(z - y, y)\mathrm{d}y$$

特别地，如果随机变量 X 和 Y 相互独立，则 X 和 Y 的联合概率密度就等于二者边缘概率密度的乘积，记 X 和 Y 的边缘概率密度分别为 $f_X(x)$ 和 $f_Y(y)$，则二者之和 $Z = X + Y$ 的两个概率密度函数式就可分别写为

$$f_Z(z) = \int_{-\infty}^{+\infty} f_X(x)f_Y(z - x)\mathrm{d}x$$

$$f_Z(z) = \int_{-\infty}^{+\infty} f_X(z - y)f_Y(y)\mathrm{d}y$$

这两个式子称为连续独立随机变量和的卷积公式，记作 $f_X * f_Y$。即有

$$f_Z(z) = f_X * f_Y = \int_{-\infty}^{+\infty} f_X(x)f_Y(z - x)\mathrm{d}x = \int_{-\infty}^{+\infty} f_X(z - y)f_Y(y)\mathrm{d}y$$

要计算两个相互独立的连续型随机变量之和的概率密度函数，可以直接使用卷积公式计算。

例 3.5.4 假设两随机变量 X 和 Y 均服从区间 $[0, 1]$ 上的均匀分布，且二者相互独立，求二者之和 $Z = X + Y$ 的概率密度函数。

解： 由连续独立随机变量和的卷积公式，有：

$$f_Z(z) = \int_{-\infty}^{+\infty} f_X(x) f_Y(z - x) \, dx$$

由随机变量 X 和 Y 均服从区间 $[0, 1]$ 上的均匀分布可知，只有当 $0 \leqslant x \leqslant 1$ 且 $0 \leqslant z - x \leqslant 1$ 时，卷积公式中的被积函数 $f_X(x) f_Y(z - x)$ 才非 0，且等于 1。合并这两个不等式，就得到可同时满足这两个不等式的 x 的取值范围为

$$\max\{0, z - 1\} \leqslant x \leqslant \min\{1, z\}$$

以此取值范围为 x 的积分区间，就得 Z 的概率密度函数为

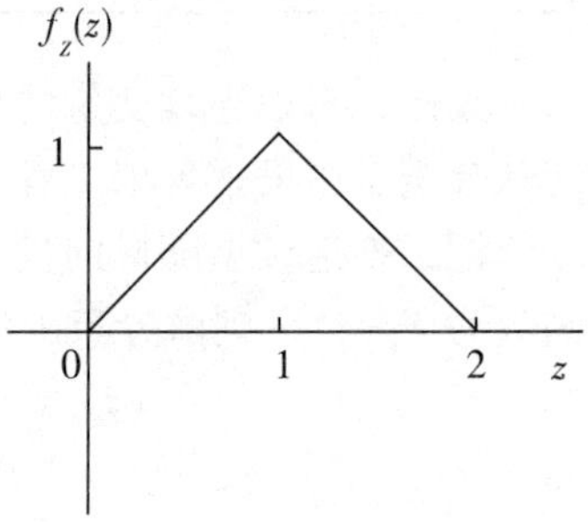

$$f_Z(z) = \begin{cases} \min\{1, z\} - \max\{0, z-1\}, & 0 \leqslant z \leqslant 2 \\ 0, & \text{其他} \end{cases}$$

此概率密度函数的图形如图 3.5.2 所示。

图 3.5.2　概率密度函数

例 3.5.5 已知两随机变量 X 和 Y 相互独立，且均服从正态分布，有 $X \sim N(\mu_1, \sigma_1^2)$，$Y \sim N(\mu_2, \sigma_2^2)$，求二者之和 $Z = X + Y$ 的概率密度函数。

解： 由 $X \sim N(\mu_1, \sigma_1^2)$ 和 $Y \sim N(\mu_2, \sigma_2^2)$ 可得 X 和 Y 的概率密度函数分布为

$$f_X(x) = \frac{1}{\sqrt{2\pi}\sigma_1} e^{-\frac{(x-\mu_1)^2}{2\sigma_1^2}}, \quad f_Y(y) = \frac{1}{\sqrt{2\pi}\sigma_2} e^{-\frac{(y-\mu_2)^2}{2\sigma_2^2}}$$

使用卷积公式，则随机变量 $Z = X + Y$ 的概率密度函数为

$$f_Z(z) = \frac{1}{\sqrt{2\pi}\sigma_1\sigma_2} \int_{-\infty}^{+\infty} e^{-\frac{(x-\mu_1)^2}{2\sigma_1^2} - \frac{[(z-x)-\mu_2]^2}{2\sigma_2^2}} \, dx$$

为了简化，作变量变换：$u = x - \mu_1$，$v = z - (\mu_1 + \mu_2)$，代入上式得

$$f_Z(z) = \frac{1}{\sqrt{2\pi}\sigma_1\sigma_2} \int_{-\infty}^{+\infty} e^{-\frac{1}{2}\left[\frac{u^2}{\sigma_1^2} + \frac{(v-u)^2}{\sigma_2^2}\right]} \, du$$

对式中指数项进行变换，可得

$$\frac{u^2}{\sigma_1^2} + \frac{(v-u)^2}{\sigma_2^2} = \frac{(\sigma_1^2 + \sigma_2^2)u^2}{\sigma_1^2\sigma_2^2} - \frac{2uv}{\sigma_2^2} + \frac{v^2}{\sigma_2^2} = \left[\frac{\sqrt{\sigma_1^2 + \sigma_2^2}\,u}{\sigma_1\sigma_2} - \frac{\sigma_1 v}{\sigma_2\sqrt{\sigma_1^2 + \sigma_2^2}}\right]^2 + \frac{v^2}{\sigma_1^2 + \sigma_2^2}$$

作变量代换，令

$$t = \frac{\sqrt{\sigma_1^2 + \sigma_2^2}}{\sigma_1\sigma_2} u - \frac{\sigma_1}{\sigma_2\sqrt{\sigma_1^2 + \sigma_2^2}} v$$

从而就得

$$f_Z(z) = \frac{1}{\sqrt{2\pi}\sqrt{\sigma_1^2 + \sigma_2^2}} e^{-\frac{v^2}{2(\sigma_1^2 + \sigma_2^2)}} \int_{-\infty}^{+\infty} \frac{1}{\sqrt{2\pi}} e^{-\frac{t^2}{2}} \, dt = \frac{1}{\sqrt{2\pi}\sqrt{\sigma_1^2 + \sigma_2^2}} e^{-\frac{[z-(\mu_1+\mu_2)]^2}{2(\sigma_1^2 + \sigma_2^2)}}$$

　　这表明，两个独立正态随机变量之和的分布仍是正态分布，且两参数分别是两随机变量相应参数之和，即有 $Z = X + Y \sim N(\mu_1 + \mu_2,\ \sigma_1^2 + \sigma_2^2)$。一般地，不难推知，两个独立正态随机变量的任一线性组合 $Z = c_1 X + c_2 Y$ 的分布也仍是正态分布，有 $Z = c_1 X + c_2 Y \sim N(c_1 \mu_1 + c_2 \mu_2,\ c_1^2 \sigma_1^2 + c_2^2 \sigma_2^2)$。

　　更一般地，不难将上述两个随机变量的结果推广到 n 维随机向量。如果 n 维正态随机向量 $(X_1,\ X_2,\ \cdots,\ X_n)$ 的各个分量相互独立，其中 $X_i \sim N(\mu_i,\ \sigma_i^2)$，则该随机向量的任一线性组合 $Z = c_1 X_1 + c_2 X_2 + \cdots + c_n X_n$ 的分布也仍是正态分布，有

$$Z = c_1 X_1 + c_2 X_2 + \cdots + c_n X_n \sim N(c_1 \mu_1 + c_2 \mu_2 + \cdots + c_n \mu_n,\ c_1^2 \sigma_1^2 + c_2^2 \sigma_2^2 + \cdots + c_n^2 \sigma_n^2)$$

　　两独立连续型随机变量之和的概率密度的卷积公式也可以推广应用于两独立连续型随机变量之差的概率密度的计算。假设随机变量 X 和 Y 均为连续型随机变量，且相互独立，要求二者之差 $Z = X - Y$ 的概率密度函数。由于 $X - Y$ 可以看作是 $X + (-Y)$，而 $-Y$ 的概率密度函数为 $f_{-Y}(y) = f_Y(-y)$，于是由两独立连续型随机变量的卷积公式就有

$$f_Z(z) = \int_{-\infty}^{+\infty} f_X(x) f_{-Y}(z - x)\,\mathrm{d}x = \int_{-\infty}^{+\infty} f_X(x) f_Y(x - z)\,\mathrm{d}x$$

　　例 3.5.6　两人相约于指定时间到某公园内约会，由于路途塞车等多种原因，两人都可能迟到。假设两人迟到的时间长度相互独立，且都服从参数为 λ 的指数分布，求两人到达时间之差的概率密度函数。

　　解： 记两人迟到时间分别为 X 和 Y，则随机变量 X 和 Y 的概率密度函数分别为

$$f_X(x) = \begin{cases} \lambda \mathrm{e}^{-\lambda x}, & x \geq 0 \\ 0, & x < 0 \end{cases},\quad f_Y(y) = \begin{cases} \lambda \mathrm{e}^{-\lambda y}, & y \geq 0 \\ 0, & y < 0 \end{cases}$$

记两人到达时间之差为 $Z = X - Y$，即 Z 为早到之人需等待的时间。需分两种情况讨论。

　　（1）当 $z \geq 0$ 时，则只有当 $x \geq z$ 时，才有 $f_Y(x - z)$ 非 0，所以由卷积公式就有

$$f_Z(z) = \int_{-\infty}^{+\infty} f_X(x) f_Y(x - z)\,\mathrm{d}x = \int_z^{+\infty} \lambda \mathrm{e}^{-\lambda x}\, \lambda \mathrm{e}^{-\lambda(x-z)}\,\mathrm{d}x$$

$$= \lambda^2 \mathrm{e}^{\lambda z} \int_z^{+\infty} \mathrm{e}^{-2\lambda x}\,\mathrm{d}x = \lambda^2 \mathrm{e}^{\lambda z} \frac{1}{-2\lambda} \mathrm{e}^{-2\lambda x} \Big|_z^{+\infty} = \frac{\lambda}{2} \mathrm{e}^{-\lambda z}$$

　　（2）当 $z < 0$ 时，则只要 $x \geq 0$，就有 $f_Y(x)$ 和 $f_Y(x - z)$ 都非 0，所以由卷积公式有

$$f_Z(z) = \int_{-\infty}^{+\infty} f_X(x) f_Y(x - z)\,\mathrm{d}x = \int_0^{+\infty} \lambda \mathrm{e}^{-\lambda x}\, \lambda \mathrm{e}^{-\lambda(x-z)}\,\mathrm{d}x$$

$$= \lambda^2 \mathrm{e}^{\lambda z} \int_0^{+\infty} \mathrm{e}^{-2\lambda x}\,\mathrm{d}x = \lambda^2 \mathrm{e}^{\lambda z} \frac{1}{-2\lambda} \mathrm{e}^{-2\lambda x} \Big|_0^{+\infty} = \frac{\lambda}{2} \mathrm{e}^{\lambda z}$$

从而，Z 的概率密度函数就为

$$f_Z(z) = \begin{cases} \dfrac{\lambda}{2} \mathrm{e}^{-\lambda z}, & z \geq 0 \\[2mm] \dfrac{\lambda}{2} \mathrm{e}^{\lambda z}, & z < 0 \end{cases}$$

或者可统一写为

$$f_Z(z) = \frac{\lambda}{2} \mathrm{e}^{-\lambda |z|}$$

3.5.2 最大值 $Z = \max\{X, Y\}$ 和最小值 $Z = \min\{X, Y\}$ 的分布

在现实生活中，为了防灾减灾和各种应急准备，都需要了解相关现象的极端状况的分布。例如，为了做防洪准备，就需要了解当地雨季最大日降雨量的分布；而为了在农作物生长季节做抗旱准备，就需要了解当地农作物生长季节最低月降雨量的分布。而计算两个随机变量的最大值或最小值的概率分布，则是其中最简单的。

假设两随机变量 X 和 Y 相互独立，分布函数分别为 $F_X(x)$ 和 $F_Y(y)$，记 X 和 Y 二者中的最大值和最小值分别为 $Z = \max\{X, Y\}$ 和 $Z = \min\{X, Y\}$，并记最大值和最小值的分布函数分别为 $F_{\max}(z)$ 和 $F_{\min}(z)$，则两概率分布函数可分别计算如下。

对于最大值函数 $Z = \max\{X, Y\}$，由于 $\{Z \leqslant z\} = \{X \leqslant z, Y \leqslant z\}$，且 X 和 Y 相互独立，所以由分布函数的定义可得

$$F_{\max}(z) = P(Z \leqslant z) = P(X \leqslant z, Y \leqslant z) = P(X \leqslant z)P(Y \leqslant z) = F_X(z)F_Y(z)$$

对于最小值函数 $Z = \min\{X, Y\}$，由于事件 $\{Z \leqslant z\}$ 的对立事件为 $\{Z > z\}$，所以由分布函数的定义可得

$$F_{\min}(z) = P(Z \leqslant z) = 1 - P(Z > z) = 1 - P(X > z, Y > z) = 1 - P(X > z)P(Y > z)$$

而其中

$$P(X > z)P(Y > z) = [1 - P(X \leqslant z)][1 - P(Y \leqslant z)] = [1 - F_X(z)][1 - F_Y(z)]$$

如此就有

$$F_{\min}(z) = 1 - [1 - F_X(z)][1 - F_Y(z)]$$

特别地，如果两个随机变量 X 和 Y 不仅相互独立，而且具有相同的概率分布，即还有 $F_X(z) = F_Y(z) = F(z)$，则最大值和最小值函数的分布可分别写为

$$F_{\max}(z) = [F(z)]^2, \quad F_{\min}(z) = 1 - [1 - F(z)]^2$$

显然，上述结论不难推广到 n 维随机向量的情形。假设 n 维随机向量 $(X_1, X_2, \cdots, X_n)$ 的各个分量相互独立，则最大值函数 $Z = \max\{X_1, X_2, \cdots, X_n\}$ 和最小值函数 $Z = \min\{X_1, X_2, \cdots, X_n\}$ 的分布函数分别为

$$F_{\max}(z) = F_{X_1}(z)F_{X_2}(z) \cdots F_{Xn}(z)$$

$$F_{\min}(z) = 1 - [1 - F_{X_1}(z)][1 - F_{X_2}(z)] \cdots [1 - F_{Xn}(z)]$$

特别地，如果随机变量 $X_1, X_2, \cdots, X_n$ 具有相同的概率分布函数 $F(\cdot)$，则最大值和最小值函数的概率分布就分别成为

$$F_{\max}(z) = [F(z)]^n, \quad F_{\min}(z) = 1 - [1 - F(z)]^n$$

例 3.5.7 假设实验室的照明系统由两个相互独立的子系统组成，有三种不同的连接方式：（1）串联方式，（2）并联方式，（3）备用开关方式，如图 3.5.3 所示。所谓备用开关方式就是在两个子系统的供电端设置安装有一个双向开关，如果一个子系统发生了故障损坏，则开关自动跳下接通另一个子系统开始运行。分别用随机变量 X 和 Y 表示两个子系统的使用寿命，并假设二者均服从指数分布，概率密度函数分别为

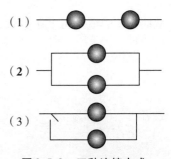

图 3.5.3 三种连接方式

$$f_X(x) = \begin{cases} \alpha e^{-\alpha x}, & x > 0 \\ 0, & x \leqslant 0 \end{cases} \qquad f_Y(y) = \begin{cases} \beta e^{-\beta y}, & y > 0 \\ 0, & y \leqslant 0 \end{cases}$$

式中，$\alpha > 0$，$\beta > 0$，且 $\alpha \neq \beta$。要求计算三种不同连接方式下实验室照明系统使用寿命的概率密度函数。

解： 由随机变量 X 和 Y 的概率密度函数，可以求得各自的分布函数分别为

$$F_X(x) = \begin{cases} 1 - e^{-\alpha x}, & x > 0 \\ 0, & x \leqslant 0 \end{cases}$$

$$F_Y(y) = \begin{cases} 1 - e^{-\beta y}, & y > 0 \\ 0, & y \leqslant 0 \end{cases}$$

按照每种电路连接方式所组成的实验室整个照明系统与两个子系统之间的关系，分别计算三种连接方式下整个照明系统使用寿命的概率分布函数和概率密度函数如下：

（1）在串联连接方式下，实验室照明系统的使用寿命为 $Z = \min\{X, Y\}$，其分布函数为

$$F_{\min}(z) = 1 - \left[1 - F_X(z)\right]\left[1 - F_Y(z)\right] = \begin{cases} 1 - e^{-(\alpha+\beta)z}, & z > 0 \\ 0, & z \leqslant 0 \end{cases}$$

相应的概率密度函数为

$$f_{\min}(z) = F'_{\min}(z) = \begin{cases} (\alpha+\beta)e^{-(\alpha+\beta)z}, & z > 0 \\ 0, & z \leqslant 0 \end{cases}$$

（2）在并联连接方式下，实验室照明系统的使用寿命为 $Z = \max\{X, Y\}$，其分布函数为

$$F_{\max}(z) = F_X(z)F_Y(z) = \begin{cases} (1 - e^{-\alpha z})(1 - e^{-\beta z}), & z > 0 \\ 0, & z \leqslant 0 \end{cases}$$

相应的概率密度函数为

$$f_{\max}(z) = F'_{\max}(z) = \begin{cases} \alpha e^{-\alpha z} + \beta e^{-\beta z} - (\alpha+\beta)e^{-(\alpha+\beta)z}, & z > 0 \\ 0, & z \leqslant 0 \end{cases}$$

（3）在备用开关连接方式下，实验室照明系统的使用寿命为 $Z = X + Y$。由卷积公式可知：

当 $z \leqslant 0$ 时，若 $x > 0$，则 $z - x < 0$，$f_Y(z-x) = 0$；若 $x < 0$，则 $f_X(x) = 0$；从而随机变量 Z 的概率密度 $f_Z(z) = 0$。

当 $z > 0$ 时，若 $x \leqslant 0$，则 $f_X(x) = 0$；若 $x > 0$，且 $z - x < 0$，则 $f_Y(z-x) = 0$，从而也有 $f_Z(z) = 0$。而只有当 $x > 0$，且 $z - x > 0$ 时，才同时有 $f_X(x) > 0$ 和 $f_Y(z-x) > 0$，也才有 $f_Z(z) > 0$，如图 3.5.4 所示，此时随机变量 Z 的概率密度函数为

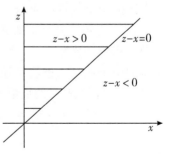

图 3.5.4　卷积的积分区域

$$f_Z(z) = f_X * f_Y = \int_{-\infty}^{+\infty} f_X(x)f_Y(z-x)\,dx = \int_0^z \alpha\beta e^{-\alpha x}e^{-\beta(z-x)}\,dx = \frac{\alpha\beta}{\alpha-\beta}(e^{-\beta z} - e^{-\alpha z})$$

即完整的概率密度函数为

$$f_Z(z) = \begin{cases} \dfrac{\alpha\beta}{\alpha-\beta}\ (\mathrm{e}^{-\beta z} - \mathrm{e}^{-\alpha z}), & z>0 \\ 0, & z\leqslant 0 \end{cases}$$

若求积分，则得

$$F_Z(z) = \int_{-\infty}^{z} f_Z(z)\mathrm{d}z = \int_0^z \frac{\alpha\beta}{\alpha-\beta}(\mathrm{e}^{-\beta z} - \mathrm{e}^{-\alpha z})\mathrm{d}z = 1 - \frac{\alpha\mathrm{e}^{-\beta z} - \beta\mathrm{e}^{-\alpha z}}{\alpha-\beta}$$

由此即得随机变量 $Z=X+Y$ 的分布函数为

$$F_Z(z) = \begin{cases} 1 - \dfrac{1}{\alpha-\beta}\ (\alpha\mathrm{e}^{-\beta z} - \beta\mathrm{e}^{-\alpha z}), & z>0 \\ 0, & z\leqslant 0 \end{cases}$$

3.5.3 两随机变量乘积 $Z=XY$ 和商 $Z=Y/X$ 的分布

在社会生产和生活中，还经常会遇到计算两个随机变量的乘积或二者之商的概率分布的问题。例如，果农由果园果树的结果情况可以预计当年水果产量的概率分布，根据往年市场水果价格的概率分布，就可以预计出今年水果销售收入的概率分布。以下仅就连续型随机变量的情形进行讨论。

首先，讨论两连续型随机变量乘积的分布。假设 X 和 Y 均为连续型随机变量，具有联合概率密度函数 $f(x, y)$。记 X 和 Y 的乘积为 $Z=XY$，则 Z 也是连续型随机变量。由连续型随机变量分布函数的定义，可得 Z 的分布函数为

$$F_Z(z) = P(XY \leqslant z) = \iint\limits_{xy\leqslant z} f(x, y)\mathrm{d}x\mathrm{d}y$$

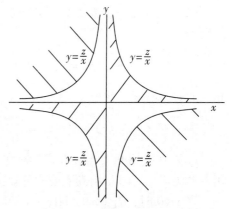

式中积分区域 $\{x, y\,|\,xy\leqslant z\}$ 如图 3.5.5 所示。由图可以看出，当 $z>0$ 时，随机变量 X 和 Y 的取值必须为同号，即必须同时为正数或同时为负数，积分区域为 $x\sim y$ 平面内第一象限和第三象限的两个区域；而当 $z<0$ 时，随机变量 X 和 Y 的取值必须异号，即必须一个正数和一个负数，积分区域为 $x\sim y$ 平面内第二象限和第四象限的两个区域。也就是说，不论 $z>0$，还是 $z<0$，积分区域都由两块组成，因此就有

图 3.5.5　$Z=XY$ 分布
函数的积分区域

$$F_Z(z) = F_{XY}(z)$$

$$= \iint\limits_{xy\leqslant z,\,x<0} f(x, y)\mathrm{d}x\mathrm{d}y + \iint\limits_{xy\leqslant z,\,x>0} f(x, y)\mathrm{d}x\mathrm{d}y$$

$$= \int_{-\infty}^{0}\left[\int_{z/x}^{+\infty} f(x, y)\mathrm{d}y\right]\mathrm{d}x + \int_0^{+\infty}\left[\int_{-\infty}^{z/x} f(x, y)\mathrm{d}y\right]\mathrm{d}x$$

作变量代换，令 $y=u/x$，则上式可变换为

$$F_Z(z) = \int_{-\infty}^{0}\left[\int_{z}^{-\infty}\frac{1}{x}f\left(x,\frac{u}{x}\right)\mathrm{d}u\right]\mathrm{d}x + \int_{0}^{+\infty}\left[\int_{-\infty}^{z}\frac{1}{x}f\left(x,\frac{u}{x}\right)\mathrm{d}u\right]\mathrm{d}x$$

$$= \int_{-\infty}^{0}\left[\int_{-\infty}^{z}\frac{1}{-x}f\left(x,\frac{u}{x}\right)\mathrm{d}u\right]\mathrm{d}x + \int_{0}^{+\infty}\left[\int_{-\infty}^{z}\frac{1}{x}f\left(x,\frac{u}{x}\right)\mathrm{d}u\right]\mathrm{d}x$$

$$= \int_{-\infty}^{+\infty}\left[\int_{-\infty}^{z}\frac{1}{|x|}f\left(x,\frac{u}{x}\right)\mathrm{d}u\right]\mathrm{d}x = \int_{-\infty}^{z}\left[\int_{-\infty}^{+\infty}\frac{1}{|x|}f\left(x,\frac{u}{x}\right)\mathrm{d}x\right]\mathrm{d}u$$

由连续型随机变量的分布函数与密度函数的关系，可得 $Z = XY$ 的概率密度函数为

$$f_Z(z) = F_Z'(z) = \int_{-\infty}^{+\infty}\frac{1}{|x|}f\left(x,\frac{z}{x}\right)\mathrm{d}x$$

特别地，如果两随机变量 X 和 Y 相互独立，边缘密度函数分别为 $f_X(x)$ 和 $f_Y(y)$，则随机变量 $Z = XY$ 的概率密度函数就可写为

$$f_Z(z) = f_{XY}(z) = \int_{-\infty}^{+\infty}\frac{1}{|x|}f_X(x)f_Y\left(\frac{z}{x}\right)\mathrm{d}x$$

类似地，对于两个连续型随机变量之商 $Z = Y/X$，使用类似的推导，就可以得出 Z 的分布函数 $F_Z(z)$ 和概率密度函数 $f_Z(z)$ 分别为

$$F_Z(z) = F_{Y/X}(z) = \int_{-\infty}^{z}\left[\int_{-\infty}^{+\infty}|x|f(x,ux)\mathrm{d}x\right]\mathrm{d}u$$

$$f_Z(z) = f_{Y/X}(z) = \int_{-\infty}^{+\infty}|x|f(x,zx)\mathrm{d}x$$

特别地，如果两随机变量 X 和 Y 相互独立，边缘密度函数分别为 $f_X(x)$ 和 $f_Y(y)$，则二者之比例 $Z = Y/X$ 的概率密度函数就可写为

$$f_Z(z) = f_{Y/X}(z) = \int_{-\infty}^{+\infty}|x|f_X(x)f_Y(zx)\mathrm{d}x$$

例 3.5.8　假设随机变量 X 和 Y 分别服从参数为 α 和 β 的指数分布，且相互独立，求二者之商 $Z = Y/X$ 的概率密度和分布函数。

解： 随机变量 X 和 Y 各自的分布函数分别为

$$f_X(x) = \begin{cases}\alpha\mathrm{e}^{-\alpha x}, & x \geq 0 \\ 0, & x < 0\end{cases} \qquad f_Y(y) = \begin{cases}\beta\mathrm{e}^{-\beta y}, & y \geq 0 \\ 0, & y < 0\end{cases}$$

则当 $z > 0$ 时，随机变量 $Z = Y/X$ 的概率密度可写为

$$f_Z(z) = \int_{-\infty}^{+\infty}|x|f_X(x)f_Y(zx)\mathrm{d}x = \int_{0}^{+\infty}x\alpha\mathrm{e}^{-\alpha x}\beta\mathrm{e}^{-\beta z x}\mathrm{d}x = \alpha\beta\int_{0}^{+\infty}x\mathrm{e}^{-(\alpha+\beta z)x}\mathrm{d}x$$

使用分部积分法，令 $u = x$，$v' = \mathrm{e}^{-(\alpha+\beta z)x}$，则上式可变换为

$$f_Z(z) = \frac{\alpha\beta}{-(\alpha+\beta z)}\left[x\mathrm{e}^{-(\alpha+\beta z)x}\Big|_{0}^{+\infty} - \int_{0}^{+\infty}\mathrm{e}^{-(\alpha+\beta z)x}\mathrm{d}x\right]$$

$$= \frac{-\alpha\beta}{(\alpha+\beta z)^2}\mathrm{e}^{-(\alpha+\beta z)x}\Big|_{0}^{+\infty} = \frac{\alpha\beta}{(\alpha+\beta z)^2}$$

再由分布函数与概率密度的关系，就得随机变量 $Z = Y/X$ 的分布函数为

$$F_Z(z) = \int_{0}^{z}f_Z(t)\mathrm{d}t = \int_{0}^{z}\frac{\alpha\beta}{(\alpha+\beta t)^2}\mathrm{d}t = \frac{\alpha}{\alpha+\beta t}\Big|_{0}^{z} = \frac{\beta z}{\alpha+\beta z}, \ z > 0$$

例 3.5.9　假设随机变量 X 和 Y 相互独立，X 服从区间 $[0,1]$ 上的均匀分布，Y

服从区间 $[0, k]$ ($k > 0$) 上的均匀分布，求随机变量 $Z = XY$ 和 $Z = Y/X$ 各自的分布函数和概率密度函数。

解： 先求随机变量 $Z = XY$ 的分布函数和概率密度函数。由 X 和 Y 的分布可知，随机变量 Z 的取值范围为区间 $[0, k]$。由图 3.5.6 可知，Z 的分布函数为

$$F_Z(z) = \iint\limits_{xy \leq z} f(x, y)\mathrm{d}x\mathrm{d}y = \frac{1}{k}\int_0^{z/k}\mathrm{d}x\int_0^k \mathrm{d}y + \frac{1}{k}\int_{z/k}^1 \mathrm{d}x\int_0^{z/x}\mathrm{d}y$$

$$= \frac{1}{k}\int_0^{z/k}k\mathrm{d}x + \frac{1}{k}\int_{z/k}^1 \frac{z}{x}\mathrm{d}x = \frac{z}{k} - \frac{z}{k}\ln\left(\frac{z}{k}\right) = \frac{z}{k}\left[1 - \ln\left(\frac{z}{k}\right)\right]$$

即有随机变量 $Z = XY$ 的分布函数为

$$F_Z(z) = \begin{cases} 0, & z \leq 0 \\ \frac{z}{k}\left[1 - \ln\left(\frac{z}{k}\right)\right], & 0 < z \leq k \\ 1, & z > k \end{cases}$$

由此可得 Z 的概率密度函数为

$$f_Z(z) = F_Z'(z) = \begin{cases} \frac{1}{k}(\ln k - \ln z), & 0 < z \leq k \\ 0, & \text{其他} \end{cases}$$

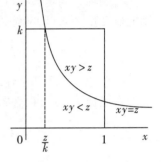

图 3.5.6 XY 分布示意

其次，求随机变量 $Z = Y/X$ 各自的分布函数和概率密度函数。显然，随机变量 Z 可取值的范围为 $[0, +\infty)$，但由图 3.5.7 可知，Z 的分布函数需分两段来计算。当 $z \leq k$ 时，随机变量 $Z = Y/X$ 的分布函数为

$$F_Z(z) = \iint\limits_{\frac{y}{x} \leq z} f(x, y)\mathrm{d}x\mathrm{d}y = \int_0^1 \frac{1}{k}\mathrm{d}x\int_0^{zx}\mathrm{d}y = \frac{1}{k}\int_0^1 zx\mathrm{d}x = \frac{z}{2k}$$

而当 $z > k$ 时，随机变量 $Z = Y/X$ 的分布函数则为

$$F_Z(z) = 1 - \iint\limits_{\frac{y}{x} > z} f(x, y)\mathrm{d}x\mathrm{d}y = 1 - \int_0^{k/z} \frac{1}{k}\mathrm{d}x\int_{zx}^k \mathrm{d}y$$

$$= 1 - \frac{1}{k}\int_0^{k/z}(k - zx)\mathrm{d}x = 1 - \frac{k}{z} + \frac{k}{2z} = 1 - \frac{k}{2z}$$

即随机变量 $Z = Y/X$ 的分布函数为

$$F_Z(z) = \begin{cases} 0, & z < 0 \\ \frac{z}{2k}, & 0 \leq z \leq k \\ 1 - \frac{k}{2z}, & z > k \end{cases}$$

概率密度函数为

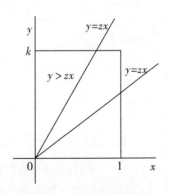

图 3.5.7 Y/X 分布示意

$$f_Z(z) = F_Z'(z) = \begin{cases} 0, & z < 0 \\ \dfrac{1}{2k}, & 0 \leqslant z \leqslant k \\ \dfrac{k}{2z^2}, & z > k \end{cases}$$

本章小结

将多个随机变量列入一个向量，则形成一个多维随机向量，最简单的多维随机向量是二维随机向量 (X, Y)。二维随机变量 (X, Y) 的联合分布函数 $F(x, y)$ 定义为
$$F(x, y) = P\{X \leqslant x, Y \leqslant y\}, \quad -\infty < x < +\infty, \quad -\infty < y < +\infty$$

如果随机向量 (X, Y) 为离散型随机向量，则有与联合分布函数对应的联合概率质量函数 $p(x_i, y_j)$：
$$p(x_i, y_j) = P\{X = x_i, Y = y_j\} = p_{ij}, \quad i, j = 1, 2, \cdots$$

如果随机向量 (X, Y) 为连续型随机向量，则有与联合分布函数对应的联合概率密度函数是满足下式的非负函数 $f(x, y)$：
$$F(x, y) = \int_{-\infty}^x \int_{-\infty}^y f(u, v)\,\mathrm{d}u\mathrm{d}v$$

随机向量 (X, Y) 的联合概率质量函数和联合概率密度函数决定了由随机变量 X 和 Y 确定的任何随机事件的概率，即随机向量 (X, Y) 落入平面内任何一个区域 A 的概率完全由联合概率质量函数或联合概率密度函数决定，按离散型和连续型区分，其计算公式分别为
$$P\{(X, Y) \in A\} = \sum_{(x_i, y_j) \in A} p(x_i, y_j)$$
$$P\{(X, Y) \in A\} = \iint_{(x, y) \in A} f(x, y)\,\mathrm{d}x\mathrm{d}y$$

随机向量的联合分布与其各个随机变量的概率分布有着密切的关系。随机向量中各个随机变量的概率分布，称为该随机变量的边缘分布，由随机向量的联合概率分布可以计算出其每个随机变量的边缘概率分布。

对于二维离散型随机向量 (X, Y)，随机变量 X 和 Y 的边缘概率质量函数的计算公式分别为
$$p_X(x_i) = \sum_{y_j} p(x_i, y_j) = \sum_j p_{ij} = p_{i\cdot}$$
$$p_Y(y_j) = \sum_{x_i} p(x_i, y_j) = \sum_i p_{ij} = p_{\cdot j}$$

对于二维连续型随机向量 (X, Y)，随机变量 X 和 Y 的边缘概率密度函数的计算公式分别为
$$f_X(x) = \int_{-\infty}^{+\infty} f(x, y)\,\mathrm{d}y \qquad f_Y(y) = \int_{-\infty}^{+\infty} f(x, y)\,\mathrm{d}x$$

类似于随机事件的条件概率，对于二维随机向量 (X, Y)，在某个变量的取值给

定的条件下，另一个随机变量的概率分布，就称为该变量的条件分布。条件分布可以由联合分布和边缘分布计算得出。

若随机向量 (X, Y) 为离散型随机向量，则给定 $X = x_i$ 时随机变量 Y 的条件概率质量函数和给定 $Y = y_j$ 时随机变量 X 的条件概率质量函数分别为

$$p_{Y|X}(y_j|x_i) = \frac{p(x_i, y_j)}{p_X(x_i)}, \ p_{X|Y}(x_i|y_j) = \frac{p(x_i, y_j)}{p_Y(y_j)}$$

若随机向量 (X, Y) 为连续型随机向量，则给定 $X = x$ 时随机变量 Y 的条件概率密度函数和给定 $Y = y$ 时随机变量 X 的条件概率密度函数分别为

$$f_{Y|X}(y|x) = \frac{f(x, y)}{f_X(x)}, \ f_{X|Y}(x|y) = \frac{f(x, y)}{f_Y(y)}$$

随机变量的相互独立性是多维随机向量概率分布计算中的一个重要问题。对于二维随机向量 (X, Y)，随机变量 X 与 Y 相互独立的条件是二者的联合分布函数等于各自边缘分布函数的乘积

$$F(x, y) = F_X(x)F_Y(y)$$

对于离散变量，独立性条件还可表述为二者的联合概率质量函数等于各自边缘概率质量函数的乘积

$$p(x_i, y_j) = p_X(x_i)p_Y(y_j)$$

对于连续变量，独立性条件还可表述为二者的联合概率密度函数等于各自边缘概率密度函数的乘积

$$f(x, y) = f_X(x)f_Y(y)$$

计算随机向量函数的分布是实践中经常遇到的一个问题。对于二维随机向量 (X, Y)，最常用的函数是和函数 $Z = X + Y$、乘积函数 $Z = XY$、商函数 $Z = Y/X$ 以及极值函数 $Z = \max\{X, Y\}$ 或 $Z = \min\{X, Y\}$ 等。

对于相互独立的两个离散型随机变量 X 与 Y，计算和函数 $Z = X + Y$ 的概率质量函数的卷积公式为

$$P\{Z = z\} = \sum_{x+y=z} P\{X = x\} \cdot P\{Y = y\} = \sum_{x=z-y} P\{X = x\} \cdot P\{Y = z - x\}$$

对于相互独立的两个连续型随机变量 X 与 Y，计算和函数 $Z = X + Y$ 的概率密度函数的卷积公式为

$$f_Z(z) = f_X * f_Y = \int_{-\infty}^{+\infty} f_X(x)f_Y(z - x)\,\mathrm{d}x = \int_{-\infty}^{+\infty} f_X(z - y)f_Y(y)\,\mathrm{d}y$$

不论是和函数，还是乘积函数或商函数，计算随机向量函数的概率质量函数和概率密度函数时，要特别注意求和区域或积分区域的形状，计算积分时要特别注意积分限的确定。

习题 3

3.1 设二维随机向量 (X, Y) 的分布函数为

$$F(x, y) = \begin{cases} 1 - 3^{-x} - 3^{-y} + 3^{-x-y}, & x \geq 0, \ y \geq 0 \\ 0, & \text{其他} \end{cases}$$

要求计算概率 $P\{2<X\leqslant3,\ 4<Y\leqslant5\}$。

3.2　一个箱子中有 12 件产品，其中 3 件是次品，现分别采用有放回抽样和不放回抽样两种抽取方法从中抽取两件，每次抽取一件。记第一次抽取的结果为 X，第二次抽取的结果为 Y，并记正品为 0，次品为 1，分别就两种抽取方法求随机向量 (X, Y) 的联合概率质量函数。

3.3　袋子里装有 3 个红球、2 个黑球、2 个黄球，在其中任取 4 个球。以 X 表示取到红球的个数，以 Y 表示取到黑球的个数。求 (X, Y) 的联合概率质量函数。

3.4　设二维随机向量 (X, Y) 的概率密度为

$$f(x,\ y)=\begin{cases}c(8-x+2y), & 0\leqslant x\leqslant2,\ 1\leqslant y\leqslant3\\0, & \text{其他}\end{cases}$$

要求：（1）确定常数 c；（2）求 $P\{X\leqslant1,\ Y\leqslant2\}$；（3）求 $P\{X+Y\leqslant2\}$。

3.5　设二维随机向量 (X, Y) 的概率密度为

$$f(x,\ y)=\begin{cases}6\mathrm{e}^{-(3x+2y)}, & x>0,\ y>0\\0, & \text{其他}\end{cases}$$

要求：（1）求分布函数 $F(x, y)$；（2）求概率 $P\{X\leqslant Y\}$。

3.6　设二维随机向量 (X, Y) 的联合概率质量函数如下表所示，求 X 和 Y 的边缘概率质量函数。

X＼Y	0	1	2
0	0.10	0.30	0.25
1	0.15	0.05	0.15

3.7　设二维随机向量 (X, Y) 的联合概率密度函数为

$$f(x,\ y)=\begin{cases}\dfrac{21}{4}x^2y, & x^2\leqslant y\leqslant1\\[2mm]0, & \text{其他}\end{cases}$$

求边缘概率密度函数 $f_X(x)$ 和 $f_Y(y)$。

3.8　设二维随机向量 (X, Y) 的联合概率密度函数为

$$f(x,\ y)=\begin{cases}c\mathrm{e}^{-(x+y)}, & 0<x<y\\0, & \text{其他}\end{cases}$$

要求：（1）确定常数 c；（2）求边缘概率密度函数 $f_X(x)$ 和 $f_Y(y)$。

3.9　求习题 3.6 中的条件概率质量函数。

3.10　求习题 3.7 中的条件概率密度函数 $f_{X|Y}(x|y)$ 和 $f_{Y|X}(y|x)$，并计算条件概率 $P\left\{Y\geqslant\dfrac{3}{4}\ \middle|\ X=\dfrac{1}{2}\right\}$。

3.11　已知随机向量 (X, Y) 的联合分布律为：

Y X	-2	-1	0	1
-1	0.01	0.02	0.05	0.03
0	0.03	0.24	0.15	0.06
1	0.06	0.29	0.16	0.10

试求随机变量 $Z = \varphi(X, Y)$ 的分布律：（1） $Z = X + Y$；（2） $Z = XY$。

3.12 独立随机变量 X 和 Y 的分布律分别为

X	-1	0	1
p	0.2	0.5	0.3

Y	0	1	2	3
p	0.2	0.4	0.3	0.1

试求随机变量 $Z = \varphi(X, Y)$ 的分布律：（1） $Z = X + Y$；（2） $Z = XY$。

3.13 两射手对着同一靶子相互独立地射击，第一个射手中靶的概率为 0.4，并备有 3 颗子弹；第二个射手中靶的概率为 0.6，并备有 2 颗子弹。每个射手进行射击，或者到首次中靶为止，或者到用光所有子弹为止。记 X 和 Y 分别是第一和第二个射手用去的子弹数，求 X、Y、$Z = X + Y$ 的分布律。

3.14 假设随机变量 X 和 Y 均服从标准正态分布，即有 $X \sim N(0, 1)$，$Y \sim N(0, 1)$，求随机变量 $Z = Y/X$ 的概率密度。

3.15 假设随机变量 X 与 Y 相互独立，X 在区间 $[0, 1]$ 上均匀分布，Y 有指数分布概率密度函数为

$$f_Y(y) = \begin{cases} e^{-y}, & y \geq 0 \\ 0, & y < 0 \end{cases}$$

求两随机变量之和 $Z = X + Y$ 的概率密度函数。

3.16 假设随机变量 X 与 Y 相互独立，且都服从 $\left[-\dfrac{1}{2}, \dfrac{1}{2} \right]$ 上的均匀分布，求随机变量 $S = X + Y$ 和 $Z = X - Y$ 的概率密度。

3.17 假设随机变量 X 与 Y 相互独立，且都服从 $[0, 1]$ 上的均匀分布，求随机变量 $S = XY$ 和 $Z = X - Y$ 的概率密度。

3.18 假设 X 和 Y 为独立同分布的随机变量，概率密度函数均为 $f(u) = \dfrac{1}{2}e^{-|u|}$，求随机变量 $Z = X + Y$ 的概率密度。

3.19 假设随机变量 X 与 Y 相互独立，且都服从参数为 λ 的指数分布，求随机变量 $Z = X/Y$ 的分布函数和概率密度函数。

3.20 已知随机向量 (X, Y) 的联合概率密度函数为

$$f(x, y) = \begin{cases} x + y, & 0 \leqslant x \leqslant 1, \ 0 \leqslant y \leqslant 1 \\ 0, & \text{其他} \end{cases}$$

要求计算随机变量 $Z = X + Y$ 的概率密度函数。

3.21 已知随机向量 (X, Y) 的联合概率密度函数为

$$f(x, y) = \begin{cases} 24xy(1 - x^2), & 0 < x < 1, \ 0 < y < 1 \\ 0, & \text{其他} \end{cases}$$

要求计算随机变量 $Z = XY$ 的概率密度函数。

综合自测题 3

一、单选题

1. 已知二维随机变量 (X, Y) 的概率分布如下表所示:

X＼Y	1	2	3
0	$\frac{3}{16}$	$\frac{3}{8}$	a
1	b	$\frac{1}{8}$	$\frac{1}{16}$

若 X 与 Y 相互独立，则 a, b 的值分别为（　　）

A. $a = \frac{7}{16}$, $b = \frac{13}{16}$ 　　　　　　B. $a = \frac{1}{16}$, $b = \frac{3}{16}$

C. $a = \frac{7}{16}$, $b = \frac{3}{16}$ 　　　　　　D. $a = \frac{3}{16}$, $b = \frac{1}{16}$

2. 假设随机变量 X 和 Y 相互独立，都服从两点分布: $P\{X = 0\} = P\{Y = 0\} = \frac{2}{3}$, $P\{X = 1\} = P\{Y = 1\} = \frac{1}{3}$, 则 $P\{X = Y\} = $（　　）

A. 0 　　　　　　B. $\frac{5}{9}$ 　　　　　　C. $\frac{7}{9}$ 　　　　　　D. 1

3. 设二维随机向量 (X, Y) 的联合分布律如下，若 X 与 Y 相互独立，则（　　）

X＼Y	1	2	3
1	$\frac{1}{6}$	$\frac{1}{9}$	$\frac{1}{8}$
2	$\frac{1}{3}$	α	β

A. $\alpha = \frac{2}{9}$, $\beta = \frac{1}{9}$ 　　　　　　B. $\alpha = \frac{1}{9}$, $\beta = \frac{2}{9}$

C. $\alpha = \dfrac{1}{6}$，$\beta = \dfrac{1}{6}$ 　　　　　　　　　　D. $\alpha = \dfrac{5}{18}$，$\beta = \dfrac{1}{18}$

4. 设二维随机向量 (X, Y) 的联合分布律及 X 和 Y 的边缘概率分布的部分数值如下表所示，若 X 与 Y 相互独立，则（　　　）

X ＼ Y	2	3	4	$p_{i\cdot}$
0	A	$\dfrac{1}{8}$		
1	$\dfrac{1}{8}$		B	
$p_{\cdot j}$	$\dfrac{1}{6}$			1

A. $A = \dfrac{1}{8}$，$B = \dfrac{1}{4}$ 　　　　　　　　B. $A = \dfrac{1}{4}$，$B = \dfrac{1}{8}$

C. $A = \dfrac{1}{4}$，$B = \dfrac{1}{24}$ 　　　　　　　D. $A = \dfrac{1}{24}$，$B = \dfrac{1}{4}$

5. 设随机变量 X 和 Y 相互独立，且 $X \sim N(0, 1)$，$Y \sim N(1, 1)$，则（　　　）

A. $P(X + Y \leqslant 0) = \dfrac{1}{2}$ 　　　　　　　B. $P(X + Y \leqslant 1) = \dfrac{1}{2}$

C. $P(X - Y \leqslant 0) = \dfrac{1}{2}$ 　　　　　　　D. $P(X - Y \leqslant 1) = \dfrac{1}{2}$

6. 设 X 与 Y 相互独立，$X \sim B\left(1, \dfrac{1}{2}\right)$，$Y \sim B\left(1, \dfrac{1}{3}\right)$，则方程 $t^2 + 2Xt + Y = 0$ 中 t 有相同实根的概率为（　　　）

A. $\dfrac{1}{3}$ 　　　　　B. $\dfrac{1}{2}$ 　　　　　C. $\dfrac{1}{6}$ 　　　　　D. $\dfrac{2}{3}$

7. 下列二元函数中，能够作为分布函数的是（　　　）

A. $F(x, y) = \begin{cases} 1, & x + y > 0.8 \\ 0, & \text{其他} \end{cases}$

B. $F(x, y) = \displaystyle\int_{-\infty}^{x} \int_{-\infty}^{y} e^{-s-t} \mathrm{d}s \mathrm{d}t$

C. $F(x, y) = \begin{cases} \displaystyle\int_{0}^{x} \int_{0}^{y} e^{-s-t} \mathrm{d}s \mathrm{d}t, & x > 0, y > 0 \\ 0, & \text{其他} \end{cases}$

D. $F(x, y) = \begin{cases} e^{-x-y}, & x > 0, y > 0 \\ 0, & \text{其他} \end{cases}$

8. 设随机变量 X 和 Y 相互独立，且都服从两点分布，若 $P(X = 1) = P(Y = 1) = \dfrac{1}{2}$，则有（　　　）

A.　$P(X=Y)=\dfrac{1}{2}$ 　　　　　　　　　B.　$P(X-Y=0)=\dfrac{1}{2}$

C.　$P(X+Y=1)=\dfrac{1}{4}$ 　　　　　　　D.　$P(X=Y)=\dfrac{1}{4}$

9. 设随机变量 X 与 Y 相互独立，且均服从区间 $[0，3]$ 上的均匀分布，则 $P\{\max(X，Y)\leqslant1\}=$ （　　　）

A.　$\dfrac{1}{2}$ 　　　　　B.　$\dfrac{1}{3}$ 　　　　　C.　$\dfrac{1}{6}$ 　　　　　D.　$\dfrac{1}{9}$

10. 设 X 和 Y 为两个随机变量，且 $P(X\geqslant0，Y\geqslant0)=\dfrac{3}{7}$，$P(X\geqslant0)=P(Y\geqslant0)=\dfrac{4}{7}$，则 $P\{\max(X，Y)\geqslant0\}=$ （　　　）

A.　$\dfrac{3}{7}$ 　　　　　B.　$\dfrac{4}{7}$ 　　　　　C.　$\dfrac{5}{7}$ 　　　　　D.　$\dfrac{6}{7}$

二、填空题

1. 设二维随机变量 $(X，Y)$ 的分布律为

X＼Y	1	2	3
0	0.20	0.10	0.15
1	0.30	0.15	0.10

则 $P\{X<1，Y\leqslant2\}=$ _____。

2. 对于连续性随机向量 $(X，Y)$ 的密度函数，有 $\int_{-\infty}^{+\infty}\int_{-\infty}^{+\infty}f(x，y)\mathrm{d}x\mathrm{d}y=1$，这是属于此函数的 _____ 性质。

3. 已知随机向量的分布函数 $F(x，y)$，则 $P\{1<X\leqslant2，3<Y\leqslant4\}=F(2，4)-$ _____。

4. 设 $X\sim N(-3，1)$，$Y\sim N(2，1)$，且 X 与 Y 相互独立，设随机变量 $Z=X-2Y+7$，则 $Z\sim$ _____。

5. 从 1，2，3，4 中任取一个数，记为 X；再从 1，$\cdots$，X 中任取一个数，记为 Y；则 $P(Y=2)=$ _____。

6. 设 X 与 Y 相互独立，且均服从 $[1，3]$ 上的均匀分布，记 $A=\{X\leqslant a\}$，$B=\{Y>a\}$，且 $P\{A\cup B\}=\dfrac{7}{9}$，则 $a=$ _____。

三、计算题

1. 二维随机向量 $(X，Y)$ 的概率密度为

$$f(x，y)=\begin{cases}cx，&0\leqslant x<1，0\leqslant y<2\\0，&\text{其他}\end{cases}$$

求：（1）系数 c；（2）X，Y 的边缘密度函数；（3）X，Y 是否独立？说明理由。

2. 已知二维随机向量 (X, Y) 的联合概率密度为

$$f(x, y) = \begin{cases} axy, & 0 \leq x \leq 1, \ 0 \leq y \leq 1 \\ 0, & \text{其他} \end{cases}$$

（1）求 a 值；（2）求 $P\{X \geq Y\}$；（3）求 (X, Y) 的边缘概率密度 $f_X(x)$，$f_Y(y)$，问 X 与 Y 是否独立，说明理由。

3. 设随机向量 (X, Y) 的联合概率密度为

$$f(x, y) = \begin{cases} 12e^{-(3x+4y)}, & x > 0, \ y > 0 \\ 0, & \text{其他} \end{cases}$$

（1）求 $P\{0 \leq X \leq 1, \ 0 \leq Y \leq 2\}$；（2）求 (X, Y) 的边缘概率密度 $f_X(x)$，$f_Y(y)$；（3）问 X 与 Y 是否独立，说明理由。

4. 设 X 与 Y 相互独立且同分布，已知 X 的概率分布为 $P\{X = i\} = \dfrac{1}{3}$，$i = 1, \ 2, \ 3$。令 $U = \max\{X, \ Y\}$，$V = \min\{X, \ Y\}$，试求：（1）$(U, \ V)$ 的联合概率分布；（2）$(U, \ V)$ 关于 U 与关于 V 的边缘概率分布；（3）U 在 $V = 2$ 条件下的条件概率分布。

5. 设二维随机变量 (X, Y) 的密度函数为

$$f(x, y) = \begin{cases} 2e^{-(x+2y)}, & x > 0, \ y > 0 \\ 0, & \text{其他} \end{cases}$$

求 $Z = X + 2Y$ 的分布函数。

6. 设随机变量 X 与 Y 相互独立，其密度函数分别为

$$f_X(x) = \begin{cases} 1, & 0 < x < 1 \\ 0, & \text{其他} \end{cases} \qquad f_Y(y) = \begin{cases} e^{-y}, & y > 0 \\ 0, & \text{其他} \end{cases}$$

求 $Z = 2X + Y$ 的密度函数。

第 4 章 随机变量的数字特征

案例引导——认识我国社会主要矛盾

1981 年党的十一届六中全会提出"在社会主义改造基本完成以后，我国所要解决的主要矛盾，是人民日益增长的物质文化需要同落后的社会生产之间的矛盾"；2017 年党的十九大报告首次作出重大判断"中国特色社会主义进入新时代，我国社会主要矛盾已经转化为人民日益增长的美好生活需要和不平衡不充分的发展之间的矛盾"。

问题：试从数字特征的角度分析以上我国社会主要矛盾的本质。

前面介绍了随机变量的概率质量函数（或概率密度函数）和分布函数，它们可以完整地描述随机变量的分布情况，但在某些实际或理论问题中，人们更感兴趣于某些能描述随机变量特征的常数。例如：某篮球队运动员的身高是一个随机变量，但人们更关心这些运动员的平均身高；某城市各家庭拥有汽车的辆数是一个随机变量，在考察城市交通情况时，人们更关心该城市的户均拥有汽车辆数；评价地区经济发展水平时，既需要注意该地区的平均收入，又需要注意个人收入水平与平均收入的偏离程度，通常认为平均收入高且偏离程度小，该地区的经济发展水平就较好。这些由随机变量的分布确定、能刻画随机变量某方面特征的常数统称为随机变量的数字特征，其在随机变量理论推导和实际应用中均具有重要作用。本章重点介绍随机变量以下几个主要数字特征：数学期望、方差、协方差、相关系数和矩。

4.1 数学期望

数学期望（expectation，简称"期望"，亦称"均值"，本书以下均用其简称期望）是用于刻画随机变量集中趋势的重要特征，以下分别介绍离散型随机变量、连续型随机变量、随机变量函数和随机向量函数的期望。

4.1.1 离散型随机变量的期望

4.1.1.1 定义

定义 4.1.1 设离散型随机变量 X 的概率质量函数为 $P\{X = x_k\} = p_k$，$k = 1$，2，$\cdots$，若级数 $\sum\limits_k x_k p_k$ 绝对收敛，即 $\sum\limits_k |x_k| p_k$ 收敛，则称 $\sum\limits_k x_k p_k$ 为随机变量 X 的期望，记作

$$E(X) = \sum_k x_k p_k$$

一个离散型随机变量的期望不存在的例子：离散型随机变量 X 的概率质量函数为

$P\{X=2^k\}=\dfrac{1}{2^k}$，$k=1$，$2$，$\cdots$，满足 $P\{X=2^k\}=\dfrac{1}{2^k}\geq0$，$\displaystyle\sum_{k=1}^{\infty}P\{X=2^k\}=\sum_{k=1}^{\infty}\dfrac{1}{2^k}=1$，

但 $\displaystyle\sum_k|x_k|p_k=\sum_{k=1}^{\infty}2^k\cdot\dfrac{1}{2^k}=1+1+\cdots=\infty$，不满足 $\displaystyle\sum_k x_kp_k$ 绝对收敛的条件，故这里随机变量 X 的期望不存在。

不难看出，取值数量有限的随机变量的期望总是存在的。

例 4.1.1 某医院当新生儿诞生时，医生要根据婴儿的皮肤颜色、肌肉弹性、反应敏感性、心脏搏动等方面的情况进行评分，新生儿的得分 X 是一个随机变量，以往的资料表明 X 的概率分布如下表所示。

x_k	0	1	2	3	4	5	6	7	8	9	10
p_k	0.002	0.002	0.003	0.004	0.004	0.005	0.18	0.39	0.26	0.12	0.03

求 X 的期望 $E(X)$。

解：X 的期望 $E(X)=\displaystyle\sum_k x_kp_k$

$=0\times0.002+1\times0.002+2\times0.003+3\times0.004+4\times0.004+5\times0.005+6\times0.18+$
$7\times0.39+8\times0.26+9\times0.12+10\times0.03=7.331$

4.1.1.2 常用离散型随机变量的期望

以下介绍几种常用离散型随机变量的期望。

（1）两点分布。设 X 服从参数为 p 的两点分布，即 $X\sim B(1,p)$，故有：$P(X=1)=p$，$P(X=0)=1-p$，$0<p<1$，所以 X 的期望

$$E(X)=1\times p+0\times(1-p)=p$$

即：两点分布 $X\sim B(1,p)$ 的期望为 $E(X)=p$。

（2）二项分布。设 $X\sim B(n,p)$，其概率质量函数为 $P(X=k)=C_n^kp^k(1-p)^{n-k}$，$0\leq k\leq n$，$0<p<1$，所以 X 的期望

$$E(X)=\sum_k x_kp_k=\sum_{k=0}^{n}kC_n^kp^k(1-p)^{n-k}=\sum_{k=0}^{n}k\dfrac{n!}{k!(n-k)!}p^k(1-p)^{n-k}$$

$$=\sum_{k=1}^{n}k\dfrac{n!}{k!(n-k)!}p^k(1-p)^{n-k}=\sum_{k=1}^{n}\dfrac{n!}{(k-1)!(n-k)!}p^k(1-p)^{n-k}$$

$$=np\sum_{k-1=0}^{n-1}\dfrac{(n-1)!}{(k-1)![(n-1)-(k-1)]!}p^{k-1}(1-p)^{(n-1)-(k-1)}$$

$$=np\sum_{k-1=0}^{n-1}C_{n-1}^{k-1}p^{k-1}(1-p)^{(n-1)-(k-1)}=np$$

即：二项分布 $X\sim B(n,p)$ 的期望为 $E(X)=np$。

（3）泊松分布。设 $X\sim P(\lambda)$，其概率质量函数为 $P(X=k)=\dfrac{\lambda^k}{k!}\mathrm{e}^{-\lambda}$，$k=0$，$1$，$2$，$\cdots$，$\lambda>0$，所以 X 的期望

$$E(X) = \sum_k x_k p_k = \sum_{k=0}^{\infty} k \frac{\lambda^k}{k!} e^{-\lambda} = \sum_{k=1}^{\infty} k \frac{\lambda^k}{k!} e^{-\lambda}$$

$$= \sum_{k=1}^{\infty} \frac{\lambda^k}{(k-1)!} e^{-\lambda} = \lambda e^{-\lambda} \sum_{k-1=0}^{\infty} \frac{\lambda^{k-1}}{(k-1)!}$$

令 $m = k - 1$，则 $\displaystyle\sum_{k-1=0}^{\infty} \frac{\lambda^{k-1}}{(k-1)!} = \sum_{m=0}^{\infty} \frac{\lambda^m}{m!}$

∵ 根据 X 的概率之和等于 1，有 $\displaystyle\sum_{m=0}^{\infty} P(X = m) = \sum_{m=0}^{\infty} \frac{\lambda^m}{m!} e^{-\lambda} = 1$

∴ $\displaystyle\sum_{m=0}^{\infty} \frac{\lambda^m}{m!} = e^{\lambda}$

∴ X 的期望：$E(X) = \lambda e^{-\lambda} \displaystyle\sum_{k-1=0}^{\infty} \frac{\lambda^{k-1}}{(k-1)!} = \lambda e^{-\lambda} \sum_{m=0}^{\infty} \frac{\lambda^m}{m!} = \lambda e^{-\lambda} e^{\lambda} = \lambda$

即：泊松分布 $X \sim P(\lambda)$ 的期望为 $E(X) = \lambda$。

（4）超几何分布。设 $X \sim H(M, N, n)$，则其概率质量函数为 $P(X = k) = C_M^k C_{N-M}^{n-k} / C_N^n$，其中 $M \leqslant N$，$n \leqslant N$，$\max(0, M + n - N) \leqslant k \leqslant \min(M, n)$，且 M, N, n 均为正整数，所以 X 的期望

$$E(X) = \sum_k x_k p_k = \sum_{k=\max(0, M+n-N)}^{\min(M, n)} k \frac{C_M^k C_{N-M}^{n-k}}{C_N^n}$$

$$= \frac{1}{C_N^n} \sum_{k=\max(0, M+n-N)}^{\min(M, n)} k C_M^k C_{N-M}^{n-k} = \frac{1}{C_N^n} \sum_{k-1=\max(0, M+n-N)}^{\min(M-1, n-1)} k \left(\frac{M}{k} \cdot C_{M-1}^{k-1} \right) C_{N-M}^{n-k}$$

$$\left(注：C_M^k = \frac{M!}{k!(M-k)!} = \frac{M \cdot (M-1)!}{k \cdot (k-1)![(M-1) - (k-1)]!} = \frac{M}{k} \cdot C_{M-1}^{k-1} \right)$$

$$= \frac{M}{C_N^n} \sum_{k-1=\max(0, M+n-N)}^{\min(M-1, n-1)} C_{M-1}^{k-1} \cdot C_{N-M}^{n-k} = \frac{M}{C_N^n} C_{N-1}^{n-1} = \frac{nM}{N}$$

（注：根据超几何分布的概率之和为 1，有 $\displaystyle\sum_{k=\max(0, M+n-N)}^{\min(M, n)} \frac{C_M^k C_{N-M}^{n-k}}{C_N^n} = 1$，故有

$\displaystyle\sum_{k-1=\max(0, M+n-N)}^{\min(M-1, n-1)} \frac{C_{M-1}^{k-1} C_{N-M}^{n-k}}{C_{N-1}^{n-1}} = 1$，故有 $\displaystyle\sum_{k-1=\max(0, M+n-N)}^{\min(M-1, n-1)} C_{M-1}^{k-1} C_{N-M}^{n-k} = C_{N-1}^{n-1}$）

即：超几何分布 $X \sim H(M, N, n)$ 的期望为 $E(X) = \dfrac{nM}{N}$。

4.1.2　连续型随机变量的期望

4.1.2.1　定义

定义 4.1.2　设连续型随机变量 X 的概率密度函数为 $f(x)$，若积分 $\displaystyle\int_{-\infty}^{+\infty} x f(x) dx$ 绝对收敛，即 $\displaystyle\int_{-\infty}^{+\infty} |x| f(x) dx$ 收敛，则称积分 $\displaystyle\int_{-\infty}^{+\infty} x f(x) dx$ 为随机变量 X 的期望，记作

$$E(X) = \int_{-\infty}^{+\infty} x f(x) dx$$

一个连续型随机变量的期望不存在的例子：连续型随机变量 X 的概率密度函数为 $f(x) = \dfrac{1}{\pi(1+x^2)}$，$-\infty < x < +\infty$，满足：

① $f(x) = \dfrac{1}{\pi(1+x^2)} \geq 0$

② $\displaystyle\int_{-\infty}^{+\infty} f(x)\,\mathrm{d}x = \int_{-\infty}^{+\infty} \dfrac{1}{\pi(1+x^2)}\,\mathrm{d}x = \dfrac{1}{\pi}\arctan x \Big|_{-\infty}^{+\infty}\,\mathrm{d}x = \dfrac{1}{\pi}\Big[\dfrac{\pi}{2} - \Big(-\dfrac{\pi}{2}\Big)\Big] = 1$

但 $\displaystyle\int_{-\infty}^{+\infty} |x|f(x)\,\mathrm{d}x = 2\int_0^{+\infty} x\,\dfrac{1}{\pi(1+x^2)}\,\mathrm{d}x = \dfrac{1}{2\pi}\int_0^{+\infty}\dfrac{1}{1+x^2}\,\mathrm{d}(1+x^2) = \dfrac{1}{2\pi}\ln(1+x^2)\Big|_0^{+\infty} =$

$\dfrac{1}{2\pi}\big[(+\infty) - 0\big] = +\infty$，不满足 $\displaystyle\int_{-\infty}^{+\infty} xf(x)\,\mathrm{d}x$ 绝对收敛的条件，故这里随机变量 X 的期望不存在。实际上这里的 X 是著名的柯西分布（标准柯西分布），柯西分布是一个典型的期望、方差及高阶矩均不存在的分布。

例 4.1.2 设随机变量 X 的概率密度为

$$f(x) = 5x^4,\ 0 < x < 1$$

求 $E(X)$。

解：$E(X) = \displaystyle\int_{-\infty}^{+\infty} xf(x)\,\mathrm{d}x = \int_0^1 x \cdot 5x^4\,\mathrm{d}x = \int_0^1 5x^5\,\mathrm{d}x = \dfrac{5}{6}$

4.1.2.2 常用连续型随机变量的期望

以下介绍几种常用连续型随机变量的期望。

（1）均匀分布。设 $X \sim U[a,\ b]$，其概率密度函数为 $f(x) = \begin{cases} \dfrac{1}{b-a}, & a \leq x \leq b \\ 0, & \text{其他} \end{cases}$，所以 X 的期望

$$E(X) = \int_{-\infty}^{+\infty} xf(x)\,\mathrm{d}x = \int_a^b x\,\dfrac{1}{b-a}\,\mathrm{d}x = \dfrac{1}{2}(a+b)$$

即：均匀分布 $X \sim U[a,\ b]$ 的期望为 $E(X) = \dfrac{1}{2}(a+b)$。

（2）指数分布。设 $X \sim E(\lambda)$，其概率密度函数为 $f(x) = \begin{cases} \lambda \mathrm{e}^{-\lambda x}, & x \geq 0 \\ 0, & x < 0 \end{cases}$，$\lambda > 0$，所以 X 的期望

$$E(X) = \int_{-\infty}^{+\infty} xf(x)\,\mathrm{d}x = \int_0^{+\infty} x \cdot \lambda \mathrm{e}^{-\lambda x}\,\mathrm{d}x = \int_0^{+\infty} (-x)\,\mathrm{d}(\mathrm{e}^{-\lambda x})$$

$$= (-x)(\mathrm{e}^{-\lambda x})\Big|_0^{+\infty} - \int_0^{+\infty}(\mathrm{e}^{-\lambda x})\,\mathrm{d}(-x)$$

$$= (-x)(\mathrm{e}^{-\lambda x})\Big|_0^{+\infty} - \dfrac{1}{\lambda}\int_0^{+\infty}(\mathrm{e}^{-\lambda x})\,\mathrm{d}(-\lambda x)$$

$$= (-x)(\mathrm{e}^{-\lambda x})\Big|_0^{+\infty} - \dfrac{1}{\lambda}(\mathrm{e}^{-\lambda x})\Big|_0^{+\infty}$$

$$= \Big[(-x)(\mathrm{e}^{-\lambda x}) - \dfrac{1}{\lambda}(\mathrm{e}^{-\lambda x})\Big]_0^{+\infty} = \Big[\dfrac{-\lambda x - 1}{\lambda \mathrm{e}^{\lambda x}}\Big]_0^{+\infty}$$

$$= \lim_{x \to +\infty} \frac{-\lambda x - 1}{\lambda e^{\lambda x}} - \frac{-\lambda \cdot 0 - 1}{\lambda e^{\lambda \cdot 0}} = \lim_{x \to +\infty} \frac{-\lambda}{\lambda^2 e^{\lambda x}} + \frac{1}{\lambda} = 0 + \frac{1}{\lambda} = \frac{1}{\lambda}$$

即：指数分布 $X \sim E(\lambda)$ 的期望为 $E(X) = \dfrac{1}{\lambda}$。

（3）正态分布。设 $X \sim N(\mu, \sigma^2)$，其概率密度函数为 $f(x) = \dfrac{1}{\sqrt{2\pi}\sigma} e^{-\frac{(x-\mu)^2}{2\sigma^2}}$，$-\infty < x < +\infty$，所以 X 的期望

$$E(X) = \int_{-\infty}^{+\infty} x \cdot \frac{1}{\sqrt{2\pi}\sigma} e^{-\frac{(x-\mu)^2}{2\sigma^2}} dx$$

令 $t = \dfrac{x-\mu}{\sigma}$，有 $x = \mu + t\sigma$，$-\infty < t < +\infty$，则上式 $= \int_{-\infty}^{+\infty} (\mu + t\sigma) \cdot \dfrac{1}{\sqrt{2\pi}\sigma} e^{-\frac{(\mu+t\sigma-\mu)^2}{2\sigma^2}} d(\mu + t\sigma)$

$$= \frac{1}{\sqrt{2\pi}} \int_{-\infty}^{+\infty} (\mu + t\sigma) e^{-\frac{t^2}{2}} dt = \mu \cdot \int_{-\infty}^{+\infty} \frac{1}{\sqrt{2\pi}} e^{-\frac{t^2}{2}} dt + \sigma \cdot \int_{-\infty}^{+\infty} \frac{t}{\sqrt{2\pi}} e^{-\frac{t^2}{2}} dt$$

$$= \mu \cdot 1 - \sigma \cdot \int_{-\infty}^{+\infty} \frac{1}{\sqrt{2\pi}} e^{-\frac{t^2}{2}} d\left(-\frac{t^2}{2}\right) = \mu - \sigma \cdot \frac{1}{\sqrt{2\pi}} e^{-\frac{t^2}{2}} \Big|_{-\infty}^{+\infty} = \mu - \sigma \cdot 0 = \mu$$

（注：$\because \dfrac{1}{\sqrt{2\pi}} e^{-\frac{t^2}{2}}$ 是标准正态分布的概率密度函数，$\therefore \int_{-\infty}^{+\infty} \dfrac{1}{\sqrt{2\pi}} e^{-\frac{t^2}{2}} dt = 1$）

$\therefore E(X) = \mu$

即：正态分布 $X \sim N(\mu, \sigma^2)$ 的期望为 $E(X) = \mu$。

4.1.3　随机变量函数的期望

已知随机变量 X 的分布，需要计算的不是随机变量 X 的期望，而是 X 的某个函数 $g(X)$ 的期望，这就是随机变量函数的期望计算问题。

例 4.1.3　已知随机变量 X 的概率分布如下表所示。

x_k	-1	1	2	3
p_{Xk}	0.1	0.1	0.5	0.3

随机变量 $Y = X^2$，求 Y 的期望。

解： 随机变量 $Y = X^2$，结合 X 的概率分布，可得到 Y 的取值及对应的概率如下表所示。

x_k	-1	1	2	3
p_{Xk}	0.1	0.1	0.5	0.3
$y_k = x_k^2$	1	1	4	9
y_k	1		4	9
p_{Yk}	0.2		0.5	0.3

$\therefore Y$ 的期望 $E(Y) = \sum\limits_k y_k p_{Yk} = 1 \times 0.2 + 4 \times 0.5 + 9 \times 0.3 = 4.9$

例 4.1.3 中，如果不求出 Y 的概率分布，直接用 X 的函数与 X 的概率相乘求和，有

$$E(Y) = E(X^2) = \sum\limits_k x_k^2 p_{Xk} = 1 \times 0.1 + 1 \times 0.1 + 4 \times 0.5 + 9 \times 0.3 = 4.9$$

得到的结果与采用 $E(Y) = \sum\limits_k y_k p_{Yk}$ 计算的结果相同。

从例 4.1.3 可以看出，计算随机变量 X 函数 $Y = g(X)$ 的期望，可以采用先求出 Y 的概率分布，再求期望的方法，也可以直接用 X 的函数值与对应 X 的概率分布求期望，两者计算结果是一致的。在实际中，前一种方法比较复杂，后一种方法比较简便。

若 X 是离散型随机变量，概率质量函数为 $P(X = x_k) = p_k$，$k = 1, 2, \cdots$，则 $Y = g(X)$ 的期望为

$$E(Y) = E[g(X)] = \sum\limits_k g(x_k) p_k$$

若 X 是连续型随机变量，概率密度函数为 $f(x)$，则 $Y = g(X)$ 的期望为

$$E(Y) = E[g(X)] = \int_{-\infty}^{+\infty} g(x) f(x) \mathrm{d}x$$

该方法的优点是求 $E(Y)$ 时不必先求出 Y 的概率质量函数（或概率密度函数），只需利用 X 的概率质量函数（或概率密度函数）就可以求出 Y 的期望。

例 4.1.4 已知随机变量 X 的概率分布如下表所示。

x_k	1	2	3
p_k	0.1	0.7	0.2

如果（1）$Y = 1/X$，（2）$Y = X^2 + 2$，求 Y 的期望。

解：（1）$\because Y = 1/X$，$\therefore E(Y) = E(1/X) = 1 \times 0.1 + \dfrac{1}{2} \times 0.7 + \dfrac{1}{3} \times 0.2 \approx 0.517$

（2）$\because Y = X^2 + 2$

$\therefore E(Y) = E(X^2 + 2) = (1^2 + 2) \times 0.1 + (2^2 + 2) \times 0.7 + (3^2 + 2) \times 0.2 = 6.7$

例 4.1.5 设 $X \sim U[0, 1]$，$Y = X^2$，求 $E(Y)$。

解：$\because X \sim U[0, 1]$，$\therefore f(x) = \begin{cases} 1, & 0 \leqslant x \leqslant 1 \\ 0, & 其他 \end{cases}$，

$\therefore E(X^2) = \int_0^1 x^2 \cdot 1 \mathrm{d}x = \dfrac{1}{3} x^3 \Big|_0^1 = \dfrac{1}{3}$。

4.1.4 随机向量函数的期望

根据以上随机变量函数期望的计算原理，可以类似地计算多个随机变量函数（即随机向量函数）的期望。以下着重介绍两个随机变量函数 $Z = g(X, Y)$ 期望的计算，多个随机变量函数的期望计算类似。

设二维离散型随机向量 (X, Y) 的联合概率质量函数为 $P\{X = x_i, Y = y_j\} = p_{ij}$，

$i = 1$，2，$\cdots$，$j = 1$，2，$\cdots$，则 $Z = g(X, Y)$ 的期望为

$$E(Z) = E[g(X, Y)] = \sum_{i=1}^{\infty} \sum_{j=1}^{\infty} g(x_i, y_j) p_{ij}$$

设二维连续型随机向量 (X, Y) 的联合概率密度函数为 $f(x, y)$，则 $Z = g(X, Y)$ 的期望为

$$E(Z) = E[g(X, Y)] = \int_{-\infty}^{+\infty} \int_{-\infty}^{+\infty} g(x, y) f(x, y) \mathrm{d}x \mathrm{d}y$$

例 4.1.6　设二维离散型随机向量 (X, Y) 的概率分布如下表所示。

X＼Y	1	2	3
−1	0.1	0.05	0.1
0	0.3	0.1	0.05
1	0.1	0.05	0.15

求 $Z = X^2 + Y$ 的期望。

解：$E(Z) = E(X^2 + Y) = [(-1)^2 + 1] \times 0.1 + [(-1)^2 + 2] \times 0.05 + [(-1)^2 + 3] \times 0.1 + [0^2 + 1] \times 0.3 + [0^2 + 2] \times 0.1 + [0^2 + 3] \times 0.05 + [1^2 + 1] \times 0.1 + [1^2 + 2] \times 0.05 + [1^2 + 3] \times 0.15 = 2.35$

例 4.1.7　设随机变量 X 与 Y 相互独立，概率密度函数分别为

$$f_X(x) = \begin{cases} 4x^3, & 0 < x < 1 \\ 0, & \text{其他} \end{cases}, \quad f_Y(y) = \begin{cases} 3y^2, & 0 < y < 1 \\ 0, & \text{其他} \end{cases}$$

求 $E(XY)$。

解：(X, Y) 的概率密度函数为

$$f(x, y) = f_X(x) f_Y(y) = \begin{cases} 12x^3 y^2, & 0 < x < 1, \ 0 < y < 1 \\ 0, & \text{其他} \end{cases}$$

所以：$E(XY) = \int_0^1 \int_0^1 xy \cdot 12x^3 y^2 \mathrm{d}x \mathrm{d}y = 12 \left(\int_0^1 x^4 \mathrm{d}x \right) \left(\int_0^1 y^3 \mathrm{d}y \right) = \dfrac{3}{5}$。

4.1.5　期望的性质

期望具有以下四条常用性质。

性质 1　常数的期望为其本身。即：设 C 为常数，则有
$$E(C) = C$$

证明：对常数 C，可以看作离散型随机变量，有且仅有 1 个取值 C，对应的概率为 1，根据期望的定义，有 $E(C) = C \times 1 = C$。

性质 2　常数与随机变量乘积的期望等于常数与随机变量期望的乘积。即：设 X 是一个随机变量，k 是常数，则有
$$E(kX) = kE(X)$$

证明：①$k = 0$ 时，$E(kX) = E(0) = 0$，$kE(X) = 0 \cdot E(X) = 0$，故结论成立。

②$k \neq 0$ 时，若 X 是离散型随机变量，概率质量函数为 $P\{X = x_k\} = p_k$，$k = 1$，2，…，则有：$E(kX) = \sum\limits_k kx_k p_k = k \sum\limits_k x_k p_k = kE(X)$，结论成立。

若 X 是连续型随机变量，概率密度函数为 $f(x)$，则有：$E(kX) = \int_{-\infty}^{+\infty} kxf(x)\mathrm{d}x = k\int_{-\infty}^{+\infty} xf(x)\mathrm{d}x = kE(X)$，结论成立。

性质3 随机变量和的期望等于随机变量期望的和。即：设 X，Y 是两个随机变量，则有

$$E(X + Y) = E(X) + E(Y)$$

证明： ①二维离散型随机向量 (X, Y) 的概率质量函数为 $P\{X = x_i, Y = y_j\} = p_{ij}$，$i = 1$，2，…，$j = 1$，2，…，则有：$E(X + Y) = \sum\limits_i \sum\limits_j (x_i + y_j)p_{ij} = \sum\limits_i \sum\limits_j x_i p_{ij} + \sum\limits_i \sum\limits_j y_j p_{ij} = E(X) + E(Y)$。

②二维连续型随机向量 (X, Y) 的概率密度函数为 $f(x, y)$，则有

$$\begin{aligned}
E(X + Y) &= \int_{-\infty}^{+\infty} \int_{-\infty}^{+\infty} (x + y)f(x, y)\mathrm{d}x\mathrm{d}y \\
&= \int_{-\infty}^{+\infty} \int_{-\infty}^{+\infty} xf(x, y)\mathrm{d}x\mathrm{d}y + \int_{-\infty}^{+\infty} \int_{-\infty}^{+\infty} yf(x, y)\mathrm{d}x\mathrm{d}y \\
&= \int_{-\infty}^{+\infty} x\left[\int_{-\infty}^{+\infty} f(x, y)\mathrm{d}y\right]\mathrm{d}x + \int_{-\infty}^{+\infty} y\left[\int_{-\infty}^{+\infty} f(x, y)\mathrm{d}x\right]\mathrm{d}y \\
&= \int_{-\infty}^{+\infty} xf_X(x)\mathrm{d}x + \int_{-\infty}^{+\infty} yf_Y(y)\mathrm{d}y = E(X) + E(Y)
\end{aligned}$$

推论 多个随机变量时，本性质仍然成立。对于随机变量 X_1，X_2，…，X_n，有

$$E(X_1 + X_2 + \cdots + X_n) = E(X_1) + E(X_2) + \cdots + E(X_n)$$

值得注意的是，前面证明的"二项分布 $X \sim B(n, p)$ 的期望为 $E(X) = np$"可以根据期望的性质3，结合二项分布与两点分布的关系直观得到。因为两点分布的期望为 p，二项分布是 n 个相同两点分布的和，所以二项分布的期望就等于这 n 个两点分布的期望之和，即 np。

性质4 相互独立的随机变量乘积的期望等于它们期望的乘积。即：设 X，Y 是相互独立的随机变量，则有

$$E(XY) = E(X)E(Y)$$

证明： ①二维离散型随机向量 (X, Y) 的概率质量函数为 $P\{X = x_i, Y = y_j\} = p_{ij}$，$i = 1$，2，…，$j = 1$，2，…，$X$ 和 Y 的边缘概率质量函数分别为 $P\{X = x_i\} = p_{i\cdot}$，$i = 1$，2，…和 $P\{Y = y_j\} = p_{\cdot j}$，$j = 1$，2，…。

∵ X 与 Y 相互独立

∴ $p_{ij} = p_{i\cdot} \cdot p_{\cdot j}$，$i = 1$，2，…，$j = 1$，2，…

∴ $E(XY) = \sum\limits_i \sum\limits_j x_i y_j p_{ij} = \sum\limits_i \sum\limits_j x_i y_j p_{i\cdot} \cdot p_{\cdot j} = \left(\sum\limits_i x_i p_{i\cdot}\right)\left(\sum\limits_j y_j p_{\cdot j}\right) = E(X)E(Y)$，结论成立。

②二维连续型随机向量 (X, Y) 的概率密度函数为 $f(x, y)$，X 和 Y 的边缘概率密度分别为 $f_X(x)$ 和 $f_Y(y)$。

∵ X 与 Y 相互独立

∴ $f(x, y) = f_X(x)f_Y(y)$

$$\therefore\ E(XY) = \int_{-\infty}^{+\infty}\int_{-\infty}^{+\infty} xyf(x, y)\,\mathrm{d}x\mathrm{d}y = \int_{-\infty}^{+\infty}\int_{-\infty}^{+\infty} xyf_X(x)f_Y(y)\,\mathrm{d}x\mathrm{d}y$$

$$= \left[\int_{-\infty}^{+\infty} xf_X(x)\,\mathrm{d}x\right]\left[\int_{-\infty}^{+\infty} yf_Y(y)\,\mathrm{d}y\right] = E(X)E(Y)$$

推论　多个随机变量时，本性质仍然成立（证明略）。设 $X_1, X_2, \cdots, X_n$ 相互独立，则有

$$E(X_1X_2\cdots X_n) = E(X_1)E(X_2)\cdots E(X_n)$$

例 4.1.8　对例 4.1.7 中的随机变量 X 和 Y，使用期望的性质求 $E(X+Y)$ 和 $E(XY)$。

解： ∵ 例 4.1.7 中的 X 的期望 $E(X) = \int_{-\infty}^{+\infty} xf_X(x)\,\mathrm{d}x = \int_0^1 x\cdot 4x^3\,\mathrm{d}x = \dfrac{4}{5}$，$Y$ 的期望

$$E(Y) = \int_{-\infty}^{+\infty} yf_Y(y)\,\mathrm{d}y = \int_0^1 y\cdot 3y^2\,\mathrm{d}y = \dfrac{3}{4}$$

$$\therefore E(X+Y) = E(X) + E(Y) = \dfrac{4}{5} + \dfrac{3}{4} = \dfrac{31}{20}$$

∵ X 和 Y 相互独立

$$\therefore E(XY) = E(X)E(Y) = \dfrac{4}{5} \times \dfrac{3}{4} = \dfrac{3}{5}$$

4.2　方差

方差（variance）是用于刻画随机变量离散程度的重要特征，可通过将随机变量的取值与其期望进行比较得到，由于随机变量的取值可能比期望大，也可能比期望小，所以比较的差值可能为正数也可能为负数，直接合并会存在抵消的问题，故在合并差值之前，常将差值求平方之后再求期望，称之为"方差"。

4.2.1　方差的定义

定义 4.2.1　设随机变量 X，如果 $E\{[X-E(X)]^2\}$ 存在，则称 $E\{[X-E(X)]^2\}$ 为 X 的方差，记为 $D(X)$，即

$$D(X) = E\{[X-E(X)]^2\}$$

常称方差 $D(X)$ 的算术平方根 $\sqrt{D(X)}$ 为 X 的标准差（按照英文单词，方差也可记作 $\mathrm{Var}(X)$，本书为简便，将方差均记为 $D(X)$；标准差 $\sqrt{D(X)}$ 也常用符号 σ 表示）。

从方差的定义可以看出，随机变量 X 的方差可以表示 X 的取值偏离期望的程度，若 $D(X)$ 较小表示 X 的取值比较集中在 $E(X)$ 附近，若 $D(X)$ 较大则表示 X 的取值较

分散，因此，$D(X)$ 是刻画 X 取值离散程度的重要指标。

需要注意的是，由于期望有不存在的情形，故方差也有不存在的情形。

4.2.2 方差的计算

方差的常见计算方法有两种：定义计算法和简化计算法。两种方法计算的结果是一样的，在实际中，根据需要选择其中之一即可，以下对两种方法分别进行介绍。

4.2.2.1 定义计算法

由方差的定义可知，方差 $D(X) = E\{[X - E(X)]^2\}$ 实际上就是随机变量 X 的函数 $g(X) = [X - E(X)]^2$ 的期望，采用随机变量函数期望的计算方法，有：

（1）若随机变量 X 是离散型随机变量，其概率质量函数为 $P\{X = x_k\} = p_k$，$k = 1$，2，$\cdots$，则有

$$D(X) = E\{[X - E(X)]^2\} = \sum_k [x_k - E(X)]^2 p_k$$

（2）若随机变量 X 是连续型随机变量，其概率密度函数为 $f(x)$，则有

$$D(X) = E\{[X - E(X)]^2\} = \int_{-\infty}^{+\infty} [x - E(X)]^2 f(x) \, dx$$

例 4.2.1 已知离散型随机变量 X 的概率分布如下表所示。

x_k	0	1	2	3	4
p_k	0.3	0.1	0.3	0.2	0.1

求 $D(X)$。

解：根据 X 的概率分布，求 $E(X) = 0 \times 0.3 + 1 \times 0.1 + 2 \times 0.3 + 3 \times 0.2 + 4 \times 0.1 = 1.7$

$\therefore D(X) = \sum_k [x_k - E(X)]^2 p_k = [0 - 1.7]^2 \times 0.3 + [1 - 1.7]^2 \times 0.1 + [2 - 1.7]^2 \times 0.3 + [3 - 1.7]^2 \times 0.2 + [4 - 1.7]^2 \times 0.1 = 1.81$。

例 4.2.2 已知连续型随机变量 X 的概率密度函数为

$$f(x) = \begin{cases} 2x, & 0 \leqslant x \leqslant 1 \\ 0, & 其他 \end{cases}$$

求 $D(X)$。

解：$\because X$ 的概率密度函数为：$f(x) = \begin{cases} 2x, & 0 \leqslant x \leqslant 1 \\ 0, & 其他 \end{cases}$

$\therefore X$ 的期望 $E(X) = \int_{-\infty}^{+\infty} xf(x) \, dx = \int_0^1 x \cdot 2x \, dx = \dfrac{2}{3}$

$\therefore D(X) = \int_{-\infty}^{+\infty} [x - E(X)]^2 f(x) \, dx = \int_{-\infty}^{+\infty} \left[x - \dfrac{2}{3}\right]^2 \cdot 2x \, dx = \dfrac{1}{18}$。

4.2.2.2 简化计算法

对方差的定义公式进行变形，可以得到方差的简化计算法公式，具体如下：

$$E\{[X - E(X)]^2\} = E\{X^2 - 2XE(X) + [E(X)]^2\}$$
$$= E(X^2) - 2E(X)E(X) + [E(X)]^2$$
$$= E(X^2) - [E(X)]^2$$

即方差的简化计算法公式为：$D(X) = E(X^2) - [E(X)]^2$。

例 4.2.3　采用简化计算法公式计算例 4.2.1 的 $D(X)$。

解： 已计算 $E(X) = 1.7$，进一步计算 $E(X^2) = 0^2 \times 0.3 + 1^2 \times 0.1 + 2^2 \times 0.3 + 3^2 \times 0.2 + 4^2 \times 0.1 = 4.7$

$\therefore D(X) = E(X^2) - [E(X)]^2 = 4.7 - (1.7)^2 = 1.81$。

例 4.2.4　采用简化计算法公式计算例 4.2.2 的 $D(X)$。

解： 已计算 $E(X) = \dfrac{2}{3}$，进一步计算 $E(X^2) = \displaystyle\int_{-\infty}^{+\infty} x^2 f(x)\,\mathrm{d}x = \int_0^1 x^2 \cdot 2x\,\mathrm{d}x = \dfrac{1}{2}$

$\therefore D(X) = E(X^2) - [E(X)]^2 = \dfrac{1}{2} - \left(\dfrac{2}{3}\right)^2 = \dfrac{1}{18}$。

方差以上两种计算方法的计算结果是一致的，简化计算法较简单一点，在实际中使用较多。

4.2.3　方差的性质

方差具有以下三条常用性质。

性质 1　常数的方差为 0。即：设 C 为常数，则有
$$D(C) = 0$$

证明： $D(C) = E\{[C - E(C)]^2\} = E\{[C - C]^2\} = E\{0\} = 0$。

性质 2　常数与随机变量乘积的方差等于常数的平方与随机变量方差的乘积。

即：设 X 是随机变量，C 是常数，则有
$$D(CX) = C^2 D(X)$$

证明： $D(CX) = E\{[CX - E(CX)]^2\} = E\{[CX - CE(X)]^2\} = C^2 E\{[X - E(X)]^2\}$
$$= C^2 D(X)。$$

性质 3　设 X，Y 是两个随机变量，则有
$$D(X + Y) = D(X) + D(Y) + 2E\{[X - E(X)][Y - E(Y)]\}$$

证明： $D(X + Y) = E\{[(X + Y) - E(X + Y)]^2\}$
$$= E\{[(X - E(X)) + (Y - E(Y))]^2\}$$
$$= E\{[X - E(X)]^2 + [Y - E(Y)]^2 + 2[X - E(X)][Y - E(Y)]\}$$
$$= E\{[X - E(X)]^2\} + E\{[Y - E(Y)]^2\} + E\{2[X - E(X)][Y - E(Y)]\}$$
$$= D(X) + D(Y) + 2E\{[X - E(X)][Y - E(Y)]\}$$

推论 1　设 X，Y 是两个随机变量，则有
$$D(X - Y) = D(X) + D(Y) - 2E\{[X - E(X)][Y - E(Y)]\}$$

证明可以参考性质 3 的证明过程。

推论 2　设 X 是随机变量，C 是常数，则有
$$D(X + C) = D(X)$$

证明：根据性质3，设其中的$Y = C$，结合性质1，则有：$D(X + C) = D(X) + D(C) + 2E\{[X - E(X)][C - E(C)]\} = D(X) + 0 + 2E\{[X - E(X)] \cdot 0\} = D(X)$。

推论3 设X，Y是两个独立的随机变量，则有
$$D(X \pm Y) = D(X) + D(Y)$$

证明：根据性质3和推论1，有
$$
\begin{aligned}
D(X \pm Y) &= D(X) + D(Y) \pm 2E\{[X - E(X)][Y - E(Y)]\} \\
&= D(X) + D(Y) \pm 2E[XY - YE(X) - XE(Y) + E(X)E(Y)] \\
&= D(X) + D(Y) \pm 2[E(XY) - E(Y)E(X) - E(X)E(Y) + E(X)E(Y)] \\
&= D(X) + D(Y) \pm 2[E(XY) - E(Y)E(X)]
\end{aligned}
$$

当X，Y相互独立时，根据期望的性质4有$E(XY) = E(Y)E(X)$，故有$D(X \pm Y) = D(X) + D(Y)$。

这一性质可以推广到任意有限多个相互独立的随机变量之和的情况。

推论4 设X_1，X_2，$\cdots$，X_n相互独立，则有
$$D(X_1 + X_2 + \cdots + X_n) = D(X_1) + D(X_2) + \cdots + D(X_n)$$

其中，等式左侧的任意个"$+$"都可以改为"$-$"，而等式右侧不变。

例4.2.5 设随机变量X的期望和方差分别为$E(X)$和$D(X)$，且$D(X) > 0$，随机变量$Z = \dfrac{X - E(X)}{\sqrt{D(X)}}$，求$E(Z)$和$D(Z)$。

解：$\because$ 随机变量X的期望和方差分别为$E(X)$和$D(X)$，$\therefore E(X)$和$D(X)$可以看作是两个常数。

$\therefore$ 根据期望的性质有

$$E(Z) = E\left(\frac{X - E(X)}{\sqrt{D(X)}}\right) = \frac{1}{\sqrt{D(X)}}E[X - E(X)] = \frac{1}{\sqrt{D(X)}}[E(X) - E(X)] = 0$$

根据方差的性质有：$D(Z) = D\left(\dfrac{X - E(X)}{\sqrt{D(X)}}\right) = \dfrac{1}{D(X)}D[X - E(X)] = \dfrac{1}{D(X)}D(X) = 1$。

例4.2.5中，将期望为$E(X)$和方差为$D(X)$的随机变量X减去期望$E(X)$后，再除以标准差$\sqrt{D(X)}$，可以得到一个期望为0和方差为1的随机变量Z，常把这种处理称为"标准化"处理，X标准化的随机变量记作

$$Z = \frac{X - E(X)}{\sqrt{D(X)}}$$

4.2.4 常用随机变量的方差

4.2.4.1 两点分布

设X服从参数为p的两点分布，即$X \sim B(1, p)$，故有：$P(X = 1) = p$，$P(X = 0) = 1 - p$，$0 < p < 1$，根据期望的计算公式有$E(X) = p$，进一步计算$E(X^2) = 1^2 \times p + 0^2 \times (1 - p) = p$。

$\therefore X$的方差$D(X) = E(X^2) - [E(X)]^2 = p - p^2 = p(1 - p)$。

即：两点分布$X \sim B(1, p)$的方差为$D(X) = p(1 - p)$。

4.2.4.2　二项分布

设 $X \sim B(n, p)$，X 可以表示成 n 个相互独立的两点分布的随机变量 X_i 之和：

$$X = X_1 + X_2 + \cdots + X_n$$

其中 $X_i \sim B(1, p)$，根据方差的性质，可得

$$D(X) = D(X_1) + D(X_2) + \cdots + D(X_n) = np(1 - p)$$

即：二项分布 $X \sim B(n, p)$ 的方差为 $D(X) = np(1 - p)$。

4.2.4.3　泊松分布

设 $X \sim P(\lambda)$，则其概率质量函数为 $P(X = k) = \dfrac{\lambda^k}{k!}\mathrm{e}^{-\lambda}$，$k = 0, 1, 2, \cdots$，$\lambda > 0$，前面已计算泊松分布的期望 $E(X) = \lambda$，进一步计算：

$$
\begin{aligned}
E(X^2) &= \sum_{k=0}^{\infty} k^2 \frac{\lambda^k}{k!}\mathrm{e}^{-\lambda} = \sum_{k=1}^{\infty} k^2 \frac{\lambda^k}{k!}\mathrm{e}^{-\lambda} = \sum_{k=1}^{\infty} k \frac{\lambda^k}{(k-1)!}\mathrm{e}^{-\lambda} \\
&= \sum_{k=1}^{\infty} \left[(k-1) + 1\right] \frac{\lambda^k}{(k-1)!}\mathrm{e}^{-\lambda} = \sum_{k=2}^{\infty} \frac{\lambda^k}{(k-2)!}\mathrm{e}^{-\lambda} + \sum_{k=1}^{\infty} \frac{\lambda^k}{(k-1)!}\mathrm{e}^{-\lambda} \\
&= \lambda^2 \sum_{k-2=0}^{\infty} \frac{\lambda^{k-2}}{(k-2)!}\mathrm{e}^{-\lambda} + \lambda \sum_{k-1=0}^{\infty} \frac{\lambda^{k-1}}{(k-1)!}\mathrm{e}^{-\lambda}
\end{aligned}
$$

根据泊松分布的概率质量函数的性质有 $\displaystyle\sum_{k-2=0}^{\infty} \frac{\lambda^{k-2}}{(k-2)!}\mathrm{e}^{-\lambda} = \sum_{k-1=0}^{\infty} \frac{\lambda^{k-1}}{(k-1)!}\mathrm{e}^{-\lambda} = 1$

$\therefore E(X^2) = \lambda^2 + \lambda$

$\therefore D(X) = E(X^2) - \left[E(X)\right]^2 = \lambda^2 + \lambda - (\lambda)^2 = \lambda$

即：泊松分布 $X \sim P(\lambda)$ 的方差为 $D(X) = \lambda$。

值得注意的是，泊松分布 $P(\lambda)$ 中，参数 λ 既是期望，又是方差。

4.2.4.4　超几何分布

设 $X \sim H(M, N, n)$，则其概率质量函数为 $P(X = k) = C_M^k C_{N-M}^{n-k} / C_N^n$，其中 $M \leqslant N$，$n \leqslant N$，$\max(0, M+n-N) \leqslant k \leqslant \min(M, n)$，且 M, N, n 均为正整数，前面已计算超几何分布的期望 $E(X) = \dfrac{nM}{N}$，进一步计算：

$$
\begin{aligned}
E(X^2) &= \sum_{k=\max(0, M+n-N)}^{\min(M, n)} k^2 \frac{C_M^k C_{N-M}^{n-k}}{C_N^n} = \frac{1}{C_N^n} \sum_{k=\max(0, M+n-N)}^{\min(M, n)} k^2 C_M^k C_{N-M}^{n-k} \\
&= \frac{1}{C_N^n} \sum_{k=\max(0, M+n-N)}^{\min(M-1, n-1)} k^2 \left(\frac{M}{k} \cdot C_{M-1}^{k-1}\right) C_{N-M}^{n-k} = \frac{M}{C_N^n} \sum_{k-1=\max(0, M+n-N)}^{\min(M-1, n-1)} k C_{M-1}^{k-1} C_{N-M}^{n-k} \\
&= \frac{M}{C_N^n} \left[\sum_{k-1=\max(0, M+n-N)}^{\min(M-1, n-1)} (k-1) C_{M-1}^{k-1} C_{N-M}^{n-k} + \sum_{k-1=\max(0, M+n-N)}^{\min(M-1, n-1)} C_{M-1}^{k-1} C_{N-M}^{n-k}\right] \\
&= \frac{M}{C_N^n} \sum_{k-1=\max(0, M+n-N)}^{\min(M-1, n-1)} (k-1) C_{M-1}^{k-1} C_{N-M}^{n-k} + \frac{M}{C_N^n} \sum_{k-1=\max(0, M+n-N)}^{\min(M-1, n-1)} C_{M-1}^{k-1} C_{N-M}^{n-k} \\
&= \frac{M(M-1)}{C_N^n} \sum_{k-2=\max(0, M+n-N)}^{\min(M-2, n-2)} C_{M-2}^{k-2} C_{N-M}^{n-k} + \frac{M}{C_N^n} \sum_{k-1=\max(0, M+n-N)}^{\min(M-1, n-1)} C_{M-1}^{k-1} C_{N-M}^{n-k} \\
&= \frac{M(M-1)}{C_N^n} C_{N-2}^{n-2} + \frac{M}{C_N^n} C_{N-1}^{n-1} = \frac{M(M-1)n(n-1)}{N(N-1)} + \frac{nM}{N}
\end{aligned}
$$

$$\therefore D(X) = E(X^2) - [E(X)]^2 = \frac{M(M-1)n(n-1)}{N(N-1)} + \frac{nM}{N} - \left(\frac{nM}{N}\right)^2$$

$$= n\frac{M}{N}\left(1 - \frac{M}{N}\right)\left(1 - \frac{n-1}{N-1}\right)$$

即：超几何分布 $X \sim H(M, N, n)$ 的方差为 $D(X) = n\frac{M}{N}\left(1 - \frac{M}{N}\right)\left(1 - \frac{n-1}{N-1}\right)$。

4.2.4.5 均匀分布

设 $X \sim U[a, b]$，则其概率密度函数为 $f(x) = \begin{cases} \dfrac{1}{b-a}, & a \leqslant x \leqslant b \\ 0, & \text{其他} \end{cases}$，前面已计算均匀

分布的期望 $E(X) = \dfrac{1}{2}(a+b)$，进一步计算：

$$E(X^2) = \int_{-\infty}^{+\infty} x^2 f(x)\, dx = \int_a^b \frac{x^2}{b-a}\, dx = \frac{1}{3}(a^2 + ab + b^2)$$

$\therefore X$ 的方差 $D(X) = E(X^2) - [E(X)]^2 = \dfrac{1}{3}(a^2 + ab + b^2) - \left[\dfrac{1}{2}(a+b)\right]^2 = \dfrac{(b-a)^2}{12}$。

即：均匀分布 $X \sim U[a, b]$ 的方差为 $D(X) = \dfrac{(b-a)^2}{12}$。

4.2.4.6 指数分布

设 $X \sim E(\lambda)$，则其概率密度函数为 $f(x) = \begin{cases} \lambda e^{-\lambda x}, & x \geqslant 0 \\ 0, & x < 0 \end{cases}$，$\lambda > 0$，前面已计算指

数分布的期望 $E(X) = \dfrac{1}{\lambda}$，进一步计算：$E(X^2) = \int_{-\infty}^{+\infty} x^2 f(x)\, dx = \int_0^{+\infty} x^2 \cdot \lambda e^{-\lambda x}\, dx = \dfrac{2}{\lambda^2}$。

$\therefore X$ 的方差 $D(X) = E(X^2) - [E(X)]^2 = \dfrac{2}{\lambda^2} - \left(\dfrac{1}{\lambda}\right)^2 = \dfrac{1}{\lambda^2}$。

即：指数分布 $X \sim E(\lambda)$ 的方差为 $D(X) = \dfrac{1}{\lambda^2}$。

4.2.4.7 正态分布

设 $X \sim N(\mu, \sigma^2)$，则其概率密度函数为 $f(x) = \dfrac{1}{\sqrt{2\pi}\sigma} e^{-\frac{(x-\mu)^2}{2\sigma^2}}$，$-\infty < x < +\infty$，前

面已计算正态分布的期望 $E(X) = \mu$，进一步计算：

$$E(X^2) = \int_{-\infty}^{+\infty} x^2 f(x)\, dx = \int_{-\infty}^{+\infty} x^2 \cdot \frac{1}{\sqrt{2\pi}\sigma} e^{-\frac{(x-\mu)^2}{2\sigma^2}}\, dx$$

令 $t = \dfrac{x-\mu}{\sigma}$，有 $x = \mu + t\sigma$，$-\infty < t < +\infty$，则

$$E(X^2) = \int_{-\infty}^{+\infty} (\mu + t\sigma)^2 \cdot \frac{1}{\sqrt{2\pi}\sigma} e^{-\frac{(\mu + t\sigma - \mu)^2}{2\sigma^2}}\, d(\mu + t\sigma)$$

$$= \frac{1}{\sqrt{2\pi}} \int_{-\infty}^{+\infty} (\mu^2 + t^2\sigma^2 + 2ut\sigma) e^{-\frac{t^2}{2}}\, dt$$

$$= \mu^2 \cdot \int_{-\infty}^{+\infty} \frac{1}{\sqrt{2\pi}} e^{-\frac{t^2}{2}}\, dt + t^2\sigma^2 \cdot \int_{-\infty}^{+\infty} \frac{1}{\sqrt{2\pi}} e^{-\frac{t^2}{2}}\, dt + 2ut\sigma \cdot \int_{-\infty}^{+\infty} \frac{1}{\sqrt{2\pi}} e^{-\frac{t^2}{2}}\, dt$$

$$= \mu^2 \cdot 1 + \sigma^2 \cdot \int_{-\infty}^{+\infty} \frac{1}{\sqrt{2\pi}}(-t)\mathrm{d}(\mathrm{e}^{-\frac{t^2}{2}}) - 2u\sigma \cdot \int_{-\infty}^{+\infty} \frac{1}{\sqrt{2\pi}}\mathrm{e}^{-\frac{t^2}{2}}\mathrm{d}\left(-\frac{t^2}{2}\right)$$

$$= \mu^2 + \sigma^2 \cdot \left\{ \left[\frac{1}{\sqrt{2\pi}}(-t)(\mathrm{e}^{-\frac{t^2}{2}}) \Big|_{-\infty}^{+\infty} \right] - \int_{-\infty}^{+\infty} \frac{1}{\sqrt{2\pi}}\mathrm{e}^{-\frac{t^2}{2}}\mathrm{d}(-t) \right\} - 2u\sigma \cdot \frac{1}{\sqrt{2\pi}}\mathrm{e}^{-\frac{t^2}{2}} \Big|_{-\infty}^{+\infty}$$

$$= \mu^2 + \sigma^2 \cdot \{0 + 1\} - 2u\sigma \cdot 0 = \mu^2 + \sigma^2$$

$\therefore X$ 的方差 $D(X) = E(X^2) - [E(X)]^2 = \sigma^2 + \mu^2 - (\mu)^2 = \sigma^2$。

即：正态分布 $X \sim N(\mu, \sigma^2)$ 的方差为 $D(X) = \sigma^2$。

从 $E(X) = \mu$ 和 $D(X) = \sigma^2$ 可见，正态分布 $N(\mu, \sigma^2)$ 的参数 μ 实际上就是该分布的期望，σ^2 是该分布的方差。

例 4.2.6　设随机变量 $X \sim N(\mu, \sigma^2)$，计算：

(1) $P(\mu - \sigma < X < \mu + \sigma)$

(2) $P(\mu - 2\sigma < X < \mu + 2\sigma)$

(3) $P(\mu - 3\sigma < X < \mu + 3\sigma)$

解：$\because$ 随机变量 $X \sim N(\mu, \sigma^2)$，无法直接查表计算，可以对 X 进行标准化之后再查表计算，

$$\therefore (1) \ P(\mu - \sigma < X < \mu + \sigma) = P\left(\frac{(\mu - \sigma) - \mu}{\sigma} < \frac{X - \mu}{\sigma} < \frac{(\mu + \sigma) - \mu}{\sigma} \right)$$

$$= P(-1 < z < 1) = \Phi(1) - \Phi(-1) = 2\Phi(1) - 1 = 2 \times 0.8413 - 1 = 0.6826$$

$$(2) \ P(\mu - 2\sigma < X < \mu + 2\sigma) = P\left(\frac{(\mu - 2\sigma) - \mu}{\sigma} < \frac{X - \mu}{\sigma} < \frac{(\mu + 2\sigma) - \mu}{\sigma} \right)$$

$$= P(-2 < z < 2) = \Phi(2) - \Phi(-2) = 2\Phi(2) - 1 = 2 \times 0.9772 - 1 = 0.9544$$

$$(3) \ P(\mu - 3\sigma < X < \mu + 3\sigma) = P\left(\frac{(\mu - 3\sigma) - \mu}{\sigma} < \frac{X - \mu}{\sigma} < \frac{(\mu + 3\sigma) - \mu}{\sigma} \right)$$

$$= P(-3 < z < 3) = \Phi(3) - \Phi(-3) = 2\Phi(3) - 1 = 2 \times 0.9987 - 1 = 0.9974$$

从例 4.2.6 可见，若 X 服从正态分布 $N(\mu, \sigma^2)$，则大约有 68.26% 的 X 取值落在 $\mu \pm \sigma$ 范围之内，大约有 95.44% 的 X 取值落在 $\mu \pm 2\sigma$ 范围之内，大约有 99.74% 的 X 取值落在 $\mu \pm 3\sigma$ 范围之内，把此结论称为"经验法则"，在实际生活和工作中，常可以用该法则对实际问题进行估算研究。

4.3　协方差与相关系数

期望和方差可以很好地衡量某个随机变量的集中趋势（变量值集中的趋势）和离散程度（各变量值偏离期望的程度），但对二维随机向量 (X, Y)，如何衡量随机向量中随机变量之间的关系呢？这需要进一步来学习协方差（covariance）和相关系数（correlation）。

4.3.1　协方差

在方差的性质"$D(X + Y) = D(X) + D(Y) + 2E\{[X - E(X)][Y - E(Y)]\}$"中，$X + Y$

的方差 $D(X+Y)$ 不仅与 X 的方差 $D(X)$ 和 Y 的方差 $D(Y)$ 有关系, 还与 $E\{[X-E(X)][Y-E(Y)]\}$ 有关, 这里的 $E\{[X-E(X)][Y-E(Y)]\}$ 实际上就刻画了随机变量 X 与 Y 的相互关系, 即 X 与 Y 的协方差。

4.3.1.1 协方差的定义与计算

定义 4.3.1 设两个随机变量 X 和 Y, 称 $E\{[X-E(X)][Y-E(Y)]\}$ 为随机变量 X 和 Y 的协方差, 记为 $\mathrm{Cov}(X, Y)$, 即

$$\mathrm{Cov}(X, Y) = E\{[X-E(X)][Y-E(Y)]\}$$

可以直接使用协方差的定义公式计算随机变量之间的协方差。

例 4.3.1 设二维随机向量 (X, Y) 的概率分布如下表所示。

X \ Y	1	2	3
0	0.1	0.2	0.3
1	0.2	0.1	0.1

求 $\mathrm{Cov}(X, Y)$。

解: 计算 X 和 Y 的边缘概率分布, 如下表所示。

X \ Y	1	2	3	$p_{i\cdot}$
0	0.1	0.2	0.3	0.6
1	0.2	0.1	0.1	0.4
$p_{\cdot j}$	0.3	0.3	0.4	1

$\therefore X$ 和 Y 的期望分别为: $E(X) = 0 \times 0.6 + 1 \times 0.4 = 0.4$, $E(Y) = 1 \times 0.3 + 2 \times 0.3 + 3 \times 0.4 = 2.1$。

$\therefore \mathrm{Cov}(X, Y) = E\{[X-E(X)][Y-E(Y)]\} = \sum_i \sum_j [x_i - E(X)][y_j - E(Y)]p_{ij}$

$= (0-0.4)(1-2.1) \times 0.1 + (0-0.4)(2-2.1) \times 0.2 + (0-0.4)(3-2.1) \times 0.3 +$

$(1-0.4)(1-2.1) \times 0.2 + (1-0.4)(2-2.1) \times 0.1 + (1-0.4)(3-2.1) \times 0.1$

$= -0.14$

与方差的计算类似, 也可以将协方差的定义公式 $\mathrm{Cov}(X, Y) = E\{[X-E(X)][Y-E(Y)]\}$ 变形得到协方差的另一个简化计算公式:

$$\begin{aligned}
\mathrm{Cov}(X, Y) &= E\{[X-E(X)][Y-E(Y)]\} \\
&= E[XY - XE(Y) - YE(X) + E(X)E(Y)] \\
&= E(XY) - E(X)E(Y) - E(Y)E(X) + E(X)E(Y) \\
&= E(XY) - E(X)E(Y)
\end{aligned}$$

即: 协方差的简化计算公式为: $\mathrm{Cov}(X, Y) = E(XY) - E(X)E(Y)$。

例 4.3.2 利用协方差的简化计算公式计算例 4.3.1 的 $\mathrm{Cov}(X, Y)$。

解：例 4.3.1 已计算 $E(X) = 0.4$，$E(Y) = 2.1$，进一步计算 $E(XY)$ 有

$E(XY) = 0 \times 1 \times 0.1 + 0 \times 2 \times 0.2 + 0 \times 3 \times 0.3 + 1 \times 1 \times 0.2 + 1 \times 2 \times 0.1 + 1 \times 3 \times 0.1 = 0.7$

$\therefore \text{Cov}(X, Y) = E(XY) - E(X)E(Y) = 0.7 - 0.4 \times 2.1 = -0.14$，

与例 4.3.1 的计算结果相同。

与方差的计算类似，协方差的定义计算公式与简化计算公式得到的结果是一致的。在实际应用中，常用协方差的简化计算公式计算协方差。

例 4.3.3　设二维随机向量 (X, Y) 的概率密度函数为

$$f(x, y) = \begin{cases} \dfrac{1}{8}(x+y), & 0 \leqslant x \leqslant 2, \ 0 \leqslant y \leqslant 2 \\ 0, & \text{其他} \end{cases}$$

求 $\text{Cov}(X, Y)$。

解：$\because$ 二维随机向量 (X, Y) 的概率密度函数为

$$f(x, y) = \begin{cases} \dfrac{1}{8}(x+y), & 0 \leqslant x \leqslant 2, \ 0 \leqslant y \leqslant 2 \\ 0, & \text{其他} \end{cases}$$

$$\therefore E(XY) = \int_{-\infty}^{+\infty} \int_{-\infty}^{+\infty} xy f(x, y) \mathrm{d}x\mathrm{d}y = \int_0^2 \int_0^2 xy \cdot \frac{1}{8}(x+y) \mathrm{d}x\mathrm{d}y = \frac{4}{3}$$

根据 (X, Y) 的概率密度函数，有 X 和 Y 的边缘概率密度函数分别为

$$f_X(x) = \begin{cases} \dfrac{1}{4}(x+1), & 0 \leqslant x \leqslant 2 \\ 0, & \text{其他} \end{cases}, \quad f_Y(y) = \begin{cases} \dfrac{1}{4}(y+1), & 0 \leqslant y \leqslant 2 \\ 0, & \text{其他} \end{cases}$$

$$E(X) = \int_{-\infty}^{+\infty} x f_X(x) \mathrm{d}x = \int_0^2 x \cdot \frac{1}{4}(x+1) \mathrm{d}x = \frac{7}{6}$$

$$E(Y) = \int_{-\infty}^{+\infty} y f_Y(y) \mathrm{d}y = \int_0^2 y \cdot \frac{1}{4}(y+1) \mathrm{d}y = \frac{7}{6}$$

$$\therefore \text{Cov}(X, Y) = E(XY) - E(X)E(Y) = \frac{4}{3} - \frac{7}{6} \times \frac{7}{6} = -\frac{1}{36}。$$

4.3.1.2　协方差的性质

在实际应用中，常用到一些协方差的性质，具体如下。

性质 1　$\text{Cov}(X, Y) = \text{Cov}(Y, X)$。

证明：根据协方差的定义，有：$\text{Cov}(X, Y) = E\{[X - E(X)][Y - E(Y)]\}$，$\text{Cov}(Y, X) = E\{[Y - E(Y)][X - E(X)]\}$，两者相等。

性质 2　对于任意常数 a、b、c、d，有 $\text{Cov}(aX + b, cY + d) = ac\text{Cov}(X, Y)$。

证明：根据协方差的定义，有

$$\begin{aligned} \text{Cov}(aX + b, cY + d) &= E\{[aX + b - E(aX + b)][cY + d - E(cY + d)]\} \\ &= E\{[aX + b - aE(X) - b][cY + d - cE(Y) - d]\} \\ &= E\{[aX - aE(X)][cY - cE(Y)]\} \\ &= acE\{[X - E(X)][Y - E(Y)]\} = ac\text{Cov}(X, Y) \end{aligned}$$

性质 3　$\text{Cov}(X_1 + X_2, Y) = \text{Cov}(X_1, Y) + \text{Cov}(X_2, Y)$。

证明：根据协方差的定义，有

$$\begin{aligned}
\text{Cov}(X_1 + X_2, Y) &= E\{[(X_1 + X_2) - E(X_1 + X_2)][Y - E(Y)]\} \\
&= E\{[X_1 + X_2 - E(X_1) - E(X_2)][Y - E(Y)]\} \\
&= E\{[(X_1 - E(X_1)) + (X_2 - E(X_2))][Y - E(Y)]\} \\
&= E\{[X_1 - E(X_1)][Y - E(Y)] + [X_2 - E(X_2)][Y - E(Y)]\} \\
&= E\{[X_1 - E(X_1)][Y - E(Y)]\} + E\{[X_2 - E(X_2)][Y - E(Y)]\} \\
&= \text{Cov}(X_1, Y) + \text{Cov}(X_2, Y)
\end{aligned}$$

此外，结合协方差的定义和性质，有两个常用的结论：

推论 1 当随机变量 X 与 Y 相互独立时，$\text{Cov}(X, Y) = 0$。

证明：$\because$ 根据期望的性质，当 X 与 Y 相互独立时，$E(XY) = E(X)E(Y)$

$\therefore$ 当 X 与 Y 相互独立时，$\text{Cov}(X, Y) = E(XY) - E(X)E(Y) = E(X)E(Y) - E(X)E(Y) = 0$。

推论 2 方差的性质 3 的推论 1 可以写为：对任意随机变量 X，Y，均有

$$D(X + Y) = D(X) + D(Y) + 2\text{Cov}(X, Y)$$

同理有：$D(X - Y) = D(X) + D(Y) - 2\text{Cov}(X, Y)$。

合并可以写作：$D(X \pm Y) = D(X) + D(Y) \pm 2\text{Cov}(X, Y)$。

从协方差的定义和计算公式可以看出：①方差可以看作是一种特殊的协方差，如在 $\text{Cov}(X, Y) = E\{[X - E(X)][Y - E(Y)]\}$ 中，取 $Y = X$，则有 $\text{Cov}(X, X) = E\{[X - E(X)][X - E(X)]\} = D(X)$。②方差用于测量单个随机变量的取值偏离其中心值的程度，协方差则可以测量两个随机变量的相互关系。

但使用协方差测量两个随机变量的相互关系时，根据协方差的性质 2，当随机变量的量纲或取值水平发生变化时，随机变量之间的协方差会发生变化，这使得无法准确度量随机变量之间的关系。为解决此问题，可以通过对随机变量进行标准化处理，再计算协方差。

对于随机向量 (X, Y)，对其中随机变量 X 标准化得 $\dfrac{X - E(X)}{\sqrt{D(X)}}$，对随机变量 Y 标准化得 $\dfrac{Y - E(Y)}{\sqrt{D(Y)}}$，结合方差的性质 2，有

$$\text{Cov}\left(\frac{X - E(X)}{\sqrt{D(X)}}, \frac{Y - E(Y)}{\sqrt{D(Y)}}\right) = \frac{\text{Cov}(X, Y)}{\sqrt{D(X)}\sqrt{D(Y)}}$$

以上标准化处理后的随机变量间的协方差，可以消除随机变量的量纲或取值水平对随机变量间协方差的影响，这样计算的协方差称为相关系数。

4.3.2 相关系数

4.3.2.1 相关系数的定义与计算

定义 4.3.2 设两个随机变量 X 和 Y，称 $\dfrac{\text{Cov}(X, Y)}{\sqrt{D(X)}\sqrt{D(Y)}}$ 为随机变量 X 和 Y 的相关

系数，记为 ρ_{XY}（或简记为 ρ），即

$$\rho_{XY} = \frac{\text{Cov}(X,\ Y)}{\sqrt{D(X)}\ \sqrt{D(Y)}}$$

例 4.3.4　计算例 4.3.1 的 ρ_{XY}。

解： 计算 X 和 Y 的方差，分别为：$D(X) = 0.24$，$D(Y) = 0.69$。

根据例 4.3.1 的计算结果有 $\text{Cov}(X,\ Y) = -0.14$，所以 $\rho_{XY} = \dfrac{\text{Cov}(X,\ Y)}{\sqrt{D(X)}\ \sqrt{D(Y)}} = $

$\dfrac{-0.14}{\sqrt{0.24}\ \sqrt{0.69}} \approx -0.344$。

例 4.3.5　设二维随机向量 $(X,\ Y)$ 的概率分布如下表所示。

X ＼ Y	-1	0	1
1	0.06	0.08	0.06
2	0.24	0.32	0.24

求 ρ_{XY}。

解： 计算 X 和 Y 的边缘概率分布，如下表所示。

X ＼ Y	-1	0	1	$p_i.$
1	0.06	0.08	0.06	0.2
2	0.24	0.32	0.24	0.8
$p._j$	0.3	0.4	0.3	1

$\therefore E(X) = 1.8$，$E(X^2) = 3.4$，$E(Y) = 0$，$E(Y^2) = 0.6$，$E(XY) = 0$

$\therefore D(X) = 0.16$，$D(Y) = 0.6$，$\text{Cov}(XY) = 0$

$\therefore \rho_{XY} = \dfrac{\text{Cov}(X,\ Y)}{\sqrt{D(X)}\ \sqrt{D(Y)}} = \dfrac{0}{\sqrt{0.16}\ \sqrt{0.6}} = 0$

例 4.3.6　计算例 4.3.3 的 ρ_{XY}。

解： 计算 X 和 Y 的方差，分别为：$D(X) = \dfrac{11}{36}$，$D(Y) = \dfrac{11}{36}$。

根据例 4.3.3 的计算结果有 $\text{Cov}(X,\ Y) = -\dfrac{1}{36}$，所以

$$\rho_{XY} = \frac{\text{Cov}(X,\ Y)}{\sqrt{D(X)}\ \sqrt{D(Y)}} = \frac{-\dfrac{1}{36}}{\sqrt{\dfrac{11}{36}}\sqrt{\dfrac{11}{36}}} = -\frac{1}{11}$$

例 4.3.7　设二维随机向量 $(X,\ Y)$ 的概率密度函数为

$$f(x, y) = \begin{cases} \dfrac{1}{8}x^3 y, & 0 \leqslant x \leqslant 2, \ 0 \leqslant y \leqslant 2 \\ 0, & \text{其他} \end{cases}$$

求 ρ_{XY}。

解：$\because$ 二维随机向量 (X, Y) 的概率密度函数为

$$f(x, y) = \begin{cases} \dfrac{1}{8}x^3 y, & 0 \leqslant x \leqslant 2, \ 0 \leqslant y \leqslant 2 \\ 0, & \text{其他} \end{cases}$$

$$\therefore f_X(x) = \begin{cases} \dfrac{1}{4}x^3, & 0 \leqslant x \leqslant 2 \\ 0, & \text{其他} \end{cases}, \ f_Y(y) = \begin{cases} \dfrac{1}{2}y, & 0 \leqslant y \leqslant 2 \\ 0, & \text{其他} \end{cases}$$

$$\therefore \ E(X) = \int_{-\infty}^{+\infty} x f_X(x) \, \mathrm{d}x = \frac{8}{5}, \ E(X^2) = \int_{-\infty}^{+\infty} x^2 f_X(x) \, \mathrm{d}x = \frac{8}{3}$$

$$E(Y) = \int_{-\infty}^{+\infty} y f_Y(y) \, \mathrm{d}y = \frac{4}{3}, \ E(Y^2) = \int_{-\infty}^{+\infty} y^2 f_Y(y) \, \mathrm{d}y = 2$$

$$E(XY) = \int_{-\infty}^{+\infty} \int_{-\infty}^{+\infty} xy f(x, y) \, \mathrm{d}x \mathrm{d}y = \frac{32}{15}$$

$$\therefore D(X) = E(X^2) - E(X) = \frac{8}{75}, \ D(Y) = E(Y^2) - E(XY) = \frac{2}{9},$$

$$\mathrm{Cov}(X, Y) = E(XY) - E(X)E(Y) = 0$$

$$\therefore \rho_{XY} = \frac{\mathrm{Cov}(X, Y)}{\sqrt{D(X)} \sqrt{D(Y)}} = \frac{0}{\sqrt{\dfrac{8}{75}} \sqrt{\dfrac{2}{9}}} = 0$$

4.3.2.2 相关系数的性质

性质 1 相关系数的取值范围为 $[-1, 1]$，即

$$|\rho_{XY}| \leqslant 1$$

证明：设任意实数 t，则必有：$E\{t[X - E(X)] + [Y - E(Y)]\}^2 \geqslant 0$

$\Leftrightarrow t^2 E\{[X - E(X)]^2\} + E\{[Y - E(Y)]^2\} + 2tE\{[X - E(X)][Y - E(Y)]\} \geqslant 0$

$\Leftrightarrow t^2 D(X) + 2t\mathrm{Cov}(X, Y) + D(Y) \geqslant 0$

即关于 t 的一元二次函数取值非负，必有判别式 $\Delta = 4[\mathrm{Cov}(X, Y)]^2 - 4D(X)D(Y) \leqslant 0$。

求解可得 $\rho_{XY}^2 \leqslant 1$，即 $|\rho_{XY}| \leqslant 1$。

参考性质 1 可以类似得出著名的柯西－施瓦兹（Cauchy-Schwarz）不等式：对任意随机变量 X 与 Y，都有

$$[E(XY)]^2 \leqslant E(X^2)E(Y^2)$$

其中等号成立当且仅当 $P(Y = tX) = 1$，其中 t 为常数。

证明：设任意实数 t，则必有：$E[(Y - tX)^2] \geqslant 0$

$$\Leftrightarrow t^2 E(X^2) + E(Y^2) + 2tE(XY) \geqslant 0$$

即关于 t 的一元二次函数取值非负，必有判别式 $\Delta = 4[E(XY)]^2 - 4E(X^2)E(Y^2) \leqslant 0$。

$$\therefore [E(XY)]^2 \leqslant E(X^2)E(Y^2)$$

当 $Y = tX$ 时，$E[(Y-tX)^2] = 0$，$t^2 E(X^2) + E(Y^2) + 2tE(XY) = 0$，必有判别式 $\Delta = 4[E(XY)]^2 - 4E(X^2)E(Y^2) = 0$，故有 $[E(XY)]^2 = E(X^2)E(Y^2)$，反之亦然。证毕。

性质 2　$|\rho_{XY}| = 1 \Leftrightarrow$ 存在常数 a 和 b，使得 $Y = a + bX$ 恒成立。即 ρ_{XY} 测量了变量间的线性相关，当 $|\rho_{XY}| = 1$ 时，X 与 Y 之间存在完全的线性相关。

证明： ①存在常数 a 和 b，使得 $Y = a + bX$ 恒成立 $\Rightarrow |\rho_{XY}| = 1$

∵ 存在常数 a 和 b，使得恒有 $Y = a + bX$

$$\therefore \rho_{XY} = \frac{\text{Cov}(X, Y)}{\sqrt{D(X)}\sqrt{D(Y)}} = \frac{E\{[X-E(X)][Y-E(Y)]\}}{\sqrt{D(X)}\sqrt{D(Y)}}$$

$$= \frac{E\{[X-E(X)][Y-E(Y)]\}}{\sqrt{D(X)}\sqrt{D(Y)}}$$

$$= \frac{E\{[X-E(X)][(a+bX)-E(a+bX)]\}}{\sqrt{D(X)}\sqrt{D(a+bX)}}$$

$$= \frac{E\{[X-E(X)][a+bX-a-bE(X)]\}}{\sqrt{D(X)}\sqrt{b^2 D(X)}} = \frac{bE\{[X-E(X)][X-E(X)]\}}{(\pm b)D(X)}$$

$$= \frac{bD(X)}{(\pm b)D(X)} = \pm 1$$

即：$|\rho_{XY}| = 1$

②$|\rho_{XY}| = 1 \Rightarrow$ 存在常数 a 和 b，使得 $Y = a + bX$ 恒成立

$$\because |\rho_{XY}| = \left|\frac{\text{Cov}(X, Y)}{\sqrt{D(X)}\sqrt{D(Y)}}\right| = 1$$

$$\therefore \text{Cov}(X, Y) = \pm \sqrt{D(X)}\sqrt{D(Y)}$$

设 b 为常数，则有 $D(Y-bX) = D(Y) + b^2 D(X) + 2\text{Cov}(Y, -bX) = D(Y) + b^2 D(X) - 2b\text{Cov}(Y, X) = D(Y) + b^2 D(X) \pm 2b\sqrt{D(X)}\sqrt{D(Y)} = [\sqrt{D(Y)} \pm b\sqrt{D(X)}]^2$。

令常数 $b = \mp \dfrac{\sqrt{D(Y)}}{\sqrt{D(X)}}$，则有

$$D(Y-bX) = \left[\sqrt{D(Y)} \pm b\sqrt{D(X)}\right]^2 = \left[\sqrt{D(Y)} - \frac{\sqrt{D(Y)}}{\sqrt{D(X)}}\sqrt{D(X)}\right]^2 = 0$$

根据方差的性质，有：$Y - bX = a$，其中 a 为常数，故存在常数 a 和 b，使得 $Y = a + bX$ 恒成立。

性质 3　当 $\rho_{XY} > 0$ 时，认为 X 与 Y 存在正的线性相关；当 $\rho_{XY} < 0$ 时，认为 X 与 Y 存在负的线性相关。$|\rho_{XY}|$ 越靠近于 1，认为 X 与 Y 的线性相关程度越高；$|\rho_{XY}|$ 越靠近于 0，认为 X 与 Y 的线性相关程度越低。

性质 4　当 $\rho_{XY} = 0$ 时，X 与 Y 两个变量之间不存在线性相关。

需要注意的是：①相关系数 ρ_{XY} 只能反映随机变量 X 与 Y 之间的直接线性相关情况，并不能反映它们之间的间接相关情况，也不能反映它们之间的非线性相关情况，所以当 $\rho_{XY} = 0$ 时，可以认为 X 与 Y 之间不存在直接线性相关。②当 X 与 Y 相互独立时，

一定有 $\rho_{XY} = 0$（如例 4.3.5、例 4.3.7）；但 $\rho_{XY} = 0$ 并不能推出 X 与 Y 相互独立（如例 4.3.8）。

例 4.3.8 设二维随机向量 (X, Y) 的概率分布如下表所示。

X \ Y	−1	0	1
1	0.1	0.1	0.1
2	0.3	0.1	0.3

求 ρ_{XY}。

解：计算 X 和 Y 的边缘概率分布，如下表所示。

X \ Y	−1	0	1	$p_{i\cdot}$
1	0.1	0.1	0.1	0.3
2	0.3	0.1	0.3	0.7
$p_{\cdot j}$	0.4	0.2	0.4	1

$\therefore E(X) = 1.7$，$E(X^2) = 3.1$，$E(Y) = 0$，$E(Y^2) = 0.8$，$E(XY) = 0$

$\therefore D(X) = 0.21$，$D(Y) = 0.8$，$\text{Cov}(XY) = 0$

$\therefore \rho_{XY} = \dfrac{\text{Cov}(X, Y)}{\sqrt{D(X)}\sqrt{D(Y)}} = \dfrac{0}{\sqrt{0.21}\sqrt{0.8}} = 0$

本例中，X 与 Y 的相关系数 $\rho_{XY} = 0$，但 X 与 Y 并不相互独立，如：$P(X = -1, Y = 1) \neq P(X = -1) \cdot P(Y = 1)$。

4.3.3 协方差阵和相关系数阵

以上介绍了两个随机变量的协方差和相关系数，在实际问题中，要研究多个随机变量的相互关联时，可以使用以上方法计算各随机变量之间的协方差和相关系数，这些协方差和相关系数用矩阵表示，可以得到协方差阵和相关系数阵。

4.3.3.1 协方差阵和相关系数阵的定义

设随机变量 X_1，X_2，$\cdots$，X_n，记 σ_{ij} 为随机变量 X_i 与 X_j 的协方差，随机变量 X_1，X_2，$\cdots$，X_n 的方差分别为 σ_1^2，σ_2^2，$\cdots$，σ_n^2（σ_i 为随机变量 X_i 的标准差），ρ_{ij} 为随机变量 X_i 与 X_j 的相关系数，则协方差阵 D 和相关系数阵 ρ 可以分别表示为

$$\text{协方差阵 } D = \begin{bmatrix} \sigma_{11} & \sigma_{12} & \cdots & \sigma_{1n} \\ \sigma_{21} & \sigma_{22} & \cdots & \sigma_{2n} \\ \vdots & \vdots & \ddots & \vdots \\ \sigma_{n1} & \sigma_{n2} & \cdots & \sigma_{nn} \end{bmatrix}, \quad \text{相关系数阵 } \rho = \begin{bmatrix} \rho_{11} & \rho_{12} & \cdots & \rho_{1n} \\ \rho_{21} & \rho_{22} & \cdots & \rho_{2n} \\ \vdots & \vdots & \ddots & \vdots \\ \rho_{n1} & \rho_{n2} & \cdots & \rho_{nn} \end{bmatrix}$$

4.3.3.2　协方差阵和相关系数阵的特点

协方差阵和相关系数阵具有以下特点。

（1）在协方差阵中，σ_{11} 实际上是随机变量 X_1 与 X_1 的协方差，即 X_1 的方差 σ_1^2，同理 σ_{22} 是 X_2 的方差 σ_2^2，σ_{nn} 是 X_n 的方差 σ_n^2，即 $\sigma_{ii} = \sigma_i^2$。在相关系数阵中，ρ_{11} 实际上是随机变量 X_1 与 X_1 的相关系数，其值恒为 1，同理 ρ_{22}，$\cdots$，ρ_{nn} 等均为 1。故协方差阵和相关系数阵又可以分别表示为

$$协方差阵\ D = \begin{bmatrix} \sigma_1^2 & \sigma_{12} & \cdots & \sigma_{1n} \\ \sigma_{21} & \sigma_2^2 & \cdots & \sigma_{2n} \\ \vdots & \vdots & \ddots & \vdots \\ \sigma_{n1} & \sigma_{n2} & \cdots & \sigma_n^2 \end{bmatrix}, \quad 相关系数阵\ \rho = \begin{bmatrix} 1 & \rho_{12} & \cdots & \rho_{1n} \\ \rho_{21} & 1 & \cdots & \rho_{2n} \\ \vdots & \vdots & \ddots & \vdots \\ \rho_{n1} & \rho_{n2} & \cdots & 1 \end{bmatrix}$$

（2）协方差阵和相关系数阵均为对称矩阵。在协方差矩阵中，随机变量 X_i 与 X_j 的协方差 σ_{ij} 与随机变量 X_j 与 X_i 的协方差 σ_{ji} 是相等的，在相关系数矩阵中，随机变量 X_i 与 X_j 的相关系数 ρ_{ij} 与随机变量 X_j 与 X_i 的相关系数 ρ_{ji} 是相等的，因此协方差阵和相关系数阵均是关于对角线对称的对称矩阵。

（3）协方差阵和相关系数阵均为非负定矩阵。协方差阵和相关系数阵的非负定性质在多元统计分析、回归分析等学科中被广泛应用，以下证明协方差阵为非负定矩阵，相关系数阵为非负定矩阵的证明类似。

证明： 对任意向量 $a = (a_1,\ a_2,\ \cdots,\ a_n)$，有

$$aDa^T = (a_1,\ a_2,\ \cdots,\ a_n) \begin{bmatrix} \sigma_1^2 & \sigma_{12} & \cdots & \sigma_{1n} \\ \sigma_{21} & \sigma_2^2 & \cdots & \sigma_{2n} \\ \vdots & \vdots & \ddots & \vdots \\ \sigma_{n1} & \sigma_{n2} & \cdots & \sigma_n^2 \end{bmatrix} \begin{pmatrix} a_1 \\ a_2 \\ \vdots \\ a_n \end{pmatrix}$$

$$= \left(\sum_{i=1}^{n} a_i \sigma_{i1},\ \sum_{i=1}^{n} a_i \sigma_{i2},\ \cdots,\ \sum_{i=1}^{n} a_i \sigma_{in} \right) \begin{pmatrix} a_1 \\ a_2 \\ \vdots \\ a_n \end{pmatrix}$$

$$= a_1 \sum_{i=1}^{n} a_i \sigma_{i1} + a_2 \sum_{i=1}^{n} a_i \sigma_{i2} + \cdots + a_n \sum_{i=1}^{n} a_i \sigma_{in}$$

$$= \sum_{i=1}^{n} (a_1 a_i \sigma_{i1} + a_2 a_i \sigma_{i2} + \cdots + a_n a_i \sigma_{in})$$

$$= \sum_{i=1}^{n} a_i^2 \sigma_{ii} + \sum_{i=1,\ i \neq j}^{n} \sum_{j=1}^{n} a_i a_j \sigma_{ij}$$

$$= \sum_{i=1}^{n} a_i^2 \mathrm{Cov}(X_i,\ X_i) + \sum_{i=1,\ i \neq j}^{n} \sum_{j=1}^{n} a_i a_j \mathrm{Cov}(X_i,\ X_j)$$

$$= \sum_{i=1}^{n} \mathrm{Cov}(a_i X_i,\ a_i X_i) + \sum_{i=1,\ i \neq j}^{n} \sum_{j=1}^{n} \mathrm{Cov}(a_i X_i,\ a_j X_j)$$

$$= D\left(\sum_{i=1}^{n} a_i X_i\right) \geqslant 0$$

即：对任意向量 $a = (a_1, a_2, \cdots, a_n)$，均有 $aDa^T \geqslant 0$，结合二次型的定义，协方差阵 D 为非负定矩阵。

（4）实际中常用到协方差阵和相关系数阵的以下换算公式。

$$协方差阵\, D = \begin{bmatrix} \sigma_{11} & \sigma_{12} & \cdots & \sigma_{1n} \\ \sigma_{21} & \sigma_{22} & \cdots & \sigma_{2n} \\ \vdots & \vdots & \ddots & \vdots \\ \sigma_{n1} & \sigma_{n2} & \cdots & \sigma_{nn} \end{bmatrix} = \begin{bmatrix} \rho_{11}\sigma_1\sigma_1 & \rho_{12}\sigma_1\sigma_2 & \cdots & \rho_{1n}\sigma_1\sigma_n \\ \rho_{21}\sigma_2\sigma_1 & \rho_{22}\sigma_2\sigma_2 & \cdots & \rho_{2n}\sigma_2\sigma_n \\ \vdots & \vdots & \ddots & \vdots \\ \rho_{n1}\sigma_n\sigma_1 & \rho_{n2}\sigma_n\sigma_2 & \cdots & \rho_{nn}\sigma_n\sigma_n \end{bmatrix}$$

$$= \begin{bmatrix} \sigma_1 & & & \\ & \sigma_2 & & \\ & & \ddots & \\ & & & \sigma_n \end{bmatrix} \begin{bmatrix} \rho_{11} & \rho_{12} & \cdots & \rho_{1n} \\ \rho_{21} & \rho_{22} & \cdots & \rho_{2n} \\ \vdots & \vdots & \ddots & \vdots \\ \rho_{n1} & \rho_{n2} & \cdots & \rho_{nn} \end{bmatrix} \begin{bmatrix} \sigma_1 & & & \\ & \sigma_2 & & \\ & & \ddots & \\ & & & \sigma_n \end{bmatrix}$$

即：协方差阵 D 与相关系数阵 ρ 的换算公式为

$$D = S\rho S \text{ 或 } \rho = S^{-1}DS^{-1}$$

其中 S 为对角矩阵，对角元素为各变量的标准差 σ_i。

4.4 原点矩与中心矩

前面通过期望和方差来刻画随机变量的特征，除了期望和方差外，随机变量还有很多的特征，这需要进一步给大家介绍"矩"的相关知识。矩分为原点矩和中心矩，前面介绍的期望实际上是原点矩的特例，方差实际上是中心矩的特例。

4.4.1 原点矩

定义 4.4.1 对随机变量 X，若 $E(X^k)$ 存在，则称 $E(X^k)$ 为随机变量 X 的 k 阶原点矩 $(k = 1, 2, \cdots)$。

取 $k = 1$，原点矩 $E(X^k) = E(X)$，即随机变量 X 的 1 阶原点矩实际上就是随机变量 X 的期望。

取 $k = 2$，原点矩 $E(X^k) = E(X^2)$，在方差的计算公式 $D(X) = E(X^2) - [E(X)]^2$ 中用到的 $E(X^2)$ 就是随机变量 X 的 2 阶原点矩。

此外，若 $E(X^kY^l)$ 存在，则称 $E(X^kY^l)$ 为随机变量 X 和 Y 的 $k + l$ 阶混合原点矩 $(k, l = 1, 2, \cdots)$。在协方差的计算公式 $\text{Cov}(X, Y) = E(XY) - E(X)E(Y)$ 中用到的 $E(XY)$ 就是随机变量 X 和 Y 的 2 阶混合原点矩。

4.4.2 中心矩

定义 4.4.2 对随机变量 X，若 $E\{[X - E(X)]^k\}$ 存在，则称 $E\{[X - E(X)]^k\}$ 为

随机变量 X 的 k 阶中心矩（$k = 1$，2，$\cdots$）。

取 $k = 1$，中心矩 $E\{[X - E(X)]^k\} = E[X - E(X)] = E(X) - E(X) = 0$，即随机变量 X 的 1 阶中心矩为 0。

取 $k = 2$，中心矩 $E\{[X - E(X)]^k\} = E\{[X - E(X)]^2\} = D(X)$，即随机变量 X 的 2 阶中心矩实际上就是随机变量 X 的方差。

取 $k = 3$，中心矩 $E\{[X - E(X)]^k\} = E\{[X - E(X)]^3\}$ 常可以用来表示变量 X 的分布是否有偏。

取 $k = 4$，中心矩 $E\{[X - E(X)]^k\} = E\{[X - E(X)]^4\}$ 常可以用来表示变量 X 的分布在期望 $E(X)$ 附近的陡峭程度。

此外，若 $E\{[X - E(X)]^k[Y - E(Y)]^l\}$ 存在，则称 $E\{[X - E(X)]^k[Y - E(Y)]^l\}$ 为随机变量 X 和 Y 的 $k + l$ 阶混合中心矩（k，$l = 1$，2，$\cdots$）。协方差 $\text{Cov}(X, Y) = E\{[X - E(X)][Y - E(Y)]\}$ 实际上就是随机变量 X 和 Y 的 2 阶混合中心矩。

需要注意的是，在实际中，高于 4 阶的原点矩和中心矩较少应用到。

例 4.4.1 设随机变量 X 的概率密度函数为

$$f(x) = \begin{cases} 4x^3, & 0 \leq x \leq 1 \\ 0, & \text{其他} \end{cases}$$

求 X 的 3 阶原点矩和 3 阶中心矩。

解： $\because$ 随机变量 X 的概率密度函数为

$$f(x) = \begin{cases} 4x^3, & 0 \leq x \leq 1 \\ 0, & \text{其他} \end{cases}$$

$\therefore X$ 的期望 $E(X) = \int_{-\infty}^{+\infty} xf(x)\,\mathrm{d}x = \int_0^1 x \cdot 4x^3\,\mathrm{d}x = \dfrac{4}{5}$

$\therefore X$ 的 3 阶原点矩 $E(X^3) = \int_{-\infty}^{+\infty} x^3 f(x)\,\mathrm{d}x = \int_0^1 x^3 \cdot 4x^3\,\mathrm{d}x = \dfrac{4}{7}$，

X 的 3 阶中心矩 $E\{[X - E(X)]^3\} = \int_{-\infty}^{+\infty} [x - E(X)]^3 f(x)\,\mathrm{d}x = \int_0^1 \left(x - \dfrac{4}{5}\right)^3 \cdot 4x^3\,\mathrm{d}x = -\dfrac{4}{875}$。

本章小结

本章对随机变量的数字特征进行测度，分别介绍了随机变量的期望、随机变量的方差、两个随机变量之间的协方差和相关系数，并延伸到多个变量的协方差阵和相关系数阵，以及原点矩和中心矩的内容。

期望刻画了随机变量取值的集中趋势情况。概率质量函数为 $P\{X = x_k\} = p_k$，$k = 1$，2，$\cdots$的离散型随机变量 X 的期望为：$E(X) = \sum_k x_k p_k$，概率密度函数为 $f(x)$ 的连续型随机变量 X 的期望为：$E(X) = \int_{-\infty}^{+\infty} xf(x)\,\mathrm{d}x$。

可以根据随机变量的概率质量函数（或概率密度函数）直接计算随机变量函数的

期望，具体公式为：①若 X 是离散型随机变量，概率质量函数为 $P(X = x_k) = p_k$，$k = 1$，2，$\cdots$，则 $Y = g(X)$ 的期望为：$E(Y) = E[g(X)] = \sum\limits_k g(x_k)p_k$；②若 X 是连续型随机变量，概率密度函数为 $f(x)$，则 $Y = g(X)$ 的期望为：$E(Y) = E[g(X)] = \int_{-\infty}^{+\infty} g(x)f(x)\mathrm{d}x$，$g$ 是连续函数。

同理也可以根据随机向量的概率质量函数（或概率密度函数）直接计算随机向量函数的期望，其中二维随机向量函数的期望公式为：①设二维离散型随机向量 (X, Y) 的联合概率质量函数为 $P\{X = x_i, Y = y_j\} = p_{ij}$，$i = 1$，$2$，$\cdots$，$j = 1$，$2$，$\cdots$，则 $Z = g(X, Y)$ 的期望为：$E(Z) = E[g(X, Y)] = \sum\limits_{i=1}^{\infty} \sum\limits_{j=1}^{\infty} g(x_i, y_j)p_{ij}$；②设二维连续型随机向量 (X, Y) 的联合概率密度函数为 $f(x, y)$，则 $Z = g(X, Y)$ 的期望为：$E(Z) = E[g(X, Y)] = \int_{-\infty}^{+\infty} \int_{-\infty}^{+\infty} g(x, y)f(x, y)\mathrm{d}x\mathrm{d}y$。

期望有四个常用性质及两个常用推论。①性质 1：常数的期望为其本身。即：设 C 为常数，则有：$E(C) = C$。②性质 2：常数与随机变量乘积的期望等于常数与随机变量期望的乘积。即：设 X 是一个随机变量，k 是常数，则有：$E(kX) = kE(X)$。③性质 3：随机变量和的期望等于随机变量期望的和。即：设 X，Y 是两个随机变量，则有：$E(X + Y) = E(X) + E(Y)$。推论：对于随机变量 X_1，X_2，$\cdots$，X_n，有：$E(X_1 + X_2 + \cdots + X_n) = E(X_1) + E(X_2) + \cdots + E(X_n)$。④性质 4：相互独立的随机变量乘积的期望等于它们期望的乘积。即：设 X，Y 是相互独立的随机变量，则有：$E(XY) = E(X)E(Y)$。推论：设 X_1，X_2，$\cdots$，X_n 相互独立，则有：$E(X_1 X_2 \cdots X_n) = E(X_1)E(X_2) \cdots E(X_n)$。

方差刻画了随机变量取值偏离其中心值的程度，即离散程度。随机变量 X 方差的定义公式为 $D(X) = E\{[X - E(X)]^2\}$，具体计算方法有两种：①定义计算法，计算随机变量 X 的函数 $[X - E(X)]^2$ 的期望；②简化计算法，分别计算随机变量 X 的期望 $E(X)$ 和 X^2 的期望 $E(X^2)$，再根据公式 $D(X) = E(X^2) - [E(X)]^2$ 计算随机变量 X 的方差。

方差有三个常用性质及四个常用推论。①性质 1：常数的方差为 0。即：设 C 为常数，则有：$D(C) = 0$。②性质 2：常数与随机变量乘积的方差等于常数的平方与随机变量方差的乘积。即：设 X 是随机变量，C 是常数，则有：$D(CX) = C^2 D(X)$。③性质 3：设 X，Y 是两个随机变量，则有：$D(X + Y) = D(X) + D(Y) + 2E\{[X - E(X)][Y - E(Y)]\}$。推论 1：设 X，Y 是两个随机变量，则有：$D(X - Y) = D(X) + D(Y) - 2E\{[X - E(X)][Y - E(Y)]\}$；推论 2：设 X 是随机变量，C 是常数，则有：$D(X + C) = D(X)$；推论 3：设 X，Y 是两个独立的随机变量，则有：$D(X \pm Y) = D(X) + D(Y)$；推论 4：设 X_1，X_2，$\cdots$，X_n 相互独立，则有：$D(X_1 + X_2 + \cdots + X_n) = D(X_1) + D(X_2) + \cdots + D(X_n)$，其中，等式左侧的任意个 "$+$" 都可以改为 "$-$"，而等式右侧不变。

常用随机变量的期望和方差列示如下。

常用分布	期望 $E(X)$	方差 $D(X)$
两点分布 $X \sim B(1,\ p)$	p	$p(1-p)$
二项分布 $X \sim B(n,\ p)$	np	$np(1-p)$
泊松分布 $X \sim P(\lambda)$	λ	λ
超几何分布 $X \sim H(M,\ N,\ n)$	$\dfrac{nM}{N}$	$n\dfrac{M}{N}\left(1-\dfrac{M}{N}\right)\left(1-\dfrac{n-1}{N-1}\right)$
均匀分布 $X \sim U[a,\ b]$	$\dfrac{(a+b)}{2}$	$\dfrac{(b-a)^2}{12}$
指数分布 $X \sim E(\lambda)$	$\dfrac{1}{\lambda}$	$\dfrac{1}{\lambda^2}$
正态分布 $X \sim N(\mu,\ \sigma^2)$	μ	σ^2

协方差和相关系数刻画了两个变量之间的线性相关程度，协方差阵和相关系数阵是刻画多个随机变量线性关系的重要工具。随机变量 X 和 Y 的协方差 $\mathrm{Cov}(X,\ Y) = E\{[X-E(X)][Y-E(Y)]\}$，可以根据该定义公式计算协方差，也可以将其变形得到简化计算公式 $\mathrm{Cov}(X,\ Y) = E(XY) - E(X)E(Y)$ 计算协方差。

随机变量 X 和 Y 的相关系数 $\rho_{XY} = \dfrac{\mathrm{Cov}(X,\ Y)}{\sqrt{D(X)}\sqrt{D(Y)}}$。相关系数可以看作标准化的协方差。

对于多个随机变量，可以构造它们的协方差阵 D 和相关系数阵 ρ。协方差阵 D 与相关系数阵 ρ 的换算公式为：$D = S\rho S$ 或 $\rho = S^{-1}DS^{-1}$，其中 S 为对角矩阵，对角元素为各变量的标准差 σ_i。

原点矩和中心矩是对期望、方差、协方差和相关系数等数字特征的延伸，期望、方差、协方差和相关系数都可以看作原点矩和中心矩的特殊情形。

本章内容需要各位同学重点掌握期望、方差、协方差、相关系数的定义、计算和应用。

习题 4

4.1　一项智力测验中，测试者的测试成绩记作随机变量 X，对测试结果统计得到 X 的概率分布如下表所示（最低分为 4.5 分，最高分为 9 分）：

X	4.5	5	5.5	6	6.5	7	7.5	8	8.5	9
p	0.01	0.05	0.1	0.15	0.3	0.1	0.1	0.09	0.05	0.05

求 X 的期望 $E(X)$。

4.2 设随机变量 X 的概率质量函数为：$P(X=k) = \dfrac{k}{45}$，$k = 1$，2，3，4，5，6，7，8，9，求 $E(X)$。

4.3 有 5 个盒子，编号为 1，2，3，4，5，现有 3 个球，将球逐个独立地随机放入 5 个盒子，用 X 表示其中至少有一个盒子的最小号码，求 $E(X)$。

4.4 设从学校乘汽车到火车站的途中有 5 个交通岗，在各交通岗遇到红灯是相互独立的，其概率均为 0.25，求途中遇到红灯次数的期望。

4.5 某种产品次品率为 0.1，检验员每天检验 5 次，每次随机抽取 10 件产品进行检验，如发现次品数大于 1，就调整设备。若各件产品是否为次品相互独立，求一天中调整设备次数的期望。

4.6 设随机变量 X 的概率质量函数为：$P(X=k) = \dfrac{6}{\pi^2 k^2}$，$k = 1$，$2$，$\cdots$，求 $E(X)$。

4.7 设随机变量 X 的概率密度函数为：$f(x) = \dfrac{2}{x^3}$，$x \geqslant 1$，求 $E(X)$。

4.8 设随机变量 X 的概率密度函数为：$f(x) = \begin{cases} 2x^2, & 0 \leqslant x \leqslant 1 \\ \dfrac{x^2 - 1}{4}, & 1 < x \leqslant 2 \\ 0, & \text{其他} \end{cases}$，求 $E(X)$。

4.9 设随机变量 X 的概率密度函数为：$f(x) = \begin{cases} ax^2, & 0 \leqslant x < 1 \\ bx, & 1 \leqslant x \leqslant 3 \\ 0, & \text{其他} \end{cases}$，已知 $P(0.5 < X < 2) = \dfrac{3}{4}$，求 $E(X)$。

4.10 设随机变量 X 的概率密度函数为：$f(x) = \begin{cases} e^{-x}, & x \geqslant 0 \\ 0, & x \leqslant 0 \end{cases}$，求 $E(e^{-X})$ 和 $E(X^2)$。

4.11 设二维随机向量 (X, Y) 的概率密度函数为

$$f(x, y) = \begin{cases} 6xy^2, & 0 \leqslant x \leqslant 1, \ 0 \leqslant y \leqslant 1 \\ 0, & \text{其他} \end{cases}$$

求 $E(X)$、$E(Y)$、$E(XY)$ 和 $E(X^2 + Y^2)$。

4.12 设二维随机向量 (X, Y) 的概率密度函数为

$$f(x, y) = \begin{cases} 12x^2, & 0 \leqslant x \leqslant y \leqslant 1 \\ 0, & \text{其他} \end{cases}$$

求 $E(X)$、$E(Y)$、$E(XY)$ 和 $E(X^2 + Y^2)$。

4.13 设二维随机向量 (X, Y) 的概率密度函数为：$f(x, y) = \begin{cases} 2, & (x, y) \in D \\ 0, & \text{其他} \end{cases}$，其中 D 为 $x \geqslant 0$，$y \geqslant 0$，$x + y \leqslant 1$ 围成的区域，求 $E(X)$、$E(Y)$、$E(XY)$ 和 $E(X^2 + Y^2)$。

4.14 随机变量 X 与 Y 相互独立概率密度函数分别为

$$f(x) = \begin{cases} 6x^5, & 0 \leqslant x \leqslant 1 \\ 0, & \text{其他} \end{cases}, f(y) = \begin{cases} e^{-y}, & y \geqslant 0 \\ 0, & y < 0 \end{cases}$$

求 $E(XY)$。

4.15 设随机变量 X 的概率密度函数为：$f(x) = \begin{cases} 3e^{-3x}, & x \geqslant 0 \\ 0, & x \leqslant 0 \end{cases}$，求 $E(3X)$ 和 $E(5X+1)$。

4.16 设二维随机向量 (X, Y) 服从圆域 $D = \{(x, y): x^2 + y^2 \leqslant R^2\}$ 上的均分布，求 $E(XY)$。

4.17 求习题 4.2 的 $D(X)$。

4.18 求习题 4.7 的 $D(X)$。

4.19 求习题 4.9 的 $D(X)$。

4.20 求习题 4.11 的 $D(X)$ 和 $D(Y)$。

4.21 设二维随机向量 (X, Y) 的概率密度函数为

$$f(x, y) = \begin{cases} \dfrac{12(x^2 + xy)}{7}, & 0 < x < 1, \ 0 < y < 1 \\ 0, & \text{其他} \end{cases}$$

求 $D(X)$ 和 $D(Y)$。

4.22 设随机变量 $X \sim N(0, 4)$，$Y \sim U(0, 4)$，且 X 与 Y 相互独立，求 $D(X-Y)$ 和 $D(3X+4Y)$。

4.23 设随机变量 $X \sim E(2)$，$Y \sim P(2)$，且 X 与 Y 相互独立，求 $D(X+Y)$ 和 $D(3X+4Y)$。

4.24 甲乙两位运动员进行射击训练，射中的靶数分别记作 X 和 Y，根据训练成绩得到 X 和 Y 的概率分布如下表所示：

X	5	6	7	8	9	10
p	0.05	0.05	0.3	0.45	0.1	0.05

Y	5	6	7	8	9	10
p	0.1	0.05	0.5	0.15	0.1	0.1

对两位运动员的训练成绩进行评价，并尝试确定谁的训练成绩更好。

4.25 设二维随机向量 (X, Y) 的概率分布如下表：

X \ Y	−1	0	1
0	0.03	0.06	0.21
1	0.04	0.08	0.28
2	0.03	0.06	0.21

求 $\text{Cov}(X, Y)$ 和 ρ_{XY}。

4.26 设二维随机向量 (X, Y) 的概率分布如下表:

X \ Y	1	2	3
0	0.10	0.12	0.15
1	0.04	0.20	0.20
2	0.03	0.06	0.10

求 $\text{Cov}(X, Y)$ 和 ρ_{XY}。

4.27 设二维随机向量 (X, Y) 的概率密度函数为

$$f(x, y) = \begin{cases} x + y, & 0 < x < 1, \ 0 < y < 1 \\ 0, & \text{其他} \end{cases}$$

求 $\text{Cov}(X, Y)$ 和 ρ_{XY}。

4.28 设二维随机向量 (X, Y) 的概率密度函数为

$$f(x, y) = \begin{cases} 6e^{-2x-3y}, & x > 0, \ y > 0 \\ 0, & \text{其他} \end{cases}$$

求 $\text{Cov}(X, Y)$ 和 ρ_{XY}。

4.29 已知 $D(X) = 4$，$D(Y) = 9$，$\rho_{XY} = 0.3$，求 $D(X+Y)$ 和 $D(X-Y)$。

4.30 已知 X_1，X_2，X_3，X_4 之间的相关系数阵为

$$\rho = \begin{bmatrix} 1 & 0.38 & 0.40 & 0.43 \\ 0.38 & 1 & 0.94 & 0.17 \\ 0.40 & 0.94 & 1 & 0.15 \\ 0.43 & 0.17 & 0.15 & 1 \end{bmatrix}$$

$D(X_1) = 4$，$D(X_2) = 9$，$D(X_3) = 16$，$D(X_4) = 25$，求 X_1，X_2，X_3，X_4 之间的协方差阵。

综合自测题 4

一、单选题

1. 下列能刻画随机变量离散程度的特征是（   ）
   A. 期望   B. 方差   C. 协方差   D. 相关系数

2. 泊松分布 $P(\lambda)$ 的期望是（   ）
   A. λ B. λ^2 C. $\dfrac{1}{\lambda}$ D. $\dfrac{1}{\lambda^2}$

3. 正态分布中，变量取值落在期望 ± 2 个标准差的概率约为（   ）
   A. 0.6826   B. 0.8889   C. 0.9544   D. 0.9974

4. 正态分布 $U(1.5)$ 的方差是（   ）
   A. 1   B. $\dfrac{4}{3}$ C. 3   D. 5

5. 随机变量 X、Y 相互独立，且 $D(X)=100$，$D(Y)=64$，则 $D(X-Y)=$（　　）

　　A. 6　　　　　　　　B. 10　　　　　　　　C. 36　　　　　　　　D. 164

6. 设 X 的期望 $E(X)=2$，方差 $D(X)=4$，则 $E(X^2)=$（　　）

　　A. 5　　　　　　　　B. 6　　　　　　　　C. 7　　　　　　　　D. 8

7. 设 $X \sim B(n, p)$，已知 $E(X)=1.6$，$D(X)=1.28$，则 n 和 p 分别是（　　）

　　A. $n=7$，$p=0.1$　　　　　　　　B. $n=7$，$p=0.2$

　　C. $n=8$，$p=0.1$　　　　　　　　D. $n=8$，$p=0.2$

8. 设 $X \sim P(\lambda)$ 的泊松分布，且 $P(X=1)=P(X=2)$，则 $E(X)$ 和 $D(X)$ 分别是（　　）

　　A. $E(X)=1$，$D(X)=1$　　　　　　　　B. $E(X)=1$，$D(X)=2$

　　C. $E(X)=2$，$D(X)=2$　　　　　　　　D. $E(X)=2$，$D(X)=1$

9. 已知 $D(X)=4$，$D(Y)=9$，$\text{Cov}(X, Y)=3$，则 $\rho_{XY}=$（　　）

　　A. $\dfrac{1}{12}$　　　　　B. $\dfrac{1}{9}$　　　　　C. $\dfrac{1}{6}$　　　　　D. $\dfrac{1}{2}$

10. 设随机变量 $X \sim N(2, 25)$，$Y \sim N(3, 16)$，已知 $E(XY)=10$，则 X 与 Y 的相关系数 $\rho_{XY}=$（　　）

　　A. -0.2　　　　B. -0.16　　　　C. 0.16　　　　D. 0.2

11. 设随机变量 X 服从参数为 0.5 的泊松分布，则 $E(6X+2)=$（　　）

　　A. 5　　　　　　　　B. 4　　　　　　　　C. 3　　　　　　　　D. 2

12. 已知随机变量 XY 相互独立，则它们的协方差和相关系数分别为（　　）

　　A. 协方差为 1，相关系数为 0　　　　　　B. 均为 1

　　C. 协方差为 0，相关系数为 1　　　　　　D. 均为 0

二、填空题

1. $D(X-Y)=$ _____。

2. 设随机变量 X 的概率密度函数为 $f(x)=\begin{cases} 5, & 0<x<0.2 \\ 0, & \text{其他} \end{cases}$，则 $E(X)=$ _____，$D(X)=$ _____。

3. 设随机变量 X 的概率密度函数为 $f(x)=\begin{cases} \dfrac{x^3}{4}, & 0<x<2 \\ 0, & \text{其他} \end{cases}$，则 $E(X)=$ _____，$D(X)=$ _____。

4. 二维离散型随机向量 (X, Y) 的分布列为：

(X, Y)	$(1, 0)$	$(1, 1)$	$(2, 0)$	$(2, 1)$
P	0.4	0.3	a	b

若 $E(XY)=0.7$，则 $a=$ _____。

三、计算题

1. 随机变量 X 的概率分布如下表所示：

X	1	3	5	7	9
p	0.1	0.15	0.5	0.15	0.1

求 X 的期望 $E(X)$ 和方差 $D(X)$。

2. 随机变量 X 的概率密度函数为：$f(x) = \begin{cases} 2-2x, & 0 \leqslant x \leqslant 1 \\ 0, & \text{其他} \end{cases}$，求 X 的期望 $E(X)$ 和方差 $D(X)$。

3. 随机向量 (X, Y) 的概率密度函数为

$$f(x, y) = \begin{cases} \dfrac{6-3x^2-3y^2}{4}, & 0 \leqslant x \leqslant 1, \ 0 \leqslant y \leqslant 1 \\ 0, & \text{其他} \end{cases}$$

求 $\mathrm{Cov}(X, Y)$ 和 ρ_{XY}。

第5章　大数定律与中心极限定理

案例引导——蒲丰投针：神奇的圆周率

1777 年的一天，法国数学家蒲丰邀请许多朋友到家里做客。在大家畅谈的间隙，蒲丰在桌子上铺好一张大白纸，在白纸上画满一条一条平行线，且每条线之间都保持着相同的距离 a。之后蒲丰又拿出很多长短一样的小针，每个小针的长度 b 都是纸上平行线距离的二分之一（$b = a/2$）。接着，蒲丰说："请大家把这些小针一根一根地往这张白纸上随便扔吧！"客人们你看看我，我看看你，谁也弄不清楚他要干什么，但还是把小针一根一根地往白纸上乱扔，扔完了又把针捡起来再扔。在朋友们扔的时候，蒲丰在一旁全神贯注地记录着。等到大家都扔完了，蒲丰告诉大家所统计的结果是：大家共掷 2212 次，其中小针与纸上平行线相交 704 次，他做了一个除法：$2212 \div 704 = 3.142$。蒲丰说："诸位，这个数是圆周率的近似值。"客人们觉得十分奇怪：这样乱扔和圆周率怎么会有关系呢？蒲丰解释说："大家怀疑这个实验？你们还可以继续再做，每次实验都会得到圆周率的近似值，而且随着投掷次数的增加，所求出的圆周率就会更准确地接近于 π 的数值。"这就是著名的"蒲丰投针实验"。

看似很随意的一次次投针实验，为什么最后会得到如此漂亮的结果呢？其中蕴藏着概率的奥秘——大数定律。这就是本章所要讨论的重要内容之一。

在第 1 章中已经指出：人们在长期实践中发现，虽然随机试验的某个结果在一次试验中可能出现也可能不出现，但是在大量重复试验中却呈现出明显的规律性，即一个随机事件 A 出现的频率在某个"固定数"附近摆动，这就是频率稳定性，而这个"固定数"，就是随机事件 A 在一次试验中发生的概率。关于这一点，一直未给予理论上的说明。而且，讨论频率的极限是理解概率论中最基本的概念——概率所不可缺少的，正因如此，在概率论的发展史上，极限定理的研究一直占据着重要地位。在概率论中，有一类重要的极限定理由"频率收敛于概率"引申而来，即"大数定律"。

在数学中还有这样的现象：有时候一个有限和很难求，但将其取极限由有限过渡到无限，则反而易求。在概率论中也存在类似情形，除一些特例以外，n 个随机变量之和算起来很复杂，而在很一般的情况下，该和的极限分布就是正态分布，这一事实增加了正态分布的重要性。在概率论上，习惯于把和的分布收敛于正态分布的那一类定理称为"中心极限定理"。

大数定律和中心极限定理是概率论的重要基本理论，它们揭示了随机现象的重要统计规律，在概率论与数理统计的理论研究和实际应用中都具有重要的意义，两者解决的情况是不一样的，大数定律解决的是：在什么样的条件下，n 个随机变量的平均值将稳定于期望值；中心极限定理解决的是：在什么样的条件下，n 个随机变量之和的近似分布是一个正态分布。

本章讨论大数定律和中心极限定理。首先，将介绍随机变量序列的各种不同收敛性、切比雪夫不等式和几个大数定律，然后，在此基础上，介绍几个常见的中心极限定理。

5.1 随机变量序列及其收敛性

第 2 章和第 3 章分别讨论了随机变量、随机向量的概率分布，涵盖了从一维到多维随机变量的内容，只从空间维度或者时间维度进行了阐述，但在实践中，许多随机试验的结果同时涉及空间维度和时间维度两个因素，随机向量不能满足其描述需求，往往需要用随机变量序列来进行描述。例如，物理学里考察多个布朗粒子的运动过程时，每一个布朗粒子的运动可用一个随机变量进行描述；考察河流发生首次洪水的日期，每年的首次洪水暴发日期可用一个随机变量来描述；诸如此类的还有传染病的流行过程、股票价格的变动等。随机变量序列是由随机变量组成的数列，它在概率论和统计学中都具有十分重要的地位。

定义 5.1.1 称随机变量的序列 $\{X_n\} = \{X_1, X_2, \cdots\}$ 为随机变量序列，也称随机数列、随机序列。

随机变量序列具有两个特点：其一，序列中的每个变量都是随机的；其二，序列本身就是随机的。

定义 5.1.2 设 $X_1, X_2, \cdots, X_n, \cdots$ 为一个随机变量序列 $\{X_n\}$，若对任何 $n \geq 2$，随机变量 $X_1, X_2, \cdots, X_n$ 之间都相互独立，则称 $\{X_n\}$ 是相互独立的随机变量序列。

概率论中的极限定理研究的是随机变量序列的某种收敛性，对随机变量序列收敛性的不同定义将导出不同的极限定理，下面将讨论随机变量序列的各种不同的收敛性。

定义 5.1.3 设随机变量 X 有分布函数 $F(x)$，X_n 有分布函数 $F_n(x)$。如果在 $F(x)$ 的连续点 x，有

$$\lim_{n \to \infty} F_n(x) = F(x)$$

则称 X_n 依分布收敛于 X，记作 $X_n \overset{d}{\longrightarrow} X$；或等价地称 F_n 弱收敛到 F，记作 $F_n \overset{w}{\longrightarrow} F$。

这里依分布收敛意指分布函数的收敛。容易看出，如果 X_n 依分布收敛到 X，则对 F 的任何连续点 $a, b (a < b)$，有

$$P(a < X_n \leq b) = F_n(b) - F_n(a) \to P(a < X \leq b)$$

于是对较大的 n，可以用 X 的分布近似 X_n 的分布。

定义 5.1.4 设 $\{X_n\}$ 是一个随机变量序列，X 是随机变量。如果对于任意给定的正数 ε，有

$$\lim_{n \to \infty} P\{|X_n - X| < \varepsilon\} = 1$$

则称随机变量序列 $\{X_n\}$ 依概率收敛于 X，记为 $X_n \overset{P}{\longrightarrow} X$。也就是说，对充分大的 n，X_n 以很大的概率充分靠近 X。若 a 是一个常数，对于任意给定的正数 ε，有

$$\lim_{n \to \infty} P\{|X_n - a| < \varepsilon\} = 1$$

则称随机变量序列 $\{X_n\}$ 依概率收敛于 a，记为 $X_n \xrightarrow{P} a$。

推论 5.1.1 设 n_A 是 n 次独立重复试验中事件 A 发生的次数，p 是事件 A 在每次试验中发生的概率，则频率 $\dfrac{n_A}{n}$ 依概率收敛于概率 p。

依概率收敛的随机变量序列具有以下性质

设 $X_n \xrightarrow{P} a$，$Y_n \xrightarrow{P} b$，函数 $g(x, y)$ 在 (a, b) 处连续，则 $g(X_n, Y_n) \xrightarrow{P} g(a, b)$。

定理 5.1.1 若随机变量序列 $\{X_n\}$ 依概率收敛，则其依分布收敛，即 $X_n \xrightarrow{P} X \Rightarrow X_n \xrightarrow{d} X$

证明： 设 a，b 为常数，且 $a < b$，则有
$$\{X < a\} = \{X_n < b, X < a\} + \{X_n \geqslant b, X < a\} \subset \{X_n < b\} + \{X_n \geqslant b, X < a\}$$
所以有
$$F(a) \leqslant F_n(b) + P\{X_n \geqslant b, X < a\}$$
如果 $\{X_n\}$ 依概率收敛于 X，则
$$P\{X_n \geqslant b, X < a\} \leqslant P\{|X_n - X| \geqslant b - a\} \to 0$$
因而有
$$F(a) \leqslant \underline{\lim_{n \to \infty}} F_n(b) \quad (\underline{\lim} \text{表示下极限})$$
同理可证，对任意常数 $c > b$，有
$$\overline{\lim_{n \to \infty}} F_n(b) \leqslant F(c) \quad (\overline{\lim} \text{表示上极限})$$
所以对 $a < b < c$，有
$$F(a) \leqslant \underline{\lim_{n \to \infty}} F_n(b) \leqslant \overline{\lim_{n \to \infty}} F_n(b) \leqslant F(c)$$
如果 b 是 $F(x)$ 的连续点，则令 a，c 趋于 b 可得
$$\lim_{n \to \infty} F_n(b) = F(b)$$

切比雪夫（Chebyshev，1821—1894，俄国数学家）不等式

切比雪夫不等式：设随机变量 X 的数学期望 $E(X)$ 与方差 $D(X)$ 存在，则对于任何正数 ε，下列不等式成立：
$$P(|X - E(X)| \geqslant \varepsilon) \leqslant \frac{D(X)}{\varepsilon^2}$$
或
$$P(|X - E(X)| < \varepsilon) \geqslant 1 - \frac{D(X)}{\varepsilon^2}$$

证明： 只对 X 是连续型情况加以证明。设 X 的概率密度函数为 $f(x)$，则有
$$\begin{aligned} P(|X - E(X)| \geqslant \varepsilon) &= \int_{|X-E(X)| \geqslant \varepsilon} f(x)\,\mathrm{d}x \\ &\leqslant \int_{|X-E(X)| \geqslant \varepsilon} \frac{|X - E(X)|^2}{\varepsilon^2} f(x)\,\mathrm{d}x \\ &\leqslant \frac{1}{\varepsilon^2} \int_{-\infty}^{+\infty} |X - E(X)|^2 f(x)\,\mathrm{d}x = \frac{D(X)}{\varepsilon^2} \end{aligned}$$

切比雪夫不等式说明：方差 $D(X)$ 越小，则概率 $P(|X-E(X)|<\varepsilon)$ 越大，$P(|X-E(X)|\geq\varepsilon)$ 越小，也就是说，方差很小时，随机变量 X 取值基本上集中在 $E(X)$ 附近，这进一步说明了方差的意义。

当 $E(X)$ 和 $D(X)$ 已知时，切比雪夫不等式给出了概率 $P(|X-E(X)|\geq\varepsilon)$ 的一个上界，该上界并不涉及随机变量 X 的具体概率分布，而只与其方差 $D(X)$ 和 ε 有关，因此，切比雪夫不等式在理论和实际中都有相当广泛的应用。需要指出的是，虽然切比雪夫不等式应用广泛，但在一个具体问题中，由它给出的概率上界通常比较保守。

马尔可夫（Markov，1856—1922，俄国数学家）不等式

马尔可夫不等式：对随机变量 X 和任意正数 ε，有

$$P(|X|\geq\varepsilon)\leq\frac{1}{\varepsilon^a}E(|X|^a),\ (a>0)$$

证明： 设 $I[A]$ 表示事件 A 的示性函数。已知若随机变量 $X_1\leq X_2$，则 $E(X_1)\leq E(X_2)$。故对任意正数 a，有

$$P(|X|\geq\varepsilon)=E\{I[|X|\geq\varepsilon]\}$$

$$\leq E\left\{\frac{|X|^a}{\varepsilon^a}I[|X|\geq\varepsilon]\right\}\leq E\left\{\frac{|X|^a}{\varepsilon^a}\right\}=\frac{1}{\varepsilon^a}E\{|X|^a\}$$

若取 $a=2$，用 $X-E(X)$ 代替 X 就得到切比雪夫不等式。

定理 5.1.2 设随机序列 $\{X_n\}$ 中的随机变量互不相关，即 $\mathrm{Cov}(X_i,X_j)=0(i\neq j)$。如果有

$$E(X_i)=\mu_i,\ D(X_i)\leq c,\ i=1,\ 2,\ \cdots$$

其中 c 是常数，则有

$$\frac{1}{n}\sum_{i=1}^{n}(X_i-\mu_i)\xrightarrow{P}0$$

特别当 $\{X_n\}$ 有相同的数学期望 $\mu=\mu_i$ 时，有

$$\frac{1}{n}\sum_{i=1}^{n}X_i\xrightarrow{P}\mu$$

证明： 记 $S_n=X_1+X_2+\cdots+X_n$，根据马尔可夫不等式有

$$P\left(\left|\frac{1}{n}\sum_{i=1}^{n}(X_i-\mu_i)\right|\geq\varepsilon\right)=P(|S_n-E(S_n)|\geq n\varepsilon)$$

$$\leq\frac{1}{n^2\varepsilon^2}D(S_n)=\frac{1}{n^2\varepsilon^2}\sum_{i=1}^{n}D(X_i)$$

$$\leq\frac{1}{n\varepsilon^2}c\to0,\quad n\to+\infty$$

故 $\frac{1}{n}\sum_{i=1}^{n}(X_i-\mu_i)\xrightarrow{P}0$。当 $\{X_n\}$ 有相同的数学期望即 $\mu_i=\mu$ 时，$\frac{1}{n}\sum_{i=1}^{n}X_i\xrightarrow{P}\mu$。

定义 5.1.5 设对随机变量 X_n 及 X 有 $E|X_n|^r<\infty$，$E|X|^r<\infty$，其中 $r>0$ 为常数，如果

$$\lim_{n\to\infty}E|X_n-X|^r=0$$

则称随机变量序列 $\{X_n\}$ r 阶收敛于 X，并记为 $X_n \xrightarrow{r} X$。

例 5.1.1 设 X 的期望为 a，方差为 σ^2，证明：$P(|X-a|<3\sigma) \geqslant \dfrac{8}{9}$。

证明： 取 $\varepsilon = 3\sigma$，利用切比雪夫不等式

$$P(|X-E(X)|<3\sigma) = P(|X-a|<3\sigma) \geqslant 1 - \frac{D(X)}{(3\sigma)^2} = \frac{8}{9}$$

例 5.1.2 设每次试验中事件 A 发生的概率为 0.75，试用切比雪夫不等式估计，n 多大时，才能使得在 n 次独立重复试验中，事件 A 发生的频率介于 $0.74 \sim 0.76$ 的概率大于 0.90？

解： 设 X 表示 n 次独立重复试验中事件 A 发生的次数，则 $X \sim B(n, 0.75)$，$E(X) = 0.75n$，$D(X) = 0.1875n$，求 n，使

$$P\left(0.74 < \frac{X}{n} < 0.76\right) \geqslant 0.90$$

即

$$P(0.74n < X < 0.76n) \geqslant 0.90$$

亦即

$$P(|X-0.75n|<0.01n) \geqslant 0.90$$

由切比雪夫不等式，$\varepsilon = 0.01n$，故

$$P(|X-0.75n|<0.01n) \geqslant 1 - \frac{0.1875n}{(0.01n)^2}$$

令 $1 - \dfrac{0.1875n}{(0.01n)^2} \geqslant 0.90$，得 $n \geqslant 18750$。

定理 5.1.3 若随机变量序列 $\{X_n\}$ r 阶收敛，则其依概率收敛，即 $X_n \xrightarrow{r} X \Rightarrow X_n \xrightarrow{P} X$。

证明： 若记 $X_n - X$ 的分布函数为 $F(x)$，依照切比雪夫不等式的证明可得

$$P\{|X_n - X| \geqslant \varepsilon\} = \int_{|x|\geqslant\varepsilon} dF(x)$$

$$\leqslant \int_{|x|\geqslant\varepsilon} \frac{|x|^r}{\varepsilon^r} dF(x) \leqslant \frac{1}{\varepsilon^r}\int_{-\infty}^{\infty} |x|^r dF(x) = \frac{E|X_n - X|^r}{\varepsilon^r}$$

即，对任意 $\varepsilon > 0$，有

$$P(|X_n - X| \geqslant \varepsilon) \leqslant \frac{E|X_n - X|^r}{\varepsilon^r}$$

又因为随机变量序列 $\{X_n\}$ r 阶收敛于 X，有 $\lim\limits_{n\to\infty} E|X_n - X|^r = 0$，故 $\lim\limits_{n\to\infty} P(|X_n - X| \geqslant \varepsilon) = 0$，即随机变量序列 $\{X_n\}$ 依概率收敛于 X。

定义 5.1.6 如果

$$P\{\lim_{n\to\infty} X_n = X\} = 1$$

则称随机变量序列 $\{X_n\}$ 以概率 1 收敛于 X，又称 $\{X_n\}$ 几乎处处收敛于 X，记为 $X_n \xrightarrow{a.s.} X$。

定理 5.1.4 若随机变量序列 $\{X_n\}$ 几乎处处收敛，则其依概率收敛，即 $X_n \xrightarrow{a.s.} X \Rightarrow X_n \xrightarrow{P} X$。

以概率 1 收敛（几乎处处收敛）是概率论中较强的一种收敛性，由它可推出依概率收敛，但不能推出 r 阶收敛，证明过程可参见有关书籍。

5.2 大数定律

第 1 章曾经讲过，大量试验证明，随机事件 A 发生的频率 $f_n(A)$ 当重复试验次数 n 增大时总会呈现出稳定性，稳定在某一个常数附近。频率的稳定性是概率定义的客观基础。本节将对频率的稳定性作出理论说明。

迄今为止，人们已发现很多大数定律（laws of large numbers）。所谓大数定律，简单地说，就是大量数目的随机变量所呈现出的规律，这种规律一般用随机变量序列的某种收敛性来刻画。本节仅介绍几个最基本的大数定律。

5.2.1 切比雪夫大数定律

定理 5.2.1 切比雪夫大数定律：设 X_1，X_2，$\cdots$，X_n，$\cdots$ 为不相关的随机变量序列，数学期望 $E(X_i)$ 和方差 $D(X_i)$ 存在，且存在常数 $C > 0$，使得 $D(X_i) \leqslant C(i = 1, 2, \cdots, n)$，则对于任意给定的 $\varepsilon > 0$，有

$$\lim_{n \to \infty} P\left\{ \left| \frac{1}{n}\sum_{i=1}^{n} X_i - \frac{1}{n}\sum_{i=1}^{n} E(X_i) \right| < \varepsilon \right\} = 1$$

证明： 因为 X_1，X_2，$\cdots$，X_n 为两两独立，故

$$D\left(\frac{1}{n}\sum_{i=1}^{n} X_i \right) = \frac{1}{n^2}\sum_{i=1}^{n} D(X_i) \leqslant \frac{C}{n}$$

再由切比雪夫不等式可得

$$P\left\{ \left| \frac{1}{n}\sum_{i=1}^{n} X_i - \frac{1}{n}\sum_{i=1}^{n} E(X_i) \right| < \varepsilon \right\} \geqslant 1 - \frac{D\left(\dfrac{1}{n}\sum_{i=1}^{n} X_i \right)}{\varepsilon^2} \geqslant 1 - \frac{C}{n\varepsilon^2}$$

所以

$$\lim_{n \to \infty}\left(1 - \frac{C}{n\varepsilon^2} \right) \leqslant \lim_{n \to \infty} P\left\{ \left| \frac{1}{n}\sum_{i=1}^{n} X_i - \frac{1}{n}\sum_{i=1}^{n} E(X_i) \right| < \varepsilon \right\} \leqslant 1$$

于是，当 $n \to \infty$ 时有结论成立，因此定理得证。

这个结果在 1866 年被俄国数学家切比雪夫所证明，它是关于大数定律的一个相当普遍的结论，许多大数定律的古典结果都是它的特例。定理的意义在于：具有相同数学期望和方差的独立随机变量序列的算术平均值依概率收敛于数学期望。即

$$\frac{1}{n}\sum_{i=1}^{n} X_i - \frac{1}{n}\sum_{i=1}^{n} E(X_i) \xrightarrow{P} 0 (n \to \infty)$$

当 n 足够大时，算术平均值几乎就是一个常数，可以用算术平均值近似地代替数

学期望。

　　推论 5.2.1（切比雪夫大数定律的特殊形式）　设随机变量 X_1，X_2，$\cdots$，X_n 相互独立，具有相同的期望 $E(X_i) = \mu$ 和相同的方差 $D(X_i) = \sigma^2 (i = 1, 2, \cdots)$，则对于任意给定的 $\varepsilon > 0$，有

$$\lim_{n \to \infty} P\left\{ \left| \frac{1}{n} \sum_{i=1}^{n} X_i - \mu \right| < \varepsilon \right\} = 1$$

　　推论 5.2.1 表明：随着 n 的增大，独立随机变量序列 X_1，X_2，$\cdots$，X_n 的平均数收敛于它们共同的期望 μ，即与 μ 的偏离不超过 ε。

　　通俗地说，在定理条件下，当 n 无限增加时，n 个随机变量的算术平均值差不多不再是随机变量，几乎变成一个常数——共同的期望 μ。

5.2.2　伯努利（Bernouli，1654—1705，瑞士数学家）大数定律

　　定理 5.2.2　伯努利大数定律：设 n_A 是在 n 次独立重复试验中事件 A 发生的次数，p 是事件 A 在每次试验中发生的概率，则对于任意给定的 $\varepsilon > 0$，有

$$\lim_{n \to \infty} P\left\{ \left| \frac{n_A}{n} - p \right| < \varepsilon \right\} = 1$$

　　证明：因为二项分布变量 n_A 可以分解为 n 个相互独立的同一 $0-1$ 分布随机变量 X_1，X_2，$\cdots$，X_n 之和，即有 $n_A = \sum_{i=1}^{n} X_i$，其中 $X_i(i = 1, 2, \cdots)$ 的分布律为

$$P(X_i = k) = p^k (1-p)^{1-k}, \ k = 0, 1$$

$$E(X_i) = p, \ D(X_i) = p(1-p) \leqslant \frac{1}{4}$$

而

$$\frac{1}{n} \sum_{i=1}^{n} X_i - \frac{1}{n} \sum_{i=1}^{n} E(X_i) = \frac{n_A}{n} - p$$

故由切比雪夫大数定律立刻推出伯努利大数定律。

　　这是历史上最早的大数定律，发表于伯努利巨著《猜度术》一书中，该书出版于伯努利逝世 8 年后的 1713 年。概率论的研究到现在有 300 多年的历史，最终以事件的频率稳定值来定义其概率。作为概率这门学科的基础，其"定义"的合理性这一悬而未决的带根本性的问题，由伯努利大数定律给予了解决。之所以称为"定律"，是因为这一规律表述了一种全人类多年的集体经验。因此，此后的类似定理被统称为"大数定律"。

　　伯努利大数定律表明：当 n 很大时，事件发生的频率与概率有较大偏差的可能性很小。在实际应用中，当试验次数很大时，便可以用事件发生的频率来代替事件的概率。

　　推论 5.2.1 使关于算术平均值的法则有了理论上的依据。如要测量某段距离，在相同条件下重复进行 n 次，得 n 个测量值 X_1，X_2，$\cdots$，X_n，可以把它们看成是 n 个相互独立的随机变量，具有相同的分布、相同的数学期望 μ 和方差 σ^2，由推论 5.2.1 的

大数定律可知，只要 n 充分大，则以接近于 1 的概率保证 $\mu \approx \dfrac{1}{n}\sum\limits_{i=1}^{n}X_i$。这便是在 n 较大情况下反映出的客观规律，故称为"大数"定律。

比推论 5.2.1 条件更宽的一个大数定律是辛钦大数定律，它不需要推论 5.2.1 条件中"方差 σ^2 存在"的限制，而在其他条件不变的情况下，仍有切比雪夫式的结论。

5.2.3 辛钦（Khinchin，1894—1959，苏联数学家）大数定律

定理 5.2.3 辛钦大数定律：设随机变量 X_1，X_2，$\cdots$，X_n，$\cdots$ 相互独立，服从相同的分布，且具有期望 $E(X_i) = \mu\,(i = 1,\ 2,\ \cdots,\ n,\ \cdots)$，则对于任意给定的正数 ε，有

$$\lim_{n\to\infty}P\left\{\left|\frac{1}{n}\sum_{i=1}^{n}X_i - \mu\right| < \varepsilon\right\} = 1$$

证明： 只在随机变量的方差 $D(X_i) = \sigma^2$ 存在这一条件下证明上述结果。因为

$$E\left(\frac{1}{n}\sum_{i=1}^{n}X_i\right) = \frac{1}{n}\sum_{i=1}^{n}E(X_i) = \frac{1}{n}(n\mu) = \mu$$

$$D\left(\frac{1}{n}\sum_{i=1}^{n}X_i\right) = \frac{1}{n^2}\sum_{i=1}^{n}D(X_i) = \frac{1}{n^2}(n\sigma^2) = \frac{\sigma^2}{n}$$

由切比雪夫不等式得

$$1 \geqslant P\left\{\left|\frac{1}{n}\sum_{i=1}^{n}X_i - \mu\right| < \varepsilon\right\} \geqslant 1 - \frac{\sigma^2/n}{\varepsilon^2}$$

在上式中令 $n\to\infty$，即得

$$\lim_{n\to\infty}P\left\{\left|\frac{1}{n}\sum_{i=1}^{n}X_i - \mu\right| < \varepsilon\right\} = 1$$

辛钦大数定律表明：对于独立同分布且具有均值 μ 的随机变量 X_1，X_2，$\cdots$，X_n，当 n 很大时，它们的算术平均数 $\dfrac{1}{n}\sum\limits_{i=1}^{n}X_i$ 很可能接近于 μ。

依概率收敛意义下的大数定律称为弱大数定律（weak law of large numbers），比如切比雪夫大数定律、伯努利大数定律、辛钦大数定律等统称为弱大数定律，定理 5.1.2 也称为弱大数定律。若把收敛性要求提高为以概率 1 收敛，则得到的大数定律称为强大数定律（strong law of large numbers）。由定理 5.1.4 可知，若强大数定律成立，则通常的大数定律也一定成立，反之则不然。

5.2.4 博雷尔（Borel，1871—1956，法国数学家）强大数定律

定理 5.2.4 博雷尔强大数定律：设 X_1，X_2，$\cdots$，X_n，$\cdots$ 独立同分布，$E(X_i) = \mu$，$E(X_i^4) < +\infty$。则

$$\frac{1}{n}\sum_{i=1}^{n}X_i \xrightarrow{a.s.} \mu$$

5.2.5　科尔莫哥洛夫（Kolmogrov，1903—1987，苏联数学家）强大数定律

定理 5.2.5　科尔莫哥洛夫强大数定律：设 X_1，X_2，$\cdots$，X_n，$\cdots$ 相互独立，满足

$$\sum_{n=1}^{\infty} \frac{D(X_n)}{n^2} < +\infty$$

则

$$\frac{1}{n} \sum_{k=1}^{n} \{X_k - E(X_k)\} \xrightarrow{a.s.} 0, \ n \to \infty$$

科尔莫哥洛夫强大数定律取消了同分布的假定，推广了博雷尔强大数定律。强大数定律蕴含弱大数定律，是许多数理统计方法的理论基础。

例 5.2.1　设事件 A_1，A_2，$\cdots$ 相互独立，$P(A_i) = p$，$i = 1$，2，$\cdots$，其中 p 为任意小的正数。试证明：在多次独立重复试验过程中，小概率事件必然发生。

证明：令事件 A_i 的示性函数为

$$I[A_i] = \begin{cases} 1, & \text{事件 } A_i \text{ 发生} \\ 0, & \text{事件 } A_i \text{ 不发生} \end{cases}$$

则 $I[A_i]$（$i = 1$，2，$\cdots$）独立同分布，且 $E\{I[A_i]\} = p$，$E\{I[A_i]^4\} < +\infty$。由强大数定律可得：当 $n \to +\infty$ 时

$$\frac{1}{n} \sum_{i=1}^{n} I[A_i] \xrightarrow{a.s.} p$$

所以

$$\sum_{i=1}^{\infty} I[A_i] \xrightarrow{a.s.} \infty$$

表明有无穷个 A_i 发生的概率是 1。在多次独立重复试验过程中，小概率事件必然发生。

由此可见，生活中诸如彩票中特等奖、飞机发生事故等小概率事件在多次独立重复试验中是会发生的。

5.3　中心极限定理

人们已经知道，在自然界和生产实践中遇到的大量随机变量都服从或近似服从正态分布，正因如此，正态分布占有特别重要的地位。那么，如何判断一个随机变量服从正态分布显得尤为重要。在客观实际中有许多随机变量，它们是由大量相互独立的随机因素综合影响所形成的。而其中每一个别因素在总的影响中所起的作用都是微小的。这种随机变量往往近似地服从正态分布，这种现象就是中心极限定理的客观背景。

如经过长期的观测，人们已经知道，很多工程测量中产生的误差 X 都是服从正态分布的随机变量。分析起来，造成误差的原因有仪器偏差 X_1、大气折射偏差 X_2、温度变化偏差 X_3、估读误差造成的偏差 X_4 等，这些偏差 X_i 对总误差 $X = \sum X_i$ 的影响都很微小，没有一个产生特别突出的影响，虽然每个 X_i 的分布并不知道，但 $X = \sum X_i$ 服

从正态分布。类似的例子不胜枚举。

设 $\{X_n\}$ 为一随机变量序列，其标准化随机变量

$$Y_n = \frac{\sum_{i=1}^{n} X_i - E\left(\sum_{i=1}^{n} X_i\right)}{\sqrt{D\left(\sum_{i=1}^{n} X_i\right)}}$$

在什么条件下，$\lim_{n\to\infty} P\{Y_n \leqslant x\} = \Phi(x)$，是 18 世纪以来概率论研究的中心课题，习惯上把研究随机变量和的分布收敛到正态分布的这类定理称为中心极限定理（central limit theorems）。

5.3.1　林德伯格—莱维中心极限定理

定理 5.3.1　林德伯格—莱维（Lindburg，1876—1932，芬兰数学家；Levy，1886—1971，法国数学家）中心极限定理：设随机变量 X_1，X_2，$\cdots$，X_n，$\cdots$相互独立，服从相同的分布，具有数学期望 $E(X_i) = \mu$ 和方差 $D(X_i) = \sigma^2 \neq 0$，$i = 1$，2，$\cdots$，则对于任意实数 x，有

$$\lim_{n\to\infty} P\left\{\frac{\sum_{i=1}^{n} X_i - n\mu}{\sigma \cdot \sqrt{n}} \leqslant x\right\} = \int_{-\infty}^{x} \frac{1}{\sqrt{2\pi}} e^{-\frac{t^2}{2}} dt = \Phi(x)$$

或

$$\lim_{n\to\infty} P\left\{\frac{\frac{1}{n}\sum_{i=1}^{n} X_i - \mu}{\sigma/\sqrt{n}} \leqslant x\right\} = \Phi(x)$$

定理 5.3.1 的证明是 20 世纪 20 年代由林德伯格和莱维给出的，其证明需要更多的数学工具，这里省略。这个定理表明：对独立同分布的随机变量序列，只要其共同分布的方差存在，且不为零，就可以使用该定理的结论。定理 5.3.1 表明，在定理的条件下及 n 充分大时，随机变量 $\left(\sum_{i=1}^{n} X_i - n\mu\right)/\sqrt{n}\sigma$ 近似服从标准正态分布 $N(0,1)$，而当 n 很小时，此种近似不能用。在概率论中，常把只在 n 充分大时才具有的近似性质称为渐近性质，而在统计中称为大样本性质。这样定理 5.3.1 的结论可叙述为：$\left(\sum_{i=1}^{n} X_i - n\mu\right)/\sqrt{n}\sigma$ 渐近服从标准正态分布 $N(0,1)$，或者说 $\left(\sum_{i=1}^{n} X_i - n\mu\right)/\sqrt{n}\sigma$ 的渐近分布是标准正态分布 $N(0,1)$，记为

$$\frac{\sum_{i=1}^{n} X_i - n\mu}{\sqrt{n}\sigma} \underset{n\to\infty}{\overset{\cdot}{\sim}} N(0,1) \quad (\overset{\cdot}{\sim}\text{表示近似服从})$$

这种符号表明，$\left(\sum_{i=1}^{n} X_i - n\mu\right)/\sqrt{n}\sigma$ 的真实分布不是 $N(0,1)$，只是在 n 充分大时 $\left(\sum_{i=1}^{n} X_i - n\mu\right)/\sqrt{n}\sigma$ 的真实分布与 $N(0,1)$ 近似，并且 n 愈大，此种近似程度愈好，所

以只有在 n 较大时，可用 $N(0，1)$ 近似计算与 $\left(\sum\limits_{i=1}^{n} X_i - n\mu\right)/\sqrt{n}\sigma$ 有关事件的概率，而 n 较小时，此种计算的近似程度是得不到保障的。

当上式成立时，由其表达式不难获得 $\sum\limits_{i=1}^{n} X_i$ 近似服从正态分布 $N(n\mu，n\sigma^2)$。

将上式左端改写成

$$\frac{\dfrac{1}{n}\sum\limits_{i=1}^{n} X_i - \mu}{\sigma/\sqrt{n}} = \frac{\bar{x} - \mu}{\sigma/\sqrt{n}}$$

这样，上述结果可写成：当 n 充分大时，

$$\frac{\bar{x} - \mu}{\sigma/\sqrt{n}} \sim N(0，1) \quad \text{或} \quad \bar{x} \sim N\left(\mu，\frac{\sigma^2}{n}\right)$$

这是林德伯格—莱维中心极限定理的另外一种形式，也是数理统计中大样本统计推断的基础。

例 5.3.1　某餐厅每天接待 400 名顾客，设每位顾客的消费额（元）服从（20，100）上的均匀分布，且顾客的消费额是相互独立的。试求：（1）该餐厅每天的平均营业额；（2）该餐厅每天的营业额在平均营业额 ±760 元内的概率。

解：（1）由题可知：每位顾客的消费额服从 $U(20，100)$，则每位顾客的平均消费额为 $(20+100)/2 = 60$（元），因此 400 名顾客的平均消费额即该餐厅每天的平均营业额为 $400 \times 60 = 24000$（元）。

（2）设 $X_i =$ 第 i 名顾客的消费额，$i = 1，2，\cdots，400$。由题可知：$X_i \sim U(20，100)$（$i = 1，2，\cdots，400$）

$$E(X_i) = \frac{20+100}{2} = 60，\quad D(X_i) = \frac{(100-20)^2}{12} = \frac{1600}{3} \quad (i = 1，2，\cdots，400)$$

由定理 5.3.1 可知：随机变量

$$\sum_{i=1}^{400} X_i \sim N\left(60 \times 400，400 \times \frac{1600}{3}\right) = N\left(24000，\frac{640000}{3}\right)$$

$$P\left(23240 \leqslant \sum_{i=1}^{400} X_i \leqslant 24760\right)$$

$$= P\left(\frac{23240 - 24000}{\sqrt{\dfrac{1600}{3}} \times 20} \leqslant \frac{\sum\limits_{i=1}^{400} X_i - 24000}{\sqrt{\dfrac{1600}{3}} \times 20} \leqslant \frac{24760 - 24000}{\sqrt{\dfrac{1600}{3}} \times 20}\right)$$

$$= \Phi\left(\frac{760}{800/\sqrt{3}}\right) - \Phi\left(-\frac{760}{800/\sqrt{3}}\right) = 2\Phi\left(\frac{760}{800/\sqrt{3}}\right) - 1 = 0.9$$

5.3.2　棣莫弗—拉普拉斯中心极限定理

定理 5.3.2　棣莫弗—拉普拉斯（De Moivre，1667—1754，法国数学家；Laplace，1749—1827，法国数学家）中心极限定理：设随机变量 Y_n 服从参数为 n，$p(0 < p < 1)$

的二项分布 $B(n, p)$，则对于任意实数 x，有

$$\lim_{n \to \infty} P\left(\frac{Y_n - np}{\sqrt{np(1-p)}} \leq x\right) = \frac{1}{\sqrt{2\pi}} \int_{-\infty}^{x} e^{-\frac{t^2}{2}} dt = \Phi(x)$$

证明：

$$Y_n = \sum_{i=1}^{n} X_i$$

其中 $X_i(i=1, 2, \cdots)$ 的分布律为

$$P(X_i = k) = p^k(1-p)^{1-k}, \quad k = 0, 1$$

由于 $E(X_i) = p$，$D(X_i) = p(1-p)$，$(i=1, 2, \cdots)$，由定理 5.3.1 得

$$\lim_{n \to \infty} P\left(\frac{Y_n - np}{\sqrt{np(1-p)}} \leq x\right) = \lim_{n \to \infty} P\left(\frac{\sum_{i=1}^{n} X_i - np}{\sqrt{np(1-p)}} \leq x\right) = \frac{1}{\sqrt{2\pi}} \int_{-\infty}^{x} e^{-\frac{t^2}{2}} dt = \Phi(x)$$

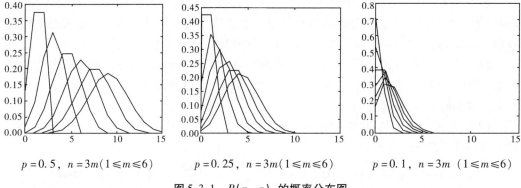

$p=0.5, \ n=3m(1 \leq m \leq 6)$ $p=0.25, \ n=3m(1 \leq m \leq 6)$ $p=0.1, \ n=3m \ (1 \leq m \leq 6)$

图 5.3.1 $B(n, p)$ 的概率分布图

图 5.3.1 中的三个图分别是 $p=0.5$，$p=0.25$，$p=0.1$ 时 $B(n, p)$ 的概率分布图，按最大值从高到低的参数 n 依次是 3，6，9，12，15，18，横坐标是 k，纵坐标是 $P(Y_n = k)$。从这些图中可以看出，p 越接近 0.5，Y_n 的分布接近于正态分布的速度越快。

这个定理是最早的中心极限定理。大约在 1733 年棣莫弗对 $p=1/2$ 证明了上述定理，后来拉普拉斯把它推广到 p 是任一个小于 1 的正数上去。

这个定理的实质是用正态分布对二项分布作近似计算，常称为"二项分布的正态近似"，它与"二项分布的泊松近似"都要求 n 很大，但在实际使用中为获得更好的近似，对 p 还是各有一个最佳适用范围。

当 p 很小，譬如 $p \leq 0.1$，而 np 不太大时用泊松近似；当 $np \geq 5$ 和 $n(1-p) \geq 5$ 都成立时用正态近似。

譬如，当 $n=25$，$p=0.4$ 时，$np=10$ 和 $n(1-p) = 15$ 都大于 5。这时用正态近似为好（见图 5.3.2a）；当 $n=25$，$p=0.1$ 时，$np=2.5 < 5$，这时用正态近似误差会大一些（见图 5.3.2b），而用泊松近似为好。

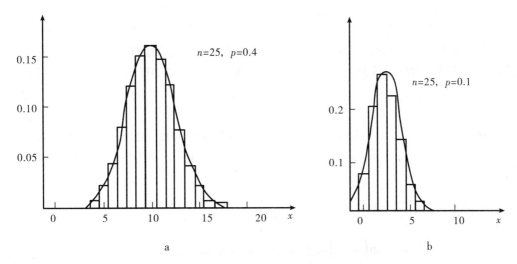

图 5.3.2　二项分布的正态近似

例 5.3.2　某保险公司有 10000 个同龄又同阶层的人参加人寿保险。已知该类人在一年内死亡概率为 0.006。每个参加保险的人在年初付 12 元保险费，而在死亡时家属可由公司领得 1000 元。问在此项业务活动中：（1）保险公司亏本的概率是多少？（2）保险公司获得利润（不计管理费）不少于 40000 元的概率是多少？

解：在参加人寿保险中把第 i 个人在一年内死亡记为"$X_i = 1$"，一年内仍活着记为"$X_i = 0$"。则 X_i 是一个服从两点分布 $B(1, 0.006)$ 的随机变量，其和 $X_1 + X_2 + \cdots + X_{10000}$ 表示一年内总死亡人数。另一方面，保险公司在该项保险业务中每年共收入 $10000 \times 12 = 120000$ 元，故仅当每年死亡人数多于 120 人时公司才会亏本；仅当每年死亡人数不超过 80 人时公司获利不少于 40000 元。由此可知：所求概率为 $P(X_1 + X_2 + \cdots + X_{10000} \geqslant 120)$ 和 $P(X_1 + X_2 + \cdots + X_{10000} \leqslant 80)$。

由于 X_i 相互独立且 $X_i \sim B(1, 0.006)$，$E(X_i) = 0.006$，$D(X_i) = 0.006 \times (1 - 0.006) = 0.005964$，由棣莫弗—拉普拉斯定理可知：

$$\sum_{i=1}^{10000} X_i \sim N(np, np(1-p)) = N(60, 59.64)$$

（1）$P(X_1 + X_2 + \cdots + X_{10000} \geqslant 120)$

$$= P\left(\frac{\sum\limits_{i=1}^{10000} X_i - np}{\sqrt{np(1-p)}} \geqslant \frac{120 - np}{\sqrt{np(1-p)}}\right) = P\left(\frac{\sum\limits_{i=1}^{10000} X_i - np}{\sqrt{np(1-p)}} \geqslant \frac{120 - 60}{\sqrt{59.64}}\right)$$

$$= 1 - \Phi\left(\frac{120 - 60}{\sqrt{59.64}}\right) = 0$$

（2）$P(X_1 + X_2 + \cdots + X_{10000} \leqslant 80)$

$$= P\left(\frac{\sum\limits_{i=1}^{10000} X_i - np}{\sqrt{np(1-p)}} \leqslant \frac{80 - np}{\sqrt{np(1-p)}}\right) = P\left(\frac{\sum\limits_{i=1}^{10000} X_i - np}{\sqrt{np(1-p)}} \leqslant \frac{80 - 20}{\sqrt{59.64}}\right)$$

$$= \Phi\left(\frac{80-60}{\sqrt{59.64}}\right) = 0.9952$$

例 5.3.3 某药厂试制了一种新药，声称对贫血患者的治疗有效率达到 80%。医药监管部门准备对 100 个贫血患者进行此药的疗效试验，若这 100 人中至少有 75 人用药有效，就批准此药的生产。如果该药的有效率确实达到 80%，此药被批准生产的概率是多少？

解 用 Y_n 表示这 $n(=100)$ 个患者中用药后有效的人数。如果该药的有效率确实是 $p=80\%$，则 $Y_n \sim B(n, p)$。由 $100p=80>5$，$100(1-p)=20>5$，知道可用正态分布近似。于是

$$P(药被批准) = P(Y_n \geqslant 75) = P\left(\frac{Y_n - np}{\sqrt{np(1-p)}} \geqslant \frac{75 - np}{\sqrt{np(1-p)}}\right)$$

$$\approx 1 - \Phi\left(-\frac{5}{4}\right) = \Phi(1.25) = 0.8944$$

本章小结

大数定律为概率论所存在的基础——"概率是频率的稳定值"提供了理论依据，它以严格的数学形式表达了随机现象最根本的性质之一：平均结果的稳定性。它是随机现象统计规律的具体表现，也成为数理统计的理论基础。

本章介绍了随机变量序列四种不同收敛性的定义：依分布收敛、依概率收敛、r 阶收敛、以概率 1 收敛（几乎处处收敛）。

依分布收敛：设随机变量 X 有分布函数 $F(x)$，X_n 有分布函数 $F_n(x)$。如果在 $F(x)$ 的连续点 x，有 $\lim\limits_{n\to\infty} F_n(x) = F(x)$，则称 X_n 依分布收敛于 X，记作 $X_n \xrightarrow{d} X$；或等价地称 F_n 弱收敛到 F，记作 $F_n \xrightarrow{w} F$。

依概率收敛：设 $\{X_n\}$ 是一个随机变量序列，X 是随机变量。如果对于任意给定的正数 ε，有 $\lim\limits_{n\to\infty} P\{|X_n - X| < \varepsilon\} = 1$，则称随机变量序列 $\{X_n\}$ 依概率收敛于 X，记为 $X_n \xrightarrow{P} X$。也就是说，对充分大的 n，X_n 以很大的概率充分靠近 X。若 a 是一个常数，对于任意给定的正数 ε，有 $\lim\limits_{n\to\infty} P\{|X_n - a| < \varepsilon\} = 1$，则称随机变量序列 $\{X_n\}$ 依概率收敛于 a，记为 $X_n \xrightarrow{P} a$。

r 阶收敛：设对随机变量 X_n 及 X 有 $E|X_n|^r < \infty$，$E|X|^r < \infty$，其中 $r > 0$ 为常数，如果 $\lim\limits_{n\to\infty} E|X_n - X|^r = 0$，则称随机变量序列 $\{X_n\}$ r 阶收敛于 X，并记为 $X_n \xrightarrow{r} X$。

几乎处处收敛：如果 $P\{\lim\limits_{n\to\infty} X_n = X\} = 1$，则称随机变量序列 $\{X_n\}$ 以概率 1 收敛于 X，又称 $\{X_n\}$ 几乎处处收敛于 X，记为 $X_n \xrightarrow{a.s.} X$。

它们之间的关系为：$X_n \xrightarrow{P} X \Rightarrow X_n \xrightarrow{d} X$；$X_n \xrightarrow{r} X \Rightarrow X_n \xrightarrow{P} X$；$X_n \xrightarrow{a.s.} X \Rightarrow$

$X_n \xrightarrow{P} X$。以概率 1 收敛（几乎处处收敛）是概率论中较强的一种收敛性，由它可推出依概率收敛，但不能推出 r 阶收敛。

本章分别介绍了 5 个大数定律：切比雪夫大数定律、伯努利大数定律、辛钦大数定律、博雷尔强大数定律和科尔莫哥洛夫强大数定律。

切比雪夫大数定律：设 X_1，X_2，$\cdots$，X_n 为两两独立（或两两不相关）的随机变量序列，数学期望 $E(X_i)$ 和方差 $D(X_i)$ 存在，且存在常数 $C > 0$，使得 $D(X_i) \leqslant C(i = 1,$ 2，$\cdots$，$n)$，则对于任意给定的 $\varepsilon > 0$，有 $\lim\limits_{n \to \infty} P\left\{\left|\dfrac{1}{n}\sum\limits_{i=1}^{n}X_i - \dfrac{1}{n}\sum\limits_{i=1}^{n}E(X_i)\right| < \varepsilon\right\} = 1$。

切比雪夫大数定律表明，在定理条件下，当 n 无限增加时，n 个随机变量的算术平均值差不多不再是随机变量，几乎变成一个常数。

伯努利大数定律：设 n_A 是在 n 次独立重复试验中事件 A 发生的次数，p 是事件 A 在每次试验中发生的概率，则对于任意给定的 $\varepsilon > 0$，有 $\lim\limits_{n \to \infty} P\left\{\left|\dfrac{n_A}{n} - p\right| < \varepsilon\right\} = 1$。

辛钦大数定律表明，对于独立同分布且具有均值 μ 的随机变量 X_1，X_2，$\cdots$，X_n，当 n 很大时，它们的算术平均数 $\dfrac{1}{n}\sum\limits_{i=1}^{n}X_i$ 很可能接近于 μ。

博雷尔强大数定律：设 X_1，X_2，$\cdots$，X_n，$\cdots$ 独立同分布，$E(X_i) = \mu$，$E(X_i^4) < +\infty(i = 1, 2, \cdots)$，则 $\dfrac{1}{n}\sum\limits_{i=1}^{n}X_i \xrightarrow{a.\,s.} \mu$。

科尔莫哥洛夫强大数定律：设 X_1，X_2，$\cdots$，X_n，$\cdots$ 相互独立，满足 $\sum\limits_{n=1}^{\infty}\dfrac{D(X_n)}{n^2} < +\infty$，则 $\dfrac{1}{n}\sum\limits_{k=1}^{n}\{X_k - E(X_k)\} \xrightarrow{a.\,s.} 0$，$n \to \infty$。

科尔莫哥洛夫强大数定律取消了同分布的假定，推广了博雷尔强大数定律，强大数定律蕴含弱大数定律。

依概率收敛意义下的大数定律称为弱大数定律，比如切比雪夫大数定律、伯努利大数定律、辛钦大数定律等统称为弱大数定律，定理 5.1.2 也称为弱大数定律。若把收敛性要求提高为以概率 1 收敛，则得到的大数定律称为强大数定律，比如博雷尔强大数定律、科尔莫哥洛夫强大数定律。由定理 5.1.4 可知，若强大数定律成立，则通常的大数定律也一定成立，反之则不然。

本章最后介绍了两个中心极限定理：林德伯格—莱维中心极限定理和棣莫弗—拉普拉斯中心极限定理。

林德伯格—莱维中心极限定理的内容是：独立同分布随机变量之和标准化之后的极限分布是标准正态分布；棣莫弗—拉普拉斯中心极限定理的内容是：当 n 很大时，二项分布可用正态分布近似。后者是前者的特例。

中心极限定理表明，在相当一般的条件下，当独立随机变量的个数不断增加时，其和的分布趋于正态分布。这一事实阐明了正态分布的重要性，也揭示了为什么在实际应用中会经常遇到正态分布，也就是揭示了产生正态分布变量的源泉。另外，它提供了独立同分布随机变量之和 $\sum X_i$（其中 X_i 的方差存在）的近似分布，只要和式中加项的个数充分大，就可以不必考虑和式中的随机变量服从什么分布，都可以用正态分布来近似，这在应用上是有效和重要的。

习题 5

5.1 设有一大批种子，其中良种占 1/6。试估计在任选的 6000 粒种子中，良种所占比例与 1/6 比较上下小于 1% 的概率。

5.2 设随机变量 X 服从参数 λ 的泊松分布，使用切比雪夫不等式证明：

$$P(0 < X < 2\lambda) \geqslant \frac{\lambda - 1}{\lambda}$$

5.3 设备零件的重量都是随机变量，它们相互独立，且服从相同的分布，其数学期望为 0.5 千克，均方差为 0.1 千克，问 5000 只零件的总重量超过 2510 千克的概率是多少？

5.4 对敌人的防御工事用炮火进行 100 次轰击，设每次轰击命中的炮弹数服从同一分布，其数学期望为 2，均方差为 1.5。如果各次轰击命中的炮弹数是相互独立的，求 100 次轰击后至少命中 180 发炮弹的概率。

5.5 某保险公司多年的统计资料表明，在索赔户中被盗索赔户占 20%，以 X 表示在随意抽查的 100 个索赔户中向保险公司索赔的户数，求被盗索赔户不少于 14 户且不多于 30 户的概率。

5.6 某公司有 200 名员工参加一种资格证书考试。按往年经验，考试通过率为 0.8。试计算这 200 名员工中至少有 150 人考试通过的概率。

综合自测题 5

一、单选题

1. 设随机变量 $X \sim B(1000, 0.5)$，则根据切比雪夫不等式，有 $P\{400 < X < 600\} \geqslant$（ ）

  A. 0.025   B. 0.5   C. 0.975   D. 1

2. 设随机变量 X 的方差为 2，则根据切比雪夫不等式，有 $P\{|X - E(X)| < 3\} \geqslant$（ ）

  A. $\dfrac{2}{9}$ B. $\dfrac{2}{3}$ C. $\dfrac{7}{9}$ D. 1

3. 设随机变量 X 的期望 $E(X)$ 与方差 $D(X)$ 都存在，则对任意正数 ε，有（ ）

  A. $P\{|X - E(X)| \geqslant \varepsilon\} \leqslant \dfrac{D(X)}{\varepsilon^2}$ B. $P\{|X - E(X)| \geqslant \varepsilon\} \geqslant \dfrac{D(X)}{\varepsilon^2}$

  C. $P\{|X - E(X)| \leqslant \varepsilon\} \leqslant \dfrac{D(X)}{\varepsilon^2}$ D. $P\{|X - E(X)| \leqslant \varepsilon\} \geqslant \dfrac{D(X)}{\varepsilon^2}$

4. 设随机变量 $X \sim U[0，6]$，根据切比雪夫不等式，有 $P(-2 < X < 8)($ 　　$)$

A. $\geqslant \dfrac{22}{25}$　　　　B. $\leqslant \dfrac{22}{25}$　　　　C. $\geqslant \dfrac{16}{25}$　　　　D. $\leqslant \dfrac{16}{25}$

二、填空题

1. 设随机变量 X 的方差为 3，则根据切比雪夫不等式有：估计 $P\{|X - E(X)| \geqslant 3\} \leqslant$ _____。

2. 将一枚质地均匀的硬币连抛 100 次，则出现正面的次数大于 60 的概率约为 _____。

3. 设 $\{X_n\}$ 为相互独立的随机变量序列，且 $X_i(i = 1，2，\cdots)$ 均服从参数为 λ 的泊松分布，则 $\lim\limits_{n \to \infty} P\left\{ \dfrac{\sum\limits_{i=1}^{n} X_i - n\lambda}{\sqrt{n\lambda}} \leqslant x \right\} =$ _____。

4. 设有随机变量 X，且 $E(X) = \mu$，$D(X) = \sigma^2$，则 $P\{|X - \mu| < 2\sigma\} \geqslant$ _____。

三、计算题

1. 令 $F_n(x) = \begin{cases} 0，& x \leqslant n \\ 1，& x > n \end{cases}$，证明其弱收敛。

2. 若样本空间 $\Omega = \{\omega_1，\omega_2\}$，$P(\omega_1) = P(\omega_2) = \dfrac{1}{2}$，定义随机变量 $\xi(\omega)$ 如下：$\xi(\omega_1) = -1$，$\xi(\omega_2) = 1$，令 $\xi_n(\omega) = -\xi(\omega)$，证明 $\xi_n(\omega)$ 依分布收敛。

3. 设 $\{X_n\}$ 是独立随机变量序列，且假设 $E(X_n) = 2$，$D(X_n) = 6$，证明：$\dfrac{X_1^2 + X_2 X_3 + X_4^2 + \cdots + X_{3n-2}^2 + X_{3n-1} X_{3n}}{n} \xrightarrow{P} a$，$n \to \infty$，并确定常数 a 的值。

4. 求积分 $J = \displaystyle\int_0^{\pi/2} \cos\sqrt{x}\,\mathrm{d}x$ 的近似值。

5. 对敌人的防御地段进行 100 次炮击，在每次炮击中，炮弹命中颗数的数学期望为 2，标准差为 1.5，现独立进行 100 次炮击，求有 180 颗到 220 颗炮弹命中目标的概率。$\left(\Phi\left(\dfrac{4}{3}\right) = 0.9082 \right)$

6. 设某工厂生产的面粉每包的重量都是一个随机变量，期望是 10 千克，方差是 0.1 千克^2。求 100 包这种面粉的总重量在 990 ～ 1010 千克的概率。

7. 一加法器同时收到 20 个噪声电压 $V_i(i = 1，2，\cdots，20)$，设它们是相互独立的随机变量，且都在区间 $(0，10)$ 上服从均匀分布。记 $V = \sum V_i$，求 $P(V > 105)$ 的近似值。

8. 一复杂的系统由 100 个相互独立起作用的部件组成，在整个运行期间每个部件损坏的概率为 0.1，为了使整个系统起作用，至少要有 85 个部件正常工作。求整个系统起作用的概率。

9. 某学校 2022 年有 200 名学生参加四级考试。按往年经验，考试通过率为 0.8。试计算这 200 名学生中至少有 150 人考试通过的概率。

第2编 数理统计基础

本教材第2编数理统计基础主要介绍抽样分布、参数估计、假设检验。近代统计学的创始人之一、英国统计学家费希尔（R. A. Fisher, 1890—1962）曾把抽样分布、参数估计和假设检验列为统计推断的三个中心内容。因此，掌握抽样分布、参数估计和假设检验的基本理论与方法十分重要。

第6章 样本与抽样分布

案例引导——抽样分布的重要性

随机变量 X 具有随机性和确定性。以掷骰子为例，用 X 表示骰子出现的点数，在投掷前 X 的取值未知，具有随机性，投掷后 X 的值已知，具有确定性。为了叙述简洁方便，不妨称之为随机变量的两重性。

在数理统计的应用中，通常要求解一个特殊的方程（或方程组），即含有随机变量及其概率的等式，为了叙述方便，不妨称之为概率方程。通过例子理解：求概率方程的关键是要知道随机变量的分布。

讨论一个例子。设有一个包含三个变量的概率方程

$$P\{X \leqslant \lambda\} = p$$

讨论此方程有解的条件。

解：一个方程含有三个未知量，必须知道其中的两个量，才能唯一确定第三个量。

如果已知 $X \sim N(0, 1)$，$\lambda = 1.96$，则由

$$P\{X \leqslant 1.96\} = p$$

可以唯一确定 p。查标准正态分布表，可求出 $p = 0.975$。

又若已知 $X \sim N(0, 1)$，$p = 0.9$，则由

$$P\{X \leqslant \lambda\} = 0.9$$

也可以唯一确定 λ。反向查标准正态分布表，即可求出 $\lambda = 1.282$。

但是，如果已知 $\lambda = 1$，$p = 0.85$，能否由

$$P\{X \leqslant 1\} = 0.85$$

唯一确定 X 的分布？

答案是否定的。因为随机变量的分布很多，如正态分布、t 分布、χ^2 分布等，即使知道 X 服从某种分布，例如 $X \sim N(\mu, \sigma^2)$，而正态分布含有两个参数，仍然无法唯一

确定 X 的分布。由此可见随机变量的分布在求解概率方程中的重要作用。

在实际应用中，不但有 $P\{X \leqslant \lambda\} = p$ 这样的概率方程，还有如下面形式的概率方程

$$P\{g(X_1, \cdots, X_n) \leqslant \lambda\} = p$$

其中，$g(X_1, \cdots, X_n)$ 是随机变量 $X_1, \cdots, X_n$ 的函数，并且要求函数 g 中不含未知参数，这里的 $g(X_1, \cdots, X_n)$ 就是本章将要定义的统计量（显然，统计量也是随机变量）。要求解概率方程 $P\{g(X_1, \cdots, X_n) \leqslant \lambda\} = p$，就必须知道统计量 $g(X_1, \cdots, X_n)$ 的分布。

由此得到一个重要结论：要求解一个概率方程，则方程中统计量（随机变量）的分布要已知。这就是本章要讨论的主要内容。

6.1　样本与统计量

6.1.1　总体与样本

统计学关注的往往不是研究对象本身，而是研究对象的某项数量指标，将数量指标对应于一个相联系的随机试验，数量指标是随机试验的观测值，它是某一随机变量 X 的值。随机试验的全部可能的观测值称为总体（population，或母体），总体就记作随机变量 X；总体中每一个可能的观察值称为个体（或子样），总体中包含的个体的个数称为总体容量，记作 N。总体容量为有限时称为有限总体，无限时称为无限总体。

实践中，通常是从总体 X 中抽取一部分个体（n 个个体，$n < N$），即在相同条件下对总体 X 进行 n 次重复、独立的观测，将 n 次观测结果（观测值）依次记为 X_1，$X_2, \cdots, X_n$。因为 X_i 是 X 的观测结果，故可以认为 $X_1, X_2, \cdots, X_n$ 相互独立，并且与 X 有相同分布的随机变量。这样得到的 $X_1, X_2, \cdots, X_n$ 称为来自总体 X 的一个简单随机样本，简称样本；n 称为这个样本的样本量。当 n 次观测完成，就得到一组确定的数 $x_1, x_2, \cdots, x_n$，它们依次是随机变量 $X_1, X_2, \cdots, X_n$ 的观测值，称为样本值。

通常，若无特殊说明，样本都是指简单随机样本。即若 $X_1, X_2, \cdots, X_n$ 是总体 X 的一个样本，则：$X_1, X_2, \cdots, X_n$ 相互独立，且与 X 有相同分布（independent and identically distributed），简记为 $X_1, X_2, \cdots, X_n \overset{i.i.d}{\sim} X$。

同样，为了叙述方便，有时把样本值 $x_1, x_2, \cdots, x_n$ 也称作样本，并且在符号上也不加区别，样本和样本值都记为 $X_1, X_2, \cdots, X_n$，根据上下文不难区别样本和样本值。因此，样本也具有两重性，即随机性和确定性。

样本的独立性、同分布性与抽取方式有关。对于有限总体，采用放回抽样就可得到简单随机样本。但是放回抽样在实际使用中不方便，当 N 比 n 大很多时，可将不放回抽样近似地当作放回抽样处理。对于无限总体，抽取一个个体不影响总体的分布，所以总是采用不放回抽样，由此得到的部分个体也是简单随机样本。

表 6.1.1　样本与样本值的比较

样本	样本值
$(X_1, \cdots, X_n)$	$(X_1, \cdots, X_n) \triangleq (x_1, \cdots, x_n)$
随机变量	确定的数值
随机性	确定性

6.1.2　统计量

在数理统计的应用中，通常根据不同的问题构造样本的适当函数，根据样本的函数进行统计推断。

例如，本章案例引导里提到的概率方程

$$P\{g(X_1, \cdots, X_n) \leq \lambda\} = p$$

其中的 $g(X_1, \cdots, X_n)$ 是随机变量 $X_1, \cdots, X_n$ 的函数，它实际上就是样本 $X_1, \cdots, X_n$ 的函数。

要强调的是，样本 $X_1, \cdots, X_n$ 的函数 $g(X_1, \cdots, X_n)$ 中不含未知参数，而随机变量的函数没有这一限制。由此引入统计量的定义。

设 $X_1, X_2, \cdots, X_n$ 是总体 X 的一个样本，$g(X_1, X_2, \cdots, X_n)$ 是 $X_1, X_2, \cdots, X_n$ 的函数，若 g 中不含总体的未知参数，则称 $g(X_1, X_2, \cdots, X_n)$ 为一个统计量，也可简述为：不含未知参数的样本的函数称为统计量。当样本为样本值时，$g(x_1, x_2, \cdots, x_n)$ 称为统计量的值。统计量的分布称为抽样分布。

为了叙述方便，有时把统计量的值 $g(x_1, x_2, \cdots, x_n)$ 也称作统计量，并且在符号上也不加以区别，统计量和统计量的值都记作 $g(X_1, X_2, \cdots, X_n)$。根据上下文不难区分统计量和统计量的值。

随机变量具有两重性：随机性和确定性。样本也是随机变量，当然也具有两重性。

随机变量的函数还是随机变量，而统计量是样本的函数，当然仍为随机变量，同样具有两重性。

表 6.1.2　统计量与统计量的值的比较

统计量	统计量的值
$g(X_1, \cdots, X_n)$	$g(X_1, \cdots, X_n) \triangleq g(x_1, \cdots, x_n)$
随机变量的函数	函数值
随机变量	数值
随机性	确定性

例 6.1.1　设样本 $X_1, X_2, \cdots, X_n \overset{i.i.d}{\sim} N(\mu, \sigma^2)$，其中 μ, σ 未知参数。则下式

① $\overline{X} \triangleq \dfrac{1}{n} \sum_{i=1}^{n} X_i$；② $\overline{X} - \mu$；③ $\dfrac{\overline{X} - \mu}{\sigma}$；④ $\dfrac{1}{n-1} \sum_{i=1}^{n} (X_i - \overline{X})^2$；⑤ $\dfrac{1}{n} \sum_{i=1}^{n} (X_i - \sigma)^2$

中哪些是统计量，哪些不是统计量？

解：因 $\overline{X}$ 是 X_1，X_2，$\cdots$，X_n 的函数，且不含未知参数，故 $\overline{X}$ 是统计量。$\overline{X} - \mu$ 含未知参数 μ，不是统计量。①、④是统计量，②、③、⑤不是统计量。

下面是几个常用的统计量。

样本均值
$$\overline{X} = \frac{1}{n} \sum_{i=1}^{n} X_i$$

样本方差
$$S^2 = \frac{1}{n-1} \sum_{i=1}^{n} (X_i - \overline{X})^2$$

样本标准差
$$S = \sqrt{\frac{1}{n-1} \sum_{i=1}^{n} (X_i - \overline{X})^2}$$

样本 k 阶原点矩
$$A_k = \frac{1}{n} \sum_{i=1}^{n} X_i^k$$

样本 k 阶中心矩
$$M_k = \frac{1}{n} \sum_{i=1}^{n} (X_i - \overline{X})^k$$

样本相关系数
$$r_{XY} = \frac{\sum_{i=1}^{n} (X_i - \overline{X})(Y_i - \overline{Y})}{\sqrt{\sum_{i=1}^{n} (X_i - \overline{X})^2} \sqrt{\sum_{i=1}^{n} (Y_i - \overline{Y})^2}}$$

为何要求统计量中不含未知参数？道理很简单。在例 6.1.1 中，$N(\mu, \sigma^2)$ 中的 μ，σ 未知。通常用样本方差 S^2 估计总体方差 σ^2，若 S^2 中含未知参数，则 S^2 的值无法求出，因而无法对 σ^2 进行估计。

上面的统计量中，为何样本均值 $\overline{X}$ 用 n 平均，样本方差 S^2 却用 $n-1$ 平均？这就与下面要讨论的统计量的自由度有关。

6.1.3 自由度

先给出线性约束条件的定义。

线性约束条件 对于变量 X_1，$\cdots$，X_n，若存在不全为零的常数 c_1，$\cdots$，c_n 使得
$$c_1 X_1 + \cdots + c_n X_n = 0$$
则称变量 X_1，$\cdots$，X_n 之间存在一个线性约束条件，或线性约束方程。

自由度 用统计量估计总体参数时，样本中能自由（或独立）取值的数据个数，称为该统计量的自由度。也可定义为：在一定的约束条件下，样本所能提供的独立信息的个数，称为自由度。

若数据的个数为 n，约束条件的个数为 k，则自由度为 $n-k$。

例 6.1.2 设样本 X_1，X_2，$\cdots$，$X_n \overset{i.i.d}{\sim} X$，$E(X) = \mu$，$D(X) = \sigma^2$ 未知。通常用样本均值 $\overline{X}$ 估计总体均值 μ，求 $\overline{X}$ 的自由度。其中
$$\overline{X} = \frac{1}{n}(X_1 + \cdots + X_n)$$

解：样本均值 $\overline{X}$ 是 X_1，X_2，$\cdots$，X_n 的函数，样本是相互独立同分布的，即独立的信息 X_i 有 n 个，并且，对信息 X_i 没有其他约束条件，故样本总和 $X_1 + \cdots + X_n$ 的自由度为 n。对 n 个独立信息的总和 $X_1 + \cdots + X_n$ 求平均，当然应该用独立信息的个数即自由度 n 去平均，所以样本均值 $\overline{X} = \dfrac{1}{n}(X_1 + \cdots + X_n)$。

例 6.1.3（续例 6.1.2）　条件同上例。通常用样本方差 S^2 估计总体方差 σ^2，求样本方差 S^2 的自由度。其中

$$S^2 = \frac{1}{n-1}\sum_{i=1}^{n}(X_i - \overline{X})^2$$

解：因为 μ，σ 未知，由 S^2 可知，先要用 $\overline{X}$ 估计 μ，这时 $\overline{X}$ 是一个确定的值。方差描述数据的离散程度，故考虑 X_i 与 $\overline{X}$ 的误差，即离差 $(X_1 - \overline{X})$，$\cdots$，$(X_n - \overline{X})$。容易知道 n 个离差之间有关系式 $\sum_{i=1}^{n}(X_i - \overline{X}) = 0$（将等式左边展开、合并），即

$$(X_1 - \overline{X}) + \cdots + (X_n - \overline{X}) = 0$$

这是一个关于误差 $(X_i - \overline{X})$ 的线性约束条件（在线性约束条件的定义中，取 $c_1 = 1$，$\cdots$，$c_n = 1$ 即可）。若知道 n 个误差中的 $n-1$ 个，根据线性约束方程可推导出第 n 个，即独立的误差信息只有 $n-1$ 个。样本量为 n，线性约束条件数 $k = 1$，所以离差平方和 $\sum_{i=1}^{n}(X_i - \overline{X})^2$ 的自由度为 $n-1$。

例如，若样本值为 $X_1 = 1$，$X_2 = 2$，$X_3 = 6$，样本均值为 $\overline{X} = 3$，每个个体与样本均值的离差（误差）分别为

$$X_1 - \overline{X} = 1 - 3 = -2，\ X_2 - \overline{X} = 2 - 3 = -1，\ X_3 - \overline{X} = 6 - 3 = 3$$

虽然误差有 3 个，但是若知道其中 2 个，根据约束方程 $\sum_{i=1}^{n}(X_i - \overline{X}) = 0$，可以推出第 3 个

$$(X_1 - \overline{X}) + (X_2 - \overline{X}) + (X_3 - \overline{X}) = 0$$
$$(X_3 - \overline{X}) = -(X_1 - \overline{X}) - (X_2 - \overline{X})$$
$$(X_3 - \overline{X}) = -(-2) - (-1)$$
$$(X_3 - \overline{X}) = 3$$

即第 3 个误差 $(X_3 - \overline{X})$ 不能任意取值，只能由约束方程确定，因此独立的误差信息只有 $n - k = 2$ 个。

因为离差平方和的自由度（独立误差信息）为 $n-1$，所以，对 $n-1$ 个独立误差信息的平方和 $\sum_{i=1}^{n}(X_i - \overline{X})^2$ 求平均，当然应该用自由度 $n-1$ 去平均，所以样本方差为：

$$S^2 = \frac{1}{n-1}\sum_{i=1}^{n}(X_i - \overline{X})^2。$$

注意，后面的无偏估计导出的样本方差也是这个结果。

例 6.1.4（续例 6.1.3）　将 μ 未知改为已知，其他条件同上例。求离差平方和为

$\sum_{i=1}^{n}(X_i-\mu)^2$ 自由度。

解: 因为总体均值 μ 已知,则离差平方和为 $\sum_{i=1}^{n}(X_i-\mu)^2$。这时

$$(X_1-\mu)+\cdots+(X_n-\mu)\neq 0$$

即 $(X_1-\mu)$,$\cdots$,$(X_n-\mu)$ 之间没有线性约束条件,所以 $\sum_{i=1}^{n}(X_i-\mu)^2$ 的自由度为 n。

说明一,离差平方和为何没有线性约束条件? 因为

$$(X_1-\mu)+\cdots+(X_n-\mu)=X_1+\cdots+X_n-n\mu=n\bar{X}-n\mu=n(\bar{X}-\mu)$$

一般地,$\bar{X}\neq\mu$,故 $\bar{X}-\mu\neq 0$,即 n 个离差 $(X_1-\mu)$,$\cdots$,$(X_n-\mu)$ 之间没有线性约束条件(方程)。

说明二,将上式再作变换

$$(X_1-\mu)+\cdots+(X_n-\mu)=X_1+\cdots+X_n-n\mu$$
$$X_1+\cdots+X_n=n\mu$$

如果将 $X_1+\cdots+X_n=n\mu$ 看作线性约束条件,那么这是关于 X_i 的线性约束条件,而不是 $X_i-\mu$ 的线性约束条件。

因此,要仔细体会线性约束条件中变量的含义。

还可从另一个角度理解自由度:

离差平方和 $\sum_{i=1}^{n}(X_i-\bar{X})^2$ 中的第一项有 n 个独立变量 X_i,第二项 $\bar{X}$ 是 X_1,$\cdots$,X_n 的线性组合,此组合实际上是一个线性约束条件,因此自由度为 $n-1$。

离差平方和 $\sum_{i=1}^{n}(X_i-\mu)^2$ 中的第一项有 n 个独立变量 X_i,而 μ 是已知数,没有线性约束条件,因此自由度为 n。

6.2 抽样分布

统计量是样本的函数,样本是随机变量,统计量也是随机变量。统计量的分布称为抽样分布。由本章案例引导可知,进行统计推断时需要知道统计量的分布。

设总体 X 的分布函数已知,对任一自然数 n,如果能求出关于样本 X_1,$\cdots$,X_n 的统计量 $g(X_1,\cdots,X_n)$ 的分布函数,则这个分布函数称为统计量 g 的精确分布。当统计量的样本量 n 较小时,就需要精确分布,这就是小样本问题。

若总体 X 的分布函数未知,则统计量的精确分布往往求不出来,或非常复杂而难以应用,这时考虑求统计量的极限分布,这就是大样本问题。应用极限分布时,要求样本量 n 充分大,但是如何确定 n?没有一个客观标准,其大小与统计量以及实际问题的要求有关。一般地,当 $n\geqslant 30$ 时就可认为 n 充分大。

一般情形下,统计量的精确分布很难求出,甚至求不出来,只是对一些特殊的情形能求出精确分布。例如统计学的三大分布(χ^2 分布、t 分布、F 分布)就是来自正态

总体的统计量的精确分布。

下面是关于三大分布的有关结论与性质（不给出证明，见参考文献资料）。

6.2.1 χ^2 分布

定义 6.2.1 设 $X_1, \cdots, X_n$ 是来自总体 $N(0, 1)$ 的样本，则称统计量
$$\chi^2 = X_1^2 + \cdots + X_n^2$$
服从自由度为 n 的 χ^2 分布，记作 $\chi^2 \sim \chi^2(n)$。

χ^2 分布的密度函数为
$$f(x) = \begin{cases} \dfrac{1}{2^{\frac{n}{2}} \Gamma\left(\dfrac{n}{2}\right)} x^{\frac{n}{2}-1} e^{\frac{-x}{2}}, & x \geq 0 \\ 0, & x < 0 \end{cases}$$

其中，$\Gamma(s)$ 函数由下面的广义积分定义
$$\Gamma(s) = \int_0^{+\infty} e^{-x} x^{s-1} \mathrm{d}x \, (s > 0)$$

χ^2 分布密度函数的图像见图 6.2.1。

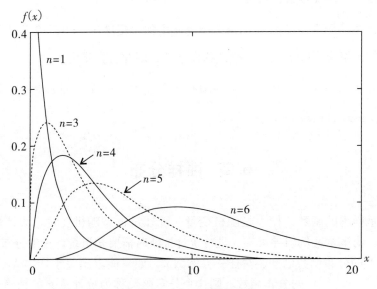

图 6.2.1 χ^2 分布密度函数

χ^2 分布密度函数不对称。当 n 充分大时，其密度函数趋近于 $N(0, 1)$ 的密度函数。

χ^2 分布的可加性 设 $\chi_1^2 \sim \chi^2(n_1)$，$\chi_2^2 \sim \chi^2(n_2)$，$\chi_1^2, \chi_2^2$ 相互独立。则
$$\chi_1^2 + \chi_2^2 \sim \chi^2(n_1 + n_2)$$

χ^2 分布的期望、方差 设 $\chi^2 \sim \chi^2(n)$。则
$$E(\chi^2) = n, \ D(\chi^2) = 2n$$

证明，因为 $X_i \sim N(0, 1)$，则

$$E(X_i) = 0, \quad E(X_i^2) = D(X_i) + [E(X_i)]^2 = 1$$

$$E(X_i^4) = \int_{-\infty}^{+\infty} \frac{1}{\sqrt{2\pi}} x^4 e^{\frac{-x^2}{2}} dx = 3, \quad D(X_i^2) = E(X_i^4) - [E(X_i^2)]^2 = 3 - 1 = 2$$

所以，

$$E(\chi^2) = E(X_1^2 + \cdots + X_n^2) = E(X_1^2) + \cdots + E(X_n^2) = n$$

$$D(\chi^2) = D(X_1^2 + \cdots + X_n^2) = D(X_1^2) + \cdots + D(X_n^2) = 2n$$

χ^2 分布的上 α 分位点 对于给定的正数 α，$0 < \alpha < 1$，称满足条件

$$P\{\chi^2 > \chi_\alpha^2(n)\} = \int_{\chi_\alpha^2(n)}^{+\infty} f(y) dy = \alpha$$

的点 $\chi_\alpha^2(n)$ 为 $\chi^2(n)$ 分布的上 α 分位点，如图 6.2.2 所示。对于不同的 α，n，上 α 分位点的值已制成表格，可供查用。例如对于 $\alpha = 0.05$，$n = 25$，查得 $\chi_{0.05}^2(25) = 37.652$。

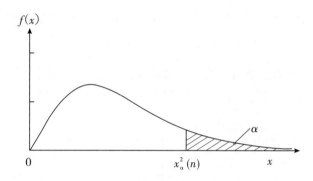

图 6.2.2 χ^2 分布的上 α 分位点

6.2.2 t 分布

定义 6.2.2 设 $X \sim N(0, 1)$，$Y \sim \chi^2(n)$，且 X，Y 相互独立，则称统计量

$$t = \frac{X}{\sqrt{Y/n}}$$

服从自由度为 n 的 t 分布，记作 $t \sim t(n)$。

t 分布又称学生氏分布，$t(n)$ 分布的密度函数为

$$f(x) = \frac{\Gamma\left(\frac{n+1}{2}\right)}{\sqrt{n\pi}\,\Gamma\left(\frac{n}{2}\right)} \left(1 + \frac{x^2}{n}\right)^{-\frac{(n+1)}{2}}, \quad -\infty < x < +\infty$$

$t(n)$ 分布概率密度函数 $f(x)$ 的图像如图 6.2.3 所示。

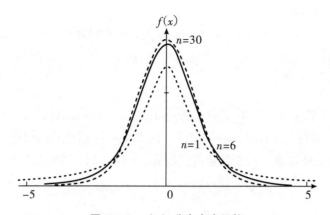

图 6.2.3 $t(n)$ 分布密度函数

t 分布的性质 由图 6.2.3 可知，密度函数 $f(x)$ 关于 $x=0$ 对称，当 n 充分大时，$t(n)$ 分布近似于 $N(0, 1)$ 分布。

t 分布的上 α 分位点 对于给定的正数 α，$0 < \alpha < 1$，称满足条件

$$P\{t > t_\alpha(n)\} = \int_{t_\alpha(n)}^{+\infty} f(y)\,\mathrm{d}y = \alpha$$

的点 $t_\alpha(n)$ 为 $t(n)$ 分布的上 α 分位点，如图 6.2.4 所示。对于不同的 α，n，上 α 分位点的值已制成表，可供查用。例如对于 $\alpha = 0.05$，$n = 25$，查表得 $t_{0.05}(25) = 1.7081$。

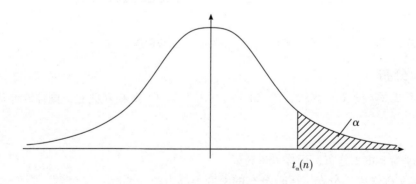

图 6.2.4 $t(n)$ 分布的上 α 分位点

6.2.3 F 分布

定义 6.2.3 设 $X \sim \chi^2(n_1)$，$Y \sim \chi^2(n_2)$，且 X，Y 相互独立，则称统计量

$$F = \frac{X/n_1}{Y/n_2}$$

服从第一自由度为 n_1、第二自由度为 n_2 的 F 分布，记作 $F \sim F(n_1, n_2)$。

F 分布的密度函数为

$$f(x) = \begin{cases} \dfrac{\Gamma\left(\dfrac{m+n}{2}\right)\left(\dfrac{m}{n}\right)^{\frac{m}{2}} y^{\frac{m}{2}-1}}{\Gamma\left(\dfrac{m}{2}\right)\Gamma\left(\dfrac{n}{2}\right)\left(1+\dfrac{m}{n}x\right)^{\frac{m+n}{2}}}, & x > 0 \\ 0, & \text{其他} \end{cases}$$

F 分布密度函数的图像如图 6.2.5 所示。

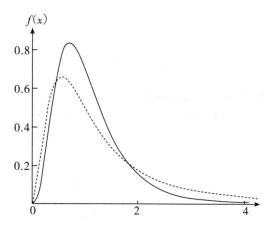

图 6.2.5　F 分布的密度函数

由图 6.2.5 可知，F 分布的密度函数 $f(x)$ 非对称。

F 分布的上 α 分位点　对于给定的正数 α，$0 < \alpha < 1$，称满足条件

$$P\{F > F_\alpha(m,\ n)\} = \int_{F_\alpha(m,n)}^{+\infty} f(y)\mathrm{d}y = \alpha$$

的点 $F_\alpha(m,\ n)$ 为 $F(m,\ n)$ 分布的上 α 分位点。如图 6.2.6 所示。对于不同的 α，m，n，上 α 分位点的值已制成表格，可供查用。例如对于 $\alpha = 0.05$，$m = 30$，$n = 20$，查得 $F_{0.05}(30,\ 20) = 2.04$。

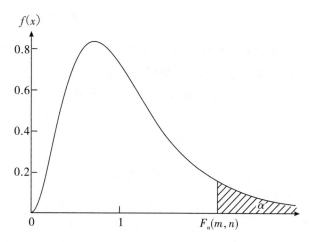

图 6.2.6　F 分布的上 α 分位点

F 分布的性质   若 $F \sim F(m, n)$，则

$$\frac{1}{F} \sim F(n, m)$$

6.2.4　样本均值与方差的分布

先给出总体 X 的分布函数未知时，样本均值 $\overline{X}$ 的分布。

定理 6.2.1　设总体 X 的分布未知，其均值和方差为 μ，σ^2（有限且不为 0），X_1，$\cdots$，X_n 是 X 的样本。则当 n 充分大时，样本均值 $\overline{X}$ 近似服从正态分布

$$\overline{X} \dot{\sim} N\left(\mu, \frac{\sigma^2}{n}\right)$$

（符号" $\sim$ "上加一点，表示近似服从）

证明：由林德伯格—莱维中心极限定理，

$$\frac{X_1 + \cdots + X_n - n\mu}{\sqrt{n}\sigma} \dot{\sim} N(0, 1)$$

因此

$$X_1 + \cdots + X_n \dot{\sim} N(n\mu, n\sigma^2)$$

$$\overline{X} = \frac{1}{n}(X_1 + \cdots + X_n) \dot{\sim} N\left(\mu, \frac{\sigma^2}{n}\right)$$

下面给出正态总体条件下，样本均值 $\overline{X}$ 和样本方差 S^2 的分布。

定理 6.2.2　设 X_1，$\cdots$，$X_n \sim N(\mu, \sigma^2)$ 是总体 $N(\mu, \sigma^2)$ 的样本，$\overline{X}$ 是样本均值，则

$$\overline{X} \sim N\left(\mu, \frac{\sigma^2}{n}\right)$$

证明：证明思路与定理 6.2.1 类似，不同的是，定理 6.2.1 中总体分布未知，依据的是极限定理，而此处是正态总体 $N(\mu, \sigma^2)$，依据的是正态分布的结论。故

$$X_1 + \cdots + X_n \sim N(n\mu, n\sigma^2)$$

$$\overline{X} = \frac{1}{n}(X_1 + \cdots + X_n) \sim N\left(\mu, \frac{\sigma^2}{n}\right)$$

注意定理 6.2.1 与定理 6.2.2 的区别，定理 6.2.1 中的总体分布未知，$\overline{X}$ 是近似分布，定理 6.2.2 中的总体为正态分布，$\overline{X}$ 是精确分布。

定理 6.2.3　设 X_1，$\cdots$，X_n 是总体 $N(\mu, \sigma^2)$ 的样本，$\overline{X}$ 和 S^2 是样本均值和样本方差，则

$$\frac{(n-1)S^2}{\sigma^2} \sim \chi^2(n-1)$$

$$\overline{X} 与 S^2 相互独立$$

证明：证明的思路如下。

$$X_i \sim N(\mu, \sigma^2) \xrightarrow[\text{变换}]{\text{正交线性}} Y = AX \xrightarrow{\text{证明}} Y_i \overset{i.i.d}{\sim} N(0, \sigma^2) \xrightarrow{\text{证明}} \frac{n-1}{\sigma^2}S^2 \sim \chi^2(n-1) \xrightarrow{\text{证明}}$$

$\overline{X}$ 与 $\dfrac{n-1}{\sigma^2}S^2$ 独立。

（1）对 $X_1, \cdots, X_n$ 作正交化线性变换。

$$\begin{cases} Y_1 = \dfrac{1}{\sqrt{2}}(Z_1 - Z_2) \\[2mm] Y_2 = \dfrac{1}{\sqrt{2 \cdot 3}}(Z_1 + Z_2 - 2Z_3) \\[2mm] \qquad\qquad \cdots \\[2mm] Y_{n-1} = \dfrac{1}{\sqrt{(n-1)n}}[Z_1 + \cdots + Z_{n-1} - (n-1)Z_n] \\[2mm] Y_n = \dfrac{1}{\sqrt{n}}(Z_1 + Z_2 + \cdots + Z_n) \end{cases}$$

记

$$X = \begin{pmatrix} X_1 \\ X_2 \\ \cdots \\ X_{n-1} \\ X_n \end{pmatrix}, \quad Y = \begin{pmatrix} Y_1 \\ Y_2 \\ \cdots \\ Y_{n-1} \\ Y_n \end{pmatrix}, \quad A = \begin{pmatrix} \dfrac{1}{\sqrt{2}} & \dfrac{-1}{\sqrt{2}} & 0 & \cdots & 0 \\[3mm] \dfrac{1}{\sqrt{2 \cdot 3}} & \dfrac{1}{\sqrt{2 \cdot 3}} & \dfrac{-2}{\sqrt{2 \cdot 3}} & \cdots & 0 \\[3mm] \cdots & \cdots & \cdots & \cdots & \cdots \\[3mm] \dfrac{1}{\sqrt{(n-1)n}} & \dfrac{1}{\sqrt{(n-1)n}} & \dfrac{1}{\sqrt{(n-1)n}} & \cdots & \dfrac{-(n-1)}{\sqrt{(n-1)n}} \\[3mm] \dfrac{1}{\sqrt{n}} & \dfrac{1}{\sqrt{n}} & \dfrac{1}{\sqrt{n}} & \cdots & \dfrac{1}{\sqrt{n}} \end{pmatrix}$$

则正交化线性变换可记为 $Y = AX$。容易验证 $A^T A = AA^T = E$。Y_i 的一般表达式为

$$\begin{cases} Y_i = \dfrac{1}{\sqrt{i(i+1)}}\left(\sum_{k=1}^{i} X_k - iX_{i+1}\right), \quad i = 1, \cdots, n-1 \\[3mm] Y_n = \dfrac{1}{\sqrt{n}}\sum_{k=1}^{n} X_k \end{cases}$$

（2）证明 $Y_1, Y_2, \cdots, Y_n \overset{i.i.d}{\sim} N(0, \sigma^2)$。

因为 $X_1, \cdots, X_n \overset{i.i.d}{\sim} N(\mu, \sigma^2)$，正态随机变量的线性函数仍然服从正态分布，$Y_i$ 是 $X_1, \cdots, X_n$ 的线性函数，所以 Y_i 服从正态分布。下面求 Y_i 的期望、方差和协方差，以及证明 $Y_1, \cdots, Y_n$ 相互独立。

求 Y_i 的期望和方差（注意到：$X_1, \cdots, X_n \overset{i.i.d}{\sim} N(\mu, \sigma^2)$）

$$E(Y_i) = \frac{1}{\sqrt{i(i+1)}} \sum_{k=1}^{i} E(X_k) - \frac{i}{\sqrt{i(i+1)}} E(X_{i+1})$$

$$= \frac{1}{\sqrt{i(i+1)}} \sum_{k=1}^{i} \mu - \frac{i}{\sqrt{i(i+1)}} \mu = 0$$

$$E(Y_n) = \frac{1}{\sqrt{n}} \sum_{j=1}^{n} E(Z_j) = \frac{1}{\sqrt{n}} \sum_{j=1}^{n} \mu = \sqrt{n}\mu$$

$$D(Y_i) = D\Big[\frac{1}{\sqrt{i(i+1)}} \Big(\sum_{k=1}^{i} X_k - iX_{i+1} \Big) \Big] = \frac{1}{i(i+1)} \Big[\sum_{k=1}^{i} D(X_k) + i^2 D(X_{i+1}) \Big]$$

$$= \frac{1}{i(i+1)} [i\sigma^2 + i^2\sigma^2] = \sigma^2 \frac{1}{i(i+1)} i(i+1) = \sigma^2$$

$$D(Y_n) = \frac{1}{n} \sum_{k=1}^{n} D(X_k) = \frac{1}{n} \sum_{k=1}^{n} \sigma^2 = \sigma^2$$

求 Y_i 与 Y_j 的协方差（$i \neq j$），

$$\mathrm{Cov}(Y_i, Y_j) = E(Y_i Y_j) - E(Y_i)E(Y_j) = E(Y_i Y_j)$$

$$= E\Big\{ \Big[\frac{1}{i(i+1)} \Big(\sum_{k=1}^{i} X_k - iX_{i+1} \Big) \Big] \Big[\frac{1}{j(j+1)} \Big(\sum_{h=1}^{j} X_h - jX_{j+1} \Big) \Big] \Big\}$$

$$= \frac{1}{ij(i+1)(j+1)} \Big\{ \Big[\sum_{k=1}^{i} E(X_k) - iE(X_{i+1}) \Big] \Big[\sum_{h=1}^{j} E(X_h) - jE(X_{j+1}) \Big] \Big\}$$

$$= \frac{1}{ij(i+1)(j+1)} \{ [i\mu - i\mu][j\mu - j\mu] \} = 0$$

因此 Y_1，Y_2，$\cdots$，Y_n 两两不相关。对于正态分布，不相关性等价于独立性，因此 Y_1，Y_2，$\cdots$，Y_n 相互独立，所以 Y_1，Y_2，$\cdots$，$Y_n \overset{i.i.d}{\sim} N(0, \sigma^2)$。

（3）证明 $\frac{(n-1)S^2}{\sigma^2}$ 服从 χ^2 分布。

因为

$$\sum_{i=1}^{n} Y_i^2 = Y^T Y = (AX)^T AX = X^T A^T AX = X^T X = \sum_{i=1}^{n} X_i^2$$

$$Y_n = \frac{1}{\sqrt{n}} (X_1 + X_2 + \cdots + X_n) = \sqrt{n}\overline{X}, \ Y_n^2 = n\overline{X}^2$$

$$\frac{n-1}{\sigma^2} S^2 = \frac{1}{\sigma^2} \sum_{i=1}^{n} (X_i - \overline{X})^2 = \frac{1}{\sigma^2} \Big(\sum_{i=1}^{n} X_i^2 - n\overline{X}^2 \Big)$$

$$= \frac{1}{\sigma^2} \Big(\sum_{i=1}^{n} Y_i^2 - Y_n^2 \Big) = \frac{1}{\sigma^2} \sum_{i=1}^{n-1} Y_i^2 = \sum_{i=1}^{n-1} \Big(\frac{Y_i}{\sigma} \Big)^2$$

因为 Y_1，Y_2，$\cdots$，$Y_n \overset{i.i.d}{\sim} N(0, \sigma^2)$，将其标准化，则 $\frac{Y_1}{\sigma}$，$\frac{Y_2}{\sigma}$，$\cdots$，$\frac{Y_n}{\sigma} \overset{i.i.d}{\sim} N(0, 1)$，由 χ^2 分布的定义，

$$\frac{n-1}{\sigma^2} S^2 = \sum_{i=1}^{n-1} \Big(\frac{Y_i}{\sigma} \Big)^2 \sim \chi^2(n-1)$$

（4）证明 $\overline{X}$ 与 $\dfrac{n-1}{\sigma^2}S^2$ 相互独立。

因为 $\overline{X}=\dfrac{1}{\sqrt{n}}Y_n$ 仅与 Y_n 有关，$\dfrac{n-1}{\sigma^2}S^2=\displaystyle\sum_{i=1}^{n-1}\left(\dfrac{Y_i}{\sigma}\right)^2$ 仅与 Y_1，$\cdots$，Y_{n-1} 有关，注意到 Y_1，Y_2，$\cdots$，Y_n 相互独立，所以 $\overline{X}$ 与 $\dfrac{n-1}{\sigma^2}S^2$ 相互独立。

定理6.2.4　设 X_1，$\cdots$，X_n 是总体 $N(\mu,\ \sigma^2)$ 的样本，$\overline{X}$ 和 S^2 是样本均值和样本方差，则

$$\frac{\overline{X}-\mu}{S/\sqrt{n}}\sim t\ (n-1)$$

证明：因为 $X_i\sim N(\mu,\ \sigma^2)$，$i=1$，$\cdots$，$n$，由定理6.2.2，$\overline{X}\sim N\left(\mu,\ \dfrac{\sigma^2}{n}\right)$，将其标准化得

$$\frac{\overline{X}-\mu}{\sigma/\sqrt{n}}\sim N(0,\ 1)$$

由定理6.2.3，有

$$\frac{n-1}{\sigma^2}S^2\sim\chi^2(n-1)$$

且 $\dfrac{\overline{X}-\mu}{\sigma/\sqrt{n}}$ 与 $\dfrac{n-1}{\sigma^2}S^2$ 相互独立。由 t 分布的定义

$$\frac{\overline{X}-\mu}{\sigma/\sqrt{n}}\bigg/\sqrt{\frac{(n-1)S^2}{\sigma^2\ (n-1)}}\sim t(n-1)$$

而

$$\frac{\overline{X}-\mu}{\sigma/\sqrt{n}}\bigg/\sqrt{\frac{(n-1)S^2}{\sigma^2(n-1)}}=\frac{\overline{X}-\mu}{\sigma/\sqrt{n}}\cdot\sqrt{\frac{\sigma^2(n-1)}{(n-1)\ S^2}}=\frac{\overline{X}-\mu}{\sigma/\sqrt{n}}\cdot\frac{\sigma}{S}=\frac{\overline{X}-\mu}{S/\sqrt{n}}$$

所以 $\dfrac{\overline{X}-\mu}{S/\sqrt{n}}\sim t(n-1)$。定理6.2.4 得证。

定理6.2.5　设 X_1，$\cdots$，X_{n_1} 是总体 $N(\mu_1,\ \sigma_1^2)$ 的样本，Y_1，$\cdots$，Y_{n_2} 是总体 $N(\mu_2,\ \sigma_2^2)$ 的样本，$\overline{X}$ 和 $\overline{Y}$ 分别是两个样本的样本均值，S_1^2 和 S_2^2 分别是两个样本的样本方差，则

$$\frac{S_1^2/\sigma_1^2}{S_2^2/\sigma_2^2}\sim F(n_1-1,\ n_2-1)$$

$$\frac{(\overline{X}-\overline{Y})-(\mu_1-\mu_2)}{S_w\sqrt{\dfrac{1}{n_1}+\dfrac{1}{n_2}}}\sim t(n_1+n_2-2)$$

其中，

$$S_w^2=\frac{(n_1-1)S_1^2+(n_2-1)S_2^2}{n_1+n_2-2}$$

证明：由定理 6.2.3

$$\frac{(n_1-1)S_1^2}{\sigma_1^2}\sim\chi^2(n_1-1),\quad\frac{(n_2-1)S_2^2}{\sigma_2^2}\sim\chi^2(n_2-1)$$

因为两个样本都是简单样本，所以 S_1^2 和 S_2^2 相互独立。由 F 分布的定义

$$\frac{\dfrac{(n_1-1)S_1^2}{\sigma_1^2}\Big/(n_1-1)}{\dfrac{(n_2-1)S_2^2}{\sigma_2^2}\Big/(n_2-1)}\sim F(n_1-1,\ n_2-1)$$

即

$$\frac{S_1^2/\sigma_1^2}{S_2^2/\sigma_2^2}\sim F(n_1-1,\ n_2-1)$$

定理 6.2.5 得证。

例 6.2.1 设 $X\sim N(\mu,2)$，从 X 中抽一容量为 16 的样本，样本均值 $\overline{X}=\dfrac{1}{n}\sum\limits_{i=1}^{n}X_i=52.6$，若给定 $\alpha=0.05$，则用 $\overline{X}$ 对 μ 进行估计时，μ 在什么误差范围内？

解： 由题意，要求误差 λ，使得

$$P\{|\overline{X}-\mu|\leqslant\lambda\}=1-\alpha$$

因为 α 已知，故只需要知道 $\overline{X}-\mu$ 的分布即可。由定理 6.2.1，$\overline{X}\sim N\left(\mu,\dfrac{2}{16}\right)$，将其标准化，$\dfrac{\overline{X}-\mu}{\sqrt{2/16}}=\dfrac{\overline{X}-\mu}{\sqrt{2}/4}\sim N(0,1)$。因此

$$P\left\{\left|\frac{\overline{X}-\mu}{\sqrt{2}/4}\right|\leqslant\lambda\right\}=1-\alpha$$

$$P\left\{-\lambda\leqslant\frac{\overline{X}-\mu}{\sqrt{2}/4}\leqslant\lambda\right\}=1-\alpha$$

$$\Phi(\lambda)-\Phi(-\lambda)=1-\alpha$$

$$2\Phi(\lambda)-1=1-\alpha$$

$$\Phi(\lambda)=1-\frac{\alpha}{2}$$

查标准正态分布表，得 $\lambda=Z_{\alpha/2}$，因此，求 μ 的误差范围，只需求解不等式 $\left|\dfrac{\overline{X}-\mu}{\sqrt{2}/4}\right|\leqslant\lambda$ 即可

$$\left|\frac{\overline{X}-\mu}{\sqrt{2}/4}\right|\leqslant\lambda$$

$$-\lambda\frac{\sqrt{2}}{4}\leqslant\mu-\overline{X}\leqslant\lambda\frac{\sqrt{2}}{4}$$

$$\overline{X}-\lambda\frac{\sqrt{2}}{4}\leqslant\mu\leqslant\overline{X}+\lambda\frac{\sqrt{2}}{4}$$

或者记为：$\mu \in \left[\overline{X} - \lambda \dfrac{\sqrt{2}}{4}, \ \overline{X} + \lambda \dfrac{\sqrt{2}}{4} \right]$。这实际上是下一章的置信区间。

例 6.2.2　已知 $X \sim t(n)$，求证，$X^2 \sim F(1, n)$。

证明： 因为 $X \sim t(n)$，则 $X = \dfrac{U}{\sqrt{Y/n}}$，其中，$U \sim N(0, 1)$，$Y \sim \chi^2(n)$，且 U 与 Y 相互独立。因此，$U^2 \sim \chi^2(1)$，根据分布的定义，有

$$X^2 = \frac{U^2/1}{Y/n} \sim F(1, n)$$

例 6.2.3　在总体 $N(52, 6.3^2)$ 中随机抽取一个容量为 36 的样本，求样本均值 $\overline{X}$ 落在 50.8 到 53.8 的概率。

解： 因为 $\overline{X} \sim N\left(52, \dfrac{6.3^2}{36} \right)$，所以，$\dfrac{\overline{X} - 52}{\sqrt{6.3^2/36}} = \dfrac{\overline{X} - 52}{6.3/6} \sim N(0, 1)$，故

$$
\begin{aligned}
P\{50.8 \leqslant \overline{X} \leqslant 53.8\} &= P\left\{ \frac{50.8 - 52}{6.3/6} \leqslant \frac{\overline{X} - 52}{6.3/6} \leqslant \frac{53.8 - 52}{6.3/6} \right\} \\
&= P\left\{ \frac{-8}{7} \leqslant \frac{\overline{X} - 52}{6.3/6} \leqslant \frac{12}{7} \right\} = \Phi\left(\frac{12}{7} \right) - \Phi\left(\frac{-8}{7} \right) \\
&= \Phi\left(\frac{12}{7} \right) + \Phi\left(\frac{8}{7} \right) - 1 = 0.9564 + 0.8729 - 1 = 0.8293
\end{aligned}
$$

例 6.2.4　在总体 $N(12, 4)$ 中随机抽取一个容量为 5 的样本 $X_1, \cdots, X_5$，求样本均值 $\overline{X}$ 与总体均值 12 之差的绝对值大于 1 的概率。

解： 因为 $X_i \sim N(12, 4)$，由定理 6.2.2，$\overline{X} \sim N\left(12, \dfrac{4}{5} \right)$，$\dfrac{\overline{X} - 12}{\sqrt{4/5}} \sim N(0, 1)$，故

$$P\{|\overline{X} - 12| > 1\} = P\left\{ \left| \frac{\overline{X} - 12}{2/\sqrt{5}} \right| > \frac{1}{2/\sqrt{5}} \right\} = P\left\{ \left| \frac{\overline{X} - 12}{2/\sqrt{5}} \right| > \frac{\sqrt{5}}{2} \right\}$$

去掉绝对值符号

$$
\begin{aligned}
P\{|\overline{X} - 12| > 1\} &= P\left\{ \frac{\overline{X} - 12}{2/\sqrt{5}} > \frac{\sqrt{5}}{2} \right\} + P\left\{ \frac{\overline{X} - 12}{2/\sqrt{5}} < \frac{-\sqrt{5}}{2} \right\} = \Phi\left(\frac{-\sqrt{5}}{2} \right) + \left(1 - \Phi\left(\frac{\sqrt{5}}{2} \right) \right) \\
&= \left(1 - \Phi\left(\frac{\sqrt{5}}{2} \right) \right) + \left(1 - \Phi\left(\frac{\sqrt{5}}{2} \right) \right) = 2 - 2\Phi\left(\frac{\sqrt{5}}{2} \right) = 2(1 - 0.8686) = 0.2628
\end{aligned}
$$

例 6.2.5　在总体 $N(\mu, \sigma^2)$ 中随机抽取一个容量为 16 的样本，这里 μ，σ^2 均未知。求 $P\left\{ \dfrac{S^2}{\sigma^2} \leqslant 2.041 \right\}$，其中，$S^2$ 为样本方差。

解： 因为样本来自总体 $N(\mu, \sigma^2)$，由定理 6.2.3 可知 $\dfrac{(n-1)S^2}{\sigma^2} = \dfrac{15S^2}{\sigma^2} \sim \chi^2(15)$，所以

$$
\begin{aligned}
P\left\{ \frac{S^2}{\sigma^2} \leqslant 2.041 \right\} &= P\left\{ \frac{15S^2}{\sigma^2} \leqslant 15 \times 2.041 \right\} = 1 - P\left\{ \frac{15S^2}{\sigma^2} > 30.615 \right\} \\
&= 1 - P\{\chi^2(15) > 30.615\} = 1 - 0.01 = 0.99
\end{aligned}
$$

本章小结

三大分布的关系

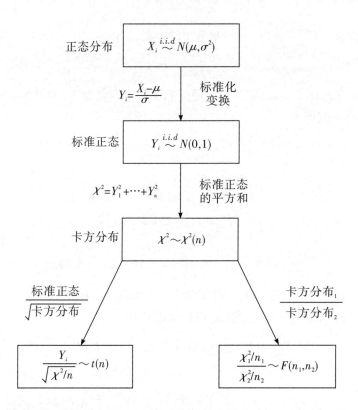

注意条件与区别

（1）X_i 独立同分布，Y_i 与 $\chi^2(n)$，$\chi^2(n_1)$ 与 $\chi^2(n_2)$ 相互独立。

（2）构造新统计量时，$\chi^2(n)$，$\chi^2(n_1)$，$\chi^2(n_2)$ 要用自由度平均：$\dfrac{\chi^2(n)}{n}$，$\dfrac{\chi^2(n_1)}{n_1}$，$\dfrac{\chi^2(n_2)}{n_2}$。

（3）注意 μ 与 $\overline{X}$ 的区别。

$$\sum_{i=1}^{n}\left(\frac{X_i-\mu}{\sigma}\right)^2 = \frac{1}{\sigma}\sum_{i=1}^{n}(X_i-\mu)^2 \sim \chi^2(n)$$

$$\sum_{i=1}^{n}\left(\frac{X_i-\overline{X}}{\sigma}\right)^2 = \frac{1}{\sigma}\sum_{i=1}^{n}(X_i-\overline{X})^2 \sim \chi^2(n-1)$$

样本均值与样本方差的分布定理

分类		条件		结论	序号
总体分布未知	近似分布（大样本）	$X_i \overset{i.i.d}{\sim} X$	$\Rightarrow$	$\overline{X} \sim N\left(\mu, \dfrac{\sigma^2}{n}\right)$	定理 6.2.1
正态总体	精确分布（小样本）	$X_i \overset{i.i.d}{\sim} N(\mu, \sigma^2)$	$\Rightarrow$	$\overline{X} \sim N\left(\mu, \dfrac{\sigma^2}{n}\right)$	定理 6.2.2
			$\Rightarrow$	$\dfrac{(n-1)\,S^2}{\sigma^2} \sim \chi^2(n-1)$	定理 6.2.3
			$\Rightarrow$	$\dfrac{\overline{X}-\mu}{S/\sqrt{n}} \sim t(n-1)$	定理 6.2.4
		$\begin{aligned}X_i &\overset{i.i.d}{\sim} N(\mu_1, \sigma_1^2)\\ X_i' &\overset{i.i.d}{\sim} N(\mu_2, \sigma_2^2)\end{aligned}$	$\Rightarrow$	$\dfrac{S_1^2/\sigma_1^2}{S_2^2/\sigma_2^2} \sim F(n_1-1, n_2-1)$	定理 6.2.5

样本：$X_1, \cdots, X_n$；$\overline{X} = \dfrac{1}{n}\sum\limits_{i=1}^{n} X_i$，$S^2 = \dfrac{1}{n-1}\sum\limits_{i=1}^{n}(X_i - \overline{X})^2$

习题 6

6.1　设 $X_1, \cdots, X_n$ 是来自均值为 μ、方差为 σ^2 的总体 X 的样本，$\overline{X}$ 为样本均值。证明 $E(\overline{X}) = \mu$，$D(\overline{X}) = \dfrac{\sigma^2}{n}$。

6.2　设 $X_1, \cdots, X_n$ 是来自均值为 μ、方差为 σ^2 的总体 X 的样本，

$$S^2 = \frac{1}{n-1}\sum_{i=1}^{n}(X_i - \overline{X})^2$$

求证：（1）$S^2 = \dfrac{1}{n-1}\left[\sum\limits_{i=1}^{n} X_i^2 - n\overline{X}^2\right]$；（2）$E(S^2) = \sigma^2$。

6.3　设样本 $X_1, \cdots, X_{10}$ 来自总体 $N(0, 1)$，设 $Y = k_1(X_1 + \cdots + X_4)^2 + k_2(X_5 + \cdots + X_{10})^2$，试确定常数 k_1，k_2，使得 Y 服从 χ^2 分布。

6.4　设样本 $X_1, \cdots, X_{10}$ 来自总体 $N(0, 1)$，设 $Y = \dfrac{k(X_1 + \cdots + X_4)}{(X_5^2 + \cdots + X_{10}^2)^{\frac{1}{2}}}$，试确定常数 k，使得 Y 服从 t 分布。

6.5　设 $X \sim t(n)$，求证 $X^2 \sim F(1, n)$。

综合自测题 6

一、单选题

1. 设 $X_1, \cdots, X_n$ 是总体 $N(\mu_1, \sigma^2)$ 的样本，$Y_1, \cdots, Y_m$ 是总体 $N(\mu_2, 2\sigma^2)$ 的样本，且两样本相互独立，记 $\overline{X} = \dfrac{1}{n}\sum\limits_{i=1}^{n} X_i$，$\overline{Y} = \dfrac{1}{m}\sum\limits_{i=1}^{m} Y_i$，$S_1^2 = \dfrac{1}{n-1}\sum\limits_{i=1}^{n}(X_i - \overline{X})^2$，$S_2^2 = \dfrac{1}{m-1}\sum\limits_{i=1}^{m}(Y_i - \overline{Y})^2$，则（　　　）

　　A. $\dfrac{S_1^2}{S_2^2} \sim F(n, m)$ 　　　　　　　　B. $\dfrac{S_1^2}{S_2^2} \sim F(n-1, m-1)$

　　C. $\dfrac{2S_1^2}{S_2^2} \sim F(n, m)$ 　　　　　　　D. $\dfrac{2S_1^2}{S_2^2} \sim F(n-1, m-1)$

2. 设总体 $X \sim N(\mu, \sigma^2)$，其中 μ 已知，σ^2 未知，X_1, X_2, X_3 是取自 X 的样本。则下列选项中不是统计量的是（　　　）

　　A. $X_1 + X_2 + 3\mu$ 　　　　　　　　　B. $\max\{X_1, X_2, X_3\}$

　　C. $\sigma^2(X_1^2 + X_2^2 + X_3^2)$ 　　　　　D. $\dfrac{1}{4}(X_1 + X_2 + X_3)$

3. 设 $X, Y \sim N(0, 1)$，则（　　　）

　　A. $X + Y$ 服从正态分布 　　　　　　B. $X^2 + Y^2$ 服从 χ^2 分布

　　C. X^2, Y^2 都服从 χ^2 分布 　　　　D. $\dfrac{X^2}{Y^2}$ 服从 F 分布

4. 设 $X \sim t(n)$，$Y = \dfrac{1}{X^2}$，则（　　　）

　　A. $Y \sim \chi^2(n)$ 　　　　　　　　　B. $Y \sim \chi^2(n-1)$

　　C. $Y \sim F(n, 1)$ 　　　　　　　　　D. $Y \sim F(1, n)$

5. 设 A, B 为随机事件，且 $0 < P(B) < 1$。则下列命题中不成立的是（　　　）

　　A. 若 $P(A|B) = P(A)$，则 $P(A|\overline{B}) = P(A)$

　　B. 若 $P(A|B) > P(A)$，则 $P(\overline{A}|\overline{B}) > P(\overline{A})$

　　C. 若 $P(A|B) > P(A|\overline{B})$，则 $P(A|B) > P(A)$

　　D. 若 $P(A|A \cup B) > P(\overline{A}|A \cup B)$，则 $P(A) > P(B)$

二、填空题

1. 设 $X_1, \cdots, X_n$ 是来自总体 $N(0, 1)$ 的样本，则 $Y = \sum\limits_{i=1}^{n} X_i^2$ 服从_____。

2. 设 $X_1, \cdots, X_n$ 是来自总体 $N(\mu, \sigma^2)$ 的样本，则 $Y = \sum\limits_{i=1}^{n}\left(\dfrac{X_i - \mu}{\sigma}\right)^2$ 服从_____。

3. 设 $X_1, \cdots, X_n$ 是来自总体 $N(\mu, \sigma^2)$ 的样本，则 $Y = \sum\limits_{i=1}^{n}\left(\dfrac{X_i - \overline{X}}{\sigma}\right)^2$ 服从_____。

注：$Y = \sum_{i=1}^{n} \left(\frac{X_i - \overline{X}}{\sigma} \right)^2 = \frac{1}{\sigma^2} \sum_{i=1}^{n} (X_i - \overline{X})^2 = \frac{n-1}{\sigma^2} \frac{1}{n-1} \sum_{i=1}^{n} (X_i - \overline{X})^2 = \frac{(n-1)}{\sigma^2} S^2$

4. 设 $X_1, \cdots, X_4$ 是来自总体 $N(0, \sigma^2)$ 的样本，则 $Y = \frac{(X_1 + X_2)^2}{(X_3 - X_4)^2}$ 服从_____。

5. 设随机变量序列 $X_1, \cdots, X_n$ 独立同分布，且 X_i 的概率密度为

$$f(x) = \begin{cases} 1 - |x|, & |x| < 1 \\ 0, & \text{其他} \end{cases}$$

则当 $n \to \infty$ 时，$\frac{1}{n} \sum_{i=1}^{n} X_i^2$ 依概率收敛于_____。

三、计算题

1. 设总体 X 服从标准正态分布 $N(0, 1)$，$X_1, X_2, \cdots, X_{2n}$ 是来自总体 X 容量为 $2n$ 的简单随机样本，求统计量 $Y = \frac{1}{2} \sum_{i=1}^{2n} X_i^2 + \sum_{i=1}^{n} X_{2i-1} X_{2i}$ 的分布。

2. 设随机变量 X 与 Y 相互独立，且 $X \sim B(1, p)$，$Y \sim B(2, p)$，$p \in (0, 1)$，求 $X + Y$ 与 $X - Y$ 的相关系数。

3. 设随机变量 X 的概率密度为 $f(x) = \frac{e^x}{(1 + e^x)^2}$，$-\infty < x < +\infty$，令 $Y = e^X$。

（1）求 X 的分布函数；（2）求 Y 的密度函数；（3）Y 的期望是否存在？

第7章　参数估计

案例引导——大学生网购人均消费估计

现实中的很多问题都与参数估计方法息息相关。据统计，2022 年"双十一"全网综合电商平台销售总额达 9340 亿元，同比增长 2.9%。而大学生作为网购消费群体的主力军，其消费行为是一个重要的研究课题。一些基本问题自然会受到关注，比如"双十一"期间大学生人均消费金额是多少？人均消费金额超过 1000 元的比例是多少？需要抽取多少样本才能给出较为准确的估计呢？这些问题的回答都要借助于参数估计理论。

估计理论是推断统计学的重要内容之一，包含参数估计和非参数估计两个方面。由概率论的基础知识可知，分布是回答不确定性问题的基本统计工具，典型的统计推断通常是从假定分布族开始的。例如，在研究保险公司的索赔数目时，可能假定索赔数服从参数为 λ 的泊松分布，为了研究索赔特征，就需要利用样本数据估计参数。然而在许多实际问题中，对数据的分布作出具体的假定需要很多信息，在对总体信息知之甚少时，往往很难作出比较明确的假定。非参数估计就是在不假定总体分布的具体形式下，尽量从数据本身对总体特征参数进行估计的方法。由于篇幅有限，本章中仅介绍参数估计方法。

7.1　点估计与区间估计

7.1.1　点估计

从假定分布族出发，利用样本数据对假定分布族中的未知参数进行估计的方法，称为参数估计方法。按照是否考虑估计误差，参数估计可以分为点估计和区间估计两类。本节主要介绍点估计。

定义 7.1.1 假设 θ 为总体 X 的待估参数，X_1，X_2，$\cdots$，X_n 是来自 X 的样本，x_1，x_2，$\cdots$，x_n 是相应的样本观测值。点估计是用统计量 $\hat{\theta} = \hat{\theta}(X_1, X_2, \cdots, X_n)$ 的一个具体观察值 $\hat{\theta} = \hat{\theta}(x_1, x_2, \cdots, x_n)$ 来估计参数 θ，通常称 $\hat{\theta}(X_1, X_2, \cdots, X_n)$ 为 θ 的估计量，$\hat{\theta}(x_1, x_2, \cdots, x_n)$ 为 θ 的估计值。估计量和估计值有时不严加区分，简记为 $\hat{\theta}$，这时要根据实际含义加以理解。

7.1.2　区间估计

由大数定律可知，在重复抽样条件下，当样本量足够大时，点估计的均值会无限接近总体的真值。但是由于样本是随机的，对于一个具体的样本得到的估计量很可能不同于总体真值。人们在对总体参数做点估计的同时，通常还希望了解估计的可靠程度和估计的误差，即估计值与真实值的接近程度，这就是将要提到的区间估计方法。

下面以总体均值的区间估计为例说明区间估计的基本思想。由样本均值的抽样分布理论可知，简单随机抽样下样本均值的数学期望等于总体均值，即 $E(\overline{X})=\mu$，样本均值的标准误差为 $\sigma_{\overline{x}}=\sigma/\sqrt{n}$，且在正态总体或大样本情形下样本均值服从正态分布。由此可知，若样本量 n 足够大，样本均值 $\overline{X}$ 落在总体均值 μ 的两侧 1.65 倍抽样标准误差范围内的概率为 0.9，$\overline{X}$ 落在总体均值 μ 的两侧 1.96 倍抽样标准误差范围内的概率为 0.95，$\overline{X}$ 落在总体均值 μ 的两侧 2.58 倍抽样标准误差范围内的概率为 0.99，等等。实际上，可以求出 $\overline{X}$ 落在总体均值 μ 的两侧任何一个标准误差范围内的概率。

但实际估计时，情况恰好相反。$\overline{X}$ 是已知的，μ 是未知的，这正是将要估计的。如果样本均值 $\overline{X}$ 落在 μ 的 2 倍标准差范围之内，也就是 μ 被包含在以 $\overline{X}$ 为中心、2 倍标准差为半径的区间里，这个事件发生的概率约为 0.95。通俗地说，如果反复抽取 100 组样本来估计总体的均值，由 100 组样本可以得到 100 个区间，其中约有 95 个区间包含总体均值，另外的 5 个区间不包含总体均值。

定义 7.1.2（置信区间）　设总体 X 的分布函数 $F(x;\theta)$ 含有一个未知参数 θ，$\theta\in\Theta$（Θ 是可能取值的范围），对于给定值 α，若有两个统计量 $\hat{\theta}_1(X_1,X_2,\cdots,X_n)$ 和 $\hat{\theta}_2(X_1,X_2,\cdots,X_n)(\hat{\theta}_1<\hat{\theta}_2)$，对于任意 $\theta\in\Theta$ 满足

$$P(\hat{\theta}_1(X_1,X_2,\cdots,X_n)\leqslant\theta\leqslant\hat{\theta}_2(X_1,X_2,\cdots,X_n))\geqslant1-\alpha$$

则称随机区间 $(\hat{\theta}_1,\hat{\theta}_2)$ 是 θ 的置信水平为 $1-\alpha$ 的置信区间，$\hat{\theta}_1$ 和 $\hat{\theta}_2$ 分别称为置信水平为 $1-\alpha$ 的双侧置信区间的置信下限和置信上限，$1-\alpha$ 称为置信水平。

公式含义如下：若在相同的样本量 n 下，反复抽样 m 组样本，每组样本值可以确定一个区间 $(\hat{\theta}_1^{(i)},\hat{\theta}_2^{(i)})(i=1,2,\cdots,m)$，对于每个区间 $(\hat{\theta}_1^{(i)},\hat{\theta}_2^{(i)})$，其要么包含 θ，要么不包含 θ。根据伯努利大数定律，在 m 个区间中，包含 θ 的约占 $100(1-\alpha)\%$，不包含 θ 的约占 $100\alpha\%$。例如，若取 $\alpha=0.01$，反复抽样 1000 组，则得到的 1000 个区间中不包含 θ 的约有 10 个。需要注意的是，在理解置信区间的含义时，不能说：总体参数 θ 落在置信区间 $(\hat{\theta}_1,\hat{\theta}_2)$ 的概率至少是 $1-\alpha$，因为总体参数 θ 是一个常数，不是随机变量。

不同于不含未知参数的统计量，在区间估计中通常需要构造一个包含待估参数的样本函数，若此函数的概率分布是已知的，则这种随机变量称为枢轴量。

定义 7.1.3（枢轴量）　若随机样本的函数含有未知参数 θ 但分布已知，且分布与 θ 无关，该随机变量称为枢轴量。

求解未知参数 θ 的置信区间的一般步骤如下：

第一步，构造与待估参数对应的枢轴量 $W(X_1,X_2,\cdots,X_n;\theta)$，并确定其分布。

第二步，对于给定的置信水平 $1-\alpha$，定出两个常数 a,b 使得

$$P(a<W(X_1,X_2,\cdots,X_n;\theta)<b)=1-\alpha$$

若能从 $a < W(X_1, X_2, \cdots, X_n; \theta) < b$ 解出与之等价的 θ 的不等式 $\widehat{\theta_1} < \theta < \widehat{\theta_2}$，其中 $\widehat{\theta_1} = \widehat{\theta_1}(X_1, X_2, \cdots, X_n)$，$\widehat{\theta_2} = \widehat{\theta_2}(X_1, X_2, \cdots, X_n)$ 都是统计量，那么 $(\widehat{\theta_1}, \widehat{\theta_2})$ 就是 θ 的一个置信水平为 $1 - \alpha$ 的置信区间。

7.2　矩估计与极大似然估计

点估计的方法有很多，包含矩估计、极大似然估计和最小二乘估计等。这里主要介绍矩估计和极大似然估计。

7.2.1　矩估计

皮尔逊（Pearson）所引入的矩估计法是较早提出的求参数点估计的方法。从大数定律可知，当总体的数学期望 μ 有限时，则样本的平均值 $\overline{X}$ 依概率收敛于 μ。这也启发到，在利用样本所提供的信息来对总体分布的未知参数进行估计时，可以利用样本矩作为总体矩的估计，矩估计方法正是基于此提出的。

定义 7.2.1（矩估计）　设总体 X 的分布函数中含有 k 个待估参数 θ_1，θ_2，$\cdots$，θ_k，假定总体的前 k 阶原点矩存在，$\mu_i = E(X^i)$，$i = 1, 2, \cdots, k$。若用样本的原点矩作为总体同一原点矩的估计量，则有

$$\widehat{\mu_i} = \frac{1}{n} \sum_{j=1}^{n} X_j^i, \quad i = 1, 2, \cdots, k$$

如此就形成关于未知参数 θ_1，θ_2，$\cdots$，θ_k 的 k 个方程的方程组，解此方程组，就得到 $\widehat{\theta_i} = \widehat{\theta_i}(X_1, X_2, \cdots, X_k)(i = 1, 2, \cdots, k)$，以 $\widehat{\theta_i}$ 作为参数 θ_i 的估计量，则称 $\widehat{\theta_i}$ 为未知参数 θ_i 的矩估计量。

例 7.2.1　设总体 X 服从 $[\theta_1, \theta_2]$ 上的均匀分布，其密度函数为

$$f(x; \theta_1, \theta_2) = \begin{cases} \dfrac{1}{\theta_2 - \theta_1}, & x \in [\theta_1, \theta_2] \\ 0, & x \notin [\theta_1, \theta_2] \end{cases}$$

试求 θ_1 和 θ_2 的矩估计量。

解：知道

$$E(X) = \frac{1}{2}(\theta_1 + \theta_2), \quad D(X) = \frac{1}{12}(\theta_1 - \theta_2)^2$$

由方程组

$$\begin{cases} \dfrac{1}{n} \sum_{i=1}^{n} X_i = E(X) \\ \dfrac{1}{n} \sum_{i=1}^{n} X_i^2 = D(X) + (E(X))^2 \end{cases}$$

可以解得

$$\begin{cases} \widehat{\theta}_1 = \overline{X} - \sqrt{3}S \\ \widehat{\theta}_2 = \overline{X} + \sqrt{3}S \end{cases}$$

其中 $\overline{X} = \dfrac{X_1 + X_2 + \cdots + X_n}{n}$，$S^2 = \dfrac{1}{n}\sum_{i=1}^{n}(X_i - \overline{X})^2$，则 $\widehat{\theta}_1$ 和 $\widehat{\theta}_2$ 分别为 θ_1 和 θ_2 的矩估计量。

矩估计法是最古老的点估计方法，它直观且简便，特别是在对总体的数学期望和方差进行估计时，并不一定要知道总体的分布函数。但是，矩估计也存在以下几个方面的不足：一是要求总体的原点矩存在，若原点矩不存在，就不能使用矩估计法，比如柯西分布；二是由于样本矩的表达式与总体分布函数 $F(x；\theta)$ 的表达式无关，因而矩估计法并没有充分利用总体分布函数 $F(x；\theta)$ 对未知参数 θ 所提供的信息；三是矩估计不具有唯一性，采用不同阶的总体矩可以得到不同的矩估计形式。

7.2.2 极大似然估计

极大似然估计法最早由高斯（Gauss）提出，费希尔（Fisher）在其 1912 年的论文中对其命名，并证明了极大似然估计的一些重要性质。从理论观点来看，极大似然估计至今仍然是参数点估计中最重要的方法。以一个例子来说明极大似然估计法的基本思想。假如某事件发生的概率只可能是 0.01 或者 0.5，若在一次观察中这个事件居然发生了，你更相信该事件发生的概率是多少？自然认为是 0.5 更合理。不难看出，极大似然估计就是选取使所观测的结果出现概率最大的参数取值作为参数估计。

定义 7.2.2（极大似然估计） 设总体 X 的概率质量函数（或概率密度函数）为 $P(x；\theta_1，\theta_2，\cdots，\theta_k)$，其中 $\theta_1，\theta_2，\cdots，\theta_k$ 为未知参数。当 X 是离散型时，$P(x；\theta_1，\theta_2，\cdots，\theta_k)$ 是 X 的概率质量函数；当 X 是连续型时，$P(x；\theta_1，\theta_2，\cdots，\theta_k)$ 是 X 的概率密度函数。$X_1，X_2，\cdots，X_n$ 是 X 的简单随机样本，$x_1，x_2，\cdots，x_n$ 是样本的观察值，称 $L(\theta_1，\cdots，\theta_k) = \prod_{i=1}^{n} P(x_i；\theta_1，\cdots，\theta_k)$ 为样本的似然函数。若有 $\widehat{\theta}_1，\cdots，\widehat{\theta}_k$ 使得下式成立：

$$L(\widehat{\theta}_1，\cdots，\widehat{\theta}_k) = \max_{\theta_1,\cdots,\theta_k} L(\theta_1，\cdots，\theta_k)$$

则称 $\widehat{\theta}_i = \widehat{\theta}_i(x_1，\cdots，x_n)$ 为 θ_i 的极大似然估计（$i = 1，2，\cdots，k$）。

通过取对数，可以得到

$$\ln L(\theta_1，\cdots，\theta_k) = \sum_{i=1}^{n} \ln P(x_i；\theta_1，\cdots，\theta_k)$$

由于 $\ln x$ 是 x 的单调增函数，故 $\ln L$ 与 L 有相同的极大值点。$\widehat{\theta}_i$ 为极大似然估计量的必要条件为

$$\frac{\partial \ln L(\theta_1，\cdots，\theta_k)}{\partial \theta_i} = 0，\quad i = 1，2，\cdots，k$$

此方程组就称为似然方程组，由似然方程组可解得 $\widehat{\theta}_i = \widehat{\theta}_i(x_1，\cdots，x_n)$。

例 7.2.2 设 X_1，X_2，$\cdots$，X_n 是一组来自正态总体 $N(\mu, \sigma^2)$ 的简单随机样本，求参数 μ 和 σ^2 的极大似然估计。

解：样本的极大似然函数为

$$L(\mu, \sigma^2) = \prod_{i=1}^{n} \frac{1}{\sqrt{2\pi}\sigma} \mathrm{e}^{-\frac{(X_i-\mu)^2}{2\sigma^2}} = \frac{1}{(2\pi)^{n/2}\sigma^n} \mathrm{e}^{-\frac{\sum\limits_{i=1}^{n}(X_i-\mu)^2}{2\sigma^2}}$$

两边取对数，得到

$$\ln L(\mu, \sigma^2) = -\frac{1}{2\sigma^2} \sum_{i=1}^{n}(X_i-\mu)^2 - \frac{n}{2}\log(2\pi) - n\log\sigma$$

分别对 μ 和 σ^2 求偏导，并令偏导等于 0，得到方程组

$$\begin{cases} \dfrac{1}{\sigma^2} \sum\limits_{i=1}^{n}(X_i-\mu) = 0 \\[3mm] \dfrac{1}{\sigma^4} \sum\limits_{i=1}^{n}(X_i-\mu)^2 - \dfrac{n}{\sigma^2} = 0 \end{cases}$$

因此，μ 和 σ^2 的极大似然估计为

$$\begin{cases} \widehat{\mu} = \dfrac{1}{n} \sum\limits_{i=1}^{n} X_i \\[3mm] \widehat{\sigma^2} = \dfrac{1}{n} \sum\limits_{i=1}^{n}(X_i-\mu)^2 \end{cases}$$

7.3 估计量的优良性准则

7.2 节中利用矩估计方法对均匀分布样本下 θ_1 和 θ_2 进行估计，得到的估计结果如下：

$$\begin{cases} \widehat{\theta_1} = \overline{X} - \sqrt{3}S \\ \widehat{\theta_2} = \overline{X} + \sqrt{3}S \end{cases}$$

同样利用极大似然估计法进行估计，得到的估计结果为

$$\begin{cases} \widehat{\theta_1} = X_{\min} \\ \widehat{\theta_2} = X_{\max} \end{cases}$$

可以看到，两种方案能够得到两种截然不同的估计结果，此时，如何评判两个估计量的优劣就成了要面对的问题。为了在众多估计量中找出最优估计量，必须借助一些额外的评判规则，这就涉及评价估计量的优良性准则。

假设 X_1，X_2，$\cdots$，X_n 是总体 X 的简单随机样本，θ 为总体 X 的待估参数，一般而言，一个好的估计量满足如下三个优良性准则：无偏性、有效性、一致性。

7.3.1 无偏性

定义 7.3.1（无偏性） 若估计量 $\widehat{\theta} = \widehat{\theta}(X_1, \cdots, X_n)$ 的数学期望 $E(\widehat{\theta})$ 存在，且

对于任意的 $\theta \in \Theta$ 有

$$E(\hat{\theta}) = \theta$$

则称 $\hat{\theta}$ 是 θ 的无偏估计量。

估计量的无偏性意味着，由于样本具有随机性，由这一估计量得到的估计值相对于真值有时可能偏大，有时则可能偏小，但是多次使用这一估计量，从平均意义来看偏差为零。通常称 $E(\hat{\theta}) - \theta$ 为估计的系统误差，无偏估计的实际意义就是无系统误差。

例如，假设总体的均值 μ 和方差 σ^2 均未知，由前文知识可以知道：

$$E(\overline{X}) = \mu,\ E(S^2) = \sigma^2$$

因此，无论总体服从什么分布，样本均值 $\overline{X}$ 是总体期望 μ 的无偏估计，样本方差 $S^2 = \dfrac{1}{n-1} \sum\limits_{i=1}^{n} (X_i - \overline{X})^2$ 是总体方差的无偏估计。而估计量 $V^2 = \dfrac{1}{n} \sum\limits_{i=1}^{n} (X_i - \overline{X})^2$ 却不是 σ^2 的无偏估计，因此一般取 S^2 作为 σ^2 的估计量。

例 7.3.1　设总体 X 的 k 阶原点矩 $\mu_k = E(X^k)\ (k \geqslant 1)$ 存在，X_1，X_2，$\cdots$，X_n 是总体 X 的简单随机样本。证明：不论总体服从什么分布，样本的 k 阶原点矩 $A_k = \dfrac{1}{n} \sum\limits_{i=1}^{n} X_i^k$ 是总体的 k 阶原点矩 μ_k 的无偏估计量。

证明：由于 X_1，X_2，$\cdots$，X_n 相互独立且均服从总体 X 的分布，故

$$E(X_i^k) = \mu_k\ (i = 1,\ 2,\ \cdots,\ n),\ 则\ E(A_k) = \frac{1}{n} \sum_{i=1}^{n} E(X_i^k) = \mu_k$$

满足无偏性要求的估计量往往并不唯一，例如在对总体均值参数 μ 进行估计时，$\hat{\mu} = \sum\limits_{i=1}^{n} a_i X_i$ 均为 μ 的无偏估计量，只要 $\sum\limits_{i=1}^{n} a_i = 1$。对于多个无偏估计，哪个估计量会更好呢？下面将引入无偏估计量的有效性。

7.3.2　有效性

定义 7.3.2（有效性）　设 $\hat{\theta}_1 = \hat{\theta}_1(X_1,\ X_2,\ \cdots,\ X_n)$ 和 $\hat{\theta}_2 = \hat{\theta}_2(X_1,\ X_2,\ \cdots,\ X_n)$ 都是 θ 的无偏估计量，若对于任意的 $\theta \in \Theta$，有

$$D(\hat{\theta}_1) \leqslant D(\hat{\theta}_2)$$

且至少对于某一个 $\theta \in \Theta$ 上式中的不等号成立，则称 $\hat{\theta}_1$ 比 $\hat{\theta}_2$ 有效。

$\hat{\theta}_1$ 比 $\hat{\theta}_2$ 有效意味着，在样本量相同的情况下，$\hat{\theta}_1$ 的观察值较 $\hat{\theta}_2$ 的观察值更密集在真值 θ 的附近，因此认为 $\hat{\theta}_1$ 比 $\hat{\theta}_2$ 更理想。

例 7.3.2　设 $E(X) = \mu$，$D(X) = \sigma^2 > 0$ 均存在，X_1 和 X_2 为来自总体的简单随机样本，判断 μ 的三个无偏估计

$$\hat{\mu}_1 = \frac{3}{4} X_1 + \frac{1}{4} X_2,\ \hat{\mu}_2 = \frac{1}{2} X_1 + \frac{1}{2} X_2,\ \hat{\mu}_3 = \frac{2}{3} X_1 + \frac{1}{3} X_2$$

哪一个最有效？

解：计算三个无偏估计量的方差，得到

$$D(\widehat{\mu_1}) = \left(\frac{9}{16} + \frac{1}{16}\right)\sigma^2 = \frac{5}{8}\sigma^2, \ D(\widehat{\mu_2}) = \frac{1}{2}\sigma^2, \ D(\widehat{\mu_3}) = \frac{5}{9}\sigma^2$$

由于 $D(\widehat{\mu_2}) < D(\widehat{\mu_3}) < D(\widehat{\mu_1})$，所以 $\widehat{\mu_2}$ 最有效。

前面提到的无偏性和有效性都是在样本量 n 给定的前提下提出的。自然地，会希望随着样本的增加，一个估计量的值稳定于待估参数的真值，这样就有了如下的一致性要求。

7.3.3　一致性

定义 7.3.3（一致性）　设 $\widehat{\theta} = \widehat{\theta}(X_1, X_2, \cdots, X_n)$ 是参数 θ 的估计量，当 $n \to \infty$ 时，$\widehat{\theta}(X_1, X_2, \cdots, X_n)$ 依概率（或几乎处处）收敛于 θ，则称 $\widehat{\theta}$ 为 θ 的弱（强）一致估计量。

一致性是对一个估计量的基本要求，若估计量不具有一致性，则不论样本量取多大，都无法将 θ 估计得足够准确，这样的估计量是不可取的。

例 7.3.3　$X_1, X_2, \cdots, X_n$ 为来自均匀总体 $U[0, \theta]$ 的一个简单随机样本，试证明：$\widehat{\theta} = 2\overline{X}$ 为 θ 的弱一致估计量。

证明：由切比雪夫不等式，$\forall \varepsilon > 0$，当 $n \to \infty$ 时，有

$$P(\,|\widehat{\theta} - \theta| \geqslant \varepsilon) \leqslant \frac{D(\widehat{\theta})}{\varepsilon^2} = \frac{4D(X)}{n\varepsilon^2} = \frac{4\theta^2}{12n\varepsilon^2} = \frac{\theta^2}{3n\varepsilon^2} \to 0$$

因此，$\widehat{\theta}$ 依概率收敛于 θ，且为 θ 的弱一致估计量。

7.4　单个总体的区间估计

7.4.1　单个总体均值的区间估计

在对单个总体均值进行区间估计时，需要考虑总体是否为正态分布、总体方差是否已知、用于估计的样本是大样本（$n \geqslant 30$）还是小样本（$n < 30$）等几种情况。

7.4.1.1　大样本情况

在大样本（$n \geqslant 30$）的情况下，由中心极限定理可知，无论总体分布是否为正态分布、总体分布的方差是否已知，样本均值 $\overline{X}$ 的抽样分布均为正态分布。如果总体分布的方差 σ^2 已知，$\overline{X}$ 服从期望为 μ、方差为 σ^2/n 的正态分布；如果总体分布的方差未知，σ^2 可以用样本方差 S^2 代替，$\overline{X}$ 近似服从期望为 μ、方差为 S^2/n 的正态分布。

（1）方差已知的情况：

样本均值 $\overline{X}$ 经过标准化以后的随机变量 z 服从标准正态分布，将 z 作为枢轴量，有

$$z = \frac{\overline{X} - \mu}{\sigma/\sqrt{n}} \sim N(0, 1)$$

根据标准正态分布 α 水平的双侧分位数的定义，有

$$P\left(\left|\frac{\overline{X}-\mu}{\sigma/\sqrt{n}}\right| < Z_{\alpha/2}\right) = 1-\alpha$$

即

$$P\left(\overline{X} - Z_{\alpha/2}\frac{\sigma}{\sqrt{n}} < \mu < \overline{X} + Z_{\alpha/2}\frac{\sigma}{\sqrt{n}}\right) = 1-\alpha$$

这样，就得到了 μ 的一个置信水平为 $1-\alpha$ 的置信区间

$$\left(\overline{X} - Z_{\alpha/2}\frac{\sigma}{\sqrt{n}},\ \overline{X} + Z_{\alpha/2}\frac{\sigma}{\sqrt{n}}\right)$$

式中 $\overline{X} - Z_{\alpha/2}\dfrac{\sigma}{\sqrt{n}}$ 称为置信下限，$\overline{X} + Z_{\alpha/2}\dfrac{\sigma}{\sqrt{n}}$ 称为置信上限；α 是事先所确定的一个概率值，它是总体均值不包括在置信区间的概率；$1-\alpha$ 称为置信水平；$Z_{\alpha/2}$ 是标准正态分布两侧面积各为 $\alpha/2$ 时的 Z 值，即标准正态分布的上 $\alpha/2$ 分位数；$Z_{\alpha/2}\dfrac{\sigma}{\sqrt{n}}$ 是估计误差。

（2）方差未知的情况：

当总体方差未知时，则用样本方差 S^2 代替 σ^2。$\overline{X}$ 近似服从期望为 μ、方差为 S^2/n 的正态分布

$$z = \frac{\overline{X}-\mu}{S/\sqrt{n}} \sim N(0,\ 1)$$

因此，可以由正态分布构建总体均值 μ 在 $1-\alpha$ 置信水平下的置信区间为

$$\left(\overline{X} - Z_{\alpha/2}\frac{S}{\sqrt{n}},\ \overline{X} + Z_{\alpha/2}\frac{S}{\sqrt{n}}\right)$$

例 7.4.1　某审计人员要对一家货运公司的大量收款账单的平均账面金额进行估计，现采用放回抽样方式随机抽取包含 100 份账单的简单随机样本，测得样本均值为 500 元，样本方差为 100，若要求置信水平为 0.95，试求总体均值 μ 的置信区间。

解：已知 $\overline{X} = 500$，$S^2 = 100$，置信水平 $1-\alpha = 95\%$，查标准正态分布表，得 $Z_{\alpha/2} = 1.95$。

虽然不知道总体的分布，但由于有大样本（$n = 100$），故总体均值 μ 的置信水平为 95% 的置信区间为

$$\overline{X} \pm Z_{\alpha/2}\frac{S}{\sqrt{n}} = 500 \pm 1.96 \times \sqrt{\frac{100}{100}} = (498.04,\ 501.96)$$

7.4.1.2　小样本情况

在小样本（$n < 30$）情况下，对总体均值的估计都建立在总体服从正态分布的假定前提下。如果正态总体的 σ 已知，样本均值经过标准化后仍然服从标准正态分布，此时可根据正态分布建立总体均值的置信区间。如果正态分布的 σ 未知，可以构造如下枢轴量 t，它服从自由度为 $n-1$ 的 t 分布，即

$$t = \frac{\overline{X}-\mu}{S/\sqrt{n}} \sim t(n-1)$$

t 分布是类似于正态分布的一种对称分布，它的分布形态通常比正态分布更为平

坦。t 分布依赖于被称为自由度的参数，自由度越大，t 分布越接近正态分布。根据 t 分布 α 水平的双侧分位数的定义，有

$$P\left(\left| \frac{\overline{X} - \mu}{S/\sqrt{n}} \right| < t_{\alpha/2}(n-1) \right) = 1 - \alpha$$

即

$$P\left(\overline{X} - t_{\alpha/2}(n-1)\frac{S}{\sqrt{n}} < \mu < \overline{X} + t_{\alpha/2}(n-1)\frac{S}{\sqrt{n}} \right) = 1 - \alpha$$

其中，$t_{\alpha/2}(n-1)$ 是自由度为 $(n-1)$ 的 t 分布的上 $\alpha/2$ 分位数。这样得到了 μ 的一个置信水平为 $1-\alpha$ 的置信区间

$$\left(\overline{X} - t_{\alpha/2}(n-1)\frac{S}{\sqrt{n}}, \ \overline{X} + t_{\alpha/2}(n-1)\frac{S}{\sqrt{n}} \right)$$

例 7.4.2 为了解审计人员平均每天参加体育锻炼的时间，某公司审计部门从部门中随机抽取了 16 人进行调查，得到的样本均值 $\overline{X} = 32$ 分钟，样本标准差 $S = 8$ 分钟。假定审计人员参加体育锻炼的时间近似服从正态分布，试以 0.95 的置信水平估计该部门所有审计人员参加体育锻炼的时间。

解：因为总体 X 近似服从正态分布，σ^2 未知，$n = 16$ 为小样本，故对 μ 进行区间估计须使用枢轴量 t，置信区间为 $\left(\overline{X} - t_{\alpha/2}(n-1)\frac{S}{\sqrt{n}}, \ \overline{X} + t_{\alpha/2}(n-1)\frac{S}{\sqrt{n}} \right)$。

根据 $\alpha = 0.05$，查 t 分布表得 $t_{\alpha/2}(n-1) = t_{0.025}(15) = 2.1315$。于是总体均值 μ 的 95% 的置信区间为

$$\left(\overline{X} - t_{0.025}(16-1)\frac{S}{\sqrt{n}}, \ \overline{X} + t_{0.025}(16-1)\frac{S}{\sqrt{n}} \right)$$

$$= \left(32 - 2.1315 \times \frac{8}{\sqrt{16}}, \ 32 + 2.1315 \times \frac{8}{\sqrt{16}} \right)$$

$$= (27.737, \ 36.263)$$

上述内容分析了总体为各种情况时总体均值的置信区间，可以发现总体均值的置信区间都是由样本均值加减估计误差得到的，而估计误差由两部分组成：一是点估计量的标准误差，它取决于样本统计量的抽样分布；二是估计时所需的置信水平为 $1-\alpha$ 时，统计量分布两侧的面积各为 $\alpha/2$ 时的分位数值，它取决于事先所要求的可靠程度。

7.4.2 单个总体比例的区间估计

在这只讨论大样本情况下总体比例的估计问题。由样本比例 p 的抽样分布可知，当样本量足够大时，比例 p 近似服从期望值 $E(p) = \pi$、方差 $\sigma_P^2 = \frac{n(1-\pi)}{n}$ 的正态分布。样本比例经标准化后服从标准正态分布，即

$$Z = \frac{p - \pi}{\sqrt{\dfrac{\pi(1-\pi)}{n}}} \sim N(0, \ 1)$$

同样的，根据标准正态分布 α 水平的双侧分位数的定义，有

$$P\left(\left|\frac{p-\pi}{\sqrt{\dfrac{\pi(1-\pi)}{n}}}\right| < Z_{\alpha/2}\right) = 1 - \alpha$$

即

$$P\left(p - Z_{\alpha/2}\sqrt{\frac{\pi(1-\pi)}{n}} < \pi < p + Z_{\alpha/2}\sqrt{\frac{\pi(1-\pi)}{n}}\right) = 1 - \alpha$$

其中，$Z_{\alpha/2}$ 是标准正态分布的上 $\alpha/2$ 分位数。由于总体比例 π 通常是未知的，可用样本比率 p 替代，这样得到了 π 的一个置信水平为 $1-\alpha$ 的置信区间

$$\left(p - Z_{\alpha/2}\sqrt{\frac{p(1-p)}{n}} < \pi < p + Z_{\alpha/2}\sqrt{\frac{p(1-p)}{n}}\right)$$

其中 $\sqrt{\dfrac{p(1-p)}{n}}$ 为样本比例 p 的标准误差。

例 7.4.3 1980 年施利兹·布鲁温公司报道说，该公司啤酒的销售量 5 年内下降了 50%。在一项促使萧条的啤酒生意复苏的活动中，总经理弗朗克·赛林格宣布：1980 年 12 月 28 日，在全美足球联盟美国足球联合会举办的狂人锦标赛上，将利用休斯敦油井队与奥克兰袭击者队比赛的半场休息时间，举行百人啤酒品尝试验的电视现场直播。为此，施利兹·布鲁温公司事前委托在当地有很高信誉的调查咨询公司——A 公司，从自称巴特威塞公司啤酒（一种近年畅销的啤酒）的忠实饮用者中，按照放回抽样方式随机抽选 100 人参加免费观看比赛并品尝啤酒的活动。现场直播开始时，每个参加者都得到两杯不贴标签的啤酒：一杯是施利兹啤酒，一杯是巴特威塞啤酒。品尝者被告知在他们所喜欢的那杯啤酒的旁边按下电子按钮，然后 A 公司当着成千上万球迷的面，统计出巴特威塞啤酒的忠实饮用者中，有 46 人喜欢的是施利兹啤酒。施利兹·布鲁温公司的市场分析专家曾告诉公司决策层，如果在巴特威塞啤酒的忠实饮用者中至少有 35% 的人喜欢本公司的啤酒，就能够显著地提高其销售量。事实也正如他们所愿，施利兹·布鲁温公司很快就走出了困境。试求全部巴特威塞公司啤酒的忠实饮用者人群中喜欢施利兹啤酒的比例的置信水平为 0.95 的双侧置信区间。

解： $n = 100$ 为大样本，$p = 0.46$，$1 - \alpha = 0.95$，$Z_{\alpha/2} = 1.96$。

$$np(1-p) = 100 \times 0.46 \times (1 - 0.46) = 24.8475$$

于是总体比例 π 的置信度为 95% 的置信区间为

$$p \pm Z_{\alpha/2}\sqrt{\frac{p(1-p)}{n}} = 0.46 \pm 1.96 \times \sqrt{\frac{0.46 \times (1-0.46)}{100}} \approx (36.23\%,\ 55.77\%)$$

即有 95% 的把握估计全部巴特威塞啤酒的忠实饮用者中喜欢施利兹啤酒的比例在 36.23% ～ 55.77%。由于其下限已经超过了 35%，故满足了市场分析专家的要求，后来的事实也证实施利兹·布鲁温公司很快地走出了困境。

7.4.3　单个总体方差的区间估计

估计总体方差时，首先假定总体服从正态分布。其原理与总体均值和总体比例的

区间估计不同，不再是点估计量 ± 估计误差。因为样本方差的抽样分布服从自由度为 $(n-1)$ 的 χ^2 分布，因此需要用 χ^2 分布构造总体方差的置信区间。由于 χ^2 分布是不对称分布，无法由点估计量 ± 估计误差得到总体方差的置信区间。

根据抽样分布的性质，由样本方差 S^2 与总体方差 σ^2 构造的 $\dfrac{(n-1)S^2}{\sigma^2}$ 服从自由度为 $n-1$ 的卡方分布，即

$$\frac{(n-1)S^2}{\sigma^2} \sim \chi^2(n-1)$$

若给定置信水平 $1-\alpha$，根据卡方分布 α 水平的双侧分位数的定义，有

$$P\left(\chi^2_{1-\alpha/2}(n-1) < \frac{(n-1)S^2}{\sigma^2} < \chi^2_{\alpha/2}(n-1)\right) = 1-\alpha$$

即

$$P\left(\frac{(n-1)S^2}{\chi^2_{\alpha/2}(n-1)} < \sigma^2 < \frac{(n-1)S^2}{\chi^2_{1-\alpha/2}(n-1)}\right) = 1-\alpha$$

这样，就得到了总体方差 σ^2 在 $1-\alpha$ 置信水平下的置信区间为

$$\frac{(n-1)S^2}{\chi^2_{\alpha/2}(n-1)} < \sigma^2 < \frac{(n-1)S^2}{\chi^2_{1-\alpha/2}(n-1)}$$

例 7.4.4 设某公司职工工资服从正态分布 $N(\mu, \sigma^2)$，某日抽取 5 名员工，测得其工资（单位：万元）为：1.32，1.36，1.56，1.44，1.40。试求 σ^2 的置信水平为 0.95 的双侧置信区间。

解：已知 $n=5$，$\alpha=0.05$，$X \sim N(\mu, \sigma^2)$，μ 未知，查表得，$\chi^2_{\alpha/2}(n-1)=\chi^2_{0.025}(4)=11.143$。由于 $(n-1)S^2 = \sum_{i=1}^{5}(x_i-\bar{x})^2 = 0.03392$，于是 σ^2 的置信水平为 0.95 的置信区间为

$$\left(\frac{(n-1)S^2}{\chi^2_{\alpha/2}(n-1)}, \frac{(n-1)S^2}{\chi^2_{1-\alpha/2}(n-1)}\right) = \left(\frac{0.03392}{11.143}, \frac{0.03392}{0.484}\right) = (0.003044, 0.007008)$$

7.5 两个总体的区间估计

7.5.1 两个总体均值之差的区间估计

设两个总体的均值分别为 μ_1 和 μ_2，从两个总体中分别抽取样本量 n_1 和 n_2 的两个随机样本，其样本均值分别为 $\overline{X}_1$ 和 $\overline{X}_2$。下面分别对独立大样本、正态独立小样本和匹配样本的估计进行介绍。

7.5.1.1 独立大样本的估计

定义 7.5.1（独立样本） 如果两个样本是从两个总体中独立抽取的，即一个样本中的元素与另一个样本中的元素相互独立，则称为独立样本。

（1）方差已知的情况：

如果两个样本都为大样本（$n_1 \geq 30$ 和 $n_2 \geq 30$），则无论这两个样本是否来自正态

总体，两个样本均值之差 $(\bar{X}_1 - \bar{X}_2)$ 都近似服从正态分布，且当两个总体的方差 σ_1^2 和 σ_2^2 都已知时，$\bar{X}_1 - \bar{X}_2$ 近似服从期望值为 $(\mu_1 - \mu_2)$、方差为 $\dfrac{\sigma_1^2}{n_1} + \dfrac{\sigma_2^2}{n_2}$ 的正态分布，而两个样本均值之差经标准化后则服从标准正态分布，有

$$z = \frac{(\bar{X}_1 - \bar{X}_2) - (\mu_1 - \mu_2)}{\sqrt{\dfrac{\sigma_1^2}{n_1} + \dfrac{\sigma_2^2}{n_2}}} \sim N(0,\ 1)$$

根据标准正态分布 α 水平的双侧分位数的定义，有

$$P\left(\left| \frac{(\bar{X}_1 - \bar{X}_2) - (\mu_1 - \mu_2)}{\sqrt{\dfrac{\sigma_1^2}{n_1} + \dfrac{\sigma_2^2}{n_2}}} \right| < Z_{\alpha/2} \right) = 1 - \alpha$$

即

$$P\left((\bar{X}_1 - \bar{X}_2) \pm Z_{\alpha/2}\sqrt{\frac{\sigma_1^2}{n_1} + \frac{\sigma_2^2}{n_2}} < \mu_1 - \mu_2 < (\bar{X}_1 - \bar{X}_2) \pm Z_{\alpha/2}\sqrt{\frac{\sigma_1^2}{n_1} + \frac{\sigma_2^2}{n_2}} \right) = 1 - \alpha$$

其中，$Z_{\alpha/2}$ 是标准正态分布的上 $\alpha/2$ 分位数。这样就得到了两个总体均值之差 $\mu_1 - \mu_2$ 在 $1 - \alpha$ 置信水平下的置信区间

$$(\bar{X}_1 - \bar{X}_2) \pm Z_{\alpha/2}\sqrt{\frac{\sigma_1^2}{n_1} + \frac{\sigma_2^2}{n_2}}$$

（2）方差未知的情况：

当两个总体的方差 σ_1^2 和 σ_2^2 未知时，可用两个样本方差 S_1^2 和 S_2^2 来代替，这时，两个总体均值之差 $(\mu_1 - \mu_2)$ 在 $1 - \alpha$ 置信水平下的置信区间为

$$(\bar{X}_1 - \bar{X}_2) \pm Z_{\alpha/2}\sqrt{\frac{S_1^2}{n_1} + \frac{S_2^2}{n_2}}$$

例 7.5.1　随机地从保险公司 A 的一批保单中抽取 60 份，从保险公司 B 的一批保单中抽取 50 份，经计算得 $\bar{X}_1 = 0.141$，$S_1^2 = 8.233 \times 10^{-6}$；$\bar{X}_2 = 0.139$，$S_2^2 = 5.25 \times 10^{-6}$。试求两总体均值差 $\mu_1 - \mu_2$ 的置信水平为 0.95 的双侧置信区间。

解：由题意知

$$n_1 = 60,\ \bar{X}_1 = 0.141,\ S_1^2 = 8.233 \times 10^{-6}$$
$$n_2 = 50,\ \bar{X}_2 = 0.139,\ S_2^2 = 5.25 \times 10^{-6}$$

这是总体未知但均有大样本的情形，由大样本区间估计的计算方式

$$(\bar{X}_1 - \bar{X}_2) \pm Z_{\alpha/2}\sqrt{\frac{S_1^2}{n_1} + \frac{S_2^2}{n_2}} = (0.141 - 0.139) \pm 1.96 \times \sqrt{\frac{8.233 \times 10^{-6}}{60} + \frac{5.25 \times 10^{-6}}{50}}$$

$$= 0.002 \pm 1.96 \times 0.49216 \times 10^{-3} = 0.002 \pm 0.000965 = (0.001035,\ 0.002965)$$

7.5.1.2　正态独立小样本的估计

当两个样本都为独立小样本时（$n_1 < 30$ 和 $n_2 < 30$），为估计两个总体的均值之差，需要假定两个总体都服从正态分布。

（1）方差已知（σ_1^2，σ_2^2 已知）的情况：

当两个总体方差 σ_1^2 和 σ_2^2 已知时，两个样本均值之差经标准化后服从标准正态分布，此时可建立两个总体均值之差的置信区间。

例7.5.2 两个公司生产同一种型号的 A 产品。现按照放回抽样方式从甲公司生产的产品中随机抽取 8 个，从乙公司生产的产品中随机抽取 9 个，测得产品直径（单位：毫米）数据如下：

甲公司：15.0，14.8，15.2，15.4，14.9，15.1，15.2，14.8

乙公司：15.2，15.0，14.8，15.1，14.6，14.8，15.1，14.5，15.0

设两个公司生产的产品直径分别为 X 和 Y，且 $X \sim N(\mu_1, \sigma_1^2)$，$Y \sim N(\mu_2, \sigma_2^2)$，若已知 $\sigma_1 = 0.18$，$\sigma_2 = 0.24$，试求两正态总体均值差 $\mu_1 - \mu_2$ 的置信水平为 0.95 的双侧置信区间。

解： $n_1 = 8$，$\overline{X} = 15.05$，$\sigma_1 = 0.18$，$n_2 = 9$，$\overline{Y} = 14.9$，$\sigma_2 = 0.24$，这是两正态总体、方差均已知的情形

$$(\overline{X}_1 - \overline{X}_2) \pm Z_{\alpha/2} \sqrt{\frac{\sigma_1^2}{n_1} + \frac{\sigma_2^2}{n_2}} = (15.05 - 14.9) \pm 1.96 \times \sqrt{\frac{0.18^2}{8} + \frac{0.24^2}{9}}$$

$$= 0.15 \pm 1.96 \times 0.1022 = (0.0503, 0.3503)$$

由于置信区间下限值大于零，故有 95% 的把握可以认为甲公司产品的直径大于乙公司。

（2）方差未知且相等（σ_1^2，σ_2^2 未知，$\sigma_1^2 = \sigma_2^2 = \sigma^2$）的情况：

当两个总体的方差未知但相等，即 $\sigma_1^2 = \sigma_2^2 = \sigma^2$ 时，则需要用两个样本的方差 S_1^2 和 S_2^2 来估计 σ^2。需要将两个样本的数据合并在一起，以给出 σ^2 的合并估计量 S_p^2，其计算公式为

$$S_p^2 = \frac{(n_1 - 1)S_1^2 + (n_2 - 1)S_2^2}{n_1 + n_2 - 2}$$

这时，两个样本均值之差经标准化后服从自由度为 $n_1 + n_2 - 2$ 的 t 分布，即

$$t = \frac{(\overline{X}_1 - \overline{X}_2) - (\mu_1 - \mu_2)}{S_p \sqrt{\frac{1}{n_1} + \frac{1}{n_2}}} \sim t(n_1 + n_2 - 2)$$

根据 t 分布 α 水平的双侧分位数的定义，有

$$P\left(\left| \frac{(\overline{X}_1 - \overline{X}_2) - (\mu_1 - \mu_2)}{S_p \sqrt{\frac{1}{n_1} + \frac{1}{n_2}}} \right| < t_{\alpha/2}(n_1 + n_2 - 2) \right) = 1 - \alpha$$

即

$$P\left(\overline{X}_1 - \overline{X}_2 - t_{\alpha/2}(n_1 + n_2 - 2) \sqrt{S_p^2 \left(\frac{1}{n_1} + \frac{1}{n_2} \right)} < \mu_1 - \mu_2 \right.$$

$$\left. < \overline{X}_1 - \overline{X}_2 + t_{\alpha/2}(n_1 + n_2 - 2) \sqrt{S_p^2 \left(\frac{1}{n_1} + \frac{1}{n_2} \right)} \right) = 1 - \alpha$$

这样就得到了两个总体均值之差 $\mu_1 - \mu_2$ 在 $1 - \alpha$ 置信水平下的置信区间为

$$\left(\overline{X}_1 - \overline{X}_2\right) \pm t_{\alpha/2}\left(n_1 + n_2 - 2\right)\sqrt{S_p^2\left(\frac{1}{n_1} + \frac{1}{n_2}\right)}$$

例 7.5.3　为了提高产品生产率，公司准备采用新的生产方式，为慎重起见，先进行试生产。设采用原来的生产方法进行了 8 次试验，生产率的均值 $\overline{X}_1 = 91.73$，样本方差 $S_1^2 = 3.89$；采用新的方法也进行了 8 次试验，生产率的均值 $\overline{X}_2 = 93.75$，样本方差 $S_2^2 = 4.02$。假设两总体近似服从正态分布，方差未知但相等，试求两总体均值差 $\mu_1 - \mu_2$ 的置信水平为 0.95 的置信区间。

解： 由题意，$n_1 = 8$，$\overline{X}_1 = 91.73$，$S_1^2 = 3.89$，$n_2 = 8$，$\overline{X}_2 = 93.75$，$S_2^2 = 4.02$，$t_{0.025}(14) = 2.1448$

$$S_p = 1.99, \quad \sqrt{\frac{1}{n_1} + \frac{1}{n_2}} = 0.5$$

这是两正态总体方差未知但相等的情形，于是有

$$\left(\overline{X}_1 - \overline{X}_2\right) \pm t_{\alpha/2}(14)\sqrt{S_p^2\left(\frac{1}{n_1} + \frac{1}{n_2}\right)}$$
$$= -2.02 \pm 2.1448 \times 1.99 \times 0.5$$
$$= (-4.15, \ 0.11)$$

由于置信区间包含了数字 0，故可以有 95% 的把握判断这两总体均值没有显著性差异。

7.5.1.3　匹配样本的估计

在前面的介绍中使用的是两个独立样本，但使用独立样本来估计两个总体均值之差时存在着潜在的弊端。比如，在对每种方法随机指派 12 个工人时，偶尔可能会将技术比较差的 12 个工人指定给方法 1，而将技术较好的 12 个工人指定给方法 2，这种不公平的指派可能会掩盖两种方法组装产品所需时间的真正差异。

为了解决这一问题，可以使用匹配样本，即一个样本的数据与另一个样本的数据相对应，这样的数据通常是对同一个体所作出的前后两次测量。

在对匹配样本进行估计时，首先得到两个匹配样本对应数据的差值序列 d，在大样本条件下，差值序列的均值 $\overline{d}$ 近似服从期望 $u_d = u_1 - u_2$、方差为 σ_d^2/n 的正态分布，则 $\overline{d}$ 经过标准化后服从标准正态分布，即

$$z = \frac{\overline{d} - (u_1 - u_2)}{\sigma_d^2/\sqrt{n}} \sim N(0, 1)$$

根据标准正态分布 α 水平的双侧分位数的定义，有

$$P\left(\left|\frac{\overline{d} - (u_1 - u_2)}{\sigma_d/\sqrt{n}}\right| < Z_{\alpha/2}\right) = 1 - \alpha$$

即

$$P\left(\overline{d} - Z_{\alpha/2}\frac{\sigma_d}{\sqrt{n}} < \mu_1 - \mu_2 < \overline{d} + Z_{\alpha/2}\frac{\sigma_d}{\sqrt{n}}\right) = 1 - \alpha$$

则 $\mu_d = \mu_1 - \mu_2$ 在 $1 - \alpha$ 置信水平下的置信区间为

$$\bar{d} \pm Z_{\alpha/2} \frac{\sigma_d}{\sqrt{n}}$$

式中，d 表示两个匹配数的差值，$\bar{d}$ 表示各差值的均值，σ_d 表示各差值的标准差。当总体的 σ_d 未知时，可用样本差值的标准差 S_d 来代替。

在小样本的情况下，假定两个总体各观察值的匹配差服从正态分布。此时 $\bar{d}$ 经过标准化后服从自由度为 $n-1$ 的 t 分布，即

$$t = \frac{\bar{d} - (u_1 - u_2)}{S_d/\sqrt{n}} \sim t(n-1)$$

则根据 t 分布 α 水平的双侧分位数的定义，可以得到两个总体均值之差 $\mu_d = \mu_1 - \mu_2$ 在 $1 - \alpha$ 置信水平下的置信区间为

$$\bar{d} \pm t_{\alpha/2}(n-1) \frac{S_d}{\sqrt{n}}$$

例 7.5.4 由 10 名学生组成一个随机样本，让他们分别采用 A 和 B 两套试卷进行测试，结果如表所示。

学生编号	试卷 A	试卷 B	差值 d
1	78	71	7
2	63	44	19
3	72	61	11
4	89	84	5
5	91	74	17
6	49	51	-2
7	68	55	13
8	76	60	16
9	85	77	8
10	55	39	16

假定两套试卷分数之差服从正态分布，试建立两套试卷平均分数之差 $\mu_d = \mu_1 - \mu_2$ 的 95% 的置信区间。

解： 根据上表数据计算得 $\bar{d} = \dfrac{\sum\limits_{i=1}^{n} d_i}{n_d} = \dfrac{110}{10} = 11$，$S_d = \sqrt{\dfrac{\sum\limits_{i=1}^{n}(d_i - \bar{d})^2}{n_d - 1}} = 6.53$，自由度 $n-1=9$，查 t 分布表得 $t_{\frac{0.05}{2}} = 2.2622$。两套试卷平均分数之差 $\mu_d = \mu_1 - \mu_2$ 的 95% 的置信区间为

$$\bar{d} \pm t_{\alpha/2}(n-1) \frac{S_d}{\sqrt{n}} = 11 \pm 2.622 \times \frac{6.53}{\sqrt{10}} = 11 \pm 4.67$$

即两套试卷平均分数之差的 95% 的置信区间为 6.3 ～ 15.7 分。

7.5.2　两个总体比例之差的区间估计

由样本比例的抽样分布可知，从两个二项总体中抽出两个独立大样本，两个样本比例之差近似服从正态分布，而两个样本的比例之差经标准化后则服从标准正态分布，即

$$Z = \frac{(p_1 - p_2) - (\pi_1 - \pi_2)}{\sqrt{\dfrac{\pi_1(1 - \pi_1)}{n_1} + \dfrac{\pi_2(1 - \pi_2)}{n_2}}} \sim N(0, 1)$$

同样的，根据标准正态分布 α 水平的双侧分位数的定义可得

$$P\left(\left| \frac{(p_1 - p_2) - (\pi_1 - \pi_2)}{\sqrt{\dfrac{\pi_1(1 - \pi_1)}{n_1} + \dfrac{\pi_2(1 - \pi_2)}{n_2}}} \right| < Z_{\alpha/2} \right) = 1 - \alpha$$

即

$$P\left(p_1 - p_2 - Z_{\alpha/2}\sqrt{\frac{\pi_1(1 - \pi_1)}{n_1} + \frac{\pi_2(1 - \pi_2)}{n_2}} < \pi_1 - \pi_2 < p_1 - p_2 + Z_{\alpha/2}\sqrt{\frac{\pi_1(1 - \pi_1)}{n_1} + \frac{\pi_2(1 - \pi_2)}{n_2}} \right)$$
$$= 1 - \alpha$$

这样就得到了 $\pi_1 - \pi_2$ 在 $1 - \alpha$ 置信水平下的置信区间

$$p_1 - p_2 \pm Z_{\alpha/2}\sqrt{\frac{\pi_1(1 - \pi_1)}{n_1} + \frac{\pi_2(1 - \pi_2)}{n_2}}$$

由于两个总体比例 π_1 和 π_2 通常是未知的，可用样本比例 p_1 和 p_2 来代替。因此，根据正态分布建立的两个总体比例之差 $\pi_1 - \pi_2$ 在 $1 - \alpha$ 置信水平下的置信区间为

$$p_1 - p_2 \pm Z_{\alpha/2}\sqrt{\frac{p_1(1 - p_1)}{n_1} + \frac{p_2(1 - p_2)}{n_2}}$$

例 7.5.5　为比较 A、B 两地居民购房比例的差异性，特调查 A 市居民 500 户，其中有 225 户有购房意愿，调查 B 市居民 400 户，有 128 户有购房意愿。试以 0.95 的置信水平估计 A、B 两市居民购房比例差异的置信区间。

解： 由题意知是大样本情况下两个总体比例之差的区间估计问题。由计算公式有

$$p_1 - p_2 \pm Z_{\alpha/2}\sqrt{\frac{\pi_1(1 - \pi_1)}{n_1} + \frac{\pi_2(1 - \pi_2)}{n_2}}$$

$$= (0.45 - 0.32) \pm 1.96 \times \sqrt{\frac{0.45 \times (1 - 0.45)}{500} + \frac{0.32 \times (1 - 0.32)}{400}}$$

$$= 0.13 \pm 0.0632 = (6.68\%, 19.32\%)$$

这说明有 95% 的把握认为 A 地居民购房比例至少比 B 地的高 6.68%。

7.5.3　两个总体方差之比的区间估计

在实际问题中，经常会遇到比较两个总体的方差问题。比如，希望比较用两种不同方法生产的产品性能的稳定性，比较不同测量工具的精度，等等。

对于两个独立总体，有 $\dfrac{(n_1-1)S_1^2}{\sigma_1^2}\sim\chi^2(n_1-1)$，$\dfrac{(n_2-1)S_2^2}{\sigma_2^2}\sim\chi^2(n_2-1)$，根据 F 分布的定义，有

$$\frac{\dfrac{(n_1-1)S_1^2}{\sigma_1^2}/(n_1-1)}{\dfrac{(n_2-1)S_2^2}{\sigma_2^2}/(n_2-1)}\sim F(n_1-1,\ n_2-1)$$

化简为

$$\frac{S_1^2}{S_2^2}\frac{\sigma_1^2}{\sigma_2^2}\sim F(n_1-1,\ n_2-1)$$

根据 F 分布 α 水平的双侧分位数的定义有

$$P\left(F_{1-\alpha/2}(n_1-1,\ n_2-1)<\frac{S_1^2}{S_2^2}\frac{\sigma_1^2}{\sigma_2^2}<F_{\alpha/2}(n_1-1,\ n_2-1)\right)=1-\alpha$$

即

$$P\left(\frac{S_1^2/S_2^2}{F_{\alpha/2}(n_1-1,\ n_2-1)}<\frac{\sigma_1^2}{\sigma_2^2}<\frac{S_1^2/S_2^2}{F_{1-\alpha/2}(n_1-1,\ n_2-1)}\right)=1-\alpha$$

这样就得到两个总体方差比 $\dfrac{\sigma_1^2}{\sigma_2^2}$ 在 $1-\alpha$ 置信水平下的置信区间为

$$\frac{S_1^2/S_2^2}{F_{\alpha/2}(n_1-1,\ n_2-1)}<\frac{\sigma_1^2}{\sigma_2^2}<\frac{S_1^2/S_2^2}{F_{1-\alpha/2}(n_1-1,\ n_2-1)}$$

例 7.5.6 从 A、B 两个手机电池公司生产的产品中各抽取 10 块检测电池容量（单位：安培小时），得 $n_1=10$，$\overline{X}_1=140$，$S_1^2=8.71$；$n_2=10$，$\overline{X}_2=140$，$S_2^2=4.1$。试以 0.95 的置信水平估计 A、B 两个公司手机电池容量方差比的置信区间。

解： 由题意，$1-\alpha=0.95$，$\alpha=0.05$，

$$F_{0.025}(9,\ 9)=4.03,\quad F_{0.975}(9,\ 9)=\frac{1}{4.03}=0.248$$

根据公式可得 A、B 两个公司手机电池容量方差比的置信区间为

$$\left(\frac{S_1^2/S_2^2}{F_{\alpha/2}},\ \frac{S_1^2/S_2^2}{F_{1-\alpha/2}}\right)=\left(\frac{8.71/4.1}{4.03},\ \frac{8.71/4.1}{0.248}\right)=(0.527,\ 8.561)$$

由于置信区间包含了 1，故可以认为 A、B 两个公司手机电池容量的方差没有显著差异。

本章小结

参数估计法是指从假定分布族出发，利用样本数据对假定分布族中的未知参数进行估计的方法。常用参数估计方法有点估计和区间估计。

点估计是用统计量 $\widehat{\theta}=\widehat{\theta}(X_1,\ X_2,\ \cdots,\ X_n)$ 的一个具体观察值 $\widehat{\theta}=\widehat{\theta}(x_1,\ x_2,\ \cdots,\ x_n)$ 来估计参数 θ，通常称 $\widehat{\theta}(X_1,\ X_2,\ \cdots,\ X_n)$ 为 θ 的估计量，$\widehat{\theta}(x_1,\ x_2,\ \cdots,\ x_n)$ 为 θ 的估计值。

点估计方式通常有矩估计和极大似然估计两种，矩估计的具体计算方式如下：

设总体 X 的分布函数中含有 k 个待估参数 θ_1，θ_2，$\cdots$，θ_k，假定总体的前 k 阶原点矩存在，$\mu_i = E(X^i)$，$i = 1$，2，$\cdots$，k。若用样本的原点矩作为总体同一原点矩的估计量，则有

$$\widehat{\mu}_i = \frac{1}{n} \sum_{j=1}^{n} X_j^i ，\ i = 1，2，\cdots，k$$

如此就形成关于未知参数 θ_1，θ_2，$\cdots$，θ_k 的 k 个方程的方程组，解此方程组，得 $\widehat{\theta}_i = \widehat{\theta}_i(X_1，X_2，\cdots，X_k)(i = 1，2，\cdots，k)$，并以 $\widehat{\theta}_i$ 作为参数 θ_i 的估计量，则称 $\widehat{\theta}_i$ 为未知参数 θ_i 的矩估计量。

极大似然估计是选取使所观测的结果出现概率最大的参数取值作为参数估计。具体计算方式如下：

设总体 X 的概率质量函数（或概率密度函数）为 $P(x；\theta_1，\theta_2，\cdots，\theta_k)$，其中 θ_1，θ_2，$\cdots$，θ_k 为未知参数。当 X 是离散型时，$P(x；\theta_1，\theta_2，\cdots，\theta_k)$ 是 X 的概率质量函数；当 X 是连续型时，$P(x；\theta_1，\theta_2，\cdots，\theta_k)$ 是 X 的概率密度函数。X_1，X_2，$\cdots$，X_n 是 X 的简单随机样本，x_1，x_2，$\cdots$，x_n 是样本的观察值，称 $L(\theta_1，\cdots，\theta_k) = \prod_{i=1}^{n} P(x_i；\theta_1，\cdots，\theta_k)$ 为样本的似然函数。若有 $\widehat{\theta}_1$，$\cdots$，$\widehat{\theta}_k$ 使得下式成立：

$$L(\widehat{\theta}_1，\cdots，\widehat{\theta}_k) = \max_{\theta_1,\cdots,\theta_k} L(\theta_1，\cdots，\theta_k)$$

$\widehat{\theta}_i = \widehat{\theta}_i(x_1，\cdots，x_n)$ 则为 θ_i 的极大似然估计（$i = 1$，2，$\cdots$，k）。

针对同一参数，利用不同的估计方法往往得到不同的估计量。对估计量进行选取时涉及评价估计量的优良性准则：无偏性、有效性和一致性。

区间估计是指在一定概率把握程度下，构造待估计参数可能的区间范围作为未知参数的估计。区间估计得到的是可能包括总体未知参数的区间，可以说明估计的把握程度和精确程度。

单个正态总体的区间估计包括单个总体均值、单个总体比例和单个总体方差的区间估计。单个总体均值的区间估计归纳如下表。

总体	总体方差	大样本	小样本
正态总体	方差已知	$\overline{X} \pm Z_{\alpha/2} \dfrac{\sigma}{\sqrt{n}}$	$\overline{X} \pm Z_{\alpha/2} \dfrac{\sigma}{\sqrt{n}}$
	方差未知	$\overline{X} \pm Z_{\alpha/2} \dfrac{S}{\sqrt{n}}$	$\overline{X} \pm Z_{\alpha/2} \dfrac{S}{\sqrt{n}}$
非正态总体	不论方差已知或者未知		不讨论

单个总体比例、大样本，且样本比例适中的区间估计公式为

$$\left(p - Z_{\alpha/2}\sqrt{\frac{p(1-p)}{n}} < \pi < p + Z_{\alpha/2}\sqrt{\frac{p(1-p)}{n}} \right)$$

单个总体方差区间估计公式为

$$\frac{(n-1)S^2}{\chi^2_{\alpha/2}(n-1)} < \sigma^2 < \frac{(n-1)S^2}{\chi^2_{1-\alpha/2}(n-1)}$$

两个正态总体的区间估计包括两个总体均值之差、两个总体比例之差和两个总体方差之比的区间估计，具体计算方式归纳如下：

样本量	均值差			方差比
	大样本	小样本		—
总体类型	任一分布	正态	正态	正态
总体方差	已知或未知	已知	未知相等	—
枢轴量	z	z	$t \sim t(n_1 + n_2 - 2)$	$F \sim F(n_1 - 1, n_2 - 1)$

习题 7

7.1 从某公司的员工中抽取 8 个进行年终奖调查，得到如下数据（单位：元）：

1050，1100，1130，1040，1250，1300，1200，1080

试对这批员工的平均年终奖以及年终奖分布的标准差给出矩估计。

7.2 设总体 $X \sim U(0, \theta)$，从该总体中抽取容量为 10 的样本，样本值为：

0.5，1.3，0.6，1.7，2.2，1.2，0.8，1.5，2.0，1.6

试对参数 θ 给出矩估计。

7.3 设总体概率函数如下，X_1，$\cdots$，X_n 是样本，试求未知参数的极大似然估计。

（1）$p(x; \theta) = c\theta^c x^{-(c+1)}$，$x > \theta$，$\theta > 0$，$c > 0$；

（2）$p(x; \theta, \mu) = \dfrac{1}{\theta} e^{\frac{x-\mu}{\theta}}$，$x > \mu$，$\theta > 0$；

（3）$p(x; \theta) = (k\theta)^{-1}$，$\theta < x < (k+1)\theta$，$\theta > 0$；

（4）$p(x; \theta_1, \theta_2) = \dfrac{1}{\theta_2 - \theta_1}$，$\theta_1 < \theta_2$；

（5）$p(x; \theta) = 1$，$\theta - \dfrac{1}{2} < x < \theta + \dfrac{1}{2}$。

7.4 设 X_1，$\cdots$，X_n 是来自密度函数为 $p(x; \theta) = e^{-(x-\theta)}$，$x > \theta$ 的样本。

（1）求 θ 的极大似然估计，它是否为无偏估计？

（2）求 θ 的矩估计，它是否为无偏估计？

7.5 某企业有 1000 名员工，按照随机原则重复抽取 100 名员工调查，得员工平均月收入 12000 元，标准差 2000 元，要求：

（1）按照 95% 的概率估计企业员工平均月收入区间；

（2）以同样概率估计企业所有员工月收入总额的区间范围。

7.6 研究者从某社区抽取了由 300 个家庭组成的样本，发现其中有 35% 的家庭拥有电脑。请问：在 95% 的置信度下，该社区拥有电脑的家庭所占比例的置信区间是多少？如果抽取的样本量为 200 个，其置信区间又是多少？比较两个置信区间的大小，你能得出什么结论？

7.7　已知某公司员工的季度奖金服从正态分布，现在随机抽取 10 个人进行调查，测得数据如下：

$$482, 493, 457, 471, 510, 446, 435, 418, 394, 469$$

（1）求平均奖金置信水平为 95% 的置信区间；

（2）若已知标准差为 30，求平均奖金置信水平为 95% 的置信区间；

（3）求标准差置信水平为 95% 的置信区间。

7.8　设从总体 $X \sim N(\mu_1, \sigma_1^2)$ 和总体 $Y \sim N(\mu_2, \sigma_2^2)$ 中分别抽取容量为 $n_1 = 10$，$n_2 = 15$ 的独立样本，可计算得 $\bar{x} = 82$，$s_x^2 = 56.5$，$\bar{y} = 76$，$s_y^2 = 52.4$。

（1）若已知 $\sigma_1^2 = 64$，$\sigma_2^2 = 49$，求 $\mu_1 - \mu_2$ 的置信区间；

（2）若已知 $\sigma_1^2 = \sigma_2^2$，求 $\mu_1 - \mu_2$ 置信水平为 95% 的置信区间；

（3）求 $\dfrac{\sigma_1^2}{\sigma_2^2}$ 的置信水平为 95% 的置信区间。

7.9　假设某家公司员工的身高服从正态分布，现在抽取该公司甲、乙两个部门的员工得数据如下：甲部门抽取 10 名，样本均值为 1.64 米，样本标准差 0.2 米；乙部门抽取 10 名，样本均值为 1.62 米，样本标准差 0.4 米。给出两个正态总体方差比的置信水平为 95% 的置信区间。

综合自测题 7

一、单选题

1. 以下哪项是点估计的优点？（　　）

  A. 能够提供总体参数的估计范围

  B. 能够提供估计的误差和把握程度方面的信息

  C. 能够提供总体参数的具体估计值

  D. 提供信息量大

2. 区间估计的三要素不包括（　　）

  A. 点估计值　　　　　　　　　　B. 估计的可靠度

  C. 抽样平均误差　　　　　　　　D. 总体的分布形式

3. 在参数估计中，要求通过样本的统计量来估计总体参数，评价统计量的标准之一是使它与总体参数的离差越小越好。这种评价标准称为（　　）

  A. 无偏性　　　B. 有效性　　　C. 一致性　　　D. 充分性

4. 以样本统计量估计总体参数时，要求估计量的数学期望等于被估计的总体参数，这一数学性质称为（　　）

  A. 无偏性　　　B. 有效性　　　C. 一致性　　　D. 期望性

5. 根据一个具体的样本，计算总体均值的置信水平为 90% 的置信区间，则该区

间（　　　）

  A. 有 90% 的概率包含总体均值

  B. 有 10% 的可能性包含总体均值

  C. 绝对包含总体均值

  D. 绝对包含总体均值或绝对不包含总体均值

6. 当正态总体的方差未知，且为小样本条件下，构造总体均值的置信区间使用的分布是（　　　）

  A. 正态分布   B. F 分布   C. χ^2 分布   D. t 分布

7. 对于非正态总体，在大样本条件下，估计总体均值使用的分布是（　　　）

  A. 正态分布   B. F 分布   C. χ^2 分布   D. t 分布

8. 根据两个独立的大样本估计两个总体均值之差，当总体的方差未知时，使用的分布是（　　　）

  A. 正态分布   B. F 分布   C. χ^2 分布   D. t 分布

9. 根据两个独立的小样本估计两个总体均值之差，当两个总体的方差未知但相等时，使用的分布是（　　　）

  A. 正态分布   B. F 分布   C. χ^2 分布   D. t 分布

10. 某银行从某类客户中随机抽取 36 位客户，得到平均定期存款金额为 30 万元，标准差 $s=12$，假设这类客户定期存款金额为正态分布，这类客户平均定期存款金额的 95% 置信区间为（　　　）

  A. 30 ± 1.96 B. 30 ± 3.92 C. 30 ± 4 D. 30 ± 5.16

11. 95% 置信水平的区间估计中 95% 的置信水平是指（　　　）

  A. 总体参数落在一个特定的样本所构造的区间内的概率为 95%

  B. 总体参数落在一个特定的样本所构造的区间内的概率为 5%

  C. 在用同样方法构造的总体参数的多个区间中，包含总体参数的区间比例为 95%

  D. 在用同样方法构造的总体参数的多个区间中，包含总体参数的区间比例为 5%

12. 某企业根据对顾客随机抽样的样本信息推断：对本企业产品表示满意的顾客比例的 95% 置信度的置信区间是（56%，64%）。下列正确的表述是（　　　）

  A. 总体比例的 95% 置信度的置信区间为（56%，64%）

  B. 总体真实比例有 95% 的可能落在（56%，64%）中

  C. 区间（56%，64%）有 95% 的概率包含了总体真实比例

  D. 由 100 次抽样构造的 100 个置信区间中，约有 95 个覆盖了总体真实比例

二、填空题

1. 点估计常用的两种方法是：_____和_____。

2. 评价估计量的优良性准则有_____、_____和_____。

3. 在区间估计中，由样本统计量所构造的总体参数的估计区间被称为_____。

4. 将构造置信区间的步骤重复多次，置信区间中包含总体参数真值的次数所占的

比例被称为_____或_____。

5. 若一个样本的观察值为 1，0，0，1，1，0，则总体均值的矩估计值为_____，总体方差的矩估计值为_____。

6. 设总体 X 服从 $0 - 1$ 分布，且 $P\{X = 1\} = p$，X_1，X_2，$\cdots$，X_n 是 X 的一个样本，则 p 的极大似然估计值为_____。

7. 对于任意分布的总体，样本均值 $\overline{X}$ 是_____的无偏估计量。

三、计算题

1. 对某地区居民家庭月平均生活费用进行抽样调查，样本量为 400 户，其中有 80 户为贫困户，样本平均数为 1250 元，标准差为 140 元。以 95% 的置信度推断（已知 $z_{0.025} = 1.96$）：

（1）该地区居民家庭月平均生活费用的置信区间（保留 2 位小数）；

（2）若贫困率定义为贫困户占总户数的比重，试给出贫困率的置信区间（保留 2 位小数）。

2. 一家研究机构拟评估在校大学生每月网购的平均花费，为此随机抽取 25 名在校大学生进行调查，得到样本均值为 160 元，标准差为 50 元。假定在校大学生每月网购的花费服从正态分布，求平均花费 90% 的置信区间。

3. 某公司雇用 3000 名推销员，为了发放外出补贴，需要估计推销员每年的平均乘车里程。从过去的经验可知，通常每位推销员乘车里程的标准差为 4000 公里。随机选取 16 名推销员，得到他们的年平均乘车里程为 12000 公里。

（1）总体均值 μ 的估计量是多少？

（2）确定总体均值 μ 的 95% 置信区间；

（3）公司经理们认为均值应介于 11000 到 13000 公里，那么该估计的置信度是多少？

4. 从均值为 μ、方差为 σ^2 的正态总体中分别抽取容量为 n_1 和 n_2 的两组独立样本，$\overline{X}_1$ 和 $\overline{X}_2$ 分别为两组样本的样本均值。

（1）试证明对于任何常数 a，$b(a + b = 1)$，$Y = a\overline{X}_1 + b\overline{X}_2$ 都是 μ 的无偏估计；

（2）求 a，b 的值，使 $Y = a\overline{X}_1 + b\overline{X}_2$ 在此形式的估计量中最有效。

5. 假定某高校学生的日常消费服从正态分布，抽取了 100 名同学的月消费总额构成了一随机样本：

（1）若已知总体标准差为 160 元、样本均值 x 为 605 元，求总体均值 μ 在 95% 的置信水平下的置信区间；

（2）若总体标准差为未知，样本标准差 s 为 170 元，求总体标准差 σ 在 95% 的置信水平下的置信区间。

6. 为比较 A、B 两城市居民的生活水平，分别调查 150 户和 100 户家庭的人均生活费支出。按所得数据算得样本均值分别是 55.91 元和 67.76 元，样本方差分别为 64.91 元和 69.37 元。假设两城市家庭人均生活费支出都可以认为服从正态分布且方差相等，试以 95% 的置信概率估计两城市人均生活费支出相差的幅度。

第8章 假设检验

案例引导——女士品茶

这是发生在 20 世纪初的一个著名案例，叫做"女士品奶茶试验"。一种奶茶由牛奶与茶按一定比例混合而成，可以先倒茶（tea）后倒奶（milk），记为 TM；也可以反过来，记为 MT。某女士声称她可以鉴别是 TM 还是 MT，周围品茶的人对此产生了议论："这怎么可能呢？""她在胡言乱语。""不可想象。"在场的费希尔（R. A. Fisher）也在思索这个问题，他提议做一项试验来检验该女士品茶的能力。费希尔请人准备了 10 杯调制好的奶茶，TM 与 MT 都有，服务员一杯一杯地端给该女士品尝，请她说出是 TM 还是 MT，结果那位女士竟然正确地分辨出 10 杯奶茶中的每一杯。

问题：①该如何对该女士作出判断呢？②假如该女士说对了 9 杯（或 8 杯，或 7 杯），是否有充分的理由相信该女士有此种鉴别能力呢？③如何求该女士鉴别能力的临界点呢？

8.1 假设检验的基本概念

8.1.1 假设检验的概念

（1）假设检验的概念及由来。

假设检验是指根据样本的信息，在一定可靠程度上对总体的分布参数或分布形式所作的判断。假设检验的概念由卡尔·皮尔逊（K. Pearson）于 20 世纪初提出，之后由费希尔进行了细化，最终由奈曼（Neyman）和埃贡·皮尔逊（E. Pearson）提出了较完整的假设检验理论。假设检验被费希尔列为统计推断的三个中心内容之一。

假设检验根据所考察问题的要求提出了原假设和备择假设的概念，所谓原假设是指待检验的有关总体分布的一项命题的假设。假设是否正确，要用从总体中抽出的样本进行检验，与此有关的理论和方法，构成假设检验的内容。如设 A 是关于总体分布的一项命题，所有使命题 A 成立的总体分布构成一个集合 H_0，称为原假设。所谓备择假设是指关于总体分布的一切使原假设不成立的命题。如使命题 A 不成立的所有总体分布构成的另一个集合 H_1，称为备择假设。备择假设亦称对立假设、备选假设。

（2）假设检验的基本思想。

假设检验的基本思想是基于概率性质的反证法，为了检验原假设是否正确，先假定原假设是正确的条件下，构造一个小概率事件，然后根据抽取的样本去检验这个小概率事件是否发生。如果在一次试验中小概率事件竟然发生了，就怀疑原假设的正确性，从而拒绝原假设，如果在一次试验中小概率事件没有发生，则没有理由怀疑原假设的正确性，因此接受原假设。

（3）确立原假设与备择假设时应遵循的原则。

第一，原假设是在一次试验中有绝对优势出现的事件，而备择假设是在一次试验中不易发生（或几乎不可能发生）的事件。因此，在进行单侧检验时，最好把原假设取为预想结果的反面，即把希望证明的命题放在备择假设上。

第二，将可能犯的严重错误看作第一类错误，因为犯第一类错误的概率可以通过 α 的大小来控制。犯第二类错误的概率总是无法控制的。如医生对前来问诊的病人作诊断时，可能会犯"有病看成无病"或者"无病看成有病"的错误，相比较而言，"无病看成有病"的错误更严重，故应将"问诊人有病"作为原假设。而在某些疾病普查中，将"被检查人有病"作为原假设就不恰当了。

下面通过一个例子来进一步说明。

例 8.1.1 一种零件的生产标准是直径 10 厘米，为对生产过程进行控制，质量监测人员定期对一台加工机床进行检测，确定这台机床生产的零件是否符合标准。如果零件的平均直径大于或小于 10 厘米，则表明生产过程不正常，必须进行调整。现随机抽取 36 个零件，测得它们的直径分别为：

10.00	10.02	10.08	10.00	9.98	9.97	10.00	10.03	9.99	10.00	10.06	10.03
10.02	9.98	9.99	9.97	10.00	10.03	10.04	9.98	9.97	9.95	9.96	9.98
9.91	10.05	10.06	10.00	10.01	10.15	10.10	10.12	9.99	10.00	10.09	10.06

试陈述检测生产过程是否正常的原假设和备择假设。

解： 设这台机床生产的所有零件平均直径的真值为 μ，如果 $\mu=10$，表明机床的生产过程正常；如果 $\mu>10$ 或 $\mu<10$，则表明机床的生产过程不正常。质量监测人员要检测这两种可能情况中的任何一种。根据原假设和备择假设的定义，质量监测人员想收集证据予以证明的假设应该是"生产过程不正常"，因为如果质量监测人员事先认为生产过程正常，也就没有必要去进行检测了。所以，建立的原假设和备择假设分别为：

$$H_0: \mu=10 \text{（生产过程正常）}$$
$$H_1: \mu\neq10 \text{（生产过程不正常）}$$

8.1.2 假设检验的基本步骤

（1）建立假设。在建立假设的阶段，要视具体情况来具体设定。在例 8.1.1 中，涉及的问题是生产过程是否正常，那么不管是 $\mu>10$ 或 $\mu<10$，都表明机床的生产过程不正常。此时首先提出一个命题：生产过程对零件的直径无显著影响。这个命题用数学符号可以表示为：$\mu=10$，将这个命题称为原假设 H_0，记作 $H_0: \mu=10$。而此时，还存在另外一个与原命题对立的命题，即生产过程对零件的直径有显著的影响。这个命题用数学符号可以表示为：$\mu\neq10$，将这个命题称为备择假设 H_1，记作 $H_1: \mu\neq10$。

值得注意的是，原假设与备择假设，有且只能有一个是成立的，接受原假设，就意味着要拒绝备择假设；反之，接受备择假设，则意味着要拒绝原假设。而此时问题的关键就在于找到合理的方法将接受与拒绝原假设的临界值量化出来。

（2）确定检验统计量。统计学当中有个普遍接受的观点：小概率事件一般情况下不发生。可以充分利用这个观点来建立恰当的统计量，对结果进行判断。在例 8.1.1 中能够用来建立检验统计量的信息便是 36 个零件的平均直径 $\bar{X}$。其检验的统计量为

$$Z = \frac{\bar{x} - \mu_0}{\sigma / \sqrt{n}}$$

上式为一个服从标准正态分布的 Z 统计量。根据标准正态分布表，可以确定出 Z 统计量落入各个区域的概率。

（3）确定显著性水平与临界值。假设检验并不是绝对正确的，它存在一定犯错的可能，而这个犯错的可能便称为显著性水平，记为 α。

显著性水平 α 是人为确定的，是根据不同的条件选择不同的显著性水平，通常情况下，选择 5% 作为显著性水平，发生概率小于或等于 5% 的事件已经可以被视为小概率事件了。

显著性水平一旦被确定，则可根据统计量的分布表，确定落入小概率事件区域的临界值。如例 8.1.1 中，如果将 $\alpha = 0.05$ 作为显著性水平，则 Z 值只要落入 $-Z_{0.025}$ 左边，或者落入 $Z_{0.025}$ 右边，都属于落入了小概率事件发生的区域。因此 $-Z_{0.025}$ 与 $Z_{0.025}$ 成为两个临界值。

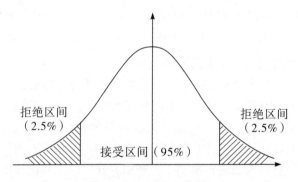

图 8.1.1　正态分布图

（4）作出判断。在确定了显著性水平后，便能够计算出临界值，将计算出来的统计量与临界值大小做比较，便能判断是否发生了小概率事件。如果发生了小概率事件，根据小概率事件通常情况下不会发生的原理，便应该充分怀疑原假设是错误的，此时拒绝 H_0，接受 H_1；如果小概率事件并没有发生，则应认为原假设是成立的，此时接受 H_0，拒绝 H_1。

在例 8.1.1 中，代入数据算出统计量：$Z = 1.8977$，查表得 $Z_{0.025} = 1.96$。Z 落在 $-Z_{0.025}$ 与 $Z_{0.025}$ 之间，说明小概率事件并未发生，因此选择接受 H_0，拒绝 H_1。即认为生产过程对零件的直径无显著影响。

8.1.3　两类错误

（1）两类错误的概念。

前文提到假设检验并非绝对正确，其仍然存在一定犯错误的可能。而假设检验中

会犯的错误有两类。

第一类错误叫做弃真错误。根据小概率事件通常不会发生的原则，如果发生了小概率事件，则会拒绝 H_0，接受 H_1，但小概率事件并非绝对不发生，它仍然存在 α 的发生概率。如果发生了小概率事件，把原假设拒绝了，但事实上原假设是正确的，此时就犯下了第一类错误，将真实的原假设拒绝，故称其为弃真错误。因此，将弃真错误发生的概率记作 α。

第二类错误叫做纳伪错误。它与第一类错误相反，第一类错误是把原本正确的原假设拒绝，而第二类错误则是把原本错误的原假设接受，故称其为纳伪错误。将纳伪错误发生的概率记作 β。如图 8.1.2、表 8.1.1 所示：

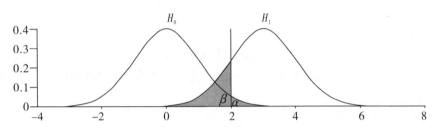

图 8.1.2　犯两类错误概率分布图

表 8.1.1　假设检验两类错误

判断	H_0 为正确	H_0 为错误
拒绝 H_0	第一类错误（弃真概率 α）	正确的概率（$1-\beta$）
接受 H_0	正确的概率（$1-\alpha$）	第二类错误（纳伪概率 β）

（2）两类错误的关系。

图 8.1.2 显示了犯两类错误的概率分布情况。从图中可以看出，两类错误的关系为此消彼长的关系。临界值所在的位置直接决定了两类错误的大小。其公式关系为

$$\alpha = 1 - \int_{-\infty}^{Z_{1-\alpha}} f(z)\,dz\ ,\ \text{其中：} f(z) = \frac{1}{\sqrt{2\pi}}e^{-\frac{z^2}{2}}dz,\ Z_{1-\alpha} = \frac{C-\mu_0}{\sigma/\sqrt{n}}$$

$$\beta = \int_{-\infty}^{-Z_{\beta}} f(z)\,dz\ ,\ \text{其中：} Z_{\beta} = \frac{C-\mu_1}{\sigma/\sqrt{n}}$$

整理第一式，得到 $\sigma/\sqrt{n} = \dfrac{C-\mu_0}{Z_{1-\alpha}}$，然后代入第二式，于是有

$$Z_{\beta} = \frac{C-\mu_1}{C-\mu_0} \times Z_{1-\alpha}$$

由此式中可以看出，α 与 β 成反比，即 α 越大，β 越小。在实际操作当中，两类错误究竟该如何控制，应视具体情况而定，如果犯第一类错误付出的代价更大，则应该将显著性水平 α 控制在更小的范围，如果犯第二类错误付出的代价更大，则可选取一个相对较大的显著性水平 α，而让 β 的区域缩小。

奈曼和 E. 皮尔逊认为，在控制犯第一类错误的概率 α 的条件下，尽量使犯第二类错误的概率 β 小。即为了通过样本观测值对某一陈述取得强有力的支持，通常把这种陈述本身作为备择假设，而将这一陈述的否定作为原假设。

8.2 单个总体的假设检验

单个总体 $N(\mu, \sigma^2)$ 是最常见的一种分布，本节将主要讨论对单个总体的均值 μ、比例 π 与方差 σ^2 在不同条件下的检验。

8.2.1 均值的检验

假设样本 X_1, X_2, $\cdots$, X_n 来自正态总体 $N(\mu, \sigma^2)$，通常用字母 μ 表示总体均值，μ_0 表示对总体均值的某一假设值，σ^2 表示总体方差，$\overline{X}$ 表示样本均值，S^2 表示样本方差。现考虑对总体均值 μ 做假设检验。

（1）单个总体均值检验的基本流程。

单个总体在对总体均值进行假设检验时，首先要选择总体均值检验的基本流程。作为不同条件下检验统计量的基本流程是不同的，采用什么检验统计量取决于以下三个因素：

①样本量的多少。样本量 $n \geqslant 30$ 称为大样本；$n < 30$ 称为小样本。

②总体是否服从正态分布。

③总体方差 σ^2 是否已知。

单个总体均值检验的基本流程图见图 8.2.1：

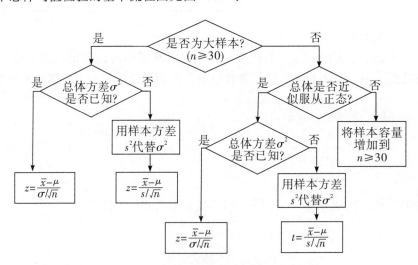

图 8.2.1 单个总体均值检验的基本流程图

（2）单个总体检验的基本形式。

根据原假设 H_0 与备择假设 H_1 的设定不同，单个正态总体检验分为三种基本形式：

双侧检验　　　$H_0: \mu = \mu_0$，$H_1: \mu \neq \mu_0$，

左单侧检验　$H_0: \mu \geqslant \mu_0$，$H_1: \mu < \mu_0$

右单侧检验　$H_0: \mu \leqslant \mu_0$，$H_1: \mu > \mu_0$

①在大样本、σ^2 已知的检验条件下，用标准正态分布的 Z 统计量。

$$Z = \frac{\bar{x} - \mu_0}{\sigma/\sqrt{n}}$$

检验的拒绝域为：

双侧检验　　　$|Z| > Z_{\alpha/2}$

左单侧检验　$Z < -Z_{\alpha}$

右单侧检验　$Z > Z_{\alpha}$

②在大样本、σ^2 未知的检验条件下，用样本方差代替总体方差，仍用 Z 统计量。

③在小样本、总体服从正态分布、σ^2 已知的检验条件下，仍用 Z 统计量。

④在小样本、总体服从正态分布、σ^2 未知的检验条件下，用样本方差代替总体方差，用 t 统计量。在 σ 未知的检验条件下，（当 $n < 30$）不能够再使用标准正态分布统计量 Z 作为检验统计量，因为它含有未知参数 σ。此时要采用 σ^2 的无偏估计量 S^2 去代替 σ^2，采用 t 统计量，即

$$t = \frac{\bar{x} - \mu_0}{S/\sqrt{n}}$$

检验的拒绝域为：

双侧检验　　　$|t| > t_{\alpha/2}(n-1)$

左单侧检验　$t < -t_{\alpha}(n-1)$

右单侧检验　$t > t_{\alpha}(n-1)$

8.2.1.1　σ^2 已知的检验

根据原假设 H_0 与备择假设 H_1 的设定不同，分为双侧检验与单侧检验。

（1）双侧检验。

例 8.2.1　一种罐装饮料采用自动线生产，生产标准要求每罐的容量为 255 毫升，标准差不超过 5 毫升。为检查每罐容量是否符合要求，质检人员在某天生产的饮料中随机抽取了 40 罐进行检验，测得每罐平均容量为 255.8 毫升。取显著性水平 $\alpha = 0.05$，试问检验该天生产的饮料容量是否符合标准要求？

解：①建立假设。此时关心的是饮料容量是否符合要求，也就是 μ 是否为 255 毫升。大于或小于 255 毫升都不符合要求，该题属于双侧检验问题。提出的原假设和备择假设分别为

$$H_0: \mu = 255, \quad H_1: \mu \neq 255$$

②确定检验统计量。由观测值求得

$$Z = \frac{\bar{x} - \mu_0}{\sigma/\sqrt{n}} = \frac{255.8 - 255}{5/\sqrt{40}} = 1.01$$

③确定显著性水平和临界值。由于是双侧检验，因此其临界值为 $Z_{0.05/2} = 1.96$。

④作出判断。经比较发现 $Z < Z_{0.025}$，落入接受域，因此接受 H_0，拒绝 H_1，即认为该天生产的饮料容量符合标准要求。

（2）右单侧检验。

例 8.2.2 某种植地的水稻亩产符合正态分布 $N(\mu, \sigma^2)$，其中 $\mu = 100$ 公斤，$\sigma = 30$ 公斤。在使用某类化肥后，抽取其中 9 亩地进行抽样调查，发现 9 亩地的平均亩产为 $\bar{X} = 130$ 公斤。取显著性水平 $\alpha = 0.05$，试问该水稻是否有显著增产？

解： ①建立假设，由于是否增产到某种程度是未知的，因此将增产作为备择假设，未增产作为原假设：

$$H_0: \mu \leqslant 100, \quad H_1: \mu > 100$$

②确定检验统计量。由观测值求得

$$Z = \frac{\bar{x} - \mu_0}{\sigma / \sqrt{n}} = \frac{130 - 100}{30 / \sqrt{9}} = 3.00$$

③确定显著性水平和临界值。由于是右单侧检验，因此其临界值为 $Z_{0.05} = 1.645$。

④作出判断。经比较发现 $Z > Z_{0.05}$，落入拒绝域，因此拒绝 H_0，接受 H_1，即认为某类化肥对水稻有明显的增产作用。

8.2.1.2　σ^2 未知的检验

同理，在 σ 未知的条件下，也分双侧检验和单侧检验。

（1）双侧检验。

例 8.2.3 根据例 8.1.1 数据，σ 未知。取显著性水平 $\alpha = 0.05$，试问检测生产过程是否正常？

解： ①建立假设，如前所述，在没有明显证据证明其存在变化的条件下，原假设应认为其生产过程正常，因此将生产过程正常作为原假设，生产过程不正常作为备择假设：

$$H_0: \mu = 10, \quad H_1: \mu \neq 10$$

②确定检验统计量。由观测值求得

$$\bar{x} = \frac{\sum_{i=1}^{n} x_i}{n} = 10.01583, \quad S = \sqrt{\frac{\sum_{i=1}^{n} (x_i - \bar{x})^2}{n - 1}} = 0.05005,$$

$$Z = \frac{\bar{x} - \mu_0}{S / \sqrt{n}} = \frac{10.01583 - 10}{0.05005 / \sqrt{36}} = 1.8977$$

③确定显著性水平和临界值。由于是双侧检验，因此其临界值为 $Z_{0.05/2} = 1.96$。

④作出判断。经比较发现 $Z < Z_{\alpha/2}$，落入接受域，因此接受 H_0，拒绝 H_1，即认为生产过程正常。

（2）左单侧检验。

例 8.2.4 某企业的负债额度服从正态分布 $N(\mu, \sigma^2)$，其中已知 $\mu = 300$ 万元，σ 未知。在使用新型管理办法后，其连续 9 个月平均负债额为 150 万元，标准差 $S = 200$ 万元。使用新型管理办法后，取显著性水平 $\alpha = 0.05$，问该企业是否有效降低了平均负债额？

解： ①建立假设，在没有明显证据证明其存在变化的条件下，原假设应认为其平均负债未发生改变，因此将平均负债没有减少作为原假设，减少了作为备择假设：

$$H_0: \mu \geqslant 300, \ H_1: \mu < 300$$

②确定检验统计量。由观测值求得

$$t = \frac{\bar{x} - \mu_0}{S/\sqrt{n}} = \frac{150 - 300}{200/\sqrt{9}} = -2.25$$

③确定显著性水平和临界值。由于是单侧检验，因此其临界值为 $-t_{0.05}(8) = -1.86$。

④作出判断。经比较发现 $t < -t_\alpha(n-1)$，落入拒绝域，因此拒绝 H_0，接受 H_1，即认为该企业使用新型管理办法后，平均负债额显著下降。

8.2.2　比例的检验

比例是指总体中具有某种相同特征的个体所占的比重。这些特征可以是数值型的（如一定的重量、一定的厚度或一定规格等），也可以是品质型的（如男女性别、学历等级、职称高低等），通常用字母 π 表示总体比例（有些教材也用大写字母 P 表示总体比例），π_0 表示对总体比例的某一假设值，用小写字母 p 表示样本比例。比例检验方法与上面介绍的均值检验方法基本一致，甚至有很多内容可以完全"照搬"。区别只在于参数的检验统计量的形式不同。

同理，根据原假设 H_0 与备择假设 H_1 的设定不同，总体比例检验也分为三种基本形式：

双侧检验　$H_0: \pi = \pi_0, \ H_1: \pi \neq \pi_0$

左单侧检验　$H_0: \pi \geqslant \pi_0, \ H_1: \pi < \pi_0$

右单侧检验　$H_0: \pi \leqslant \pi_0, \ H_1: \pi > \pi_0$

（1）当样本量为大样本、np 及 $n(1-p)$ 大于或等于 5 时，理论证明二项分布趋于正态分布。因此，其检验的统计量为

$$Z = \frac{p - \pi_0}{\sqrt{\dfrac{\pi_0(1-\pi_0)}{n}}}$$

其中二项分布与正态分布拒绝域的关系式为

$$\sum_{i=c}^{n} C_n^i p^i (1-p)^{n-i} \approx 1 - \Phi\left(\frac{p-\pi_0}{S/\sqrt{n}}\right) \leqslant \alpha$$

（2）当样本量为小样本，但 np 及 $n(1-p)$ 大于或等于 5 时，理论上检验二项分布拒绝域的统计量为

$$T_c = \sum_{i=c}^{n} C_n^i p^i (1-p)^{n-i} \leqslant \alpha$$

当样本量为小样本，但 np 及 $n(1-p)$ 大于或等于 5 时，理论证明二项分布仍然趋于正态分布，此时仍然可运用正态分布来检验。

同理，在构造比例检验时，样本比例检验同样也分为上述三种基本形式，样本比

例统计量仍然可以利用样本比例 p 与总体比例 π 之间的距离等于多少个样本比例的标准差来衡量。

8.2.2.1 大样本条件下的假设检验

例 8.2.5 一种以休闲和娱乐为主题的杂志声称其读者群中有 80% 为女性。为验证这一说法是否属实，某研究机构抽取了 300 人组成的一个随机样本，发现有 225 个女性经常阅读该杂志。取显著性水平 $\alpha = 0.05$，试检验该杂志的读者群中女性的比例是否为 80%？

解：①建立假设。在没有明显证据证明其存在变化的条件下，原假设应认为其比例状态未发生改变，因此将其读者群中有 80% 女性作为原假设，其比例状态发生变化作为备择假设。

$$H_0: \pi = 80\% , \quad H_1: \pi \neq 80\%$$

②确定检验统计量。由观测值求得

$$p = \frac{n_1}{n} = \frac{225}{300} = 0.75$$

$$Z = \frac{p - \pi_0}{\sqrt{\dfrac{\pi_0(1 - \pi_0)}{n}}} = \frac{0.75 - 0.80}{\sqrt{\dfrac{0.80 \times (1 - 0.80)}{300}}} = -2.1651$$

③确定显著性水平和临界值。由于是双侧检验，因此其临界值为 $Z_{0.05/2} = 1.96$。

④作出判断。经比较发现 $|Z| > Z_{0.025}$，落入拒绝域，因此拒绝 H_0，接受 H_1，即认为该样本提供的证据表明该杂志的说法并不属实。

8.2.2.2 小样本条件下的假设检验

例 8.2.6 以本章"案例引导——女士品茶"为例。（1）该如何对该女士作出判断呢？（2）假如该女士说对了 9 杯（或 8 杯，或 7 杯），是否有充分的理由相信该女士有此种鉴别能力呢？（3）如何求该女士鉴别能力的临界点呢？

解 1 (Z 分布)：（1）费希尔的想法是：假如该女士无此种鉴别能力，她只能猜，每次猜对的概率为 1/2，10 次都猜对的概率为 2^{-10}（$= 0.001$），这是一个很小的概率，是在一次试验中几乎不会发生的事件，如今该事件竟然发生了，这只能说明原假设不当，应予以拒绝，而认为该女士确有辨别 TM 奶茶与 MT 奶茶的能力。这就是费希尔用试验结果对假设的对错进行判断的思维方式。可归纳如下：

原假设 H_0：该女士无此种鉴别能力

备择假设 H_1：该女士有此种鉴别能力

假如试验结果与原假设 H_0 发生矛盾，就拒绝原假设 H_0，否则就接受原假设 H_0。当然，实际操作远非这么简单，这里还有很多细节需要研究，费希尔对这些细节作了周密的研究，提出一些新的概念，建立了一套可行的方法，形成了假设检验理论，为进一步发展假设检验理论与方法打下了牢固的基础。

（2）用今天的眼光看这个案例，假如该女士说对了 9 杯（或 8 杯，或 7 杯），是否有充分的理由相信该女士有此种鉴别能力呢？可作如下假设：

①建立假设。由前面所述：

原假设 H_0：该女士无此种鉴别能力

备择假设 H_1：该女士有此种鉴别能力

②确定检验统计量。该项试验的平均数等于 0.5，当该女士说对了 9 杯时，比例为 0.9，当总体方差未知时，方差（或标准差）可以取最大值 $S = \sqrt{p(1-p)} = \sqrt{0.5 \times 0.5} = 0.5$，$n = 10$，则检验统计量为

$$Z = \frac{p - \pi_0}{S/\sqrt{n}} = \frac{0.9 - 0.5}{0.5/\sqrt{10}} = 2.53$$

③确定显著性水平和临界值。由于单侧检验，当 $\alpha = 0.05$，查表：$Z_\alpha = Z_{0.05} = 1.645$。

④作出判断。经比较发现：$Z_{0.05} = 1.645 < Z = 2.53$，落入备择假设 H_1 域，因此拒绝原假设 H_0，即认为该女士有此种鉴别能力。

⑤同理，当该女士说对了 8 杯时，$Z = 1.90$，同样拒绝原假设 H_0，即认为该女士有此种鉴别能力。

⑥同理，当该女士说对了 7 杯时，$Z = 1.26$，因为统计量 $Z = 1.26 < Z_{0.05} = 1.645$，接受原假设 H_0，即认为该女士无此种鉴别能力。

⑦那么，当如何求该女士鉴别能力的临界点呢？

因为 $Z = \dfrac{p - \pi_0}{S/\sqrt{n}} = \dfrac{p - 0.5}{0.5/\sqrt{10}} = 1.83$

得：$p = 1.83 \times 0.5/\sqrt{10} + 0.5 = 0.2893 + 0.5 = 0.7893$，$x = 0.7893 \times 10 < 8$ 杯。

也就是说，当该女士说对了小于 8 杯（如 7 杯）时，即：统计量 $Z = 1.26 < Z_{0.05} = 1.645$，则拒绝备择假设 H_1，即认为该女士无此种鉴别能力，因为随机乱猜平均也能猜中 5 杯，8 杯是有无此种鉴别能力的一个临界点。

解 2（二项式分布）：由前面所知，当样本量为小样本，但 np 及 $n(1-p)$ 大于或等于 5 时，理论上检验二项分布拒绝域的统计量为

$$T_c = \sum_{i=c}^{n} C_n^i p^i (1-p)^{n-i} \leqslant \alpha$$

（1）当 C 为 10 杯时，$T_{10} = \sum\limits_{i=c}^{n} C_n^i p^i (1-p)^{n-i} = 0.0009765625$，小于显著性水平 $\alpha = 0.05$，落在拒绝域，即认为该女士有此种鉴别能力。

（2）当 C 为 9 杯时，$T_9 = \sum\limits_{i=c}^{n} C_n^i p^i (1-p)^{n-i} = 0.0107421875$，小于显著性水平 $\alpha = 0.05$，落在拒绝域，即认为该女士有此种鉴别能力。当 C 为 10、9 杯时，二项式分布与 Z 分布结果一致。

（3）当 C 为 8 杯时，$T_8 = \sum\limits_{i=c}^{n} C_n^i p^i (1-p)^{n-i} = 0.0546875000$，略大于显著性水平 $\alpha = 0.05$，落在接受域，即认为该女士无此种鉴别能力。二项式分布与 Z 分布结果略有差异。

将上述猜中的单次概率和累计概率整理如下表所示。

猜中的单次概率	以上累计概率
猜中 10 次概率 $P_{10} = C_{10}^{10}\left(\dfrac{1}{2}\right)^{10} = 0.0009765625$	猜中 10 次概率 $T_{10} = 0.0009765625$
猜中 9 次概率 $P_9 = C_{10}^9\left(\dfrac{1}{2}\right)^{10} = 0.0097656250$	猜中 9 次以上概率 $T_9 = 0.0107421875$
猜中 8 次概率 $P_8 = C_{10}^8\left(\dfrac{1}{2}\right)^{10} = 0.0439453125$	猜中 8 次以上概率 $T_8 = 0.0546875000$
猜中 7 次概率 $P_7 = C_{10}^7\left(\dfrac{1}{2}\right)^{10} = 0.1171875000$	猜中 7 次以上概率 $T_7 = 0.1718750000$
猜中 6 次概率 $P_6 = C_{10}^6\left(\dfrac{1}{2}\right)^{10} = 0.2050781250$	猜中 6 次以上概率 $T_6 = 0.3769531250$
猜中 5 次概率 $P_5 = C_{10}^5\left(\dfrac{1}{2}\right)^{10} = 0.2460937500$	猜中 5 次以上概率 $T_5 = 0.6230468750$
猜中 4 次概率 $P_4 = C_{10}^4\left(\dfrac{1}{2}\right)^{10} = 0.0439453125$	猜中 4 次以上概率 $T_4 = 0.8281250000$
猜中 3 次概率 $P_3 = C_{10}^3\left(\dfrac{1}{2}\right)^{10} = 0.1171875000$	猜中 3 次以上概率 $T_3 = 0.9453125000$
猜中 2 次概率 $P_2 = C_{10}^2\left(\dfrac{1}{2}\right)^{10} = 0.2050781250$	猜中 2 次以上概率 $T_2 = 0.9892578125$
猜中 1 次概率 $P_1 = C_{10}^1\left(\dfrac{1}{2}\right)^{10} = 0.2460937500$	猜中 1 次以上概率 $T_1 = 0.9990234375$
猜中 0 次概率 $P_0 = C_{10}^1\left(\dfrac{1}{2}\right)^{10} = 0.2460937500$	猜中 0 次以上概率 $T_0 = 1.0000000000$

8.2.3　方差的检验

假设样本 X_1，X_2，$\cdots$，X_n 来自正态总体 $N(\mu, \sigma^2)$，通常用字母 σ^2 表示总体方差，σ_0^2 表示对总体方差的某一假设值，$\overline{X}$ 表示样本均值，S^2 表示样本方差。现考虑对总体方差 σ^2 做假设检验。

对总体方差 σ 的检验同样分为双侧检验与单侧检验两种情况，其三种基本形式如下：

$$双侧检验 \quad H_0: \sigma^2 = \sigma_0^2, \ H_1: \sigma^2 \neq \sigma_0^2$$
$$左单侧检验 \quad H_0: \sigma^2 \geqslant \sigma_0^2, \ H_1: \sigma^2 < \sigma_0^2$$
$$右单侧检验 \quad H_0: \sigma^2 \leqslant \sigma_0^2, \ H_1: \sigma^2 > \sigma_0^2$$

在 H_0 为真的条件下，检验的 χ^2 统计量为

$$\chi^2 = \frac{(n-1)S^2}{\sigma_0^2}$$

其中：$S^2 = \dfrac{\displaystyle\sum_{i=1}^{n}(x_i - \bar{x})^2}{n-1}$

检验的拒绝域为：双侧检验　　$\chi^2 < \chi^2_{\alpha/2}(n-1)$ 或 $\chi^2_{1-\alpha/2}(n-1) < \chi^2$

左单侧检验　　$\chi^2 < \chi^2_{1-\alpha}(n-1)$

右单侧检验　　$\chi^2_{\alpha}(n-1) < \chi^2$

同理，考虑是否为大样本，总体方差是否已知等条件，可以参考均值检验的思路。

8.2.3.1　双侧检验

例 8.2.7　某进出口公司出口茶叶服从正态分布 $N(\mu, \sigma^2)$，其中已知出口茶叶平均重量 $\mu = 500$ 克，按出口规定，出口茶叶的标准差不得高于 10 克。现从一批待出口茶叶中随机抽取 16 包，实测样本标准差为 12 克，取显著性水平 $\alpha = 0.05$，试问这批出口茶叶是否合格？

解：①建立假设。在没有明显证据证明其不合格的条件下，原假设应认为这批出口茶叶合格，因此将出口茶叶合格作为原假设，不合格作为备择假设：

$$H_0: \sigma^2 = 10^2, \ H_1: \sigma^2 \neq 10^2$$

②确定检验统计量。由观测值求得

$$\chi^2 = \frac{(n-1)S^2}{\sigma_0^2} = \frac{(16-1) \times 12^2}{10^2} = 21.60$$

③确定显著性水平和临界值。由于是双侧检验，其临界值为 $\chi^2_{1-0.05/2}(16-1) = 6.262$，$\chi^2_{0.05/2}(16-1) = 27.488$。

④作出判断。经比较发现 $\chi^2_{1-0.05/2}(16-1) < \chi^2 < \chi^2_{0.05/2}(16-1)$，$\chi^2$ 落入接受域，因此接受 H_0，拒绝 H_1，即认为该批出口茶叶合格。

8.2.3.2　单侧检验

例 8.2.8　某产品保质期服从正态分布 $N(\mu, \sigma^2)$，对于这批产品的合格标准是其保质期的标准差 σ 不得大于 0.5 年，检验了其中 8 个产品，保质期 μ 分别为 3.2、3.0、2.9、2.7、2.2、1.8、1.6 和 1.3 年，取显著性水平 $\alpha = 0.05$，请问这批产品是否合格？

解：①建立假设。在没有明显证据证明其不合格的条件下，原假设应认为这批产品合格，因此将产品合格作为原假设，不合格作为备择假设：

$$H_0: \sigma^2 \leq 0.5^2, \ H_1: \sigma^2 > 0.5^2$$

②确定检验统计量。由观测值求得

$$S^2 = \frac{\sum_{i=1}^{n}(x_i - \bar{x})^2}{n-1} = \frac{3.5588}{8-1} = 0.5084$$

$$\chi^2 = \frac{(n-1)S^2}{\sigma_0^2} = \frac{(8-1) \times 0.5084}{0.5^2} = 14.2352$$

③确定显著性水平和临界值。由于是右单侧检验，因此其临界值为 $\chi^2_{0.05}(8-1) = 14.067$。

④作出判断。经比较发现 $\chi^2 > \chi^2_{\alpha}(n-1)$，落入拒绝域，因此拒绝 H_0，接受 H_1，即认为该批产品不合格。

例 8.2.9　某公司生产的发动机部件的直径服从正态分布 $N(\mu, \sigma^2)$，该公司称它的直径标准差 $\sigma \leq 0.048$ 厘米，现随机抽取 5 个部件，测得它们的直径分别为 1.32、

1.55、1.36、1.40 和 1.44 厘米，取显著性水平 $\alpha = 0.05$，请问该批发动机部件的直径标准差是否符合要求？

解: ①建立假设。在没有明显证据证明其不符合要求的条件下，原假设应认为该批发动机部件的直径符合要求，因此将此作为原假设，不符合要求作为备择假设:

$$H_0: \sigma^2 \leqslant 0.048^2, \quad H_1: \sigma^2 > 0.048^2$$

②确定检验统计量。由观测值求得

$$S^2 = \frac{\sum\limits_{i=1}^{n}(x_i - \bar{x})^2}{n-1} = \frac{0.03112}{5-1} = 0.00778$$

$$\chi^2 = \frac{(n-1)S^2}{\sigma_0^2} = \frac{(5-1) \times 0.00778}{0.048^2} = 13.5069$$

③确定显著性水平和临界值。由于是右单侧检验，因此其临界值为 $\chi_{0.05}^2(5-1) = 9.488$。

④作出判断。经比较发现 $\chi^2 > \chi_\alpha^2(n-1)$，落入拒绝域，因此拒绝 H_0，接受 H_1，即认为该批发动机部件的直径不符合要求。

8.3 两个总体的假设检验

本节将主要讨论对两个总体的均值之差（$\mu_1 - \mu_2$）、比例之差（$\pi_1 - \pi_2$）与方差之差（$\sigma_1^2 - \sigma_2^2$）在不同条件下的检验。

8.3.1 两个均值之差的检验

假设样本 X_{11}，X_{12}，$\cdots$，X_{1n} 来自正态总体 $N(\mu_1, \sigma_1^2)$，样本的均值为 $\bar{X}_1$，无偏方差为 S_1^2，样本 X_{21}，X_{22}，$\cdots$，X_{2n} 来自正态总体 $N(\mu_2, \sigma_2^2)$，样本的均值为 $\bar{X}_2$，无偏方差为 S_2^2。现考虑对两个总体均值 $\mu_1 - \mu_2$ 做假设检验。

（1）两个总体检验的基本流程。

两个正态总体在对总体均值进行假设检验时，首先要选择总体检验的基本流程。作为不同条件下检验统计量的基本流程是不同的，采用什么检验统计量取决于以下四个因素:

①判断样本是独立样本或是匹配样本。

②样本量的多少。样本量大于或等于 30 的称为大样本（$n \geqslant 30$）；小于 30 的称为小样本（$n < 30$）。

③总体是否服从正态分布。

④总体方差 σ^2 是否已知。

两个总体均值检验的基本流程图见图 8.3.1：

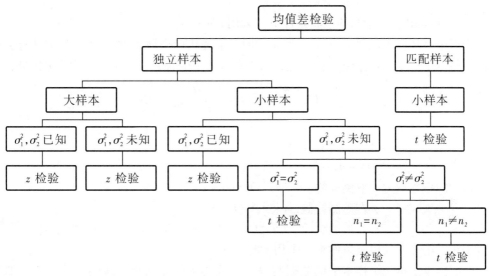

图 8.3.1　两个总体均值检验的基本流程图

（2）两个总体均值检验的基本形式。

根据原假设 H_0 与备择假设 H_1 的设定不同，两个正态总体均值检验分为三种基本形式：

$$双侧检验 \quad H_0: \mu_1 - \mu_2 = 0, \ H_1: \mu_1 - \mu_2 \neq 0$$
$$左单侧检验 \quad H_0: \mu_1 - \mu_2 \geqslant 0, \ H_1: \mu_1 - \mu_2 < 0$$
$$右单侧检验 \quad H_0: \mu_1 - \mu_2 \leqslant 0, \ H_1: \mu_1 - \mu_2 > 0$$

①在 σ_1^2、σ_2^2 已知的检验条件下，采用标准正态分布的 Z 统计量。

$$Z = \frac{(\overline{X}_1 - \overline{X}_2) - (\mu_1 - \mu_2)}{\sqrt{\dfrac{\sigma_1^2}{n_1} + \dfrac{\sigma_2^2}{n_2}}}$$

检验的拒绝域为：双侧检验　　$|Z| > Z_{\alpha/2}$
　　　　　　　　　左单侧检验　$Z < -Z_\alpha$
　　　　　　　　　右单侧检验　$Z > Z_\alpha$

②在 σ_1^2、σ_2^2 未知的检验条件下，采用 t 统计量。

在 σ_1^2、σ_2^2 未知的检验条件下，不能够再使用标准正态分布统计量 Z 作为检验统计量，因为它含有未知参数 σ_1^2、σ_2^2。此时要采用 σ_1^2、σ_2^2 的无偏估计量 S_1^2、S_2^2 去代替 σ_1^2、σ_2^2，采用 t 统计量，即

$$t = \frac{(\overline{X}_1 - \overline{X}_2) - (\mu_1 - \mu_2)}{\sqrt{\dfrac{S_1^2}{n_1} + \dfrac{S_2^2}{n_2}}}$$

检验的拒绝域为：双侧检验　　$|t| > t_{\alpha/2}$

左单侧检验　$t < -t_\alpha$

右单侧检验　$t > t_\alpha$

③在 $\sigma_1^2 = \sigma_2^2$，但未知的检验条件下，采用 t 统计量。

当两个总体方差相等 $\sigma_1^2 = \sigma_2^2$，但未知时，需要用两个样本方差 S_1^2、S_2^2 来估计，这时需要将两个样本的数据组合在一起，给出总体方差的合并估计量，采用 t 统计量，即

$$t = \frac{(\overline{X}_1 - \overline{X}_2) - (\mu_1 - \mu_2)}{S_w \sqrt{\dfrac{1}{n_1} + \dfrac{1}{n_2}}}$$

其中：$S_w^2 = \dfrac{(n_1 - 1)S_1^2 + (n_2 - 1)S_2^2}{n_1 + n_2 - 2}$

检验的拒绝域为：双侧检验　　$|t| > t_{\alpha/2}(n - 1)$

左单侧检验　$t < -t_\alpha(n - 1)$

右单侧检验　$t > t_\alpha(n - 1)$

④在匹配样本的检验条件下，采用 t 统计量。

匹配样本是指一个样本中的数据与另一个样本中的数据相对应的同质样本。如在评价某商品改进后的质量时，可让消费者对改进前、改进后的商品提出不同评价。匹配样本可以消除由于样本指定的不公平造成的两种质量在时间上的差异。

设 d_i 为匹配样本数据的差值，$d_i = x_{1i} - x_{2i}$

设 $\overline{d}$ 为匹配样本数据差值的平均值，$\overline{d} = \sum_{i=1}^{n} d_i / (n - 1)$

设 S_d^2 为匹配样本数据差值的平均值，$S_d^2 = \sum_{i=1}^{n} (d_i - \overline{d_i})^2 / (n - 1)$

对于小样本条件下，采用 t 统计量：$t = \dfrac{\overline{d} - (\mu_1 - \mu_2)}{S_d / \sqrt{n}}$

检验的拒绝域为：双侧检验　　$|t| > t_{\alpha/2}(n - 1)$

左单侧检验　$t < -t_\alpha(n - 1)$

右单侧检验　$t > t_\alpha(n - 1)$

同理，考虑是否为大样本、总体方差是否已知等条件，可以参考单个总体均值检验的思路。

8.3.1.1　σ_1^2、σ_2^2 已知的检验

根据原假设 H_0 与备择假设 H_1 的设定不同，分为双侧检验与单侧检验。

（1）双侧检验。

例 8.3.1　某种性能跑车后轮毂半径符合正态分布 $N(\mu_1, \sigma_1^2)$，其中 $\sigma_1^2 = 40$ 平方厘米。前轮毂半径符合正常分布 $N(\mu_2, \sigma_2^2)$，其中 $\sigma_2^2 = 20$ 平方厘米。从一批新生产的车中抽取了 20 个后轮毂，测得其平均半径为 $\overline{X}_1 = 55$ 厘米；抽取了 10 个前轮毂，测得其平均半径为 $\overline{X}_2 = 45$ 厘米。当后轮毂比前轮毂高 8 厘米左右则认为该批跑车为达标。取显著性水平 $\alpha = 0.05$，请问该批跑车是否达标？

解：①建立假设。由于相差 8 厘米为一个已知的既定标准，因此将其作为原假设，

将不符合这个标准作为备择假设:

$$H_0: \mu_1 - \mu_2 = 8, \ H_1: \mu_1 - \mu_2 \neq 8$$

②确定检验统计量。由观测值求得

$$Z = \frac{(\overline{X}_1 - \overline{X}_2) - (\mu_1 - \mu_2)}{\sqrt{\dfrac{\sigma_1^2}{n_1} + \dfrac{\sigma_2^2}{n_2}}} = \frac{(55 - 45) - 8}{\sqrt{\dfrac{40}{20} + \dfrac{20}{10}}} = 1.00$$

③确定显著性水平和临界值。由于是双侧检验,因此其临界值为 $Z_{0.05/2} = 1.96$。

④作出判断。经比较发现 $|Z| < Z_{0.025}$,落入接受域,因此接受 H_0,拒绝 H_1,即认为该批跑车合格。

(2) 单侧检验。

单侧检验分为左单侧检验与右单侧检验,下面以一个右单侧检验为例。

例 8.3.2　某个智商测试表让 18 岁少年做测试符合正态分布 $N(\mu_1, \sigma_1^2)$,其中 $\sigma_1^2 = 20$。让 10 岁儿童做测试符合正态分布 $N(\mu_2, \sigma_2^2)$,其中 $\sigma_2^2 = 30$。现在抽取了 10 名 18 岁少年,经过测试发现 $\overline{X}_1 = 120$。抽取了 15 名 10 岁儿童,经过测试发现 $\overline{X}_2 = 100$。只有当 $\mu_1 - \mu_2$ 显著高于 15 时这个测试表才被认为是合格的。取显著性水平 $\alpha = 0.05$,请问这个测试表是否合格?

解:①建立假设。由于该表尚未通过合格验证,因此将不合格作为原假设,合格作为备择假设:

$$H_0: \mu_1 - \mu_2 \leq 15, \ H_1: \mu_1 - \mu_2 > 15$$

②确定检验统计量。由观测值求得

$$Z = \frac{(\overline{X}_1 - \overline{X}_2) - (\mu_1 - \mu_2)}{\sqrt{\dfrac{\sigma_1^2}{n_1} + \dfrac{\sigma_2^2}{n_2}}} = \frac{(120 - 100) - 15}{\sqrt{\dfrac{20}{10} + \dfrac{30}{15}}} = 2.50$$

③确定显著性水平和临界值。由于是右单侧检验,因此其临界值为 $Z_{0.05} = 1.645$。

④作出判断。经比较发现 $Z > Z_{0.05}$,落入拒绝域,因此拒绝 H_0,接受 H_1,即认为该测试表合格。

8.3.1.2　$\sigma_1^2 = \sigma_2^2$,但未知的检验

根据原假设 H_0 与备择假设 H_1 的设定不同,分为双侧检验与单侧检验。

(1) 双侧检验。

例 8.3.3　有两项生化指标,其中 A 项指标上午测试符合正态分布 $N(\mu_1, \sigma_1^2)$,下午测试符合正态分布 $N(\mu_2, \sigma_2^2)$。现抽取 41 名患者,上午测试发现指标值 $\overline{X}_1 = 20$,$S_1^2 = 25$;下午测试发现指标值 $\overline{X}_2 = 18$,$S_2^2 = 15$。如果该指标上午测与下午测均值相差过大,则该指标会被认为不适合加入体检表当中。取显著性水平 $\alpha = 0.05$,请问这个指标是否应该被加入体检表?(已知 $\sigma_1^2 = \sigma_2^2$)

解:①建立假设。如果相差不大,则认为两者相差为 0,因此将其作为原假设,将两者差值不为 0 作为备择假设:

$$H_0: \mu_1 - \mu_2 = 0, \ H_1: \mu_1 - \mu_2 \neq 0$$

②确定检验统计量。由观测值求得

$$S_w^2 = \frac{(n_1-1)S_1^2 + (n_2-1)S_2^2}{n_1+n_2-2} = \frac{40 \times 25 + 40 \times 15}{41+41-2} = 20.00$$

$$t = \frac{(\overline{X}_1 - \overline{X}_2) - (\mu_1 - \mu_2)}{S_w \sqrt{\dfrac{1}{n_1} + \dfrac{1}{n_2}}} = \frac{(20-18)-0}{\sqrt{20.00} \times \sqrt{\dfrac{1}{41} + \dfrac{1}{41}}} \approx 2.0249$$

③确定显著性水平和临界值。由于是双侧检验，其临界值为 $t_{0.05/2}(41+41-2) = 1.99$。

④作出判断。经比较发现 $t > t_{0.025}(80)$，落入拒绝域，因此拒绝 H_0，接受 H_1，即认为该指标不适合加入体检表当中。

（2）单侧检验。

单侧检验分为左单侧检验与右单侧检验，下面以一个左单侧检验为例。

例 8.3.4 接上例两项生化指标，其中 A 项指标符合正态分布 $N(\mu_1, \sigma_1^2)$，B 项指标符合正态分布 $N(\mu_2, \sigma_2^2)$。现抽取了 41 名患者，经过测验发现 A 项指标 $\overline{X}_1 = 20$，$S_1^2 = 25$。另外又抽取了 31 名患者，经过测验发现 B 项指标 $\overline{X}_2 = 10$，$S_2^2 = 20$。如果 A 项指标与 B 项指标的均值差显著小于 12，则认为两个生化指标具有同时进行检验的意义。取显著性水平 $\alpha = 0.05$，请问这两个指标是否具有同时进行检验的意义？（已知 $\sigma_1^2 = \sigma_2^2$）

解： ①建立假设。由于是否显著小于 12 目前为一个未知的结论，因此将其作为备择假设，大于 12 作为原假设：

$$H_0: \mu_1 - \mu_2 \geq 12, \ H_1: \mu_1 - \mu_2 < 12$$

②确定检验统计量。由观测值求得

$$S_w^2 = \frac{(n_1-1)S_1^2 + (n_2-1)S_2^2}{n_1+n_2-2} = \frac{40 \times 25 + 30 \times 20}{41+31-2} \approx 22.86$$

$$t = \frac{(\overline{X}_1 - \overline{X}_2) - (\mu_1 - \mu_2)}{S_w \sqrt{\dfrac{1}{n_1} + \dfrac{1}{n_2}}} = \frac{(20-10)-12}{\sqrt{22.86} \times \sqrt{\dfrac{1}{41} + \dfrac{1}{31}}} \approx -1.7575$$

③确定显著性水平和临界值。由于是左单侧检验，因此其临界值为 $-t_{0.05}(70) = -1.994$。

④作出判断。经比较发现 $t > -t_{0.05}(70)$，落入接受域，因此接受 H_0，拒绝 H_1，即认为这两个生化指标不具有同时检验的意义。

8.3.1.3 匹配样本的检验

例 8.3.5 某饮料公司开发研制出一种新产品，为比较消费者对新老产品口感质量的满意程度，该公司随机抽选一组消费者，每个消费者先品尝一种饮料，然后品尝另一种饮料，两种饮料的品尝顺序是随机的，而后每个消费者要对两种饮料分别进行评分（0 ~ 10 分），评分结果如下表所示。

消费者编号		1	2	3	4	5	6	7	8	9
评分等级（分）	旧饮料	6	5	8	5	6	8	6	7	8
	新饮料	8	7	8	6	5	9	8	7	9

取显著性水平 $\alpha = 0.05$，请问该公司是否有证据认为消费者对两种饮料的评分存在显著差异？

解：①建立假设。将两种饮料评分等级无差异作为原假设，有显著差异作为备择假设：

$$H_0: \mu_1 - \mu_2 = 0,\ H_1: \mu_1 - \mu_2 \neq 0$$

②确定检验统计量。由观测值求得

$$\bar{d} = \frac{\sum_{i=1}^{n} d_i}{n} = \frac{-8.0}{9} = -0.8889,\ S_d^2 = \frac{\sum_{i=1}^{n} (d_i - \bar{d_i})^2}{n-1} = \frac{8.8889}{8} = 1.1111125$$

$$t = \frac{\bar{d} - (\mu_1 - \mu_2)}{S_d / \sqrt{n}} = \frac{-0.8889}{1.054093 / \sqrt{9}} = -2.5298$$

③确定显著性水平和临界值。由于是双侧检验，因此其临界值为 $t_{0.025}(8) = 2.3060$。

④作出判断。经比较发现 $|t| > t_{0.025}(8)$，落入拒绝域，因此拒绝 H_0，接受 H_1，即该公司有证据认为消费者对两种饮料的评分存在显著差异。

8.3.2　两个比例之差的检验

两个比例之差（$\pi_1 - \pi_2$）的检验思路与一个比例检验类似，只是由于涉及两个总体，在形式上相对复杂一些。与一个总体比例假设检验类似，通常用字母 π_1、π_2 表示两个总体比例（有些教材也用大写字母 P_1、P_2 表示两个总体比例），用小写字母 p_1、p_2 表示两个样本比例。如前所述，根据原假设 H_0 与备择假设 H_1 的设定不同，两个比例之差的检验也分为三种基本形式：

双侧检验　$H_0: \pi_1 - \pi_2 = 0,\ H_1: \pi_1 - \pi_2 \neq 0$

左单侧检验　$H_0: \pi_1 - \pi_2 \geqslant 0,\ H_1: \pi_1 - \pi_2 < 0$

右单侧检验　$H_0: \pi_1 - \pi_2 \leqslant 0,\ H_1: \pi_1 - \pi_2 > 0$

当 $n_1 p_1$，$n_1(1-p_1)$，$n_2 p_2$，$n_2(1-p_2)$ 都大于或等于 5 时，理论证明二项分布趋于正态分布。因此，其检验的统计量为

$$Z = \frac{(p_1 - p_2) - (\pi_1 - \pi_2)}{\sigma_{p_1 - p_2}}$$

其中：$\sigma_{p_1-p_2} = \sqrt{\frac{\pi_1(1-\pi_1)}{n_1} + \frac{\pi_2(1-\pi_2)}{n_2}}$，理论上是两个总体比例之差抽样分布的标准差。由于两个总体的比例 π_1、π_2 是未知的，需要利用两个样本比例 p_1、p_2 来估计两个总体比例之差抽样分布的标准差 $\sigma_{p_1-p_2}$。这时可分两种情况来测算：

（1）最佳估计法。在原假设成立的条件下，即在两个总体比例 π_1、π_2 未知，但假设相等的条件下，用两个样本比例加权平均后得到的加权比例 P_w 估计 $\sigma_{p_1-p_2}$。其公式为

$$\sigma_{p_1-p_2} = \sqrt{P_w(1-P_w)\left(\frac{1}{n_1}+\frac{1}{n_2}\right)}, \quad 其中：P_w = \frac{p_1n_1+p_2n_2}{n_1+n_2}$$

$$Z = \frac{(p_1-p_2)-(\pi_1-\pi_2)}{\sigma_{p_1-p_2}} = \frac{(p_1-p_2)-(\pi_1-\pi_2)}{\sqrt{P_w(1-P_w)\left(\frac{1}{n_1}+\frac{1}{n_2}\right)}}$$

（2）直接估计法。在原假设不成立的条件下，即在两个总体比例 π_1、π_2 未知，但假设不相等的条件下，用两个样本的比例 p_1、p_2 直接估计 $\sigma_{p_1-p_2}$。其公式为

$$\sigma_{p_1-p_2} = \sqrt{\frac{p_1(1-p_1)}{n_1}+\frac{p_2(1-p_2)}{n_2}}$$

$$Z = \frac{(p_1-p_2)-(\pi_1-\pi_2)}{\sigma_{p_1-p_2}} = \frac{(p_1-p_2)-(\pi_1-\pi_2)}{\sqrt{\frac{p_1(1-p_1)}{n_1}+\frac{p_2(1-p_2)}{n_2}}}$$

8.3.2.1　总体比例未知，但假设 $\pi_1 = \pi_2$ 条件下的检验

例 8.3.6　某一高校拟采取一项学生宿舍管理措施，为了解男女学生对这一措施的看法是否存在差异，校宿管办分别抽取了 200 名男生和 200 名女生进行调查，其中的一个问题是："你是否赞成学校采取该项宿舍管理措施？"其中男生有 27% 表示赞成，女生有 35% 表示赞成。学校认为，男生中表示赞成的比重显著低于女生。取显著性水平 $\alpha = 0.05$，问样本提供的证据是否支持学校的看法？

解：①建立假设。设 P_1 = 男生中表示赞成的比重，P_2 = 女生中表示赞成的比重。依题意提出的原假设和备择假设分别为：

$$H_0：\pi_1 - \pi_2 \geqslant 0，H_1：\pi_1 - \pi_2 < 0$$

②确定检验统计量。由观测值求得

$$P_w = \frac{p_1n_1+p_2n_2}{n_1+n_2} = \frac{0.27\times200+0.35\times200}{200+200} = 0.31$$

$$Z = \frac{(p_1-p_2)}{\sqrt{P_w(1-P_w)\left(\frac{1}{n_1}+\frac{1}{n_2}\right)}} = \frac{(0.27-0.35)}{\sqrt{0.31(1-0.31)\left(\frac{1}{200}+\frac{1}{200}\right)}} = -1.7298$$

③确定显著性水平和临界值。由于是左单侧检验，因此其临界值为 $-Z_{0.05} = -1.6450$。

④作出判断。经比较发现 $Z = -1.7298 < -Z_{0.05} = -1.6450$，落入拒绝域，因此拒绝 H_0，接受 H_1，即认为男生中表示赞成的比重显著低于女生。

8.3.2.2　总体比例未知，但假设 $\pi_1 \neq \pi_2$ 条件下的检验

例 8.3.7　某工厂有两种方法生产同一种产品，方法 1 生产成本较高而次品率较低，方法 2 生产成本较低而次品率较高。管理人员在选择生产方法时，决定对两种方法的次品率进行比较，如方法 1 比方法 2 的次品率低 8% 以上，则决定采用方法 1，否

则就采用方法 2。管理人员从方法 1 生产的产品中随机抽取 300 个，发现有 33 个次品，从方法 2 生产的产品中也随机抽取 300 个，发现有 84 个次品。取显著性水平 $\alpha = 0.01$，问管理人员应决定采用哪种方法进行生产？

解： ①建立假设。设 $\pi_1 =$ 方法 1 的次品率，$\pi_2 =$ 方法 2 的次品率。依题意提出的原假设和备择假设分别为：

$$H_0：\ \pi_1 - \pi_2 \leqslant 8\%，\ H_1：\ \pi_1 - \pi_2 > 8\%$$

②确定检验统计量。由观测值求得

$$p_1 = \frac{33}{300} = 0.11，\ p_2 = \frac{84}{300} = 0.28$$

$$Z = \frac{(p_1 - p_2) - (\pi_1 - \pi_2)}{\sqrt{\dfrac{p_1(1 - p_1)}{n_1} + \dfrac{p_2(1 - p_2)}{n_2}}} = \frac{(0.11 - 0.28) - 0.08}{\sqrt{\dfrac{0.11 \times (1 - 0.11)}{300} + \dfrac{0.28 \times (1 - 0.28)}{300}}} = -7.9123$$

③确定显著性水平和临界值。由于是左单侧检验，因此其临界值为 $-Z_{0.01} = -2.33$。

④作出判断。经比较发现 $Z = -7.9123 < -Z_{0.01} = -2.33$，落入拒绝域，因此拒绝 H_0，接受 H_1，即认为应采用方法 1 进行生产。

8.3.3　两个方差之差的检验

假设样本 X_{11}，X_{12}，$\cdots$，X_{1n} 来自正态总体 $N(\mu_1, \sigma_1^2)$，样本的均值为 $\overline{X}_1$，无偏方差为 S_1^2，样本 X_{21}，X_{22}，$\cdots$，X_{2n} 来自正态总体 $N(\mu_2, \sigma_2^2)$，样本的均值为 $\overline{X}_2$，无偏方差为 S_2^2。现考虑对两个总体方差 σ_1^2、σ_2^2 是否相等做假设检验。

对两个总体方差 σ_1^2、σ_2^2 的检验，同样分为双侧检验与单侧检验两种情况，其三种基本形式如下：

双侧检验　$H_0：\sigma_1^2 = \sigma_2^2$，$H_1：\sigma_1^2 \neq \sigma_2^2$

左单侧检验　$H_0：\sigma_1^2 \geqslant \sigma_2^2$，$H_1：\sigma_1^2 < \sigma_2^2$

右单侧检验　$H_0：\sigma_1^2 \leqslant \sigma_2^2$，$H_1：\sigma_1^2 > \sigma_2^2$

（1）当 μ_1、μ_2 已知时。令 $\widehat{\sigma_1^2} = \dfrac{\sum\limits_{i=1}^{n_1}(X_i - \mu_1)^2}{n_1}$，$\widehat{\sigma_2^2} = \dfrac{\sum\limits_{i=1}^{n_2}(X_i - \mu_2)^2}{n_2}$，检验的统计量为

$$F = \frac{\widehat{\sigma_1^2}}{\widehat{\sigma_2^2}}$$

①当 $\dfrac{\widehat{\sigma_1^2}}{\widehat{\sigma_2^2}} < 1$，左单侧检验 $F = \dfrac{\widehat{\sigma_1^2}}{\widehat{\sigma_2^2}}$；②当 $\dfrac{\widehat{\sigma_1^2}}{\widehat{\sigma_2^2}} > 1$，右单侧检验 $F = \dfrac{\widehat{\sigma_1^2}}{\widehat{\sigma_2^2}}$。

检验的拒绝域为：双侧检验　$F > F_{\alpha/2}(n_1 - 1, n_2 - 1)$

单侧检验　$F > F_{\alpha}(n_1 - 1, n_2 - 1)$

（2）当 μ_1、μ_2 未知时，在 H_0 为真的条件下，令

$$S_1^2 = \frac{\sum\limits_{i=1}^{n_1}(X_i - \overline{X}_1)^2}{n_1 - 1}, \ S_2^2 = \frac{\sum\limits_{i=1}^{n_1}(X_i - \overline{X}_2)^2}{n_2 - 1}$$

检验的 F 统计量为

$$F = \frac{S_1^2}{S_2^2}$$

①当 $\dfrac{S_1^2}{S_2^2} < 1$，左单侧检验 $F = \dfrac{S_1^2}{S_2^2}$；②当 $\dfrac{S_1^2}{S_2^2} > 1$，右单侧检验 $F = \dfrac{S_1^2}{S_2^2}$。

检验的拒绝域为：双侧检验　　$F > F_{\alpha/2}(n_1 - 1, n_2 - 1)$

　　　　　　　　　　　单侧检验　　$F > F_\alpha(n_1 - 1, n_2 - 1)$。

对于给定的显著性水平 α，在双侧检验时，F 分布的右临界值为 $F_{\alpha/2}(n_1 - 1, n_2 - 1)$，左临界值为 $F_{1-\alpha/2}(n_1 - 1, n_2 - 1) = 1/F_{\alpha/2}(n_1 - 1, n_2 - 1)$。

8.3.3.1　μ_1、μ_2 已知的条件

在 μ_1、μ_2 已知的条件下对两个总体方差 σ_1^2、σ_2^2 是否相等的检验同样分为双侧检验与单侧检验两种情况。

（1）双侧检验。

例 8.3.8　某个心理情绪稳定性指标对于 30 岁青年来说年中进行测试服从正态分布 $N(\mu_1, \sigma_1^2)$，年末进行测试服从正态分布 $N(\mu_2, \sigma_2^2)$，其中已知 $\mu_1 = 150$，$\mu_2 = 180$。年中抽取了 8 位 30 岁青年，测得他们的该指标从小到大依次为 100、122、135、148、159、169、171、185，年末再次测试他们的该指标，从小到大依次为 130、135、148、175、188、195、210、215。同一年龄段在年中与年末测试其方差没有明显差别才认为该指标设计合理。取显著性水平 $\alpha = 0.05$，试问该心理情绪稳定性指标设计是否合理？

解：①建立假设。倘若设计合理则年中与年末方差相等，因此将其作为原假设，将方差有差别作为备择假设：

$$H_0: \sigma_1^2 = \sigma_2^2, \ H_1: \sigma_1^2 \neq \sigma_2^2$$

②确定检验统计量。由观测值求得

$$\widehat{\sigma_1^2} = \frac{\sum\limits_{i=1}^{n_1}(X_i - \mu_1)^2}{n_1} = \frac{\sum\limits_{i=1}^{n_1}(X_i - 150)^2}{n_1} = \frac{5621}{8} = 702.625$$

$$\widehat{\sigma_2^2} = \frac{\sum\limits_{i=1}^{n_2}(X_i - \mu_2)^2}{n_2} = \frac{\sum\limits_{i=1}^{n_2}(X_i - 180)^2}{n_2} = \frac{7988}{8} = 998.5$$

$$F = \frac{\widehat{\sigma_1^2}}{\widehat{\sigma_2^2}} = \frac{702.625}{998.500} = 0.7037$$

③确定显著性水平和临界值。其右临界值为 $F_{0.025}(8-1, 8-1) = 4.99$，左临界值为 $F_{0.975}(7, 7) = 1/F_{0.025}(7, 7) = 1/4.99 = 0.2004$。

④作出判断。经比较发现 $F_{1-\alpha/2}(n_1, n_2) < F < F_{\alpha/2}(n_1, n_2)$，落入接受域，因此接受 H_0，拒绝 H_1，即认为该心理情绪稳定性指标设计合理。

（2）单侧检验。

例 8.3.9　承接上例，某个心理情绪稳定性指标对于 30 岁青年来说服从正态分布 $N(\mu_1, \sigma_1^2)$，对于 40 岁青年来说服从正态分布 $N(\mu_2, \sigma_2^2)$，其中已知 $\mu_1 = 150$，$\mu_2 = 120$。抽取了 8 位 30 岁青年，测得他们的该指标从小到大依次为 100、122、135、148、159、169、171、185，又抽取了 8 位 40 岁青年，测得他们的该指标从小到大依次为 110、113、117、120、125、129、136、140。该指标的方差越小，证明该年龄段的人情绪波动越小，心理状态越稳定，只有当 40 岁的青年经过测试显著比 30 岁青年更加稳定，才认为该指标达到了该有的区分度测试效果。取显著性水平 $\alpha = 0.05$，请问该心理情绪稳定性指标是否具有足够的区分度？

解：①建立假设。在没有明显证据证明其有明显区分度的条件下，原假设应认为该指标没有足够区分度，因此将没有足够区分度作为原假设，有足够区分度作为备择假设：

$$H_0: \sigma_1^2 \leqslant \sigma_2^2, \ H_1: \sigma_1^2 > \sigma_2^2$$

②确定检验统计量。由观测值求得

$$\widehat{\sigma_1^2} = \frac{\sum_{i=1}^{n_1} (X_i - \mu_1)^2}{n_1} = \frac{\sum_{i=1}^{n_1} (X_i - 150)^2}{n_1} = \frac{5621}{8} = 702.625$$

$$\widehat{\sigma_2^2} = \frac{\sum_{i=1}^{n_2} (X_i - \mu_2)^2}{n_2} = \frac{\sum_{i=1}^{n_2} (X_i - 120)^2}{n_2} = \frac{920}{8} = 115.000$$

$$F = \frac{\widehat{\sigma_1^2}}{\widehat{\sigma_2^2}} = \frac{702.625}{115.000} = 6.1098$$

③确定显著性水平和临界值。由于是右单侧检验，因此其临界值为 $F_{0.05}(7, 7) = 3.78$。

④作出判断。经比较发现 $F > F_\alpha(n_1, n_2)$，落入拒绝域，因此拒绝 H_0，接受 H_1，即认为该心理情绪稳定性指标有足够区分度。

8.3.3.2　μ_1、μ_2 未知的条件

在 μ_1、μ_2 未知的条件下对两个总体方差 σ_1^2、σ_2^2 是否相等的检验同样分为双侧检验与单侧检验两种情况。

（1）双侧检验。

例 8.3.10　同例 8.3.8，但此时假设两个均值都未知的条件下，取显著性水平 $\alpha = 0.05$，请问该心理情绪稳定性指标设计是否合理？

解：①建立假设。倘若设计合理则年中与年末方差相等，因此将其作为原假设，将方差有差别作为备择假设：

$$H_0: \sigma_1^2 = \sigma_2^2, \ H_1: \sigma_1^2 \neq \sigma_2^2$$

②确定检验统计量。由观测值求得

$$\overline{X}_1 = \frac{\sum\limits_{i=1}^{n_1} X_i}{n_1} = 148.625, \quad S_1^2 = \frac{\sum\limits_{i=1}^{n_1} (X_i - \overline{X}_1)^2}{n_1 - 1} = 800.8393$$

$$\overline{X}_2 = \frac{\sum\limits_{i=1}^{n_2} X_i}{n_2} = 174.500, \quad S_2^2 = \frac{\sum\limits_{i=1}^{n_2} (X_i - \overline{X}_2)^2}{n_2 - 1} = 1106.5714$$

$$F = \frac{S_1^2}{S_2^2} = \frac{800.8393}{1106.5714} = 0.7237$$

③确定显著性水平和临界值。其右临界值为 $F_{0.025}(8-1, 8-1) = 4.99$，左临界值为 $F_{0.975}(7, 7) = 1/F_{0.025}(7, 7) = 1/4.99 = 0.2004$。

④作出判断。经比较发现 $F_{1-\alpha/2}(n_1-1, n_2-1) < F < F_{\alpha/2}(n_1-1, n_2-1)$，落入接受域，因此接受 H_0，拒绝 H_1，即认为该心理情绪稳定性指标设计合理。

（2）单侧检验。

例 8.3.11 同例 8.3.9，但此时假设两个均值都未知的条件下，取显著性水平 $\alpha = 0.05$，试问该心理情绪稳定性指标是否具有足够的区分度？

解：①建立假设。在没有明显证据证明其有明显区分度的条件下，原假设应认为该指标没有足够区分度，因此将没有足够区分度作为原假设，有足够区分度作为备择假设：

$$H_0: \sigma_1^2 \leqslant \sigma_2^2, \quad H_1: \sigma_1^2 > \sigma_2^2$$

②确定检验统计量。由观测值求得

$$\overline{X}_1 = \frac{\sum\limits_{i=1}^{n_1} X_i}{n_1} = 148.625, \quad S_1^2 = \frac{\sum\limits_{i=1}^{n_1} (X_i - \overline{X}_1)^2}{n_1 - 1} = 800.8393$$

$$\overline{X}_2 = \frac{\sum\limits_{i=1}^{n_2} X_i}{n_2} = 123.750, \quad S_2^2 = \frac{\sum\limits_{i=1}^{n_2} (X_i - \overline{X}_2)^2}{n_2 - 1} = 115.3571$$

$$F = \frac{S_1^2}{S_2^2} = \frac{800.8393}{115.3571} \approx 6.9423$$

③确定显著性水平和临界值。由于是右单侧检验，因此其临界值为 $F_{0.05}(7, 7) = 3.79$。

④作出判断。经比较发现 $F > F_{\alpha}(n_1, n_2)$，落入拒绝域，因此拒绝 H_0，接受 H_1，即认为该心理情绪稳定性指标有足够区分度。

8.4　假设检验的 P 值

8.4.1　P 值的概念

8.4.1.1　P 值的概念和由来

P 值（p-value）是假设检验中拒绝 H_0 的最小显著性水平。P 值是根据样本值得到的支持原假设 H_0 的概率，也称为观测到的显著性水平。P 值由费希尔首先提出。

一般情况下，当 P 值较小时，说明支持原假设 H_0 的程度也较低，也就是说，根据样本的结果不能得出不否定原假设 H_0 的结论。因此，用 P 值方法进行判断的规则如下：

（1）在双侧检验条件下，对于规定的显著性水平 α，若 P 值 $< \alpha$，则拒绝原假设 H_0；反之，则不能拒绝原假设 H_0。

（2）同理，在单侧检验条件下，若 P 值 $< \alpha$，则拒绝原假设 H_0；反之，则不能拒绝原假设 H_0。如图 8.4.1 所示。

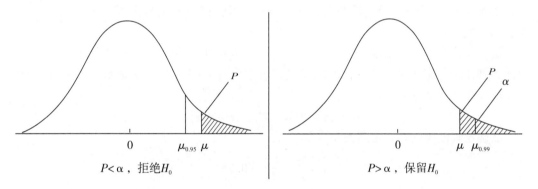

图 8.4.1　P 值图

8.4.1.2　为什么要计算 P 值

（1）古典的假设检验方法只能根据检验统计量是否落在拒绝域决定拒绝还是不拒绝原假设，却无法告诉拒绝原假设的证据到底有多强。要想测度这方面的强度，需要借助另外一种方法，即 P 值的方法。

（2）P 值越小，说明原假设为真的条件下得到当前这个样本的可能性越小，也即实际观测到的数据与原假设中的假设值之间不一致的程度越大，就该拒绝原假设。即 P 值越小，拒绝原假设的证据越充分。

8.4.2　P 值的计算方法

用符号 Z 表示检验统计量，Z_c 表示根据实际观测的样本数据计算得到的检验统计量值，对于假设检验的三种基本形式，计算 P 值的一般表达式如下。

（1）双侧检验 $H_0: \mu = \mu_0$，$H_1: \mu \neq \mu_0$。

对双侧检验来说，P 值是当 $\mu = \mu_0$ 时，检验统计量 Z 大于或等于根据实际观测样本数据计算得到的检验统计量绝对值 $|Z_c|$ 的概率：

$$P \text{ 值} = 2p(z \geqslant |z_c| \,|\, \mu = \mu_0)$$

（2）左单侧检验 H_0：$\mu \geqslant \mu_0$，H_1：$\mu < \mu_0$。

对左单侧检验来说，P 值是当 $\mu = \mu_0$ 时，检验统计量 Z 小于或等于根据实际观测样本数据计算得到的检验统计量绝对值 Z_c 的概率：

$$P \text{ 值} = p(z \leqslant z_c \,|\, \mu = \mu_0)$$

（3）右单侧检验 H_0：$\mu \leqslant \mu_0$，H_1：$\mu > \mu_0$。

对右单侧检验来说，P 值是当 $\mu = \mu_0$ 时，检验统计量 Z 大于或等于根据实际观测样本数据计算得到的检验统计量值 Z_c 的概率：

$$P \text{ 值} = p(z \geqslant z_c \,|\, \mu = \mu_0)$$

8.4.3 P 值计算实例

8.4.3.1 Z 分布 P 值的计算

（1）双侧检验。

例 8.4.1 若例 8.2.5，取显著性水平 $\alpha = 0.01$，试用 P 值检测该杂志的读者群中女性的比例是否为 80%？

解：①建立假设。如前所述，在没有明显证据证明其存在变化的条件下，原假设应认为其比例状态未发生改变，因此将其读者群中有 80% 女性作为原假设，其比例状态发生变化作为备择假设。

$$H_0：\pi = 80\%，H_1：\pi \neq 80\%$$

②确定检验统计量。由观测值求得

$$p = \frac{n_1}{n} = \frac{225}{300} = 0.75$$

$$Z = \frac{p - \pi_0}{\sqrt{\dfrac{\pi_0 (1 - \pi_0)}{n}}} = \frac{0.75 - 0.80}{\sqrt{\dfrac{0.80 \times (1 - 0.80)}{300}}} = -2.1651$$

③确定显著性水平和临界值。由于是双侧检验，因此其临界值为 $Z_{0.01/2} = 2.575$。

④作出判断。经比较发现 $|Z| < Z_{0.005}$，落入 H_0 域，因此接受 H_0，拒绝 H_1，即认为该样本提供的证据表明该杂志的说法是能够接受的。

⑤P 值检验。a. 查正态分布表，P 值 $= 2p(z \geqslant |-2.1651| \,|\, \mu = \mu_0) = 2 \times (1 - 0.9848) = 0.0304$。b. 也可由 Excel 计算出 P 值 $= 0.030380028$。当 P 值 $\geqslant \alpha = 0.001$ 时，不拒绝原假设，结论与统计量检验一致。例 8.2.5 在 $\alpha = 0.05$ 的显著性水平下，当 P 值 $< \alpha = 0.05$ 时，拒绝原假设，结论也与统计量检验一致。但是，P 值检验说服力更加严密。

（2）单侧检验。

例 8.4.2 一支香烟的尼古丁含量服从正态分布 $N(\mu, 1)$，合格标准规定 μ 不能超过 1.5 毫克，现随机抽取一盒（20 支）香烟，测得平均每支香烟的尼古丁含量为 1.97

毫克，取显著性水平 $\alpha = 0.05$，试用 P 值检测对该批香烟的尼古丁含量是否合格作出判断。

解：①建立假设。这是在方差已知条件下对正态分布均值作右单侧检验：

$$H_0: \mu \leqslant \mu_0, \ H_1: \mu > \mu_0$$

②确定检验统计量。由观测值求得

$$Z = \frac{\bar{\chi} - \mu_0}{\sigma/\sqrt{n}} = \frac{1.97 - 1.5}{1/\sqrt{20}} = 2.10$$

③确定显著性水平和临界值。由于是右单侧检验，因此其临界值为 $Z_{0.05} = 1.645$。

④作出判断。经比较发现 $Z > Z_{0.05}$，落入 H_1 域，因此拒绝 H_0，接受 H_1，即认为该样本提供的证据表明该批香烟的尼古丁含量是不合格的。

⑤P 值检验：a. 查正态分布表，P 值 $= p(z \geqslant 2.10 \mid \mu = \mu_0) = 1 - 0.9821 = 0.0179$。b. 也可由 Excel 计算出 P 值 $= 0.017864421$。当 P 值 $< \alpha = 0.05$ 时，拒绝 H_0，接受 H_1，结论与统计量检验一致；当 P 值 $> \alpha = 0.01$ 时，则保留原假设，结论与统计量检验一致。在不同的显著性水平下，P 值的检验结论如下：

显著性水平 α	拒绝域	P 值的检验结论
0.05	$Z > 1.645$	拒绝 H_0
0.025	$Z > 1.96$	拒绝 H_0
0.01	$Z < 2.33$	保留 H_0
0.005	$Z < 2.58$	保留 H_0

上表显示，当 α 小一些时，Z 临界值拒绝域就大一些，当 $Z = 2.10$ 超过了临界值，就应该拒绝 H_0，反之，就保留 H_0。确实，P 值检验说服力更加严密。

8.4.3.2 t 分布 P 值的计算

（1）双侧检验。

例 8.4.3 若例 8.2.3，取显著性水平 $\alpha = 0.05$，用 P 值检测生产过程是否正常？

解：例 8.2.3 经过建立双侧检验；确定检验统计量 $t = 1.1834$；确定显著性水平和临界值，临界值为 $t_{0.025}(16-1) = 2.1315$；作出判断，经比较发现 $t < t_{\alpha/2}(n-1)$，落入接受域，因此接受 H_0，拒绝 H_1，即认为生产过程正常。

P 值检验：a. 查 t 分布表，按 $t = 1.1834$，自由度 15 查表，P 值约等于 $2 \times 0.10 = 0.20$，由于本书附录中 t 分布表容量不足，需查数学用表。b. 也可由 Excel 计算出 t 分布 P 值 $= 0.255067084$，当 P 值 $> \alpha = 0.05$ 时，接受 H_0，拒绝 H_1，即认为生产过程正常。结论与统计量检验一致。P 值检验说服力更加严密。

（2）单侧检验。

例 8.4.4 若例 8.2.4，取显著性水平 $\alpha = 0.05$，用 P 值检测该企业是否有效降低了平均负债额？

解：例 8.2.4 经过建立左单侧检验；确定检验统计量 $t = -2.25$；确定显著性水平和临界值，临界值为 $t_{0.05}(9-1) = 1.86$；作出判断，经比较发现 $t < -t_{\alpha}(n-1)$，落

入拒绝域，因此拒绝 H_0，接受 H_1，即认为该企业使用新型管理办法后，平均负债额显著下降。

P 值检验：a. 查 t 分布表，按 $|t|=2.25$，自由度 8 查表，P 值约等于 0.025，由于本书附录中 t 分布表容量不足，需查数学用表。b. 也可由 Excel 计算出 t 分布 P 值 $=0.027283653$，当 P 值 $<\alpha=0.05$ 时，拒绝 H_0，接受 H_1，即认为该企业使用新型管理办法后，平均负债额显著下降。结论与统计量检验一致。P 值检验说服力更加严密。

8.4.3.3 χ^2 分布 P 值的计算

（1）双侧检验。

例 8.4.5　若例 8.2.7，取显著性水平 $\alpha=0.05$，用 P 值检测这批出口茶叶是否合格？

解：例 8.2.7 经过建立双侧检验；确定检验统计量 $\chi^2=21.60$；确定显著性水平和临界值，临界值分别为 $\chi^2_{1-0.05/2}(16-1)=6.262$ 与 $\chi^2_{0.05/2}(16-1)=27.488$；作出判断，经比较发现 $\chi^2_{1-0.05/2}(16-1)<\chi^2<\chi^2_{0.05/2}(16-1)$，$\chi^2$ 落入接受域，因此接受 H_0，拒绝 H_1，即认为该批出口茶叶合格。

P 值检验：a. 查 χ^2 分布表，按 $\chi^2=21.60$，自由度 15 查表，P 值约等于 $2\times0.10=0.20$，由于本书附录中 χ^2 分布表容量不足，需查数学用表。b. 也可由 Excel 计算 χ^2 分布 P 值 $=0.23745864$，当 P 值 $>\alpha=0.05$ 时，接受 H_0，拒绝 H_1，即认为该批出口茶叶合格。结论与统计量检验一致。P 值检验说服力更加严密。

（2）单侧检验。

例 8.4.6　若例 8.2.8，取显著性水平 $\alpha=0.05$，试用 P 值检测这批产品是否合格？

解：例 8.2.8 经过建立单侧检验；确定检验统计量 $\chi^2=14.2352$；确定显著性水平和临界值，临界值为 $\chi^2_{0.05}(8-1)=14.067$；作出判断，经比较发现 $\chi^2>\chi^2_{\alpha}(n-1)$，落入拒绝域，因此拒绝 H_0，接受 H_1，即认为该批产品不合格。

P 值检验：a. 查 χ^2 分布表，按 $\chi^2=14.2352$，自由度 7 查表，P 值约等于 0.05，由于本书附录中 χ^2 分布表容量不足，需查数学用表。b. 也可由 Excel 计算 χ^2 分布 P 值 $=0.047152771$，当 P 值 $<\alpha=0.05$ 时，拒绝 H_0，接受 H_1，即认为该批产品不合格。结论与统计量检验一致。P 值检验说服力更加严密。

本章小结

本章学习的目的与要求：通过本章的学习，掌握假设检验的基本概念，熟练运用假设检验的基本原理分析问题和解决难题。要求根据样本的信息，在一定可靠程度上对总体的分布参数或分布形式作出准确的判断。

本章学习的重点与难点：本章学习的重点是掌握假设检验的概念，掌握建立假设检验的步骤，熟练运用假设检验的基本原理解决单个总体的假设检验、两个总体的假设检验所遇到的问题。难点是准确建立原假设和备择假设命题；分清两类错误的关系，在控制犯第一类错误的概率 α 的条件下，尽量使犯第二类错误的概率 β 小；熟练运用 P 值原理，解决假设检验中遇到的问题。

单个总体的假设检验

检验内容	检验法	条件	形式	H_0	H_1	检验统计量	拒绝域
均值检验	Z 检验	σ^2 已知	双侧	$\mu = \mu_0$	$\mu \neq \mu_0$	$Z = \dfrac{\bar{x} - \mu_0}{\sigma/\sqrt{n}}$	$\lvert Z \rvert > Z_{\alpha/2}$
			左单	$\mu \geq \mu_0$	$\mu < \mu_0$		$Z < -Z_\alpha$
			右单	$\mu \leq \mu_0$	$\mu > \mu_0$		$Z > Z_\alpha$
	t 检验	σ^2 未知	双侧	$\mu = \mu_0$	$\mu \neq \mu_0$	$t = \dfrac{\bar{x} - \mu_0}{S/\sqrt{n}}$	$\lvert t \rvert > t_{\alpha/2}(n-1)$
			左单	$\mu \geq \mu_0$	$\mu < \mu_0$		$t < -t_\alpha(n-1)$
			右单	$\mu \leq \mu_0$	$\mu > \mu_0$		$t > t_\alpha(n-1)$
比例检验	Z 检验	大样本	双侧	$P = P_0$	$P \neq P_0$	$Z = \dfrac{p - \pi_0}{\sqrt{\dfrac{\pi_0(1 - \pi_0)}{n}}}$	$\lvert Z \rvert > Z_{\alpha/2}$
			左单	$P \geq P_0$	$P < P_0$		$Z < -Z_\alpha$
			右单	$P \leq P_0$	$P > P_0$		$Z > Z_\alpha$
	Z 检验或二项分布	小样本	双侧	$P = P_0$	$P \neq P_0$	$Z = \dfrac{p - \pi_0}{S/\sqrt{n}}$	$\lvert Z \rvert > Z_{\alpha/2}$
			左单	$P \geq P_0$	$P < P_0$		$Z < -Z_\alpha$
			右单	$P \leq P_0$	$P > P_0$		$Z > Z_\alpha$
方差检验	χ^2 检验	μ 和 σ^2 均未知	双侧	$\sigma^2 = \sigma_0^2$	$\sigma^2 \neq \sigma_0^2$	$\chi^2 = \dfrac{(n-1)S^2}{\sigma_0^2}$	$\chi^2 < \chi_{\alpha/2}^2(n-1)$ 或 $\chi_{1-\alpha/2}^2(n-1) < \chi^2$
			左单	$\sigma^2 \geq \sigma_0^2$	$\sigma^2 < \sigma_0^2$		$\chi^2 < \chi_{1-\alpha}^2(n-1)$
			右单	$\sigma^2 \leq \sigma_0^2$	$\sigma^2 > \sigma_0^2$		$\chi_\alpha^2(n-1) < \chi^2$

两个总体的假设检验

检验内容	检验法	条件	形式	H_0	H_1	检验统计量	拒绝域
均值检验	Z 检验	σ_1^2、σ_2^2 已知	双侧	$\mu_1-\mu_2=0$	$\mu_1-\mu_2\neq0$	$Z=\dfrac{(\overline{X}_1-\overline{X}_2)-(\mu_1-\mu_2)}{\sqrt{\dfrac{\sigma_1^2}{n_1}+\dfrac{\sigma_2^2}{n_2}}}$	$|Z|>Z_{\alpha/2}$
			左单	$\mu_1-\mu_2\geqslant0$	$\mu_1-\mu_2<0$		$Z<-Z_\alpha$
			右单	$\mu_1-\mu_2\leqslant0$	$\mu_1-\mu_2>0$		$Z>Z_\alpha$
	t 检验	σ_1^2、σ_2^2 未知	双侧	$\mu_1-\mu_2=0$	$\mu_1-\mu_2\neq0$	$t=\dfrac{(\overline{X}_1-\overline{X}_2)-(\mu_1-\mu_2)}{\sqrt{\dfrac{S_1^2}{n_1}+\dfrac{S_2^2}{n_2}}}$	$|t|>t_{\alpha/2}(n-1)$
			左单	$\mu_1-\mu_2\geqslant0$	$\mu_1-\mu_2<0$		$t<-t_\alpha(n-1)$
			右单	$\mu_1-\mu_2\leqslant0$	$\mu_1-\mu_2>0$		$t>t_\alpha(n-1)$
	t 检验	$\sigma_1^2=\sigma_2^2$ 但未知	双侧	$\mu_1-\mu_2=0$	$\mu_1-\mu_2\neq0$	$t=\dfrac{(\overline{X}_1-\overline{X}_2)-(\mu_1-\mu_2)}{S_w\sqrt{\dfrac{1}{n_1}+\dfrac{1}{n_2}}}$	$|t|>t_{\alpha/2}(n-1)$
			左单	$\mu_1-\mu_2\geqslant0$	$\mu_1-\mu_2<0$		$t<-t_\alpha(n-1)$
			右单	$\mu_1-\mu_2\leqslant0$	$\mu_1-\mu_2>0$		$t>t_\alpha(n-1)$
	t 检验	匹配小样本检验	双侧	$\mu_1-\mu_2=0$	$\mu_1-\mu_2\neq0$	$t=\dfrac{\overline{d}-(\mu_1-\mu_2)}{S_d/\sqrt{n}}$	$|t|>t_{\alpha/2}(n-1)$
			左单	$\mu_1-\mu_2\geqslant0$	$\mu_1-\mu_2<0$		$t<-t_\alpha(n-1)$
			右单	$\mu_1-\mu_2\leqslant0$	$\mu_1-\mu_2>0$		$t>t_\alpha(n-1)$
比例检验	Z 检验	大样本	双侧	$P_1-P_2=0$	$P_1-P_2\neq0$	$Z=\dfrac{(p_1-p_2)-(\pi_1-\pi_2)}{\sigma_{p_1-p_2}}$	$|Z|>Z_{\alpha/2}$
			左单	$P_1-P_2\geqslant0$	$P_1-P_2<0$		$Z<-Z_\alpha$
			右单	$P_1-P_2\leqslant0$	$P_1-P_2>0$		$Z>Z_\alpha$
方差检验	F 检验	μ_1、μ_2 已知时	双侧	$\sigma_1^2=\sigma_2^2$	$\sigma_1^2\neq\sigma_2^2$	$F=\dfrac{\widehat{\sigma_1^2}}{\widehat{\sigma_2^2}}$	$F>F_{\alpha/2}(n_1-1,\ n_2-1)$
			左单	$\sigma_1^2\geqslant\sigma_2^2$	$\sigma_1^2<\sigma_2^2$		$F>F_\alpha(n_1-1,\ n_2-1)$
			右单	$\sigma_1^2\leqslant\sigma_2^2$	$\sigma_1^2>\sigma_2^2$		$F>F_\alpha(n_1-1,\ n_2-1)$
		μ_1、μ_2 未知时	双侧	$\sigma_1^2=\sigma_2^2$	$\sigma_1^2\neq\sigma_2^2$	$F=\dfrac{S_1^2}{S_2^2}$	$F>F_{\alpha/2}(n_1-1,\ n_2-1)$
			左单	$\sigma_1^2\geqslant\sigma_2^2$	$\sigma_1^2<\sigma_2^2$		$F>F_\alpha(n_1-1,\ n_2-1)$
			右单	$\sigma_1^2\leqslant\sigma_2^2$	$\sigma_1^2>\sigma_2^2$		$F>F_\alpha(n_1-1,\ n_2-1)$

习题 8

8.1　设某次考试的考生成绩服从正态分布，从中随机地抽取 36 位考生的成绩，算得平均成绩为 76.5 分，标准差为 15 分，取显著性水平 $\alpha = 0.05$，问是否可以认为在这次考试中全体考生的平均成绩为 80 分？

8.2　某种食品的保质期 X 服从正态分布 $N(\mu, \sigma^2)$，其中 μ，σ^2 均未知，厂家声称该种食品保质期不低于 180 天。现测到 16 件样品的保质期（单位：天）如下：

$$175 \quad 180 \quad 182 \quad 178 \quad 190 \quad 196 \quad 185 \quad 173$$

$$170 \quad 198 \quad 181 \quad 185 \quad 195 \quad 190 \quad 200 \quad 181$$

取显著性水平 $\alpha = 0.05$，问是否可以认为保质期不低于 180 天？

8.3　某种电子元件的使用寿命要求不得低于 1000 小时。现从一批这种元件中随机抽取 25 件，测其寿命，算得其平均寿命 950 小时，设该元件的寿命 $X \sim N(\mu, 100^2)$，取显著性水平 $\alpha = 0.05$，确定这批元件是否合格。

8.4　某厂生产一种新型家用电器，厂家称某市已有 20% 以上的家庭在使用这种产品。市场调查人员在该市抽选了一个由 500 个家庭组成的随机样本，发现有 115 个家庭使用了这种电器。根据这些数据，取显著性水平 $\alpha = 0.05$，是否有充分理由相信该厂的说法？

8.5　在生产线上随机地取 10 只电阻测得电阻值（单位：欧姆）如下：114.2、91.9、107.5、89.1、87.2、87.6、95.8、98.4、94.6、85.4。设电阻的电阻值总体服从正态分布，取显著性水平 $\alpha = 0.10$，问方差与 60 是否有显著差异？

8.6　某种导线，要求其电阻的标准差不得超过 0.005 欧姆，今在生产的一批导线中取样本 9 根，测得 $s = 0.007$ 欧姆。设总体服从正态分布，参数均未知，取显著性水平 $\alpha = 0.05$，问能否认为这批导线的标准差显著地偏大？

8.7　测得两批小学生的身高（单位：厘米）为：

第一批：140，138，143，142，144，137，141

第二批：135，140，142，136，138，140

设这两个相互独立的总体都服从正态分布，且方差相同，取显著性水平 $\alpha = 0.10$，试判断这两批学生的平均身高是否相等。

8.8　某校从经常参加体育锻炼的男生中随机地选出 50 名，测得平均身高 174.34 厘米，从不经常参加体育锻炼的男生中随机地选出 50 名，测得平均身高 172.42 厘米，统计资料表明两种男生的身高都服从正态分布，其标准差分别为 5.35 厘米和 6.11 厘米，取显著性水平 $\alpha = 0.10$，问该校经常参加体育锻炼的男生是否比不经常参加体育锻炼的男生平均身高要高些？

8.9　设两家银行储户的年存款余额均服从正态分布，经市场调查，分别抽取容量为 21 和 16 的样本，得样本均值分别为 65 万元和 80 万元，样本标准差分别为 8 万元和 7 万元，取显著性水平 $\alpha = 0.10$，问两家银行储户的年存款余额的方差有无显著性差异？能否认为第二家银行储户的平均年存款余额显著高于第一家银行储户的平均年存款余额？

8.10 某公司对男女职员的平均小时工资进行调查，独立抽取了具有同类工作经验的男女职员两个随机样本，并记录了两个样本的数据为：抽取男职员 44 人，测得平均小时工资 75 元，标准差 8.0 元；抽取女职员 32 人，测得平均小时工资 70 元，标准差 6.5 元。取显著性水平 $\alpha = 0.05$，能否认为男职员与女职员的平均小时工资存在显著差异？

8.11 某市场研究机构用一组被调查者样本来给某特定商品的潜在购买力打分，样本中每个人都分别在看过该产品的新电视广告之前与之后打分。潜在购买力的分值为 $0 \sim 10$ 分，分值越高表示潜在购买力越高。该市场研究机构认为"看广告后"平均得分大于"看广告前"平均得分。取显著性水平 $\alpha = 0.05$，试用下列数据检验该假设，并对该广告给予评价。

被调查者编号		1	2	3	4	5	6	7	8	9
购买力评分（分）	看广告前	6	5	7	4	6	9	6	7	8
	看广告后	8	7	8	6	5	9	8	7	9

8.12 随机调查 339 名 50 岁以上的人，其中 205 名吸烟者中有 43 人患慢性支气管炎，134 名不吸烟者中有 13 人患慢性支气管炎。取显著性水平 $\alpha = 0.05$，试问吸烟者是否更容易患慢性支气管炎？

8.13 有两名选手投掷铅球的距离皆服从正态分布，选手甲的距离服从正态分布 $N(\mu_1, \sigma_1^2)$，选手乙的距离服从正态分布 $N(\mu_2, \sigma_2^2)$，其中已知 $\mu_1 = 10$ 米，$\mu_2 = 8$ 米，选手甲进行了 8 次投掷，成绩分别为 11.6、11.3、11.0、10.8、10.3、10.0、9.3 和 9.0 米。选手乙进行了 8 次投掷，成绩分别为 8.6、8.4、8.3、8.2、8.0、7.9、7.8 和 7.7 米。取显著性水平 $\alpha = 0.05$，请问能否认为选手乙比选手甲的成绩更加稳定？

8.14 用上述练习 8.1 至 8.6，取显著性水平 $\alpha = 0.05$，试用 P 值进行检测，并进行比较分析。

综合自测题 8

一、单选题

1. 假设检验的弃真错误是指（　　）

   A. H_0 为真时拒绝 H_0 B. H_0 为假时接受 H_0

   C. H_1 为真时拒绝 H_1 D. H_1 为假时接受 H_1

2. 假设检验的纳伪错误是指（　　）

   A. H_0 为真时拒绝 H_0 B. H_0 为假时接受 H_0

   C. H_1 为真时拒绝 H_1 D. H_1 为假时接受 H_1

3. 以下属于左单侧检验的是（　　）

   A. $H_0: \mu \leqslant \mu_0$，$H_1: \mu > \mu_0$ B. $H_0: \mu \geqslant \mu_0$，$H_1: \mu < \mu_0$

    C. $H_0: \mu > \mu_0$，$H_1: \mu \leq \mu_0$ D. $H_0: \mu < \mu_0$，$H_1: \mu \geq \mu_0$

  4. 以下属于右单侧检验的是（   ）

    A. $H_0: \sigma^2 \geq \sigma_0^2$，$H_1: \sigma^2 < \sigma_0^2$ B. $H_0: \sigma^2 \leq \sigma_0^2$，$H_1: \sigma^2 > \sigma_0^2$

    C. $H_0: \sigma^2 < \sigma_0^2$，$H_1: \sigma^2 \geq \sigma_0^2$ D. $H_0: \sigma^2 > \sigma_0^2$，$H_1: \sigma^2 \leq \sigma_0^2$

  5. 进行单个正态总体比例的假设检验时，当总体方差未知时，方差可以取（   ）

    A. 0.25   B. 0.50   C. 0.80   D. 1.00

  6. 对于样本量为 30 且方差已知的均值检验，$\alpha = 0.05$ 的显著性水平下的右单侧检验其临界值为（   ）

    A. $t_{0.05}(29)$ B. $t_{0.025}(29)$ C. $Z_{0.05}$ D. $Z_{0.025}$

  7. 假设检验的依据是（   ）

    A. 中心极限定理   B. 方差分析原理

    C. 小概率原理   D. 总体分布原理

  8. 假设检验问题中，原假设为 H_0，显著性水平为 α，则有（   ）

    A. P（接受 $H_0 | H_0$ 为真）$= \alpha$ B. P（接受 $H_0 | H_0$ 为假）$= \alpha$

    C. P（拒绝 $H_0 | H_0$ 为真）$= \alpha$ D. P（拒绝 $H_0 | H_0$ 为假）$= \alpha$

  9. 假设检验问题中，原假设为 H_0，纳伪错误概率为 β，则有（   ）

    A. P（接受 $H_0 | H_0$ 为真）$= \beta$ B. P（接受 $H_0 | H_0$ 为假）$= \beta$

    C. P（拒绝 $H_0 | H_0$ 为真）$= \beta$ D. P（拒绝 $H_0 | H_0$ 为假）$= \beta$

  10. 如果是右单侧检验，P 值是原假设成立时，样本可能的结果（   ）实际观测结果的概率。

    A. 不高于   B. 不低于   C. 等于   D. 不等于

  11. 假设检验是检验（   ）的假设值是否成立。

    A. 样本指标   B. 总体指标   C. 样本方差   D. 样本平均数

  12. 设 X_1，X_2，$\cdots$，X_{16} 是来自总体 $N(\mu, 4)$ 的简单随机样本，考虑假设检验问题：$H_0: \mu \leq 10$，$H_1: \mu > 10$。$\Phi(x)$ 表示标准正态分布函数，若该检验问题的拒绝域为 $W = \{\overline{X} \geq 11\}$，其中 $\overline{X} = \dfrac{1}{16}\sum_{i=1}^{16} X_i$，则 $\mu = 11.5$ 时，该检验犯第二类错误的概率为（   ）

    A. $1 - \Phi(0.5)$ B. $1 - \Phi(1)$ C. $1 - \Phi(1.5)$ D. $1 - \Phi(2)$

  13. 在 P 值检验中，左单侧检验的 P 值为（   ）

    A. P 值 $= 2p(z \geq |z_c| \,|\, \mu = \mu_0)$ B. P 值 $= p(z \leq z_c \,|\, \mu = \mu_0)$

    C. P 值 $= p(z \geq z_c \,|\, \mu = \mu_0)$ D. P 值 $= p(z < z_c \,|\, \mu = \mu_0)$

二、填空题

  1. 总体参数的假设检验中，若给定显著性水平为 α，则犯第一类错误的概率为 _____ 。

  2. 两类错误的发生概率分别为 α 和 β，若 α 越大，则 β _____ ，α 越小，则 β _____ 。

3. 假设样本 X_1，X_2，$\cdots$，X_n 来自正态总体 $N(\mu，\sigma^2)$，样本的均值为 $\overline{X}$，在方差已知的条件下选用的统计量为_____。

4. 进行单个正态总体比例的假设检验时，当总体方差未知时，方差可以取：_____。

5. 对正态总体的数学期望 μ 进行假设检验，如果取显著性水平 0.05，接受 H_0：$\mu = \mu_0$，那么取显著性水平 0.01，_____ H_0。

6. 一个假设检验若为双侧检验时，选用的临界值为 $t_{0.05}(35)$，若改为右单侧检验，则其临界值为_____。

7. P 值越小，说明原假设为真的条件下得到当前这个样本的可能性越_____。

三、计算题

1. 某机械制造厂生产的配件重量符合正态分布 $N(\mu，\sigma^2)$，其中 $\mu = 60$ 斤，$\sigma = 15$ 斤。在进行加工处理后，抽取其中 16 个元件进行抽样调查，发现 16 个元件的平均重量为 $\overline{X} = 75$ 斤。取显著性水平 $\alpha = 0.05$，问该元件的重量否有显著增产？

2. 某商场欲从外地购进一批家用电器，该生产厂家推销员声称其产品有 96% 以上的合格率，现从其仓库随机抽取 300 件产品检测，发现有 6 件不合格品，根据这些数据，取显著性水平 $\alpha = 0.05$，问是否有充分理由相信该厂家推销员的说法？

3. 某公司的日营业额服从正态分布 $N(\mu，\sigma^2)$，其中已知 $\mu = 10$ 万元，σ 未知。在转移办公地点后，连续 9 个月其平均日营业额变为 8 万元，标准差 $S = 2$ 万元，在转移办公地点后，取显著性水平 $\alpha = 0.05$，请问该公司的营业额是否有显著下降？

4. 某个视力测试量表在距离 3 米时做测试得分其符合正态分布 $N(\mu_1，\sigma_1^2)$，其中 $\sigma_1^2 = 50$。在距离 5 米时做测试得分符合正态分布 $N(\mu_2，\sigma_2^2)$，其中 $\sigma_2^2 = 40$。现在抽取了 25 名距离 3 米的测试者，经过测试发现 $\overline{X}_1 = 80$；抽取了 20 名距离 5 米的测试者，经过测试发现 $\overline{X}_2 = 50$。只有当 $\mu_1 - \mu_2$ 显著高于 20 时这个视力测试量表的设计才被认为是合理的，取显著性水平 $\alpha = 0.05$，请问这个测试量表是否合理？

附录 1 各章习题答案

习题 1

1.1 (1) $\Omega = \{10,\ 11,\ 12,\ \cdots\}$　　(2) $\Omega = \{(x,\ y)\mid x^2 + y^2 < 1\}$

　　(3) $\Omega = \left\{\dfrac{i}{n}\mid i = 0,\ 1,\ \cdots,\ 100n\right\}$，其中 n 为小班人数　　(4) $\Omega = \{0,\ 1,\ 2,\ 3,\ \cdots\}$

1.2 (1) $A\bar{B}\bar{C}$　(2) $AB\bar{C}$　(3) $A\cup B\cup C$　(4) ABC　(5) $\bar{A}\bar{B}\bar{C}$　(6) $AB\bar{C}\cup A\bar{C}B\cup BC\bar{A}$

　　(7) $AB\cup AC\cup BC$　(8) $\bar{A}\cup\bar{B}\cup\bar{C}$

1.3 因为 $AB\subset A$，且 $AB\subset B$，故 $0\leqslant P(AB)\leqslant P(A) = 0.6$，且 $0\leqslant P(AB)\leqslant P(B) = 0.8$。

　　又因为 $P(A\cup B) = P(A) + P(B) - P(AB)$，且 $0\leqslant P(A\cup B)\leqslant 1$，即 $0\leqslant P(A) + P(B) - P(AB)\leqslant 1$，故 $P(A) + P(B)\geqslant P(AB)\geqslant [P(A) + P(B)] - 1 = 0.4$。

　　综上所述，$0.4\leqslant P\ (AB)\leqslant 0.6$。

　　(1) 当 $P(AB) = P(A)$ 时，$P(AB)$ 取最大值 0.6，特别地当 $A\subset B$ 时成立；

　　(2) 当 $P(A\cup B) = 1$ 时，$P(AB)$ 取最小值 0.4，特别地当 $A\cup B = \Omega$ 时成立。

1.4 0.7　　1.5 (1) 0.3　(2) 0.6　(3) 0.7　　1.6 3/4

1.7 (1) 因为 $A\bar{B} = A(S - B) = A - AB$，$\bar{A}B = (S - A)B = B - AB$，所以有 $A - AB = B - AB$，$A = B$

　　(2) $P(A\bar{B} + \bar{A}B) = P(A\bar{B}) + P(\bar{A}B) = P(A - AB) + P(B - AB)$

　　　　　　　　　$= P(A) - P(AB) + P(B) - P(AB) = P(A) + P(B) - 2P(AB)$

1.8 (1) 错　(2) 错　(3) 错　(4) 对

1.9 0.5　　1.10 (1) 0.2　(2) 0.5　　1.11 2/5

1.12 (1) 28/45　(2) 16/45　(3) 17/45　(4) 1/5　(5) 8/45

1.13 0.15　　1.14 8%　　1.15 (1) 4.2%　(2) 25/42

1.16 (1) 4.81%　(2) 4.81%　(3) 68.64%

习题 2

2.1

X	1	2	3	4	5	6
P_k	0.9	0.09	0.009	0.009	0.00009	0.00001

2.2

X	4	5	6
P_k	1/15	4/15	10/15

2.3 $P(Y\geqslant 1) = 0.5167$

2.4 $P(X = k) = \left(\dfrac{1}{4}\right)^{k-1}\cdot\dfrac{3}{4}$，$k = 1,\ 2,\ 3,\ \cdots$

2.5 (1) $P(X = 0) = \mathrm{e}^{-1}$　(2) $P(1\leqslant X) = 1 - \mathrm{e}^{-2}$

2.6 $F(x) = \begin{cases} 0, & x < 0 \\ \dfrac{x}{b}, & 0 \leqslant x \leqslant b \\ 1, & b < x \end{cases}$ 2.7 $P(Y=2) = 0.3281$

2.8

Y	0	1	4	9
P_k	6/30	7/30	6/30	11/30

2.9 (1) $P(X \leqslant 105) = 0.3383$, $P(100 < X \leqslant 120) = 0.5952$

   (2) x 的最小值为 129.74

2.10 $a = \sqrt[3]{\dfrac{1}{2}}$ 2.11 (1) $C = 0.5$ (2) $P\left(-\dfrac{\pi}{2} \leqslant x \leqslant \dfrac{\pi}{2}\right) = 0.5$

2.12 (1) $P(2 < X \leqslant 5) = 0.5328$ (2) $P(-4 < X \leqslant 10) = 0.99954$

   (3) $P(|X| > 2) = 0.6977$ (4) $P(3 < X) = 0.5$

2.13 (1) $P(X < 2) = \ln 2$, $P(0 < X \leqslant 3) = 1$, $P\left(2 < X < \dfrac{5}{2}\right) = \ln\dfrac{5}{4}$

   (2) $f_X(x) = \begin{cases} \dfrac{1}{x}, & 1 \leqslant x < e \\ 0, & \text{其他} \end{cases}$

2.14 (1) $A = \dfrac{1}{2}$, $B = \dfrac{1}{\pi}$ (2) $P(-1 < X < 1) = 0.5$ (3) $f(x) = \dfrac{1}{\pi(1+x^2)}$

2.15 $F(x) = \begin{cases} 0, & x < 0 \\ \dfrac{x^2}{2}, & 0 \leqslant x < 1 \\ 2x - \dfrac{x^2}{2} - 1, & 1 \leqslant x < 2 \\ 1, & 2 \leqslant x \end{cases}$ 2.16 $f_Y(y) = \begin{cases} \dfrac{1}{y}e^{-\ln y}, & 0 < y \\ 0, & \text{其他} \end{cases}$

习题 3

3.1 $\dfrac{4}{6561}$

3.2 (1) 有放回和 (2) 不放回抽样条件下 (X, Y) 的联合概率质量函数分别为:

X\Y	0	1
0	9/16	3/16
1	3/16	1/16

X\Y	0	1
0	6/11	9/44
1	9/44	1/22

3.3 (X, Y) 的联合概率质量函数为:

X\Y	0	1	2
0	0	0	1/35
1	0	6/35	6/35
2	3/35	12/35	3/35
3	2/35	2/35	0

3.4　（1）$c = \dfrac{1}{44}$　　（2）$P\{X \leq 1, Y \leq 2\} = \dfrac{21}{88}$　　（3）$P\{X + Y \leq 2\} = \dfrac{1}{33}$

3.5　（1）$F(x, y) = \begin{cases} (1 - \mathrm{e}^{-3x})(1 - \mathrm{e}^{-2y}), & x > 0,\ y > 0 \\ 0, & \text{其他} \end{cases}$　　（2）$P\{X \leq Y\} = \dfrac{3}{5}$

3.6　（1）X 和（2）Y 的边缘概率质量函数分别为：

X	0	1
P_k	0.65	0.35

Y	0	1	2
P_k	0.25	0.35	0.4

3.7　$f_X(x) = \begin{cases} \dfrac{21}{8} x^2 (1 - x^4), & -1 \leq x \leq 1 \\ 0, & \text{其他} \end{cases}$，　$f_Y(y) = \begin{cases} \dfrac{7}{2} y^{\frac{5}{2}}, & 0 \leq y \leq 1 \\ 0, & \text{其他} \end{cases}$

3.8　（1）$c = 2$　　（2）$f_X(x) = \begin{cases} 2\mathrm{e}^{-2x}, & x > 0 \\ 0, & \text{其他} \end{cases}$，　$f_Y(y) = \begin{cases} 2\mathrm{e}^{-y}(1 - \mathrm{e}^{-y}), & y > 0 \\ 0, & \text{其他} \end{cases}$

3.9　（1）X 的条件概率质量函数为：

$$P\{X = 0 \mid Y = 0\} = \dfrac{2}{5},\quad P\{X = 1 \mid Y = 0\} = \dfrac{3}{5},$$

$$P\{X = 0 \mid Y = 1\} = \dfrac{6}{7},\quad P\{X = 1 \mid Y = 1\} = \dfrac{1}{7},$$

$$P\{X = 0 \mid Y = 2\} = \dfrac{5}{8},\quad P\{X = 1 \mid Y = 2\} = \dfrac{3}{8}.$$

（2）Y 的条件概率质量函数为：

$$P\{Y = 0 \mid X = 0\} = \dfrac{2}{13},\quad P\{Y = 1 \mid X = 0\} = \dfrac{6}{13},\quad P\{Y = 2 \mid X = 0\} = \dfrac{5}{13},$$

$$P\{Y = 0 \mid X = 1\} = \dfrac{3}{7},\quad P\{Y = 1 \mid X = 1\} = \dfrac{1}{7},\quad P\{Y = 2 \mid X = 1\} = \dfrac{3}{7}.$$

3.10　（1）当 $0 < y \leq 1$ 时，$\therefore f_{X \mid Y}(x \mid y) = \begin{cases} \dfrac{3}{2} x^2 y^{-\frac{3}{2}}, & -\sqrt{y} < x < \sqrt{y} \\ 0, & \text{其他} \end{cases}$

当 $-1 < x < 1$ 时，$\therefore f_{Y \mid X}(y \mid x) = \begin{cases} \dfrac{2y}{1 - x^4}, & x^2 < y < 1 \\ 0, & \text{其他} \end{cases}$

（2）$P\left\{ Y \geq \dfrac{3}{4} \,\middle|\, X = \dfrac{1}{2} \right\} = \dfrac{7}{15}$

3.11　（1）$Z = X + Y$ 的分布律为：

z	-3	-2	-1	0	1	2
p	0.01	0.05	0.35	0.27	0.22	0.1

（2）$Z = XY$ 的分布律为：

z	-2	-1	0	1	2
p	0.06	0.12	0.69	0.12	0.01

3.12 （1）$Z = X + Y$ 的分布律为：

z	-1	0	1	2	3	4
p	0.04	0.18	0.12	0.29	0.14	0.03

（2）$Z = XY$ 的分布律为：

z	-3	-2	-1	0	1	2	3
p	0.02	0.06	0.08	0.6	0.12	0.09	0.03

3.13 X 和 Y 的分布律分别为：

X	1	2	3	Y	1	2
p	0.4	0.24	0.36	p	0.6	0.4

$Z = X + Y$ 的分布律为：

Z	2	3	4	5
p	0.24	0.309	0.312	0.144

3.14 $f_Z(z) = \dfrac{1}{\pi(1 + z^2)}$ 3.15 $f_Z(z) = \begin{cases} 0, & z < 0 \\ 1 - e^{-z}, & 0 \leqslant z \leqslant 1 \\ e^{-z+1} - e^{-z}, & z > 1 \end{cases}$

3.16 $f_S(s) = \begin{cases} a - |s|, & |s| \leqslant a \\ 0, & |s| > a \end{cases}$, $f_Z(z) = \begin{cases} \dfrac{1}{a}\left(1 - \dfrac{|z|}{a}\right), & |z| \leqslant a \\ 0, & |z| > a \end{cases}$

3.17 $f_S(s) = \begin{cases} \ln x, & 0 < x \leqslant 1 \\ 0, & 其他 \end{cases}$, $f_Z(z) = \begin{cases} 1 - |x|, & |x| \leqslant 1 \\ 0, & |x| > 1 \end{cases}$

3.18 $f_Z(z) = \dfrac{|z| + 1}{4} e^{-|z|}$ 3.19 $F_Z(z) = \begin{cases} \dfrac{z}{1+z}, & z \geqslant 0 \\ 0, & z < 0 \end{cases}$, $f_Z(z) = \begin{cases} \dfrac{1}{1+z}, & z \geqslant 0 \\ 0, & z < 0 \end{cases}$

3.20 $f_Z(z) = \begin{cases} z^2, & 0 < z \leqslant 1 \\ z(2 - z), & 1 < z \leqslant 2 \\ 0, & 其他 \end{cases}$

3.21 $f_Z(z) = \begin{cases} 12z(4z - z^2 - 2\ln z - 3), & 0 < z < 1 \\ 0, & 其他 \end{cases}$

习题 4

4.1 $E(X) = 6.74$ 4.2 $E(X) = \dfrac{19}{3}$ 4.3 $E(X) = \dfrac{9}{5}$ 4.4 $E(X) = 1.25$

4.5 $E(Y) = 1.3195$ 4.6 $E(X)$ 不存在 4.7 $E(X) = 2$ 4.8 $E(X) = \dfrac{17}{16}$

4.9 $E(X) = \dfrac{53}{48}$ 4.10 $E(e^{-X}) = \dfrac{1}{2}$, $E(X^2) = 2$

4.11 $E(X) = \dfrac{2}{3}$, $E(Y) = \dfrac{3}{4}$, $E(XY) = \dfrac{1}{2}$, $E(X^2 + Y^2) = \dfrac{11}{10}$

4.12 $E(X) = \dfrac{3}{5}$，$E(Y) = \dfrac{4}{5}$，$E(XY) = \dfrac{1}{2}$，$E(X^2 + Y^2) = \dfrac{16}{15}$

4.13 $E(X) = \dfrac{1}{3}$，$E(Y) = \dfrac{1}{3}$，$E(XY) = \dfrac{1}{12}$，$E(X^2 + Y^2) = \dfrac{1}{3}$

4.14 $E(XY) = \dfrac{6}{7}$ 4.15 $E(3X) = 1$，$E(5X + 6) = \dfrac{8}{3}$ 4.16 $E(XY) = 2$

4.17 $D(X) = \dfrac{44}{9}$ 4.18 $D(X)$ 不存在   4.19 $D(X) = \dfrac{5539}{11520}$

4.20 $D(X) = \dfrac{1}{18}$，$D(Y) = \dfrac{3}{80}$ 4.21 $D(X) = \dfrac{23}{490}$，$D(Y) = \dfrac{23}{294}$

4.22 $D(X - Y) = \dfrac{16}{3}$，$D(3X + 4Y) = \dfrac{172}{3}$ 4.23 $D(X + Y) = \dfrac{9}{4}$，$D(3X + 4Y) = \dfrac{137}{4}$

4.24 $E(X) = 7.65$，$E(Y) = 7.4$，$D(X) = 1.1275$，$D(Y) = 1.74$

　　　 $\because E(X) > E(Y)$，$\therefore$ 可以认为甲的训练成绩更高；

　　　 $\because D(X) < D(Y)$，$\therefore$ 可以认为甲的训练成绩更稳定；

　　　 $\therefore$ 综合期望和方差，可以认为甲的训练成绩更好。

4.25 $\text{Cov}(X, Y) = 0$，$\rho_{XY} = 0$ 4.26 $\text{Cov}(X, Y) = 0.0704$，$\rho_{XY} = 0.1317$

4.27 $\text{Cov}(X, Y) = -\dfrac{1}{144}$，$\rho_{XY} = -\dfrac{1}{11}$ 4.28 $\text{Cov}(X, Y) = 0$，$\rho_{XY} = 0$

4.29 $D(X + Y) = 16.6$，$D(X - Y) = 9.4$

4.30 X_1，X_2，X_3，X_4 之间的协方差阵 $= \begin{bmatrix} 4 & 2.28 & 3.2 & 4.3 \\ 2.28 & 9 & 11.28 & 2.55 \\ 3.2 & 11.28 & 16 & 3 \\ 2.55 & 4.3 & 3 & 25 \end{bmatrix}$

习题 5

5.1   0.7685   5.2   证明略   5.3   0.0793   5.4   0.91   5.5   0.927   5.6   0.9616

习题 6

6.1   因为 $X_1, \cdots, X_n$ 与总体 X 独立同分布，所以

$$E(\overline{X}) = E\left(\frac{1}{n} \sum_{i=1}^{n} X_i\right) = \frac{1}{n} \sum_{i=1}^{n} E(X_i) = \frac{1}{n} \sum_{i=1}^{n} \mu = \frac{n\mu}{n} = \mu$$

$$D(\overline{X}) = D\left(\frac{1}{n} \sum_{i=1}^{n} X_i\right) = \frac{1}{n^2} \sum_{i=1}^{n} D(X_i) = \frac{1}{n^2} \sum_{i=1}^{n} \sigma^2 = \frac{n\sigma^2}{n^2} = \frac{\sigma^2}{n}$$

6.2   因为 $X_1, \cdots, X_n$ 与总体 X 独立同分布，所以

(1) $S^2 = \dfrac{1}{n-1} \sum_{i=1}^{n} (X_i - \overline{X})^2 = \dfrac{1}{n-1} \sum_{i=1}^{n} (X_i^2 - 2\overline{X}X_i + \overline{X}^2)$

　　　 $= \dfrac{1}{n-1}\left(\sum_{i=1}^{n} X_i^2 - 2\overline{X} \sum_{i=1}^{n} X_i + \sum_{i=1}^{n} \overline{X}^2\right) = \dfrac{1}{n-1}\left(\sum_{i=1}^{n} X_i^2 - 2n\overline{X}^2 + n\overline{X}^2\right)$

　　　 $= \dfrac{1}{n-1}\left(\sum_{i=1}^{n} X_i^2 - n\overline{X}^2\right)$

(2) $E(S^2) = E\left[\dfrac{1}{n-1} \sum_{i=1}^{n} (X_i - \overline{X})^2\right] = \dfrac{1}{n-1} E\left\{\sum_{i=1}^{n} \left[(X_i - \mu) - (\overline{X} - \mu)\right]^2\right\}$

$$= \frac{1}{n-1} E\left\{\sum_{i=1}^{n}(X_i - \mu)^2 - 2(\overline{X} - \mu)\sum_{i=1}^{n}(X_i - \mu) + n(\overline{X} - \mu)^2\right\}$$

$$= \frac{1}{n-1} E\left\{\sum_{i=1}^{n}(X_i - \mu)^2 - n(\overline{X} - \mu)^2\right\} = \frac{1}{n-1}\left\{\sum_{i=1}^{n}\left[E(X_i - \mu)^2\right] - nE\left[(\overline{X} - \mu)^2\right]\right\}$$

$$= \frac{1}{n-1}\left\{\sum_{i=1}^{n} D(X_i) - nD(\overline{X})\right\} = \frac{1}{n-1}\left(\sum_{i=1}^{n}\sigma^2 - n\frac{\sigma^2}{n}\right) = \frac{1}{n-1}(n\sigma^2 - \sigma^2) = \sigma^2$$

6.3 因为 $X_1, \cdots, X_{10}$ 是 $N(0, 1)$ 的样本（独立同分布），故

$$X_1 + \cdots + X_4 \sim N(0, 4), \quad \frac{1}{\sqrt{4}}(X_1 + \cdots + X_4) \sim N(0, 1)$$

$$X_5 + \cdots + X_{10} \sim N(0, 6), \quad \frac{1}{\sqrt{6}}(X_5 + \cdots + X_{10}) \sim N(0, 1)$$

且 $\frac{1}{\sqrt{4}}(X_1 + \cdots + X_4)$ 与 $\frac{1}{\sqrt{6}}(X_5 + \cdots + X_{10})$ 相互独立。由 χ^2 分布的定义，

$$\left[\frac{1}{\sqrt{4}}(X_1 + \cdots + X_4)\right]^2 + \left[\frac{1}{\sqrt{6}}(X_5 + \cdots + X_{10})\right]^2$$

$$= \frac{1}{4}(X_1 + \cdots + X_4)^2 + \frac{1}{6}(X_5 + \cdots + X_{10})^2 \sim \chi^2(2)$$

所以，取 $k_1 = \frac{1}{4}$，$k_2 = \frac{1}{6}$，则 $Y \sim \chi^2(2)$。

6.4 因 $X_1, \cdots, X_{10}$ 独立同分布于 $N(0, 1)$，由正态分布、χ^2 分布的定义和性质

$$X_1 + \cdots + X_4 \sim N(0, 4) \qquad \text{（正态分布的可加性）}$$

$$\frac{1}{\sqrt{4}}(X_1 + \cdots + X_4) \sim N(0, 1) \qquad \text{（标准化）}$$

$$X_5^2 + \cdots + X_{10}^2 \sim \chi^2(6) \qquad \text{（}\chi^2\text{ 分布的定义）}$$

且 $\frac{1}{2}(X_1 + \cdots + X_4)$ 与 $X_5^2 + \cdots + X_{10}^2$ 相互独立。由 t 分布的定义，

$$\frac{\frac{(X_1 + \cdots + X_4)}{2}}{\sqrt{\frac{(X_5^2 + \cdots + X_{10}^2)}{6}}} = \frac{\sqrt{6}}{2}\frac{(X_1 + \cdots + X_4)}{(X_5^2 + \cdots + X_{10}^2)^{\frac{1}{2}}} \sim t(6)$$

所以，取 $k = \frac{\sqrt{6}}{2}$，则 $Y \sim t(6)$。

6.5 因为 $X \sim t(n)$，所以 $X = \frac{U}{\sqrt{V/n}}$，其中，$U \sim N(0, 1)$，$V \sim \chi^2(n)$，且 U, V 相互独立，从而

$$X^2 = \frac{U^2}{V/n}$$

其中 $U^2 \sim \chi^2(1)$，且 U^2 与 $V \sim \chi^2(n)$ 相互独立。由 F 分布的定义，$X^2 \sim F(1, n)$。

习题 7

7.1 平均年终奖 μ 的矩估计为 $\hat{\mu} = \bar{x} = 1143.75$，标准差的矩估计为 $\hat{\sigma} = s = 89.8523$。

7.2 θ 的矩估计为 $\hat{\theta} = 2\bar{x} = 2 \times 1.34 = 2.68$。

7.3 (1) $\hat{\theta} = X_{(1)} = \min\{x_1, x_2, \cdots, x_n\}$；

(2) μ 的极大似然估计为：$\hat{\mu} = X_{(1)} = \min\{x_1, x_2, \cdots, x_n\}$，$\theta$ 的极大似然估计为：$\hat{\theta} = \overline{X} - \hat{\mu} =$

$\overline{X} - X_{(1)}$；

（3）θ 的极大似然估计为：$\widehat{\theta} = \dfrac{X_{(n)}}{k+1} = \dfrac{1}{k+1}\max\{x_1,\ x_2,\ \cdots,\ x_n\}$；

（4）θ_1 的极大似然估计 $\widehat{\theta}_1 = X_{(1)} = \min\{x_1,\ x_2,\ \cdots,\ x_n\}$，$\theta_2$ 的极大似然估计 $\widehat{\theta}_2 = X_{(n)} = \max\{x_1,$

$x_2,\ \cdots,\ x_n\}$；

（5）θ 的极大似然估计 $\widehat{\theta}$ 为 $\left(x_{(n)} - \dfrac{1}{2},\ x_{(1)} + \dfrac{1}{2}\right)$ 中任何一个值。

7.4　（1）θ 的极大似然估计 $\widehat{\theta}_1 = X_{(1)} = \min\{x_1,\ x_2,\ \cdots,\ x_n\}$，不是 θ 的无偏估计；

　　（2）θ 的矩估计 $\widehat{\theta}_2 = \overline{X} - 1$，是 θ 的无偏估计。

7.5　（1）$(11608,\ 12392)$　　　（2）$(11608000,\ 12392000)$

7.6　（1）$[0.296,\ 0.404]$　　　（2）$[0.285,\ 0.415]$

　　（3）结论：样本量影响置信区间的宽度，样本量越大，置信区间的宽度越小。

7.7　（1）$[432.2064,\ 482.6936]$　　（2）$[438.9058,\ 476.0942]$　　（3）$[24.2239,\ 64.2934]$

7.8　（1）$[-0.0939,\ 12.0939]$　　（2）$[-0.2063,\ 12.2063]$　　（3）$[0.3359,\ 4.0973]$

7.9　$[0.0620,\ 1.0075]$

习题 8

8.1　$|Z| = -1.4 < Z_{0.05/2} = 1.96$，接受原假设。

8.2　$t = 2.1644 > t_{0.05}(15) = 1.7531$，拒绝原假设。

8.3　$Z = -2.5 < -Z_{0.05} = -1.645$，拒绝原假设。

8.4　$Z = 1.6771 > Z_{0.05} = 1.645$，拒绝原假设。

8.5　$\chi^2_{1-0.10/2}(10-1) = 3.325 < \chi^2 = 13.15235 < \chi^2_{0.10/2}(10-1) = 16.919$，接受原假设。

8.6　$\chi^2 = 15.68 > \chi^2_{0.05}(9-1) = 15.507$，拒绝原假设。

8.7　$t = 1.5251 < t_{0.1/2}(7+6-2) = 1.7959$，接受原假设。

8.8　$Z = 1.6717 > Z_{0.05} = 1.645$，拒绝原假设。

8.9　（1）$F_{1-0.1/2}(21-1,\ 16-1) = 0.4545 < F = 1.3061 < F_{0.1/2}(21-1,\ 16-1) = 2.33$，接受原假设；

　　（2）$t = -5.9582 < -t_{0.1}(21+16-2) = -1.3062$，拒绝原假设。

8.10　$Z = 3.002 > Z_{0.05/2} = 1.96$，拒绝原假设。

8.11　$|t| = 2.6833 > t_{0.025}(8) = 2.3060$，拒绝原假设。

8.12　$Z = 2.9684 > Z_{0.05} = 1.645$，拒绝原假设。

8.13　$F = 9.4557 > F_{\alpha/2}(n_1,\ n_2) = 4.43$，拒绝原假设。

8.14　（1）双侧 Z 分布的 P 值 $= 0.1615$，拒绝原假设；

　　（2）单侧 Z 分布的 P 值 $= 0.0152$，拒绝原假设；

　　（3）单侧 Z 分布的 P 值 $= 0.0062$，拒绝原假设；

　　（4）单侧 Z 分布的 P 值 $= 0.0468$，拒绝原假设；

　　（5）双侧 χ^2 分布 P 值 $= 0.3117$，接受原假设；

　　（6）单侧 χ^2 分布 P 值 $= 0.0472$，拒绝原假设。

附录2 综合自测题答案

综合自测题1

一、单选题

1～5 BDCAC 6～10 CDABC 11～15 CDDAA 16～20 DDABB

21～25 ABDCC 26～30 ADAAB 31～35 DDBCB 36～37 AD

二、填空题

1. 0.5 2. $\dfrac{18}{35}$ 3. $\dfrac{5}{12}$ 4. 0.2, 0.5 5. 0.72 6. 0.52

7. $\dfrac{3}{7}$ 8. $\dfrac{5}{9}$ 9. 0.6 10. 0.5 11. $\dfrac{2}{3}$ 12. 0.1

三、计算题

1. (1) $\dfrac{15}{28}$ (2) $\dfrac{3}{7}$ (3) $\dfrac{27}{28}$ (4) $\dfrac{3}{7}$ (5) $\dfrac{3}{14}$

2. $\dfrac{5}{9}$ 3. 0.92 4. 0.975 5. 0.992 6. $\dfrac{29}{360}$, $\dfrac{3}{29}$

综合自测题2

一、单选题

1～5 ACCBC 6～10 BACBC 11～15 CBACC 16～20 CBBCB

二、填空题

1. 0.5 2. 0.6826 3. 2 4. $C_3^k 0.8^k 0.2^{3-k}$, $k=0$, 1, 2, 3

5. $F(x) = \begin{cases} 0, & x < 0 \\ 1-p, & 0 \leqslant x < 1 \\ 1, & 1 \leqslant x \end{cases}$ 6. $\dfrac{19}{27}$ 7. $\dfrac{2e^{-2}}{3}$

8. 1, -1, $e^{-1} - e^{-4}$, $f(x) = \begin{cases} 2e^{-2x}, & x > 0 \\ 0, & x \leqslant 0 \end{cases}$

9. 0.5, $F(x) = \begin{cases} 0, & x < 0 \\ \dfrac{x^2}{4}, & 0 \leqslant x \leqslant 2, \\ 1, & 2 < x \end{cases} \dfrac{1}{16}$

10. $[1, 3]$ 11. 0.352 12. $\dfrac{3}{5}$ 13. 3 14. 0.2

15. $f(x) = \dfrac{1}{2\sqrt{2\pi}} e^{-\frac{(x-1)^2}{2o^2}}$, $-\infty < x < +\infty$, $f(x) = \dfrac{1}{\sqrt{2\pi}} e^{-\frac{x^2}{2}}$, $-\infty < x < +\infty$

16. 2 17. 0.5 18. 0 19. 3 20. $\dfrac{1}{4\sqrt{y}}$

224

三、计算题

1. （1）

X	0	1	2
p_k	$\dfrac{2}{7}$	$\dfrac{4}{7}$	$\dfrac{1}{7}$

（2）$F(x) = \begin{cases} 0, & x < 0 \\ \dfrac{2}{7}, & 0 \leqslant x < 1 \\ \dfrac{6}{7}, & 1 \leqslant x < 2 \\ 1, & 2 \leqslant x \end{cases}$

2. （1）

X	2	3	4
p_k	$\dfrac{1}{6}$	$\dfrac{2}{6}$	$\dfrac{3}{6}$

（2）$F(x) = \begin{cases} 0, & x < 2 \\ \dfrac{1}{6}, & 2 \leqslant x < 3 \\ \dfrac{1}{2}, & 3 \leqslant x < 4 \\ 1, & 4 \leqslant x \end{cases}$

3. （1）$P(2 < X < 3) = 1 - \ln 2$　　（2）$f_X(x) = \begin{cases} \dfrac{1}{x}, & 1 \leqslant x < e \\ 0, & 其他 \end{cases}$

4. （1）

Y	1	4
p_k	0.7	0.3

（2）$F(y) = \begin{cases} 0, & y < 1 \\ 0.7, & 1 \leqslant y < 4 \\ 1, & 4 \leqslant y \end{cases}$

5. $P(Y = 2) = 0.02829$

6. （1）

X	1	2	3
p_k	$\dfrac{36}{45}$	$\dfrac{8}{45}$	$\dfrac{1}{45}$

（2）$F(x) = \begin{cases} 0, & x < 1 \\ \dfrac{4}{5}, & 1 \leqslant x < 2 \\ \dfrac{44}{45}, & 2 \leqslant x < 3 \\ 1, & 3 \leqslant x \end{cases}$

综合自测题 3

一、单选题

1～5　DBADB　6～10　BCADC

二、填空题

1. 0.3　2. 归一性　3. $F(1, 4) - F(2, 3) + F(1, 3)$　4. $N(0, 5)$　5. $\dfrac{13}{48}$　6. $\dfrac{5}{3}$ 或 $\dfrac{7}{3}$

三、计算题

1. （1）$c = 1$

（2）$f_X(x) = \begin{cases} 2x, & 0 < x < 1 \\ 0, & 其他 \end{cases}$，$f_Y(y) = \begin{cases} \dfrac{1}{2}, & 0 < y < 2 \\ 0, & 其他 \end{cases}$

（3）X 和 Y 之间独立。

2.（1）$a = 4$ （2）$P\{X \geqslant Y\} = \dfrac{1}{2}$

（3）$f_X(x) = \begin{cases} 2x, & 0 \leqslant x \leqslant 1 \\ 0, & \text{其他} \end{cases}$，$f_Y(y) = \begin{cases} 2y, & 0 \leqslant y \leqslant 1 \\ 0, & \text{其他} \end{cases}$，$X$ 与 Y 独立。

3.（1）$P\{0 \leqslant X \leqslant 1,\ 0 \leqslant Y \leqslant 2\} = (1 - e^{-3})(1 - e^{-8})$

（2）$f_X(x) = \begin{cases} 3e^{-3x}, & x > 0 \\ 0, & \text{其他} \end{cases}$，$f_Y(y) = \begin{cases} 4e^{-4y}, & y > 0 \\ 0, & \text{其他} \end{cases}$

（3）X 与 Y 独立。

4.（1）$(U,\ V)$ 的联合概率分布：

V\U	1	2	3
1	1/9	0	0
2	2/9	1/9	0
3	3/9	2/9	1/9

（2）U、V 的边缘概率分布分别为：

U	1	2	3
P	1/9	1/3	5/9

V	1	2	3
P	5/9	1/3	1/9

（3）U 在 $V = 2$ 条件下的条件概率分布为：

U	V=2	1	2	3
P		0	1/3	2/3

5. $F_Z(z) = \begin{cases} 1 - (z+1)\ e^{-z}, & z > 0 \\ 0, & \text{其他} \end{cases}$

6. $f_Z(z) = \begin{cases} \dfrac{1}{2}\ (1 - e^{-z}), & 0 \leqslant z < 2 \\ \dfrac{1}{2}\ (e^2 - 1)\ e^{-z}, & z \geqslant 2 \\ 0, & \text{其他} \end{cases}$

综合自测题 4

一、单选题

1～5　BACBD　6～10　DDCDD　11～12　AD

二、填空题

1. $D(X) + D(Y) - 2\text{Cov}(X,\ Y)$　　2. 0，1，1/300　　3. 8/5，8/75　　4. 0.1

三、计算题

1. $E(X) = 5$，$D(X) = 4.4$　　2. $E(X) = \dfrac{1}{3}$，$D(X) = \dfrac{1}{18}$

3. $\text{Cov}(X,\ Y) = -\dfrac{1}{256}$，$\rho_{XY} = -\dfrac{15}{289}$

综合自测题 5

一、单选题

1～4　CCAA

二、填空题

1. $\dfrac{1}{3}$　2. 0.0228　3. $\dfrac{1}{\sqrt{2x}}\displaystyle\int_{-\infty}^{x}\mathrm{e}^{-\frac{t}{2}}\mathrm{d}t$　4. $\dfrac{3}{4}$

三、计算题

1. 证明略　2. 证明略　3. 证明略，$a=14$

4. 对事先给定误差限 $\varepsilon>0$ 和置信度 $0<\alpha<1$，则根据切比雪夫不等式，有

$$P\Big(\Big|\frac{1}{n}\sum_{k=1}^{n}\frac{\pi}{2}\cos\sqrt{X_k}-J\Big|\leqslant\varepsilon\Big)\geqslant1-\frac{D\Big(\frac{\pi}{2}\cos\sqrt{X_1}\Big)}{n\varepsilon^2}$$

$$\geqslant1-\frac{E\Big(\frac{\pi}{2}\cos\sqrt{X_1}\Big)^2}{n\varepsilon^2}\geqslant1-\frac{\pi^2}{4n\varepsilon^2}$$

因此，当 $n>\dfrac{\pi^2}{4(1-\alpha)\varepsilon^2}$ 时，能够保证 n 的随机数 x_1，x_2，$\cdots$，x_n

$$\frac{\frac{\pi}{2}\cos\sqrt{\frac{\pi x_1}{2}}+\frac{\pi}{2}\cos\sqrt{\frac{\pi x_2}{2}}+\cdots+\frac{\pi}{2}\cos\sqrt{\frac{\pi x_n}{2}}}{n}$$ 与 J 的误差不超过 ε 的概率至少是 α。

5. 由同分布中心极限定理可知，近似地有

$$\sum X_i\sim N(n\mu,n\sigma^2)=N(200,225)$$

$$P\{180\leqslant\sum X_i\leqslant220\}=P\{-4/3\leqslant Z\leqslant4/3\}=\varPhi(4/3)-\varPhi(-4/3)=0.8164$$

6. 用 X_i 表示每包大米的重量，由同分布中心极限定理可知，近似地有

$$\sum_{i=1}^{100}X_i\sim N(n\mu,n\sigma^2)=N(100\times10,100\times0.1)$$

$$P\Big(990\leqslant\sum_{i=1}^{100}X_i\leqslant1010\Big)=\varPhi(\sqrt{10})-\varPhi(-\sqrt{10})=2\varPhi(\sqrt{10})-1=0.9986$$

7. 由同分布中心极限定理可知，近似地有

$$\sum_{i=1}^{20}V_i\sim N\Big[\sum_{i=1}^{20}E(V_i),\sum_{i=1}^{20}D(V_i)\Big]=N\Big(20\times5,20\times\frac{100}{12}\Big)\ P(V>105)$$

$$=1-P(V\leqslant105)=1-P\Big(\sum_{i=1}^{20}V_i\leqslant105\Big)=1-\varPhi\Big(\frac{105-100}{10\sqrt{15}/3}\Big)$$

$$=1-\varPhi(0.387)=0.348$$

8. 用 X_i 表示每个部件的情况，则 $X_i=\begin{cases}1,& 正常工作\\0,& 损坏\end{cases}$，$X_i\sim B(1,0.9)$，

$$\sum_{i=1}^{100}X_i\sim N[np,np\times(1-p)]=N(100\times0.9,100\times0.9\times0.1)$$

$$P\Big(\sum_{i=1}^{100}X_i\geqslant85\Big)=1-P\Big(\sum_{i=1}^{100}X_i<85\Big)=1-\varPhi\Big(-\frac{5}{3}\Big)=\varPhi\Big(\frac{5}{3}\Big)=0.9525$$

9. 设 X_i 为第 i 个人是否通过测试的 0－1 变量，则随机变量 X_i 满足棣莫弗—拉普拉斯定理的条

概率论与数理统计基础

件，故依定理近似地有

$$\sum_{i=1}^{200} X_i \sim N(np, np(1-p))$$

$$即 \sum_{i=1}^{200} X_i \sim N(160, 32)$$

$$P\left(\sum_{i=1}^{200} X_i \geqslant 150\right) = 1 - P\left(\frac{\sum_{i=1}^{200} X_i - 160}{\sqrt{32}} < \frac{150-160}{\sqrt{32}}\right)$$

$$= 1 - \Phi\left(\frac{150-160}{\sqrt{32}}\right) = 1 - \Phi(-1.77) = 0.96$$

综合自测题6

一、单选题

1～5　DCCCD

二、填空题

1. $\chi^2(n)$　2. $\chi^2(n)$　3. $\chi^2(n-1)$　4. $F(1, 1)$　5. 1/6

三、计算题

1. $Y = \frac{1}{2}\underbrace{(X_1^2 + X_2^2 + \cdots + X_{2n-1}^2 X_{2n}^2)}_{2n项} + \underbrace{(X_1 X_2 + X_3 X_4 + \cdots + X_{2n-1} X_{2n})}_{n项}$

$$= \frac{1}{2}(X_1 + X_2)^2 + \cdots + \frac{1}{2}(X_{2n-1} + X_{2n})^2 = \sum_{i=1}^{n}\left(\frac{X_{2i-1} + X_{2i}}{\sqrt{2}}\right)^2 = \sum_{i=1}^{n} Z_i^2$$

其中，$Z_i = \frac{X_{2i-1} + X_{2i}}{\sqrt{2}} \sim N(0, 1)$，且 Z_i，$Z_j(i \neq j)$ 相互独立，故 $Y = \sum_{i=1}^{n} Z_i^2 \sim \chi^2(n)$。在此，

X_i，$X_j \sim N(0, 1) \xrightarrow[\text{的性质}]{\text{正态分布}} X_i + X_j \sim N(0, 2) \xrightarrow[\text{化}]{\text{标准}} \frac{X_i + X_j}{\sqrt{2}} \sim N(0, 1)$

2. 因为 $X \sim B(1, p)$，$Y \sim B(2, p)$，所以 $D(X) = p(1-p)$，$D(Y) = 2(1-p)$

$\text{Cov}(X+Y, X-Y) = \text{Cov}(X+Y, X) - \text{Cov}(X+Y, Y)$

$$= \text{Cov}(X, X) - \text{Cov}(Y, X) - \text{Cov}(X, Y) - \text{Cov}(Y, Y)$$

$$= D(X) - 0 - 0 - D(Y) = p(1-p) - 2p(1-p) = -p(1-p)$$

所以

$$D(X+Y) = D(X) + D(Y) = p(1-p) + 2p(1-p) = 3p(1-p)$$

$$D(X-Y) = D(X) + D(Y) = 3p(1-p)$$

故

$$\rho(X+Y, X-Y) = \frac{\text{Cov}(X+Y, X-Y)}{\sqrt{D(X+Y)}\sqrt{D(X-Y)}} = \frac{1}{3}$$

3. （1）由分布函数的定义

$$F(x) = \int_{-\infty}^{x} f(t)\,dt = \int_{-\infty}^{x} \frac{e^t}{(1+e^t)^2}\,dt = \left[\frac{-1}{1+e^t}\right]_{-\infty}^{x} = \frac{e^x}{1+e^x}, \ -\infty < x < +\infty$$

（2）用分布函数法

$$X_i = \begin{cases} 1, & 第 i 个人通过考试 \\ 0, & 第 i 个人没有通过考试 \end{cases}, \quad i, = 1, 2, \cdots, 200$$

$$F_Y(y) = P\{Y \leqslant y\} = P\{e^X \leqslant y\}$$

当 $y < 0$ 时，$F_Y(y) = 0$

当 $y \geqslant 0$ 时，$F_Y(y) = P\{X \leqslant \ln y\} = F(\ln y) = \dfrac{y}{1+y}$

所以 Y 的分布函数为

$$F_Y(y) = \begin{cases} \dfrac{y}{1+y}, & y \geqslant 0 \\ 0, & \text{其他} \end{cases}$$

从而，Y 的密度函数为

$$f_Y(y) = F'_Y(y) = \begin{cases} \dfrac{1}{(1+y)^2}, & y \geqslant 0 \\ 0, & \text{其他} \end{cases}$$

（3）因为 $E(Y) = \displaystyle\int_{-\infty}^{+\infty} y f_Y(y)\,dy = \int_0^{+\infty} \dfrac{y}{(1+y)^2}\,dy = \left[\ln(1+y) + \dfrac{1}{1+y}\right]_0^{+\infty} = \infty$

所以，Y 的期望不存在。

综合自测题 7

一、单选题

1～5　CDBAD　6～10　DAADB　11～12　CA

二、填空题

1. 矩估计、极大似然估计　2. 无偏性、有效性、一致性　3. 置信区间　4. 置信度、置信水平
5. 1/2　1/4　6. $\overline{X}$　7. $E(X)$

三、计算题

1. （1）[1236.28, 1263.72]　　（2）[0.1608, 0.2392]　2. [142.9, 177.1]
3. （1）12000　（2）[10040, 13960]　　（3）0.68　4. 略
5. （1）[573.64, 636, 36]　　（2）[149.26, 197, 48]
6. [9.78, 13.92]

综合自测题 8

一、单选题

1～5　ABBBA　6～10　CCCBB　11～13　BBB

二、填空题

1. α　2. 越小、越大　3. $z = \dfrac{\overline{X} - \mu_0}{\sigma_0 / \sqrt{n}}$　4. 取标准差的最大值0.5　5. 必然接受　6. $t_{0.1}(35)$

7. 小

三、计算题

1. $Z = 4.0 > Z_{0.05} = 1.645$，拒绝原假设。

2. $Z = 1.7678 > Z_{0.05} = 1.645$，拒绝原假设。

3. $t = -3 < -t_{0.05}(9-1) = -1.86$，拒绝原假设。

4. $Z = 5.0 > Z_{0.05} = 1.645$，拒绝原假设。

附录 3　常用概率分布表

附表 1　标准正态分布表

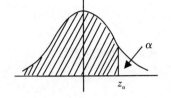

$$\Phi(z_\alpha) = \frac{1}{\sqrt{2\pi}}\int_{-\infty}^{z_\alpha} e^{-\frac{z^2}{2}}\mathrm{d}z = 1 - \alpha$$

z_α	.00	.01	.02	.03	.04	.05	.06	.07	.08	.09
0.0	.5000	.5040	.5080	.5120	.5160	.5199	.5239	.5279	.5319	.5359
.1	.5398	.5438	.5478	.5517	.5557	.5596	.5636	.5675	.5714	.5753
.2	.5793	.5832	.5871	.5910	.5948	.5987	.6026	.6064	.6103	.6141
.3	.6179	.6217	.6255	.6293	.6631	.6368	.6406	.6443	.6480	.6517
.4	.6554	.6591	.6628	.6664	.6700	.6736	.6772	.6808	.6844	.6879
0.5	.6915	.6950	.6985	.7019	.7054	.7088	.7123	.7157	.7190	.7224
.6	.7257	.7291	.7324	.7357	.7389	.7422	.7454	.7486	.7517	.7549
.7	.7580	.7611	.7642	.7673	.7704	.7734	.7764	.7794	.7823	.7852
.8	.7881	.7910	.7939	.7967	.7995	.8023	.8051	.8078	.8106	.8133
.9	.8159	.8186	.8212	.8238	.8264	.8289	.8315	.8340	.8365	.8389
1.0	.8413	.8483	.8461	.8485	.8508	.8531	.8554	.8577	.8599	.8621
.1	.8643	.8665	.8686	.9708	.8729	.8749	.8770	.8790	.8810	.8830
.2	.8849	.8869	.8888	.8907	.8925	.8944	.8962	.8980	.8997	.9015
.3	.9032	.9049	.9066	.9085	.9099	.9115	.9131	.9147	.9162	.9177
.4	.9192	.9207	.9222	.9236	.9251	.9265	.9278	.9292	.9306	.9319
1.5	.9332	.9345	.9357	.9370	.9382	.9394	.9406	.9418	.9430	.9441
.6	.9452	.9463	.9474	.9484	.9495	.9505	.9515	.9525	.9535	.9545
.7	.9554	.9564	.9573	.9582	.9591	.9599	.9608	.9616	.9625	.9633
.8	.9641	.9649	.9656	.9664	.9671	.9678	.9686	.9693	.9700	.9706
.9	.9713	.9719	.9732	.9732	.9738	.9744	.9750	.9756	.9762	.9767
2.0	.9772	.9778	.9783	.9788	.9793	.9798	.9803	.9808	.9812	.9817
.1	.9821	.9826	.9831	.9834	.9838	.9842	.9846	.9850	.9854	.9857
.2	.9861	.9864	.9668	.9871	.9875	.9878	.9881	.9884	.9887	.9890
.3	.9893	.9896	.9898	.9901	.9904	.9906	.9909	.9911	.9913	.9916
.4	.9918	.9920	.9922	.9925	.9927	.9929	.9931	.9932	.9934	.9936
2.5	.9938	.9940	.9941	.9943	.9945	.9946	.9948	.9949	.9951	.9952
.6	.9953	.9955	.9956	.9957	.9959	.9960	.9961	.9962	.9963	.9964
.7	.9965	.9966	.9967	.9968	.9969	.9970	.9971	.9972	.9973	.9974
.8	.9974	.9975	.9976	.9977	.9977	.9978	.9979	.9979	.9980	.9981
.9	.9981	.9982	.9982	.9983	.9984	.9984	.9985	.9985	.9986	.9986
3.0	.9987	.9987	.9987	.9988	.9988	.9989	.9989	.9989	.9990	.9990
.2	.9993	.9993	.9994	.9994	.9994	.9994	.9994	.9995	.9995	.9995
.4	.9997	.9997	.9997	.9997	.9997	.9997	.9997	.9997	.9997	.9998
.6	.9998	.9998	.9999	.9999	.9999	.9999	.9999	.9999	.9999	.9999
.8	.9999	.9999	.9999	.9999	.9999	.9999	.9999	.9999	.9999	.9999

$\Phi(4.0) = 0.999968329$	$\Phi(5.0) = 0.9999997133$	$\Phi(6.0) = 0.9999999990$

附表 2　　t 分布表

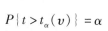

$$P\{t > t_\alpha(v)\} = \alpha$$

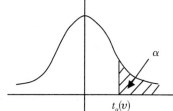

α v	0.45	0.35	0.25	0.15	0.10	0.05	0.025	0.01	0.005
1	0.1584	0.5095	1.0000	1.9626	3.0777	6.3137	12.706	31.821	63.656
2	0.1421	0.4447	0.8165	1.3862	1.8856	2.9200	4.3027	6.9645	9.9250
3	0.1366	0.4242	0.7649	1.2498	1.6377	2.3534	3.1824	4.5407	5.8408
4	0.1338	0.4142	0.7407	1.1896	1.5332	2.1318	2.7765	3.7469	4.6041
5	0.1322	0.4082	0.7267	1.1558	1.4759	2.0150	2.5706	3.3649	4.0321
6	0.1311	0.4043	0.7176	1.1342	1.4398	1.9432	2.4469	3.1427	3.7074
7	0.1303	0.4015	0.7111	1.1192	1.4149	1.8946	2.3646	2.9979	3.4995
8	0.1297	0.3995	0.7064	1.1081	1.3968	1.8595	2.3060	2.8965	3.3554
9	0.1293	0.3979	0.7027	1.0997	1.3830	1.8331	2.2622	2.8214	3.2498
10	0.1289	0.3966	0.6998	1.0931	1.3722	1.8125	2.2281	2.7638	3.1693
11	0.1286	0.3956	0.6974	1.0877	1.3634	1.7959	2.2010	2.7181	3.1058
12	0.1283	0.3947	0.6955	1.0832	1.3562	1.7823	2.1788	2.6810	3.0545
13	0.1281	0.3940	0.6938	1.0795	1.3502	1.7709	2.1604	2.6503	3.0123
14	0.1280	0.3933	0.6924	1.0763	1.3450	1.7613	2.1448	2.6245	2.9768
15	0.1278	0.3928	0.6912	1.0735	1.3406	1.7531	2.1315	2.6025	2.9467
16	0.1277	0.3923	0.6901	1.0711	1.3368	1.7459	2.1199	2.5835	2.9208
17	0.1276	0.3919	0.6892	1.0690	1.3334	1.7396	2.1098	2.5669	2.8982
18	0.1274	0.3915	0.6884	1.0672	1.3304	1.7341	2.1009	2.5524	2.8784
19	0.1274	0.3912	0.6876	1.0655	1.3277	1.7291	2.0930	2.5395	2.8609
20	0.1273	0.3909	0.6870	1.0640	1.3253	1.7247	2.0860	2.5280	2.8453
21	0.1272	0.3906	0.6864	1.0627	1.3232	1.7207	2.0796	2.5176	2.8314
22	0.1271	0.3904	0.6858	1.0614	1.3212	1.7171	2.0739	2.5083	2.8188
23	0.1271	0.3902	0.6853	1.0603	1.3195	1.7139	2.0687	2.4999	2.8073
24	0.1270	0.3900	0.6848	1.0593	1.3178	1.7109	2.0639	2.4922	2.7970
25	0.1269	0.3898	0.6844	1.0584	1.3163	1.7081	2.0595	2.4851	2.7874
26	0.1269	0.3896	0.6840	1.0575	1.3150	1.7056	2.0555	2.4786	2.7787
27	0.1268	0.3894	0.6837	1.0567	1.3137	1.7033	2.0518	2.4727	2.7707
28	0.1268	0.3893	0.6834	1.0560	1.3125	1.7011	2.0484	2.4671	2.7633
29	0.1268	0.3892	0.6830	1.0553	1.3114	1.6991	2.0452	2.4620	2.7564
30	0.1267	0.3890	0.6828	1.0547	1.3104	1.6973	2.0423	2.4573	2.7500
35	0.1266	0.3885	0.6816	1.0520	1.3062	1.6896	2.0301	2.4377	2.7238
40	0.1265	0.3881	0.6807	1.0500	1.3031	1.6839	2.0211	2.4233	2.7045
45	0.1264	0.3878	0.6800	1.0485	1.3007	1.6794	2.0141	2.4121	2.6896
50	0.1263	0.3875	0.6794	1.0473	1.2987	1.6759	2.0086	2.4033	2.6778
100	0.1260	0.3864	0.6770	1.0418	1.2901	1.6602	1.9840	2.3642	2.6259
∞	0.1260	0.3853	0.6745	1.0365	1.2816	1.6449	1.9600	2.3263	2.5758

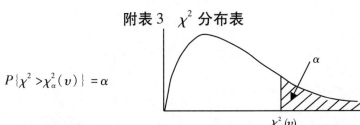

附表3 χ^2 分布表

$$P\{\chi^2 > \chi^2_\alpha(v)\} = \alpha$$

v \\ α	0.995	0.990	0.975	0.950	0.900	0.100	0.050	0.025	0.010	0.005
1	0.000	0.000	0.001	0.004	0.016	2.706	3.841	5.024	6.635	7.879
2	0.010	0.020	0.051	0.103	0.211	4.605	5.991	7.378	9.210	10.60
3	0.072	0.115	0.216	0.352	0.584	6.251	7.815	9.348	11.34	12.84
4	0.207	0.297	0.484	0.711	1.064	7.779	9.448	11.14	13.28	14.86
5	0.412	0.554	0.831	1.145	1.610	9.236	11.07	12.83	15.09	16.75
6	0.676	0.872	1.237	1.635	2.204	10.64	12.59	14.45	16.81	18.55
7	0.989	1.239	1.690	2.167	2.833	12.02	14.07	16.01	18.48	20.28
8	1.344	1.646	2.180	2.733	3.490	13.36	15.51	17.53	20.09	21.96
9	1.735	2.088	2.700	3.325	4.168	14.68	16.92	19.02	21.67	23.59
10	2.156	2.558	3.247	3.940	4.865	15.99	18.31	20.48	23.21	25.19
11	2.603	3.053	3.816	4.575	5.578	17.28	19.68	21.92	24.72	26.76
12	3.074	3.571	4.404	5.226	6.304	18.55	21.03	23.34	26.22	28.30
13	3.565	4.107	5.009	5.892	7.042	19.81	22.36	24.74	27.69	29.82
14	4.075	4.660	5.629	6.571	7.790	21.06	23.68	26.12	29.14	31.32
15	4.601	5.229	6.262	7.261	8.547	22.31	25.00	27.49	30.58	32.80
16	5.142	5.812	6.908	7.962	9.312	23.54	26.30	28.85	32.00	34.27
17	5.697	6.408	7.564	8.672	10.09	24.77	27.59	30.19	33.41	35.72
18	6.265	7.015	8.231	9.390	10.86	25.99	28.87	31.53	34.81	37.16
19	6.844	7.633	8.907	10.12	11.65	27.20	30.14	32.85	36.19	38.56
20	7.434	8.260	9.591	10.85	12.44	28.41	31.41	34.17	37.57	40.00
21	8.034	8.897	10.28	11.59	13.24	29.62	32.67	35.48	38.93	41.40
22	8.643	9.542	10.98	12.34	14.04	30.81	33.92	36.78	40.29	42.80
23	9.260	10.20	11.69	13.09	14.85	32.01	35.17	38.08	41.64	44.18
24	9.886	10.86	12.40	13.85	15.66	33.20	36.42	39.36	42.98	45.56
25	10.52	11.52	13.12	14.61	16.47	34.38	37.65	40.65	44.31	46.93
26	11.16	12.20	13.84	15.38	17.29	35.56	38.89	41.92	45.64	48.29
27	11.81	12.88	14.57	16.15	18.11	36.74	40.11	43.19	46.96	49.64
28	12.46	13.56	15.31	16.93	18.94	37.92	41.34	44.46	48.28	50.99
29	13.12	14.26	16.05	17.71	19.77	39.09	42.56	45.72	49.59	52.34
30	13.79	14.95	16.79	18.49	20.60	40.26	43.77	46.98	50.89	53.67
40	20.71	22.16	24.43	26.51	29.05	51.81	55.76	59.34	63.69	66.77
50	27.99	29.71	32.36	34.76	37.69	63.17	67.50	71.42	76.15	79.49
60	35.53	37.48	40.48	43.19	46.46	74.40	79.08	83.30	88.38	91.95
80	51.17	53.54	57.15	60.39	64.28	96.58	101.9	106.6	112.3	116.3
100	67.33	70.06	74.22	77.93	82.36	118.5	124.3	129.6	135.8	140.2

附表 4.1　F 分布表（$\alpha = 0.05$）

$$P\{F > F_\alpha(v_1,\ v_2)\} = \alpha$$

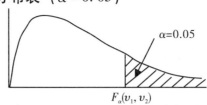

v_1 v_2	1	2	3	4	5	6	7	8	9	10	15	20	30	40	60	120	∞
1	161	200	216	225	230	234	237	239	241	242	246	248	250	251	252	253	254
2	18.5	19.0	19.2	19.2	19.3	19.3	19.4	19.4	19.4	19.4	19.4	19.4	19.5	19.5	19.5	19.5	19.5
3	10.1	9.55	9.28	9.12	9.01	8.94	8.89	8.85	8.81	8.79	8.70	8.66	8.62	8.59	8.57	8.55	8.53
4	7.71	6.94	6.59	6.39	6.26	6.16	6.09	6.04	6.00	5.96	5.86	5.80	5.75	5.72	5.69	5.66	5.63
5	6.61	5.79	5.41	5.19	5.05	4.95	4.88	4.82	4.77	4.74	4.62	4.56	4.50	4.46	4.43	4.40	4.36
6	5.99	5.14	4.76	4.53	4.39	4.28	4.21	4.15	4.10	4.06	3.94	3.87	3.81	3.77	3.74	3.70	3.67
7	5.59	4.74	4.35	4.12	3.97	3.87	3.79	3.73	3.68	3.64	3.51	3.44	3.38	3.34	3.30	3.27	3.23
8	5.32	4.46	4.07	3.84	3.69	3.58	3.50	3.44	3.39	3.35	3.22	3.15	3.08	3.04	3.01	2.97	2.93
9	5.12	4.26	3.86	3.63	3.48	3.37	3.29	3.23	3.18	3.14	3.01	2.94	2.86	2.83	2.79	2.75	2.71
10	4.96	4.10	3.71	3.48	3.33	3.22	3.14	3.07	3.02	2.98	2.85	2.77	2.70	2.66	2.62	2.58	2.54
11	4.84	3.98	3.59	3.36	3.20	3.09	3.01	2.95	2.90	2.85	2.72	2.65	2.57	2.53	2.49	2.45	2.40
12	4.75	3.89	3.49	3.26	3.11	3.00	2.91	2.85	2.80	2.75	2.62	2.54	2.47	2.43	2.38	2.34	2.30
13	4.67	3.81	3.41	3.18	3.03	2.92	2.83	2.77	2.71	2.67	2.53	2.46	2.38	2.34	2.30	2.25	2.21
14	4.60	3.74	3.34	3.11	2.96	2.85	2.76	2.70	2.65	2.60	2.46	2.39	2.31	2.27	2.22	2.18	2.13
15	4.54	3.68	3.29	3.06	2.90	2.79	2.71	2.64	2.59	2.54	2.40	2.33	2.25	2.20	2.16	2.11	2.07
16	4.49	3.63	3.24	3.01	2.85	2.74	2.66	2.59	2.54	2.49	2.35	2.28	2.19	2.15	2.11	2.06	2.01
17	4.45	3.59	3.20	2.96	2.81	2.70	2.61	2.55	2.49	2.45	2.31	2.23	2.15	2.10	2.06	2.01	1.96
18	4.41	3.55	3.16	2.93	2.77	2.66	2.58	2.51	2.46	2.41	2.27	2.19	2.11	2.06	2.02	1.97	1.92
19	4.38	3.52	3.13	2.90	2.74	2.63	2.54	2.48	2.42	2.38	2.23	2.16	2.07	2.03	1.98	1.93	1.88
20	4.35	3.49	3.10	2.87	2.71	2.60	2.51	2.45	2.39	2.35	2.20	2.12	2.04	1.99	1.95	1.90	1.84
21	4.32	3.47	3.07	2.84	2.68	2.57	2.49	2.42	2.37	2.32	2.18	2.10	2.01	1.96	1.92	1.87	1.81
22	4.30	3.44	3.05	2.82	2.66	2.55	2.46	2.40	2.34	2.30	2.15	2.07	1.98	1.94	1.89	1.84	1.78
23	4.28	3.42	3.03	2.80	2.64	2.53	2.44	2.37	2.32	2.27	2.13	2.05	1.96	1.91	1.86	1.81	1.76
24	4.26	3.40	3.01	2.78	2.62	2.51	2.42	2.36	2.30	2.25	2.11	2.03	1.94	1.89	1.84	1.79	1.73
25	4.24	3.39	2.99	2.76	2.60	2.49	2.40	2.34	2.28	2.24	2.09	2.01	1.92	1.87	1.82	1.77	1.71
26	4.23	3.37	2.98	2.74	2.59	2.47	2.39	2.32	2.27	2.22	2.07	1.99	1.90	1.85	1.80	1.75	1.69
27	4.21	3.35	2.96	2.73	2.57	2.46	2.37	2.31	2.25	2.20	2.06	1.97	1.88	1.84	1.79	1.73	1.67
28	4.20	3.34	2.95	2.71	2.56	2.45	2.36	2.29	2.24	2.19	2.04	1.96	1.87	1.82	1.77	1.71	1.65
29	4.18	3.33	2.93	2.70	2.55	2.43	2.35	2.28	2.22	2.18	2.03	1.94	1.85	1.81	1.75	1.70	1.64
30	4.17	3.32	2.92	2.69	2.53	2.42	2.33	2.27	2.21	2.16	2.01	1.93	1.84	1.79	1.74	1.68	1.62
40	4.08	3.23	2.84	2.61	2.45	2.34	2.25	2.18	2.12	2.08	1.92	1.84	1.74	1.69	1.64	1.58	1.51
60	4.00	3.15	2.76	2.53	2.37	2.25	2.17	2.10	2.04	1.99	1.84	1.75	1.65	1.59	1.53	1.47	1.39
120	3.92	3.07	2.68	2.45	2.29	2.17	2.09	2.02	1.96	1.91	1.75	1.66	1.55	1.50	1.43	1.35	1.25
∞	3.84	3.00	2.60	2.37	2.21	2.10	2.01	1.94	1.88	1.83	1.67	1.57	1.46	1.39	1.32	1.22	1.00

附表4.2　　F 分布表（$\alpha = 0.025$）

$$P\{F > F_\alpha(v_1,\ v_2)\} = \alpha$$

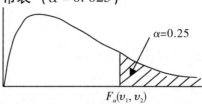

$F_\alpha(v_1, v_2)$

v_1 \ v_2	1	2	3	4	5	6	7	8	9	10	15	20	30	40	60	120	∞
1	648	800	864	900	922	937	948	957	963	969	985	993	1001	1006	1010	1014	1018
2	38.5	39.0	39.2	39.3	39.3	39.3	39.4	39.4	39.4	39.4	39.4	39.5	39.5	39.5	39.5	39.5	39.5
3	17.4	16.0	15.4	15.1	14.9	14.7	14.6	14.5	14.5	14.4	14.3	14.2	14.1	14.0	14.0	14.0	13.9
4	12.2	10.7	9.98	9.60	9.36	9.20	9.07	8.98	8.90	8.84	8.66	8.56	8.46	8.41	8.36	8.31	8.26
5	10.0	8.43	7.76	7.39	7.15	6.98	6.85	6.76	6.68	6.62	6.43	6.33	6.23	6.18	6.12	6.07	6.02
6	8.81	7.26	6.60	6.23	5.99	5.82	5.70	5.60	5.52	5.46	5.27	5.17	5.07	5.01	4.96	4.90	4.85
7	8.07	6.54	5.89	5.52	5.29	5.12	4.99	4.90	4.82	4.76	4.57	4.47	4.36	4.31	4.25	4.20	4.14
8	7.57	6.06	5.42	5.05	4.82	4.65	4.53	4.43	4.36	4.30	4.10	4.00	3.89	3.84	3.78	3.73	3.67
9	7.21	5.71	5.08	4.72	4.48	4.32	4.20	4.10	4.03	3.96	3.77	3.67	3.56	3.51	3.45	3.39	3.33
10	6.94	5.46	4.83	4.47	4.24	4.07	3.95	3.85	3.78	3.72	3.52	3.42	3.31	3.26	3.20	3.14	3.08
11	6.72	5.26	4.63	4.28	4.04	3.88	3.76	3.66	3.59	3.53	3.33	3.23	3.12	3.06	3.00	2.94	2.88
12	6.55	5.10	4.47	4.12	3.89	3.73	3.61	3.51	3.44	3.37	3.18	3.07	2.96	2.91	2.85	2.79	2.72
13	6.41	4.97	4.35	4.00	3.77	3.60	3.48	3.39	3.31	3.25	3.05	2.95	2.84	2.78	2.72	2.66	2.60
14	6.30	4.86	4.24	3.89	3.66	3.50	3.38	3.29	3.21	3.15	2.95	2.84	2.73	2.67	2.61	2.55	2.49
15	6.20	4.77	4.15	3.80	3.58	3.41	3.29	3.20	3.12	3.06	2.86	2.76	2.64	2.59	2.52	2.46	2.40
16	6.12	4.69	4.08	3.73	3.50	3.34	3.22	3.12	3.05	2.99	2.79	2.68	2.57	2.51	2.45	2.38	2.32
17	6.04	4.62	4.01	3.66	3.44	3.28	3.16	3.06	2.98	2.92	2.72	2.62	2.50	2.44	2.38	2.32	2.25
18	5.98	4.56	3.95	3.61	3.38	3.22	3.10	3.01	2.93	2.87	2.67	2.56	2.44	2.38	2.32	2.26	2.19
19	5.92	4.51	3.90	3.56	3.33	3.17	3.05	2.96	2.88	2.82	2.62	2.51	2.39	2.33	2.27	2.20	2.13
20	5.87	4.46	3.86	3.51	3.29	3.13	3.01	2.91	2.84	2.77	2.57	2.46	2.25	2.29	2.22	2.16	2.09
21	5.83	4.42	3.82	3.48	3.25	3.09	2.97	2.87	2.80	2.73	2.53	2.42	2.31	2.25	2.18	2.11	2.04
22	5.79	4.38	3.78	3.44	3.22	3.05	2.93	2.84	2.76	2.70	2.50	2.39	2.27	2.21	2.14	2.08	2.00
23	5.75	4.35	3.75	3.41	3.18	3.02	2.90	2.81	2.73	2.67	2.47	2.36	2.24	2.18	2.11	2.04	1.97
24	5.72	4.32	3.72	3.38	3.15	2.99	2.87	2.78	2.70	2.64	2.44	2.33	2.21	2.15	2.08	2.01	1.94
25	5.69	4.29	3.69	3.35	3.13	2.97	2.85	2.75	2.68	2.61	2.41	2.30	2.18	2.12	2.05	1.98	1.91
26	5.66	4.27	3.67	3.33	3.10	2.94	2.82	2.73	2.65	2.59	2.39	2.28	2.16	2.09	2.03	1.95	1.88
27	5.63	4.24	3.65	3.31	3.08	2.92	2.80	2.71	2.63	2.57	2.36	2.25	2.13	2.07	2.00	1.93	1.85
28	5.61	4.22	3.63	3.29	3.06	2.90	2.78	2.69	2.61	2.55	2.34	2.23	2.11	2.05	1.98	1.91	1.83
29	5.59	4.20	3.61	3.27	3.04	2.88	2.76	2.67	2.59	2.53	2.32	2.21	2.09	2.03	1.96	1.89	1.81
30	5.57	4.18	3.59	3.25	3.03	2.87	2.75	2.65	2.57	2.51	2.31	2.20	2.07	2.01	1.94	1.87	1.79
40	5.42	4.05	3.46	3.13	2.90	2.74	2.62	2.53	2.45	2.39	2.18	2.07	1.94	1.88	1.80	1.72	1.64
60	5.29	3.93	3.34	3.01	2.79	2.63	2.51	2.41	2.33	2.27	2.06	1.94	1.82	1.74	1.67	1.58	1.48
120	5.15	3.80	3.23	2.89	2.67	2.52	2.39	2.30	2.22	2.16	1.94	1.82	1.69	1.61	1.53	1.43	1.31
∞	5.02	3.69	3.12	2.79	2.57	2.41	2.29	2.19	2.11	2.05	1.83	1.71	1.57	1.48	1.39	1.27	1.00

附表 4.3　　F 分布表（$\alpha = 0.01$）

$$P\{F > F_\alpha(v_1, v_2)\} = \alpha$$

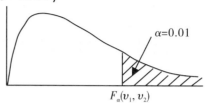

v_1 / v_2	1	2	3	4	5	6	7	8	9	10	15	20	30	40	60	120	∞
1	4052	4999	5404	5624	5764	5859	5928	5981	6022	6056	6157	6209	6260	6286	6313	6339	6366
2	98.5	99.0	99.2	99.3	99.3	99.3	99.4	99.4	99.4	99.4	99.4	99.4	99.5	99.5	99.5	99.5	99.5
3	34.1	30.8	29.5	28.7	28.2	27.9	27.7	27.5	27.3	27.2	26.9	26.7	26.5	26.4	26.3	26.2	26.1
4	21.2	18.0	16.7	16.0	15.5	15.2	15.0	14.8	14.7	14.5	14.2	14.0	13.8	13.7	13.6	13.6	13.5
5	16.3	13.3	12.1	11.4	11.0	10.7	10.5	10.3	10.2	10.1	9.72	9.55	9.38	9.29	9.20	9.11	9.02
6	13.7	10.9	9.78	9.15	8.75	8.47	8.26	8.10	7.98	7.87	7.56	7.40	7.23	7.14	7.06	6.97	6.88
7	12.2	9.55	8.45	7.85	7.46	7.19	6.99	6.84	6.72	6.62	6.31	6.16	5.99	5.91	5.82	5.74	5.65
8	11.3	8.65	7.59	7.01	6.63	6.37	6.18	6.03	5.91	5.81	5.52	5.36	5.20	5.12	5.03	4.95	4.86
9	10.6	8.02	6.99	6.42	6.06	5.80	5.61	5.47	5.35	5.26	4.96	4.81	4.65	4.57	4.48	4.40	4.31
10	10.0	7.56	6.55	5.99	5.64	5.39	5.20	5.06	4.94	4.85	4.56	4.41	4.25	4.17	4.08	4.00	3.91
11	9.65	7.21	6.22	5.67	5.32	5.07	4.89	4.74	4.63	4.54	4.25	4.10	3.94	3.86	3.78	3.69	3.60
12	9.33	6.93	5.95	5.41	5.06	4.82	4.64	4.50	4.39	4.30	4.01	3.86	3.70	3.62	3.54	3.45	3.36
13	9.07	6.70	5.74	5.21	4.86	4.62	4.44	4.30	4.19	4.10	3.82	3.66	3.51	3.43	3.34	3.25	3.17
14	8.86	6.51	5.56	5.04	4.69	4.46	4.28	4.14	4.03	3.94	3.66	3.51	3.35	3.27	3.18	3.09	3.00
15	8.68	6.36	5.42	4.89	4.56	4.32	4.14	4.00	3.89	3.80	3.52	3.37	3.21	3.13	3.05	2.96	2.87
16	8.53	6.23	5.29	4.77	4.44	4.20	4.03	3.89	3.78	3.69	3.41	3.26	3.10	3.02	2.93	2.84	2.75
17	8.40	6.11	5.18	4.67	4.34	4.10	3.93	3.79	3.68	3.59	3.31	3.16	3.00	2.92	2.83	2.75	2.65
18	8.29	6.01	5.09	4.58	4.25	4.01	3.84	3.71	3.60	3.51	3.23	3.08	2.92	2.84	2.75	2.66	2.57
19	8.18	5.93	5.01	4.50	4.17	3.94	3.77	3.63	3.52	3.43	3.15	3.00	2.84	2.76	2.67	2.58	2.49
20	8.10	5.85	4.94	4.43	4.10	3.87	3.70	3.56	3.46	3.37	3.09	2.94	2.78	2.69	2.61	2.52	2.42
21	8.02	5.78	4.87	4.37	4.04	3.81	3.64	3.51	3.40	3.31	3.03	2.88	2.72	2.64	2.55	2.46	2.36
22	7.95	5.72	4.82	4.31	3.99	3.76	3.59	3.45	3.35	3.26	2.98	2.83	2.67	2.58	2.50	2.40	2.31
23	7.88	5.66	4.76	4.26	3.94	3.71	3.54	3.41	3.30	3.21	2.93	2.78	2.62	2.54	2.45	2.35	2.26
24	7.82	5.61	4.72	4.22	3.90	3.67	3.50	3.36	3.26	3.17	2.89	2.74	2.58	2.49	2.40	2.31	2.21
25	7.77	5.57	4.68	4.18	3.85	3.63	3.46	3.32	3.22	3.13	2.85	2.70	2.54	2.45	2.36	2.27	2.17
26	7.72	5.53	4.64	4.14	3.82	3.59	3.42	3.29	3.18	3.09	2.81	2.66	2.50	2.42	2.33	2.23	2.13
27	7.68	5.49	4.60	4.11	3.78	3.56	3.39	3.26	3.15	3.06	2.78	2.63	2.47	2.38	2.29	2.20	2.10
28	7.64	5.45	4.57	4.07	3.75	3.53	3.36	3.23	3.12	3.03	2.75	2.60	2.44	2.35	2.26	2.17	2.06
29	7.60	5.42	4.54	4.04	3.73	3.50	3.33	3.20	3.09	3.00	2.73	2.57	2.41	2.33	2.23	2.14	2.03
30	7.56	5.39	4.51	4.02	3.70	3.47	3.30	3.17	3.07	2.98	2.70	2.55	2.39	2.30	2.21	2.11	2.01
40	7.31	5.18	4.31	3.83	3.51	3.29	3.12	2.99	2.89	2.80	2.52	2.37	2.20	2.11	2.02	1.92	1.80
60	7.08	4.98	4.13	3.65	3.34	3.12	2.95	2.82	2.72	2.63	2.35	2.20	2.03	1.94	1.84	1.73	1.60
120	6.85	4.79	3.95	3.48	3.17	2.96	2.79	2.66	2.56	2.47	2.19	2.03	1.86	1.76	1.66	1.53	1.38
∞	6.63	4.61	3.78	3.32	3.02	2.80	2.64	2.51	2.41	2.32	2.04	1.88	1.70	1.59	1.47	1.32	1.00

附录4 2020—2023年全国硕士研究生入学考题与答案

历年考题

一、单选题

1. ［2020年数学一，一（7）；数学三，一（7）］设A，B，C为三个随机事件，且$P(A) = P(B) = P(C) = \frac{1}{4}$，$P(AB) = 0$，$P(AC) = P(BC) = \frac{1}{12}$，则$A$，$B$，$C$中恰有一个事件发生的概率为（　　）

　　A. $\frac{3}{4}$　　　　　　B. $\frac{2}{3}$　　　　　　C. $\frac{1}{2}$　　　　　　D. $\frac{5}{12}$

2. ［2020年数学一，一（8）］设X_1，X_2，$\cdots$，X_{100}为来自总体X简单随机样本，其中$P\{X = 0\} = P\{X = 1\} = \frac{1}{2}$，$\Phi(x)$表示标准正态分布函数，则利用中心极限定理可得$P\left\{\sum\limits_{i=1}^{100} X_i \leqslant 55\right\}$的近似值为（　　）

　　A. $1 - \Phi(1)$　　　　B. $\Phi(1)$　　　　C. $1 - \Phi(0.2)$　　　　D. $\Phi(0.2)$

3. ［2020年数学三，一（8）］设随机变量服从二维正态分布$N\left(0, 0; 1, 4; -\frac{1}{2}\right)$，随机变量中服从标准正态分布且与$X$独立的是（　　）

　　A. $\frac{\sqrt{5}}{5}(X + Y)$　　B. $\frac{\sqrt{5}}{5}(X - Y)$　　C. $\frac{\sqrt{3}}{3}(X + Y)$　　D. $\frac{\sqrt{3}}{3}(X - Y)$

4. ［2021年数学一，一（8）；数学三，一（8）］设A，B为随机事件，且$0 < P(B) < 1$，下列命题中不成立的是（　　）

　　A. 若$P(A|B) = P(A)$，则$P(A|\overline{B}) = P(A)$

　　B. 若$P(A|B) > P(A)$，则$P(\overline{A}|\overline{B}) > P(\overline{A})$

　　C. 若$P(A|B) > P(A|\overline{B})$，则$P(A|B) > P(A)$

　　D. 若$P(A|A \cup B) > P(\overline{A}|A \cup B)$，则$P(A) > P(B)$

5. ［2021年数学一，一（9）］设(X_1, Y_1)，(X_2, Y_2)，$\cdots$，(X_n, Y_n)为来自总体$N(\mu_1, \mu_2; \sigma_1^2, \sigma_2^2; \rho)$的简单随机样本，令$\theta = \mu_1 - \mu_2$，$\overline{X} = \frac{1}{n}\sum\limits_{i=1}^{n} X_i$，$\overline{Y} = \frac{1}{n}\sum\limits_{i=1}^{n} Y_i$，$\widehat{\theta} = \overline{X} - \overline{Y}$，则（　　）

　　A. $\widehat{\theta}$是θ的无偏估计，$D(\widehat{\theta}) = \dfrac{\sigma_1^2 + \sigma_2^2}{n}$

　　B. $\widehat{\theta}$不是θ的无偏估计，$D(\widehat{\theta}) = \dfrac{\sigma_1^2 + \sigma_2^2}{n}$

C. $\widehat{\theta}$ 是 θ 的无偏估计，$D(\widehat{\theta}) = \dfrac{\sigma_1^2 + \sigma_2^2 - 2\rho\sigma_1\sigma_2}{n}$

D. $\widehat{\theta}$ 不是 θ 的无偏估计，$D(\widehat{\theta}) = \dfrac{\sigma_1^2 + \sigma_2^2 - 2\rho\sigma_1\sigma_2}{n}$

6. ［2021 年数学三，一（10）］设 X_1，X_2，$\cdots$，X_{16} 是来自总体 $N(\mu, 4)$ 的简单随机样本，考虑假设检验问题：$H_0: \mu \leqslant 10$，$H_1: \mu > 10$。$\Phi(x)$ 表示标准正态分布函数，若该检验问题的拒绝域为 $W = \{\overline{X} \geqslant 11\}$，其中 $\overline{X} = \dfrac{1}{16} \sum\limits_{i=1}^{16} X_i$，则 $\mu = 11.5$ 时，该检验犯第二类错误的概率为（　　）

A. $1 - \Phi(0.5)$ 　　B. $1 - \Phi(1)$ 　　C. $1 - \Phi(1.5)$ 　　D. $1 - \Phi(2)$

7. ［2022 年数学一，一（8）；数学三，一（8）］设 $X \sim U(0, 3)$，$Y \sim P(2)$，$\mathrm{Cov}(X, Y) = -1$，求 $D(2X - Y + 1) = （　　）$

A. 10 　　B. 9 　　C. 1 　　D. 0

8. ［2022 年数学一，一（9）］设 X_1，X_2，$\cdots$，X_n 独立同分布，且 X_1 的 4 阶矩存在。设 $E(X_1^k) = \mu_k$（$k = 1, 2, 3, 4$），则由切比雪夫不等式，对 $\forall \varepsilon > 0$，有

$$P\left\{ \left| \frac{1}{n} \sum_{i=1}^{n} X_i^2 - \mu_2 \right| \geqslant \varepsilon \right\} \leqslant （　　）$$

A. $\dfrac{\mu_4 - \mu_2^2}{n\varepsilon^2}$ 　　B. $\dfrac{\mu_4 - \mu_2^2}{\sqrt{n}\varepsilon^2}$ 　　C. $\dfrac{\mu_2 - \mu_1^2}{n\varepsilon^2}$ 　　D. $\dfrac{\mu_2 - \mu_1^2}{\sqrt{n}\varepsilon^2}$

9. ［2022 年数学一，一（10）］设随机变量 $X \sim N(0, 1)$，在 $X = x$ 条件下，随机变量 $Y \sim N(x, 1)$，则 X 与 Y 的相关系数为（　　）

A. $\dfrac{1}{4}$ 　　B. $\dfrac{1}{2}$ 　　C. $\dfrac{\sqrt{3}}{3}$ 　　D. $\dfrac{\sqrt{2}}{2}$

10. ［2022 年数学三，一（8）］设随机变量 $X \sim N(0, 4)$，随机变量 $Y \sim B\left(3, \dfrac{1}{3}\right)$，且 X 与 Y 不相关，则 $D(X - 3Y + 1) = （　　）$

A. 2 　　B. 4 　　C. 6 　　D. 10

11. ［2022 年数学三，一（9）］设随机变量 X_1，X_2，$\cdots$，X_n 独立同分布，且 X_1 的概率密度为 $\begin{cases} 1 - |x|, & |x| < 1 \\ 0, & \text{其他} \end{cases}$，则当 $n \to \infty$ 时，$\dfrac{1}{n} \sum\limits_{i=1}^{n} X_i^2$ 依概率收敛于（　　）

A. $\dfrac{1}{8}$ 　　B. $\dfrac{1}{6}$ 　　C. $\dfrac{1}{3}$ 　　D. $\dfrac{1}{2}$

12. ［2022 年数学三，一（10）］设随机变量 (X, Y) 的概率分布

X＼Y	0	1	2
-1	0.1	0.1	b
1	a	0.1	0.1

若事件 $\{\max\{X, Y\} = 2\}$ 与事件 $\{\min\{X, Y\} = 1\}$ 相互独立，则 $\text{Cov}(X, Y) =$（ ）

    A. -0.6 B. -0.36 C. 0 D. 0.48

13. ［2023 年数学一，一（8）］设随机变量 X 服从参数为 1 的泊松分布，则 $E(|X - EX|) =$（ ）

    A. $\dfrac{1}{e}$ B. $\dfrac{1}{2}$ C. $\dfrac{2}{e}$ D. 1

14. ［2023 年数学一，一（9）］设 $X_1, X_2, \cdots, X_n$ 为来自总体 $N(\mu_1, \sigma^2)$ 的简单随机样本，$Y_1, Y_2, \cdots, Y_m$ 为来自总体 $N(\mu_2, 2\sigma^2)$ 的简单随机样本，且两样本相互独立，记 $\overline{X} = \dfrac{1}{n}\sum_{i=1}^{n} X_i, \overline{Y} = \dfrac{1}{m}\sum_{i=1}^{m} Y_i, S_1^2 = \dfrac{1}{n-1}\sum_{i=1}^{n}(X_i - \overline{X})^2, S_2^2 = \dfrac{1}{m-1}\sum_{i=1}^{m}(Y_i - \overline{Y})^2$，则（ ）

    A. $\dfrac{S_1^2}{S_2^2} \sim F(n, m)$ B. $\dfrac{S_1^2}{S_2^2} \sim F(n-1, m-1)$

    C. $\dfrac{2S_1^2}{S_2^2} \sim F(n, m)$ D. $\dfrac{2S_1^2}{S_2^2} \sim F(n-1, m-1)$

15. ［2023 年数学一，一（10）］设 X_1, X_2 为来自总体 $N(\mu, \sigma^2)$ 的简单随机样本，其中 $\sigma(\sigma > 0)$ 是未知参数，若 $\hat{\sigma} = a|X_1 - X_2|$ 为 σ 的无偏估计，则 $a =$（ ）

    A. $\dfrac{\sqrt{\pi}}{2}$ B. $\dfrac{\sqrt{2\pi}}{2}$ C. $\sqrt{\pi}$ D. $\sqrt{2\pi}$

二、填空题

1. ［2020 年数学一，一（14）］设 X 服从 $\left(\dfrac{\pi}{2}, -\dfrac{\pi}{2}\right)$ 上的均匀分布，$Y = \sin X$，则 $\text{Cov}(X, Y) = $ _____。

2. ［2020 年数学三，一（14）］随机变量 X 的概率分布 $P\{X = k\} = \dfrac{1}{2^k}, k = 1, 2, 3, \cdots, Y$ 表示被 3 除的余数，则 $E(Y) = $ _____。

3. ［2021 年数学三，一（16）］甲乙两个盒子中各装有 2 个红球和 2 个白球，先从甲盒中任取一球，观察颜色后放入乙盒中，再从乙盒中任取一球，令 X, Y 分别表示从甲盒和乙盒中取到的红球个数，则 X 与 Y 的相关系数 _____。

4. ［2022 年数学三，一（16）］设 A, B, C 满足 A, B 互不相容，A, C 互不相容，B, C 相互独立，$P(A) = P(B) = P(C) = \dfrac{1}{3}$，则 $P[(B \cup C) | (A \cup B \cup C)] = $ _____。

5. ［2023 年数学一，一（16）］设随机变量 X 与 Y 相互独立，且 $X \sim B\left(1, \dfrac{1}{3}\right)$，$Y \sim B\left(2, \dfrac{1}{2}\right)$，则 $P\{X = Y\} = $ _____。

6. ［2023 年数学三，一（16）］设随机变量 X 与 Y 相互独立，且 $X \sim B(1, p)$，

$Y \sim B(2, p)$，$p \in (0, 1)$，则 $X + Y$ 与 $X - Y$ 的相关系数为＿＿＿＿＿＿。

三、计算题

1. ［2020 年数学一，三（22）］设随机变量 X_1，X_2，X_3 相互独立，其中 X_1 与 X_2 均服从标准正态分布，X_3 的概率分布为 $P\{X_3 = 0\} = P\{X_3 = 1\} = \frac{1}{2}$，$Y = X_3 X_1 + (1 - X_3)X_2$。

（1）求二维随机变量 (X_1, Y) 的分布函数，结果用标准正态分布函数 $\varphi(x)$ 表示；

（2）证明随机变量 Y 服从标准正态分布。

2. ［2020 年数学一，三（23）］设某种元件的使用寿命 T 的分布函数为 $F(t) = \begin{cases} 1 - e^{-\left(\frac{t}{\theta}\right)^m}, & t \geq 0, \\ 0, & \text{其他} \end{cases}$，其中 θ，m 为参数且大于零。

（1）求概率 $P\{T > t\}$ 与 $P\{T > s + t \mid T > s\}$，其中 $s > 0$，$t > 0$；

（2）任取 n 个这种元件做寿命试验，测得它们的寿命分别为 t_1，t_2，$\cdots$，t_n，若 m 已知，求 θ 的最大似然估计值 $\hat{\theta}$。

3. ［2020 年数学三，三（22）］二维随机变量 (X, Y) 在区域 $D = \{(x, y) \mid 0 < y < \sqrt{1 - x^2}\}$ 上服从均匀分布，且 $Z_1 = \begin{cases} 1, & X - Y > 0 \\ 0, & X - Y \leq 0 \end{cases}$，$Z_2 = \begin{cases} 1, & X + Y > 0 \\ 0, & X + Y \leq 0 \end{cases}$。

（1）求二维随机变量 (Z_1, Z_2) 的概率分布；

（2）求 Z_1 与 Z_2 的相关系数。

4. ［2021 年数学一，三（22）］在区间 $(0, 2)$ 上随机取一点，将该区间分成两段，较短的一段长度记为 X，较长的一段长度记为 Y，令 $Z = \frac{Y}{X}$。

（1）求 X 的概率密度；

（2）求 Z 的概率密度；

（3）求 $E\left(\frac{X}{Y}\right)$。

5. ［2022 年数学一，三（22）］设 X_1，X_2，$\cdots$，X_n 为来自均值为 θ 的指数分布总体的简单随机样本，Y_1，Y_2，$\cdots$，Y_m 为来自均值为 2θ 的指数分布总体的简单随机样本，且两样本相互独立，其中 $\theta(\theta > 0)$ 为未知参数。利用样本 X_1，X_2，$\cdots X_n$，Y_1，Y_2，$\cdots$，Y_m 求 θ 的最大似然估计量 $\hat{\theta}$，并求 $D(\hat{\theta})$。

6. ［2023 年数学一，三（22）］设二维随机变量 (X, Y) 的概率密度为

$$f(x, y) = \begin{cases} \dfrac{2}{\pi}(x^2 + y^2), & x^2 + y^2 \leq 1 \\ 0, & \text{其他} \end{cases}$$

（1）求 X 与 Y 的协方差；

（2）求 X 与 Y 是否相互独立；

（3）求 $Z = X^2 + Y^2$ 的概率密度。

答案与选解

一、单选题

1～5　DBCDC　6～10　BCADD　11～15　BBCDA

二、填空题

1. $\dfrac{2}{\pi}$　2. $\dfrac{8}{7}$　3. $\dfrac{1}{5}$　4. $\dfrac{5}{8}$　5. $\dfrac{1}{3}$　6. $-\dfrac{1}{3}$

三、计算题

1. （1）(X_1, Y) 的分布函数

$$F(x, y) = P\{X_1 \leqslant x, Y \leqslant y\} = P\{X_1 \leqslant x, X_3 X_1 + (1 - X_3)X_2 \leqslant y\}$$

$$= P\{X_3 = 0\} P\{X_1 \leqslant x, X_3 X_1 + (1 - X_3)X_2 \leqslant y \mid X_3 = 0\} +$$

$$P\{X_3 = 1\} P\{X_1 \leqslant x, X_3 X_1 + (1 - X_3)X_2 \leqslant y \mid X_3 = 1\}$$

$$= \frac{1}{2} P\{X_1 \leqslant x, X_2 \leqslant y \mid X_3 = 0\} + \frac{1}{2} P\{X_1 \leqslant x, X_1 \leqslant y \mid X_3 = 1\}$$

$$= \frac{1}{2} P\{X_1 \leqslant x, X_2 \leqslant y\} + \frac{1}{2} P\{X_1 \leqslant x, X_1 \leqslant y\}$$

$$= \frac{1}{2} P\{X_1 \leqslant x\} P\{X_2 \leqslant y\} + \frac{1}{2} P\{X_1 \leqslant \min(x, y)\}$$

$$= \frac{1}{2} \varphi(x) \varphi(y) + \frac{1}{2} \varphi(\min(x, y))$$

（2）Y 的分布函数

$$F_Y(y) = P\{X_3 X_1 + (1 - X_3)X_2 \leqslant y\}$$

$$= P\{X_3 = 0\} P\{X_3 X_1 + (1 - X_3)X_2 \leqslant y \mid X_3 = 0\} +$$

$$P\{X_3 = 1\} P\{X_3 X_1 + (1 - X_3)X_2 \leqslant y \mid X_3 = 1\}$$

$$= \frac{1}{2} P\{X_2 \leqslant y \mid X_3 = 0\} + \frac{1}{2} P\{X_1 \leqslant y \mid X_3 = 1\}$$

$$= \frac{1}{2} P\{X_2 \leqslant y\} + \frac{1}{2} P\{X_1 \leqslant y\} = \frac{1}{2} \varphi(y) + \frac{1}{2} \varphi(y) = \varphi(y)$$

$Y \sim N(0, 1)$

2. $F(t) = \begin{cases} 1 - \mathrm{e}^{-\left(\frac{t}{\theta}\right)^m}, & t \geqslant 0 \\ 0, & t < 0 \end{cases}$, $f(x) = F'(x) = \begin{cases} m\left(\dfrac{t}{\theta}\right)^{m-1} \dfrac{1}{\theta} \mathrm{e}^{-\left(\frac{t}{\theta}\right)^m}, & t \geqslant 0 \\ 0, & t < 0 \end{cases}$

（1）$P\{T > t\} = \displaystyle\int_t^{+\infty} f(t)\,\mathrm{d}t = F(t)\big|_t^{+\infty} = F(+\infty) - F(t) = \mathrm{e}^{-\left(\frac{t}{\theta}\right)^m}, \ t > 0$

$$P\{T > s + t \mid T > s\} = \frac{P\{T > s+t, T > s\}}{P\{T > s\}} = \frac{P\{T > s+t\}}{P\{T > s\}} = \frac{\mathrm{e}^{-\left(\frac{s+t}{\theta}\right)^m}}{\mathrm{e}^{-\left(\frac{s}{\theta}\right)^m}} = \mathrm{e}^{-\left(\frac{t+s}{\theta}\right)^m + \left(\frac{s}{\theta}\right)^m}$$

（2）给定 $t_1, t_2, \cdots, t_n$，似然函数为

$$L(\theta) = \prod_{i=1}^n f(t_i) = \prod_{i=1}^n m\left(\frac{t_i}{\theta}\right)^{m-1} \frac{1}{\theta} \mathrm{e}^{-\left(\frac{t_i}{\theta}\right)^m} = m^n \prod_{i=1}^n \frac{t_i^{m-1}}{\theta^m} \mathrm{e}^{-\left(\frac{t_i}{\theta}\right)^m}$$

$$\ln L(\theta) = n\ln m + \sum_{i=1}^{n}(m-1)\ln Lt_i - mn\ln\theta - \sum_{i=1}^{n}\frac{t_i^m}{\theta^m}$$

令 $\dfrac{\mathrm{d}\ln L(\theta)}{\mathrm{d}\theta} = -mn\dfrac{1}{\theta} - \sum_{i=1}^{n}\dfrac{(-m)t_i^m}{\theta^{m+1}} = 0$, $-\dfrac{n}{\theta} + \sum_{i=1}^{n}\dfrac{t_i^m}{\theta^{m+1}} = 0$,

解得 $\theta^m = \dfrac{1}{n}\sum_{i=1}^{n}t_i^m$ 不难验证为最大值。

最大似然估计值 $\widehat{\theta} = \sqrt[m]{\dfrac{1}{n}\sum_{i=1}^{n}t_i^m}$

3. (1) 由题意 $f(x, y) = \begin{cases}\dfrac{\pi}{2}, & (x, y) \in D \\ 0, & (x, y) \notin D\end{cases}$, 所以可计算

$$P(Z_1 = 0, Z_2 = 0) = P(X - Y \leqslant 0, X + Y \leqslant 0) = \frac{1}{4}$$

$$P(Z_1 = 0, Z_2 = 1) = P(X - Y \leqslant 0, X + Y \leqslant 0) = \frac{1}{2}$$

$$P(Z_1 = 1, Z_2 = 0) = P(X - Y > 0, X + Y \leqslant 0) = 0$$

$$P(Z_1 = 1, Z_2 = 1) = P(X - Y > 0, X + Y > 0) = \frac{1}{4}$$

可得

Z_1 \ Z_2	0	1
0	$\dfrac{1}{4}$	$\dfrac{1}{2}$
1	0	$\dfrac{1}{4}$

4. (1) 由题意: $X \sim f(x) = \begin{cases}1, & 0 < x < 1 \\ 0, & \text{其他}\end{cases}$

(2) 由 $Y = 2 - X$, 即 $Z = \dfrac{2-X}{X}$, 先求 Z 的分布函数:

$$F_Z(z) = P\{Z \leqslant z\} = P\left\{\frac{2-X}{X} \leqslant z\right\} = P\left\{\frac{2}{X} - 1 \leqslant z\right\}$$

当 $z < 1$ 时, $F_Z(z) = 0$;

当 $z \geqslant 1$ 时, $F_Z(z) = P\left\{\dfrac{2}{X} - 1 \leqslant z\right\} = 1 - P\left\{X \leqslant \dfrac{2}{z+1}\right\} = 1 - \int_0^{\frac{2}{z+1}}1\mathrm{d}x = 1 - \dfrac{2}{z+1}$

$$f_Z(z) = (F_Z(z))' = \begin{cases}\dfrac{2}{(z+1)^2}, & z \geqslant 1 \\ 0, & \text{其他}\end{cases}$$

(3) $E\left(\dfrac{X}{Y}\right) = E\left(\dfrac{X}{2-X}\right) = \int_0^1 \dfrac{x}{2-x}\mathrm{d}x = -1 + 2\ln 2$

5. 由已知 $E(X) = \theta = \dfrac{1}{\lambda_1}$，$\therefore \lambda_1 = \dfrac{1}{\theta}$，

$$E(Y) = 2\theta = \dfrac{1}{\lambda_2}，\quad \therefore \lambda_2 = \dfrac{1}{2\theta}，$$

所以总体 $X \sim E\left(\dfrac{1}{\theta}\right)$，$Y \sim E\left(\dfrac{1}{2\theta}\right)$，从而可得

$$f_X(x) = \begin{cases} \dfrac{1}{\theta}\mathrm{e}^{-\frac{x}{\theta}}, & x > 0 \\ 0, & x \le 0 \end{cases}，\quad f_Y(y) = \begin{cases} \dfrac{1}{2\theta}\mathrm{e}^{-\frac{y}{2\theta}}, & y > 0 \\ 0, & y \le 0 \end{cases}$$

设 x_1，x_2，$\cdots$，x_n，y_1，y_2，$\cdots$，y_m 为样本 X_1，X_2，$\cdots$，X_n，Y_1，Y_2，$\cdots$，Y_m 的观测值，且样本相互独立，则似然函数为

$$L(\theta) = \begin{cases} \dfrac{1}{2^m}\dfrac{1}{\theta^{n+m}}\mathrm{e}^{-\frac{2\sum\limits_{i=1}^{n}x_i + \sum\limits_{j=1}^{m}y_j}{2\theta}}, & x_i,\ y_j > 0(i = 1, 2, \cdots, n; j = 1, 2, \cdots, m) \\ 0, & \text{其他} \end{cases}$$

当 x_1，x_2，$\cdots$，x_n，y_1，y_2，$\cdots$，$y_m > 0$ 时，似然函数两边取对数

$$\ln L(\theta) = -m\ln 2 - (n+m)\ln\theta - \dfrac{2\sum\limits_{i=1}^{n}x_i + \sum\limits_{j=1}^{m}y_j}{2\theta}$$

令 $\dfrac{\mathrm{d}\ln L(\theta)}{\mathrm{d}\theta} = -\dfrac{n+m}{\theta} + \dfrac{2\sum\limits_{i=1}^{n}X_i + \sum\limits_{j=1}^{m}Y_j}{2\theta^2} = 0$，解得 $\theta = \dfrac{2\sum\limits_{i=1}^{n}x_i + \sum\limits_{j=1}^{m}y_j}{2(n+m)}$，

故 θ 的最大似然估计量为 $\widehat{\theta} = \dfrac{2\sum\limits_{i=1}^{n}x_i + \sum\limits_{j=1}^{m}y_j}{2(n+m)}$。

由 $X \sim E\left(\dfrac{1}{\theta}\right)$，$Y \sim E\left(\dfrac{1}{2\theta}\right)$，则 $D(X) = \theta^2$，$D(Y) = 4\theta^2$，

则 $D(\widehat{\theta}) = \dfrac{1}{4(n+m)^2}D(2\sum\limits_{i=1}^{n}X_i + \sum\limits_{j=1}^{m}Y_j) = \dfrac{1}{4(n+m)^2}(4n\theta^2 + 4m\theta^2) = \dfrac{\theta^2}{n+m}$。

6. (1)
$$E(X) = \iint\limits_{D} x\,\dfrac{2}{\pi}(x^2 + y^2)\mathrm{d}\sigma = 0$$

$$E(Y) = \iint\limits_{D} y\,\dfrac{2}{\pi}(x^2 + y^2)\mathrm{d}\sigma = 0$$

$$E(XY) = \iint\limits_{D} xy\,\dfrac{2}{\pi}(x^2 + y^2)\mathrm{d}\sigma = 0$$

所以 $\mathrm{Cov}(X, Y) = E(XY) - E(X)E(Y) = 0$。

(2) $f_X(x) = \begin{cases} \displaystyle\int_{-\sqrt{1-x^2}}^{\sqrt{1-x^2}} \dfrac{2}{\pi}(x^2 + y^2)\mathrm{d}y, & -1 < x < 1 \\ 0, & \text{其他} \end{cases}$

$\qquad\quad = \begin{cases} \dfrac{4}{3\pi}(1 + 2x^2)\sqrt{1 - y^2}, & -1 < y < 1 \\ 0, & \text{其他} \end{cases}$

同理，得：$f_Y(y) = \begin{cases} \dfrac{4}{3\pi}(1 + 2y^2\sqrt{1-y^2}), & -1 < y < 1 \\ 0, & \text{其他} \end{cases}$

因为 $f_X(x)f_Y(y) \neq f(x, y)$，所以 X 与 Y 不相互独立。

（3）$F_Z(z) = P\{Z \leq z\} = P\{X^2 + Y^2 \leq z\}$

当 $z < 0$ 时，$F_Z(z) = 0$；

当 $0 \leq z < 1$ 时，$F_Z(z) = \iint\limits_{D} \dfrac{2}{\pi}(x^2 + y^2)\mathrm{d}\sigma = \dfrac{2}{\pi}\int_0^{2\pi}\mathrm{d}\theta\int_0^{\sqrt{z}}r^3\mathrm{d}r = z^2$；

当 $z \geq 1$ 时，$F_Z(z) = 1$；

所以 Z 的概率密度为 $f_Z(z) = \begin{cases} 2z, & 0 < z < 1 \\ 0, & \text{其他} \end{cases}$

参考文献

1. 何书元. 概率论. 北京：北京大学出版社，2006.

2. 李贤平. 概率论基础. 3 版. 北京：高等教育出版社，2010.

3. 陈希孺. 概率论与数理统计. 合肥：中国科学技术大学出版社，2009.

4. 茆诗松. 概率论与数理统计. 2 版. 北京：中国统计出版社，2000.

5. 张尧庭. 概率统计. 修订版. 北京：中央广播电视大学出版社，1984.

6. 中山大学数学力学系. 概率论及数理统计. 北京：人民教育出版社，1980.

7. 严士健，王隽骧，徐承彝. 概率论与数理统计基础. 上海：上海科学技术出版社，1982.

8. 陈家鼎，孙山泽，李东风，等. 数理统计学讲义. 2 版. 北京：高等教育出版社，2006.

9. 盛骤，谢式千，潘承毅. 概率论与数理统计. 4 版. 北京：高等教育出版社，2008.

10. 王松桂，张忠占，程维虎，等. 概率论与数理统计. 3 版. 北京：科学出版社，2011.

11. BERTSEKAS D P，TSITSIKLIS J N. Introduction to probability. Cambridge MA：MIT Press，2008.

12. DURRETT R. Probability：theory and examples. Cambridge：Cambridge University Press，2010.